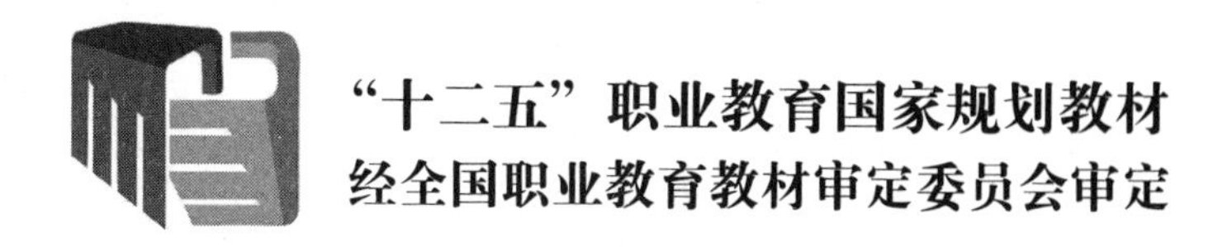

土力学与地基基础

（第二版）

主　编　张芳枝　符策简

中国水利水电出版社
www.waterpub.com.cn

内 容 提 要

本书根据高职高专培养技术技能型人才的教学目标，理论部分以够用为度，突出介绍实际应用条件下的计算方法和设计方法，采用土力学基础理论解决工程问题的途径，并注重了内容的完整性，力图让读者对土力学与地基基础的基本知识和应用有一个全面的了解。书中还附有针对性较强的计算例题和设计实例，希望读者不仅仅能全面学习和领会书中的内容，而且能够体会和掌握相关规范的应用方法。

本书内容共分十章，包括土的物理性质及工程分类、土的渗透性和渗透问题、土中应力计算、土的压缩性和地基沉降计算、土的抗剪强度与地基承载力、挡土结构物上的土压力、土坡稳定分析、天然地基上浅基础设计、桩基础与其他深基础、软弱地基及其处理，并附有土力学实验指导书。各章均附有相应的思考题、习题和答案。部分章节可作为课外的参考内容。

本书可作为土建、水利、交通、冶金、地质等有关专业老师、学生以及相关人员的教材和参考用书，同时还可作为各类工程技术人员的进修读物和参考书。

图书在版编目（CIP）数据

土力学与地基基础 / 张芳枝，符策简主编. -- 2版. -- 北京 : 中国水利水电出版社，2016.1(2023.11重印)
"十二五"职业教育国家规划教材
ISBN 978-7-5170-4031-6

Ⅰ. ①土… Ⅱ. ①张… ②符… Ⅲ. ①土力学－高等职业教育－教材②地基－基础（工程）－高等职业教育－教材 Ⅳ. ①TU4

中国版本图书馆CIP数据核字(2016)第017728号

书　　名	"十二五"职业教育国家规划教材 **土力学与地基基础**（第二版）
作　　者	主编　张芳枝　符策简
出版发行	中国水利水电出版社 （北京市海淀区玉渊潭南路1号D座　100038） 网址：www.waterpub.com.cn E-mail：sales@mwr.gov.cn 电话：(010) 68545888（营销中心）
经　　售	北京科水图书销售有限公司 电话：(010) 68545874、63202643 全国各地新华书店和相关出版物销售网点
排　　版	中国水利水电出版社微机排版中心
印　　刷	天津嘉恒印务有限公司
规　　格	184mm×260mm　16开本　18.25印张　433千字
版　　次	2010年6月第1版　2010年6月第1次印刷 2016年1月第2版　2023年11月第5次印刷
印　　数	9501—12500册
定　　价	**55.00**元

第二版前言

本书为普通高等教育“十二五”国家级规划教材（高职高专教育）。在第一版的基础之上，旨在从内容的深度上符合高职高专土建类和水利类专业人才培养目标、教学理念和要求，结合当前土木工程和水利工程发展的实际情况，参照最新修订的《土工试验规程》(SL 237—1999)、《土工试验方法标准》(GB/T 50123—1999)、《建筑地基基础设计规范》(GB 50007—2011)、《建筑桩基技术规范》(JGJ 94—2008)、《建筑地基处理技术规范》(JGJ 79—2012)等，对全书进行了认真修订。

本书近几年在水利工程和土木工程类等专业的教学使用中，教师和学生的反映良好，同时，在使用中教师们提出了一些修改意见。为更好地适应高职高专技术技能型人才培养目标，教材适当删减了部分理论性较强的内容，增加一些工程实例和例题。通过工程实例和例题，让学习者更好地理解和应用土力学与地基基础的计算方法和设计方法。本书修订原则仍是突出介绍实际应用条件下的计算方法和设计方法，以及采用土力学基础理论解决工程问题的途径。

编者根据20多年的土力学实验教学经验，增加了附录“土力学实验指导书”部分，该实验指导书配备了完整的参考实验记录，让教师和学生对实验结果的整理有一个完整详细的参考。此外，修正原教材中的一些错误，使得本书更加完善，以期获得更好的教学效果。

本书的土力学部分也是土力学国家级精品课程的配套教材，本书的修订和完善对土力学国家精品资源共享课程的建设也格外重要。

根据课程要求和特点，书中每章附有思考题和习题，计算习题附有标准答案，基础设计习题附有参考答案，以便在教学中加强对学生的应用能力训练。

本书共分十章，内容修订分工为：第一章～第七章由张芳枝（广东水利电力职业技术学院教授）负责修订，第八章～第十章由符策简（广东水利电力职业技术学院高级工程师）负责修订，附录“土力学实验指导书”由张芳枝负责编写，绪论由王仙芝（广东水利电力职业技术学院副教授）负责编写修订。此外，王绵坤参与了部分习题的解答，马利嘉参与了部分插图的制作与修改工作，在此表示诚挚的谢意。

由于编者水平所限，虽经仔细修订，难免仍存不当之处，欢迎读者批评和指正。

编者

2015年1月

第一版前言

本书根据高职高专水利类和土建类专业人才培养目标、教学理念和要求，结合当前水利工程和土木工程发展的实际情况，参照最新修订的《土工试验规程》(SL 237—1999)、《土工试验方法标准》(GB/T 50123—1999)、《建筑地基基础设计规范》(GB 50007—2002)、《建筑桩基技术规范》(JGJ 94—2008) 以及其他岩土工程和水利工程的新规范编写而成。

“土力学与地基基础”是水利工程和土木工程专业的一门主要专业课程，编者根据多年从事高职高专水利工程和土木工程专业教学的经验，针对高职高专层次的人才培养要求，理论基础部分的编写以够用为度，删繁就简，并注重内容的准确性和完整性，让读者对土力学与地基基础的内容有一个比较全面的了解。应用部分突出工程实用性，契合高职高专以培养技能型应用人才为主的教学目标，参照最新规范配有针对性较强的计算例题和小型设计实例，便于读者学习参考。本书也适当介绍了一些地基基础的新发展。

根据课程要求和特点，书中每章后附有思考题和习题，计算习题附有答案，基础设计习题附有参考答案，以便在教学中加强对学生的应用能力训练。

本次编写考虑了教材的普及性和适用性，力求使本书适用于各类工程技术人员参考，并作为相应层次继续教育的参考书。

本书共分 10 章，编写分工如下：张芳枝（广东水利电力职业技术学院副教授）编写了绪论、第 2 章、第 3 章、第 5 章、第 7 章，史美东（浙江水利水电高等专科学校副教授）编写了第 1 章、第 4 章、第 9 章，符策简（广东水利电力职业技术学院高级工程师）编写了第 8 章、第 10 章，吴煌峰（广东水利电力职业技术学院讲师，工程师）编写了第 6 章，全书由张芳枝统稿、修改，茜平一（广东水利电力职业技术学院教授，武汉大学博士生导师）主审。书中标“*”的为选修内容。

此外，广东水利电力职业技术学院的王绵坤老师参与了部分习题的解答，马利嘉老师和王仙芝老师参与了部分插图的制作与修改工作，在此表示诚挚的谢意。

由于编者水平所限，书中难免有不当之处，欢迎读者批评指正。

编者

2010 年 4 月

目　　录

绪　论

一、土力学、地基与基础的含义

1. 土力学

土是地壳岩石经受强烈风化的天然历史产物，是各种矿物颗粒的集合体。土由固体颗粒、水和空气三相组成，包括颗粒间互不联结、完全松散的无黏性土和颗粒间虽有联结、但联结强度远小于颗粒本身强度的黏性土。土具有颗粒性、孔隙性、多样性、透水性、压缩性、变异性、可移动性等特点。

土力学是用力学的基本原理和土工测试技术，研究土的物理性质以及受外力发生变化时土的应力、变形、强度和渗透等特性及其规律的一门学科，即研究土的工程性质和在力系作用下土体性状的学科。一般认为，土力学是工程力学的一个分支，但由于土具有复杂的工程特性，因此，目前在解决土工问题时，尚不能像其他力学学科一样具备系统的理论和严密的数学公式，而必须借助经验、现场试验以及室内试验辅以理论计算。所以，土力学是一门强烈依赖于实践的学科。

2. 地基与基础

建筑物、构筑物的全部荷载均由其下的地层来承担。受建筑物、构筑物影响的那一部分地层称为地基（指支承基础的土体或岩石）；建、构筑物中将上部结构所承受的各种荷载传递到地基上的结构组成部分称为基础。当地基由两层以上土层组成时，通常将直接与基础接触的土层称为持力层，其下的土层称为下卧层。上部结构、基础与地基的相互关系如图 0-1 所示。

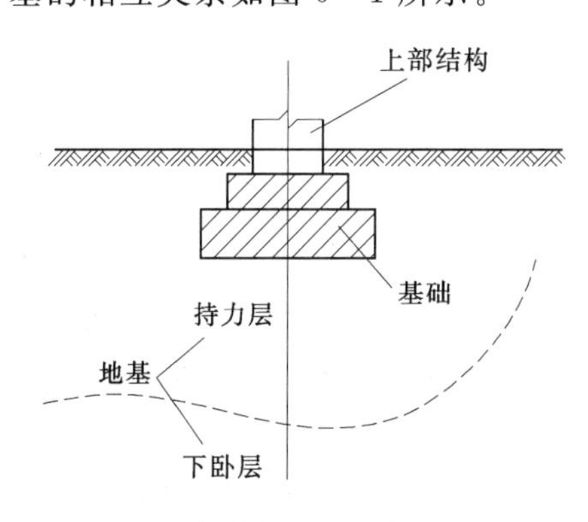

图 0-1　上部结构、地基与基础示意图

天然土层可以作为建筑物地基的称为天然地基；需经人工加固处理后才能作为建筑物地基的称为人工地基。基础有多种型式，通常把相对埋深不大、采用一般方法与设备施工的基础称为浅基础，如单独基础、条形基础、片筏基础、箱形基础、壳体基础等；而把基础埋深较大且需借助于特殊的施工方法才能将建筑物荷载传递到地表以下较深土（岩）层的基础称为深基础，如桩基础、墩基础、沉井基础、地下连续墙等。

为保证建筑物的安全，地基应满足以下要求：

（1）地基应有足够的强度。即作用于地基上的荷载（基底压力）不超过地基的承载力，防止地基土产生剪切破坏或失稳。

（2）地基不能产生过大的变形。控制基础沉降不超过允许值，防止建筑物产生过大的沉降或不均匀沉降而影响正常使用。

二、土力学与地基基础的重要性

土力学的原理和方法可用来估算土与建筑物或构筑物之间的相互作用，因而成为基础工程、堤坝、支挡结构、隧道、海港、矿山等工程设计的主要依据。地基和基础是建筑物或构筑物的根基，属于地下隐蔽工程，质量事故不易发现，一旦出现则很难补救或无法挽回，所以地基基础勘察、设计和施工质量直接影响建筑物或构筑物的安全。由于地基土复杂多变、施工难度大、工期长、劳动力消耗高，所以地基基础造价比较高，一般占工程总造价的20%～30%，相应的施工工期约占建筑总工期的20%～25%。因此地基基础的勘察、设计和施工对建筑工程影响很大。

地基和基础的质量事故主要体现在以下几个方面。

1. 变形问题

著名的意大利比萨斜塔和我国的苏州虎丘塔所发生的塔身严重倾斜，就是地基非均匀沉降所致。意大利比萨斜塔自1173年9月8日动工，至1178年建至第4层中部、高度29m时，因塔明显倾斜而停工。94年后，1272年复工，经6年时间建完第7层，高48m，再次停工中断82年。1360年又开始在塔顶建造钟楼顶阁，至1370年竣工，前后历经近200年。该塔共8层，高55m，全塔总荷重145000kN，相应的地基平均压力约为50kPa。地基持力层为粉砂，下面为粉土和黏土层。由于地基的不均匀下沉，塔向南倾斜，南北两端沉降差1.8m，塔顶离中心线已达5.27m，倾斜5.5°，成为危险建筑。我国苏州虎丘塔建于959—961年，为七级八角形砖塔，塔底直径13.66m，塔身高47.5m，塔重63000kN。1978年，塔顶位移2.3m，塔的重心偏离基础轴线0.924m。1978年6月开始对地基加固，1983年5月完成，地基沉降趋于稳定。

2. 强度问题

建于1941年的加拿大特朗斯康谷仓，由于地基强度破坏而发生了整体滑动，是建筑物失稳的典型例子，如图0-2所示。加拿大特朗斯康谷仓，南北长59.44m，东西宽23.47m，高31.00m。基础为钢筋混凝土筏板基础，厚61cm，埋深3.66m。谷仓1911年动工，1913年秋完成。谷仓自重20000t，相当于装满谷物后总重的42.5%。1913年9月装谷物，10月17日至31822m^{3}时，发现谷仓1h内沉降达30.5cm，并向西倾斜，24h后倾倒，西侧下陷7.32m，东侧抬高1.52m，倾斜27°。事故的原因是：设计时未对谷仓地基承载力进行调查研究，而采用了邻近建筑地基352kPa的承载力，事后1952年的勘察试验与计算表明，基础下埋藏有厚达16m的软黏土层，该地基的实际承载力为193.8～276.6kPa，远小于谷仓地基破坏时329.4kPa的地基压力，地基因超载而发生强度破坏。

3. 渗透问题

洪湖长江干堤八十八潭，1998年发生溃口性险情就与渗透破坏有关。洪湖长江干堤八十八潭险段地形平坦，地面高程25.00m左右，堤外侧滩较窄，堤内侧为燕窝镇政府所在地，房屋密集，并有些渊塘分布。1998年汛期，该堤段距堤内脚55～320m处水塘内发生6孔管涌，管涌直径0.05～0.55m，7月12日发生溃口性险情。该溃口性险情系因堤基的第三层细砂层和第五层粉细砂层中的渗流顶穿堤内侧上覆土层薄弱处而引起的渗透变

图 0-2 加拿大特朗斯康谷仓

形破坏。

三、本学科发展概况

作为工程技术，基础工程是一项古老的工艺。只要建造建筑物，注定离不开地基和基础，因此，作为一项工程技术，基础工程的历史源远流长。但在现代社会以前，人们只能依赖于实践经验的不断积累和能工巧匠的技艺更新来发展这项技术，限于当时生产力的发展水平，基础工程还未能提炼成为系统的科学理论。因此，作为应用科学，基础工程又是一门年轻的学科。

作为本学科理论基础的土力学的发展历史可以划分为古典土力学和现代土力学两个阶段：

1773 年，法国的库仑（Coulomb）提出砂土的抗剪强度公式和挡土墙土压力的刚性滑动楔体理论。

1855 年，法国的达西（Darcy）提出了土的层流渗透定律。

1857 年，英国的郎肯（Rankine）提出了挡土墙土压力塑性平衡理论。

1885 年，法国的布辛奈斯克（Boussinesq）求得了弹性半空间表面竖向集中力作用时的应力、应变的理论解答。

1915 年，由瑞典的彼得森（Petterson）首先提出，后由瑞典的费伦纽斯（Fellenius）等人进一步发展的土坡整体稳定分析的圆弧滑动面法。

1920 年，法国的普朗特（Prandtl）提出的地基剪切破坏时的滑动面形状和极限承载力公式。

1925 年，美国太沙基（Terzaghi）出版了第一部土力学专著，比较系统地阐述了土力学的主要理论。该专著标志着近代土力学的开始，从此土力学成为一门独立的学科。

1936 年以来，已召开了十几届国际土力学和基础工程会议。随着现代科技成就在该领域的逐步渗透，试验技术和计算手段有了长足进步，从而推动了该门学科的发展。时至今日，土木、水利、道桥、港口等有关工程中大量复杂的地基与基础工程问题的逐一解决，为该门学科积累了丰富的经验。当然，由于土的性质的复杂性，土力学与地基基础还远没有成为具有严密理论体系的学科，还需要不断地实践和研究。

四、本课程的特点和内容

1. 本课程的特点

本课程是一门重要的专业核心课程，可分为土力学和基础工程两个部分，具有较强的理论和实践性，涉及工程地质学、水力学、建筑材料、结构设计和施工技术等学科领域，知识面广、内容多、综合性强。由于地基土的区域性、土性差异大，因地制宜，密切结合工程实际处理地基基础问题是非常重要的。为保证工程安全可靠，制定了一系列国家标准规范，但由于地基基础的实践性很强，除合理应用国家规定的标准规范以外，还需灵活应用地区规范、规程和规定。

2. 本课程的内容

本课程主要有三部分内容：第一部分是地基基础的理论基础，土的组成、分类、基本性质（物理性质和力学性质）；第二部分是地基基础的应用基础，包括土体受力后的应力、强度、变形与稳定性问题；第三部分是地基基础的实践，包括浅基础和桩基础设计、软弱地基处理。

五、本课程的学习要求及建议

1. 学习要求

（1）掌握土的物理性质和力学特性。

（2）掌握常规土工试验的理论与操作技术。

（3）掌握土的应力、强度、变形与土压力计算等土力学基本原理。

（4）掌握浅基础和熟悉桩基础设计方法，能分析和解决地基基础的工程问题。

2. 学习建议

本课程的学习应以能力实现为目的，注意理论与实践相结合，善于分析、勤于总结。

（1）理论学习。掌握理论公式的意义和应用条件，明确理论的假定条件，掌握理论的适用范围。

（2）试验技能。熟悉测试土的物理性质和力学性质的基本手段；重点掌握基本的土工试验技术，尽可能多动手操作，从实践中获取知识、积累经验。

（3）实践技能。经验在工程应用中是必不可少的，工程技术人员要不断从实践中总结经验，以便能切合实际地解决工程实际问题。

第一章　土的物理性质及工程分类

第一节　土的组成与土的结构构造

一、土的形成

土的物理力学性质与它的形成方式及形成后的历史有关，对土的成因的了解有助于预测它的大致成分、结构和性质。

（一）风化作用

自然界中的土是由岩石经过漫长的地质年代，在各种复杂的自然因素和地质作用下经过长期风化、剥蚀、搬运、沉积作用而形成的松散的沉积物。

1. 物理风化

地壳表层的岩石长期暴露在大气中，经受自然界的温度变化、冻融循环、波浪冲击、地震等引起的物理作用使岩石逐渐崩解，碎裂成大小、形状不同的碎块，这个过程称为物理风化。

2. 化学风化

岩体或岩石物理风化后的产物与空气、各种水溶液相互接触，发生化学反应，使岩石进一步碎裂，并使母岩成分发生变化，产生了黏土矿物、铝铁氧化物和氢氧化物等次生矿物。

3. 生物风化

动植物和人类活动对岩石的破坏，称为生物风化，如植物根系的生长对岩石的破坏，人类开采矿山、修铁路、修隧道、劈山修公路等活动。

（二）土的沉积类型

土在形成过程中，由于风化、搬运、沉积的条件不同，具有各种各样的成因，不同成因类型的土具有各自的分布规律和基本特征。

1. 残积土

残积土指岩石风化后产生的碎屑未被搬运，残留于原地的堆积物。这种土常出现在宽广的分水岭地带，在平缓的山坡和低洼的谷地也有一定的分布。

2. 坡积土

坡积土指高处岩石风化后的产物在重力、水流的作用下，沿斜坡向下移动，沉积在较平缓的斜坡上或坡脚处而形成的堆积物。坡积土自坡面至坡脚，颗粒由粗到细，表现出轻微的分选性，其矿物成分与下伏岩石无关。

3. 洪积土

洪积土指山洪暴雨和大量融雪形成的暂时性洪水，把大量残积土、坡积土剥蚀、搬运到山谷冲沟出口或山前倾斜平原沿途堆积下来的土。

4. 冲积土

冲积土指江河流水的地质作用剥蚀两岸的基岩和沉积物，经搬运和沉积在河流坡降的平缓地带形成的堆（沉）积物。冲积土中，河道淤塞沉积物表面变干后易形成硬壳层，上部可能被河漫滩沉积物覆盖，下部的黏土依然很软，作建筑物地基时在现场勘测中需要注意。

5. 湖积土

湖积土指在湖泊、沼泽等极为缓慢的水流或静水条件下沉积的土，内部常含有机物，成为具有特殊性质的土。湖泊若逐渐淤塞，则可演变成沼泽，形成沼泽土。基本特征是：含水率极高（可达百分之百），透水性很低，压缩性很高，承载力很低，不适宜于作为永久性建筑的地基。沼泽土中充分腐化的土称为腐殖土，未完全腐化还保留有植物残余物的土称为泥炭土。

6. 海积土

海积土指由水流挟带到海洋环境中沉积起来的土，颗粒较细，表层土质松软，工程性质较差。

7. 风积土

由风力搬运形成的堆积物称为风积土。风积土常见的有黄土和砂丘。我国西北地区广泛分布的黄土就是一种典型的风积土。黄土干燥时由于土粒粒间有胶结作用，其胶结强度较大，有较大的承载力和较小的变形，但遇水后其结构迅速破坏，强度大大削弱，发生显著的附加沉降，称为湿陷。

8. 冰积土

冰川活动有极大的搬运能力，在冰川融化过程中发生沉积作用形成冰积土。

二、土的特点

土的形成过程的多样性和复杂性决定了土和其他建筑材料相比具有特殊的物理力学性质，具有它自身的特点。

（一）碎散性

岩石经风化作用变成了碎散的颗粒，颗粒之间连接较弱，存在大量孔隙，可以透水和透气。受到外力作用孔隙的大小还会变化，透水、透气的性能也随之改变，说明土的性质不是一成不变的。

（二）多相性

自然界的土往往是由固体颗粒以及颗粒之间孔隙中的水和气组成的，称为三相体系。三相组成各部分的性质以及它们之间的比例关系和相互作用决定了土的物理力学性质。同一地点的土体，它的三相组成的比例不是固定不变的，天气的晴雨、季节变化、温度高低、地下水的升降、建筑物荷重作用等，都会使土的三相之间的比例发生变化。

（三）自然变异性

由于土的成因不同，自然界中的土呈现多样性。即使在同一场地，不同深度处土的种类和性质也可能不相同。在同一土层中，沿水平方向土的性质也会发生改变，甚至在同一位置的土，性质也随方向而异。如沉积土一般竖直方向的透水性小，水平方向的透水性大。

三、土的三相组成

土与连续的固体物质不同，它是一种松散颗粒堆积物，是固体颗粒、水、气的混合物，常称为三相体系。其中固体颗粒称为固相，土颗粒之间互相连接、架叠构成土的骨架，称土骨架。土骨架间布满相互贯通的孔隙，孔隙中的水称为液相，孔隙中的气体称为气相。当孔隙完全被水充满时称饱和土，饱和土只有固相和液相两相，如地下水位以下的土。当孔隙中一部分是水，一部分是气体时，称非饱和土（湿土），如地下水位以上地面以下一定深度内的土。当孔隙中没有水，完全充满气体时，称为干土，如土工试验中经烘箱烘干的土。各相的性质及相对含量的大小直接影响土体的性质，因此要了解土的工程性质，首先必须研究土的三相组成。

（一）土的固相

1. 土的矿物成分

土的矿物成分主要取决于母岩的成分及其所经受的风化作用。矿物成分不同，其土的性质也不同，尤其对细粒土性质的影响最为显著。

（1）原生矿物。原生矿物是岩石经物理风化后破碎而成的颗粒，其母岩矿物成分不变，如石英、长石、云母等。石英和长石呈粒状，强度很高，是砾石、砂等无黏性土的主要矿物成分。云母呈薄片状，强度较低，压缩性大，通常细砂及粉砂含有较多云母。

（2）次生矿物。次生矿物是岩石经化学风化后形成的颗粒，其矿物成分经化学作用形成了新的矿物，如蒙脱土、伊利土、高岭土等。黏土矿物是组成黏性土的重要成分，颗粒很细，呈片状或针状，具有胶体特性，亲水性强。土中含黏土矿物愈多，则土的黏性、塑性和胀缩性也愈大。不同类型的黏土矿物其亲水性和胶体特性的强弱也有差异，其强弱的顺序为：蒙脱土＞伊利土＞高岭土。

（3）有机质。风化作用的进一步发展往往有生物作用参与，使土中增加了有机成分。有机成分是动、植物的残骸腐烂分解所造成的，根据腐烂分解程度分为泥炭和腐殖质。有机质具有较强的亲水性，压缩性大，强度低，是土中的有害物质成分。土中的有机质含量过多，将对土产生不良影响。因此选择筑坝土料时，对有机含量有一定限制，一般认为不宜超过5％，对防渗料应小于2％。

2. 粒组的划分

自然界中的土是由无数大小不同、形状各异且变化悬殊的土颗粒组成的。土颗粒的大小常以粒径表示，粒径由粗到细逐渐变化时，土的性质相应地发生变化。粒径大小在一定范围内的土，其矿物成分和性质都比较接近。工程上通常将工程性质相近的一定粒径范围内的土粒划分为一组，称为粒组。

目前，对粒组的划分，各个国家，甚至同一国家的不同行业部门都有不同的规定，国内外尚无统一的粒组划分方法。表1－1所列为国内常用的土粒粒组划分标准及各粒组的主要特征。

表1－1 土粒粒组划分

粒组统称	粒组名称		粒径范围/mm	一般特征
巨粒	漂石或块石颗粒		＞200	透水性很大，无黏性，无毛细水
	卵石或碎石颗粒		200～60	
粗粒	圆砾或角砾颗粒	粗	60～20	透水性大，无黏性，毛细水上升高度不超过粒径大小
		中	20～5	
		细	5～2	
	砂粒	粗	2～5	易透水，无黏性，遇水不膨胀，干燥时松散，毛细水上升高度不大
		中	0.5～0.25	
		细	0.25～0.075	
细粒	粉粒		0.075～0.005	透水性小，湿时稍有黏性，遇水膨胀小，干时稍有收缩，毛细水上升高度较大，易冻胀
	黏粒		≤0.005	透水性很小，湿时有黏性、可塑性，遇水膨胀大，干时收缩显著，毛细水上升高度大，但速度较慢

3．颗粒分析试验

颗粒分析试验方法分为筛析法和比重计法。筛析法适用于粒径0.075～60mm的土，试验时取一定质量风干、分散的代表性土样通过一套自上而下孔径由大到小的标准筛，经振筛机充分振动，将粒径不同的土粒分开，求出留在每个筛上土重的相对含量，即可求得各个粒组的相对含量。密度计法适用于粒径小于0.075mm的土，试验时将土放在水中分散制成均匀悬浮液，根据大小不同的土粒在静水中下沉速度不同的原理，把不同粒径的土粒区分开来，并算出各粒组的百分数。详见附录。

4．颗粒分析结果评价

土的性质主要取决于土中不同粒组的相对含量。颗粒级配指以土中各个粒组的相对含量（各粒组占土粒总量的百分数）来表示土粒的组成情况。根据颗粒分析试验结果可以绘制半对数表达的颗粒级配曲线，其横坐标表示粒径，由于土粒粒径相差悬殊，宜采用对数坐标表示；纵坐标表示小于或大于某粒径的土重的累计百分含量（图1－1）。

由颗粒级配曲线的坡度可以大致判断土的均匀程度或级配是否良好。如果曲线较陡，表示粒径大小相差不多，土粒较均匀，级配不良；反之曲线平缓，则表示粒径大小相差悬殊，土粒不均匀，即级配良好。为了定量描述土粒的级配情况，工程中常用不均匀系数C_u和曲率系数C_c反映土颗粒的不均匀程度。

（1）不均匀系数C_u。限定粒径d_{60}和有效粒径d_{10}的比值称为不均匀系数，即

$$C_u=\frac{d_{60}}{d_{10}} \tag{1-1}$$

式中　d_{60}、d_{10}——小于某粒径的土粒质量占总质量60%、10%时相应的粒径，d_{10}称为有效粒径，d_{60}称为限定粒径。

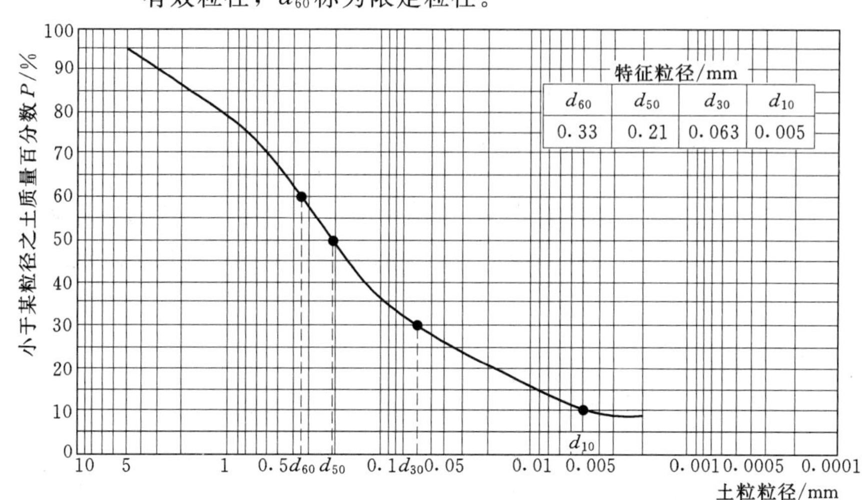

图1-1　颗粒级配曲线

不均匀系数的大小可用来衡量土粒的均匀程度。一般土的不均匀系数越大，表示级配曲线越平缓，土颗粒大小分布范围就越宽广。而不均匀系数越小，表示级配曲线越陡，土颗粒分布范围越狭窄。工程上常把$C_u<5$的土看作是均粒土，属级配不良；$C_u>10$的土，为不均匀土，属级配良好。

（2）曲率系数C_c。土的颗粒级配累积曲线的斜率是否连续可用曲率系数C_c表示，表达式为

$$C_c=\frac{d_{30}{}^2}{d_{10}d_{60}} \tag{1-2}$$

式中　d_{30}——小于某粒径的土粒质量占总质量30%时相应的粒径，d_{10}、d_{30}、d_{60}可从颗粒级配曲线上得到。

《土的分类标准》（GBJ 145—1990）规定：对于纯净的砾类土、砂类土，当$C_u\geqslant5$且$C_c=1\sim3$时，为良好级配砾或良好级配砂；不能同时满足上述条件时，可以判断为级配不良。颗粒级配可以在一定程度上反映土的某些性质。级配良好的土，粗颗粒间的孔隙易被较细的颗粒所填充，土的密实度较好，透水性、压缩性较小，作为地基土，强度和稳定性也较好，可用作堤坝或其他土建工程的填方土料，比较容易获得较大的密实度。

（二）土的液相

1. 结合水

受电分子引力的作用吸附在土粒表面的一层水，称为结合水。结合水因离土粒表面远近不同，又可分为强结合水和弱结合水。

（1）强结合水。紧靠土粒表面的结合水称为强结合水。水的性质接近固体，不传递静水压力，对土的工程性质影响甚小。

（2）弱结合水。指存在于强结合水外围的结合水。它不能传递静水压力，呈黏滞状态，可发生变形，可在颗粒间转移。弱结合水对黏性土的性质影响很大，也是黏性土在某一含水率范围内表现出可塑性的根本原因。

2. 自由水

位于结合水以外的水称为自由水，离土粒较远，按其移动所受的作用力不同，又可分为重力水和毛细水。

(1) 重力水。受重力作用在土中流动的水称为重力水。处于地下水位以下，对土粒和结构物水下部分有浮力作用，并使土的重度减小。

(2) 毛细水。毛细水是受水与空气界面的表面张力作用而存在于细孔隙中的自由水，位于地下水位以上，受毛细作用而上升。毛细水主要存在于中、细砂和粉质黏土中。粗砂及砾石类土，因孔隙大，难以形成毛细水。土中的毛细水上升可导致建筑物地基潮湿，降低其强度，增大其变形。

(三) 土中的气体

存在于土孔隙中的气体可分为自由气体和封闭气体两大类。

1. 自由气体

自由气体指土孔隙中的气体与大气连通，存在于无黏性土中。当土受外力作用时，气体很快就会排出，对土的工程性质影响不大。

2. 封闭气体

封闭气体与大气隔绝，存在黏性土中。当土受外力作用时，气泡压缩；而当外力减少或卸除后，气泡膨胀，致使土层不易压实，增大土的弹性。封闭气泡还会堵塞土中渗流通道，从而减小土的渗透性。

四、土的结构与构造

(一) 土的结构

土的结构指土粒单元的大小、形状、排列及联结方式等因素形成的综合特征，它对土的物理力学性质有重要影响。

1. 单粒结构

单粒结构主要存在于砾、砂组成的粗粒土中。重力作用下由粗大土粒在水或空气中下沉到稳定的位置而形成。因颗粒较大，颗粒自重大于土粒间的分子吸引力，颗粒间以单个颗粒相互联结。疏松的单粒结构稳定性差，密实的单粒结构则较稳定，是良好的天然地基(图 1-2)。

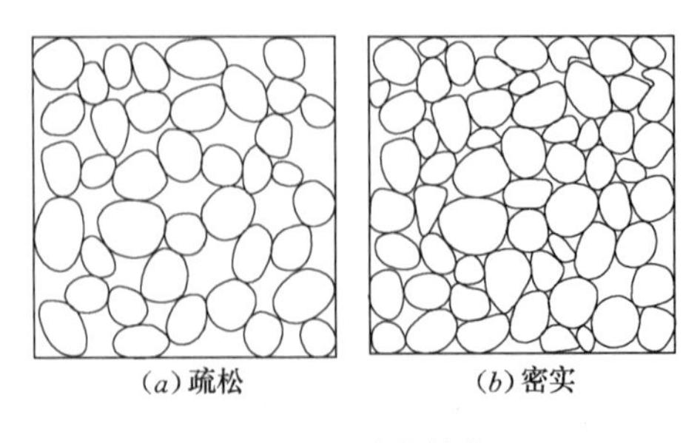

图 1-2 单粒结构

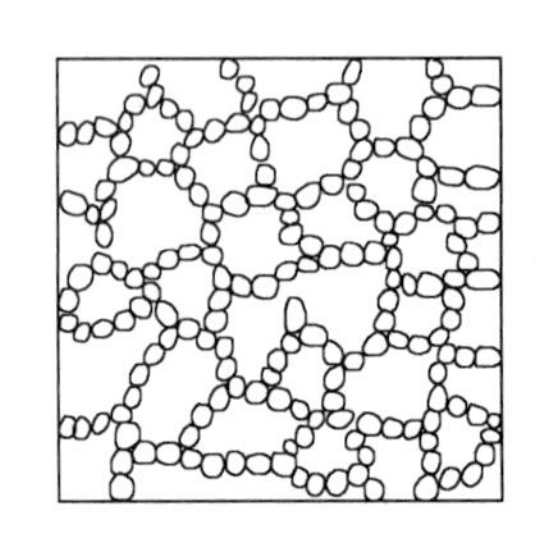
图 1-3 土的蜂窝结构

2. 蜂窝结构

蜂窝结构多出现在由粉粒为主的细粒土中，由细颗粒（主要是粉粒或细砂）在重力作用下在水中下形成。粒径在 0.075～0.005mm 的土粒在水中沉积时，基本上是以单个土粒下沉。由于细颗粒之间的相互吸引力大于重力，下沉中的颗粒遇到其他已沉颗粒时将停留在最初的接触面上不再下沉，形成具有很大孔隙的蜂窝结构（图1－3）。

3. 絮状结构

絮状结构主要由细小的黏粒（粒径不大于 0.005mm）集合体组成，多见于以黏粒为主的黏性土中。能够长期悬浮在水中，黏粒不因自重而下沉，当这些黏粒被带到电解质浓度较大的环境中（如海水），黏粒凝聚成絮状的集合体而下沉，并沉积成类似蜂窝具有很大孔隙的絮状结构（图 1－4）。

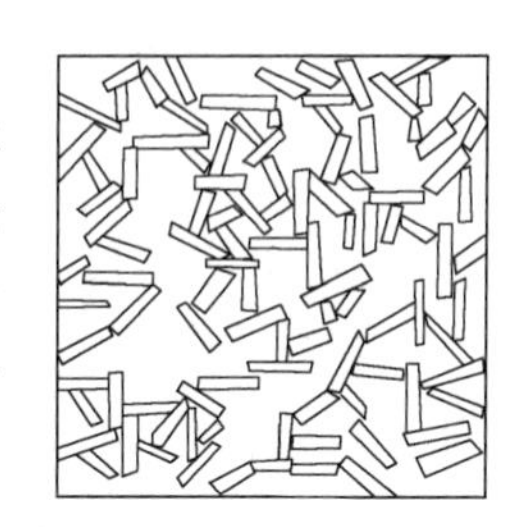

图 1－4　土的絮状结构

上述结构中，密实的单粒结构强度大，压缩性小，工程性质最好，蜂窝结构其次，絮状结构最差。尤其是絮状结构，若天然结构被扰动破坏，则强度低，压缩性高，不可作为天然地基。

（二）土的构造

土的构造指在同一土层中的物质成分和颗粒大小等都相近的各部分之间的相互关系，土的构造主要有层理构造、分散构造和裂隙构造。

1. 层理构造

土的构造最主要的特征就是成层性，即层理构造。它是在土的形成过程中，由于不同阶段沉积的物质成分、颗粒大小或颜色不同，而沿竖向呈现的成层特征。

2. 分散构造

常见于无胶结的砂、砾石、卵石等厚层土中，土层中各部分的土粒组合无明显差别，分布均匀，各部分的性质也相近。

3. 裂隙构造

土体中有很多不连续的小裂隙，称为土的裂隙构造，如某些硬塑或坚硬状态的黏土为此种构造，黄土具有特殊的柱状裂隙等。

另外，工程中还应注意土中有无包裹物，如腐殖物、贝壳、结核体等，以及有无天然或人工孔洞，如动植物洞穴、古墓和废井等，这些都会造成土的不均匀性，对工程可能造成一定的危害。

第二节　土的物理性质指标

一、土的三相图

土是三相体系，土的三相组成各部分的质量和体积之间的比例关系，随着各种条件的变化而改变。土的三相之间的不同比例，反映了土的不同物理状态，也间接反映了土的工程性质。要研究土的物理性质，就必须分析土的三相比例关系。

为了便于说明和计算，把自然界中土的三相混合分布的情况分别集中起来，固相集中于下部，液相居中部，气相集中于上部，并按适当比例画一个草图，称为土的三相图，来表示各部分之间的数量关系，如图 1-5 所示。为了直观、简便地理解各指标的定义，三相图的左侧表示三相组成的质量关系，三相图的右侧表示三相组成的体积关系。

二、直接测定指标

土的物理性质指标中有三个指标可通过土工试验直接测定，称为直接测定指标。

（一）土的密度 ρ

土的密度指单位体积土体的质量，单位一般为 g/cm^3，即

$$\rho=\frac{m}{V} \tag{1-3}$$

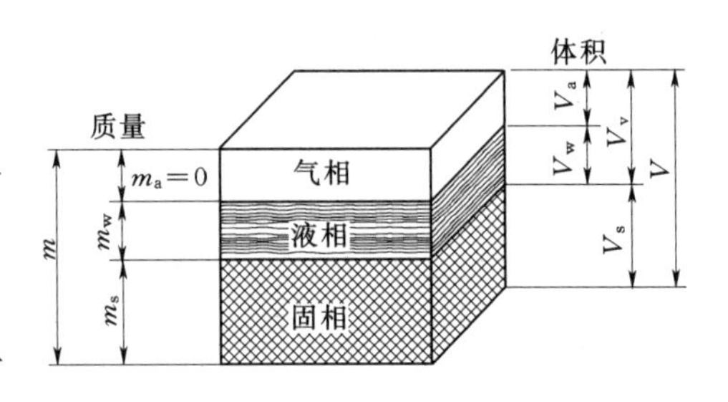

图 1-5 土的三相简图

m_s—土粒的质量；m_w—土中水的质量；m—土的总质量，$m=m_s+m_w$（气相质量可忽略不计）；V_s—土粒体积；V_w—土中水体积；V_a—土中气体积；V_v—土中孔隙体积，$V_v=V_w+V_a$；V—土的总体积，$V=V_s+V_w+V_a$

天然状态下土的密度变化范围比较大，一般黏性土 $\rho=1.8\sim2.0g/cm^3$，砂土 $\rho=1.6\sim2.0g/cm^3$，腐殖土 $\rho=1.5\sim1.7g/cm^3$。黏性土、粉土、砂土一般采用环刀法测定密度，卵石、砾石、原状砂采用灌水法测定密度。

（二）土的含水率 ω

土中水的质量与土粒质量之比，称为土的含水率，用百分数表示，即

$$\omega=\frac{m_w}{m_s}\times100\% \tag{1-4}$$

含水率是标志土的含水程度（或湿度）的一个重要物理指标，它与土的种类、埋藏条件及其所处的自然地理环境等有关。天然土层的含水率变化范围很大，如干的粗砂的含水率接近于零，坚硬的黏性土的含水率约小于 30%，而饱和状态的软黏土（如淤泥）则可达 100%以上。一般同一类土，含水率越高，土的工程性质就越差。

土的含水率的测定方法有烘干法、酒精燃烧法、铁锅炒干法等。

（三）土粒比重（土粒相对密度）G_s

土粒质量与同体积的 4℃时纯水的质量之比，称为土粒比重（无量纲），即

$$G_s=\frac{m_s}{V_s\rho_w}=\frac{\rho_s}{\rho_w} \tag{1-5}$$

式中 ρ_s——土粒密度，即土粒单位体积的质量，g/cm^3 或 t/m^3；

ρ_w——4℃时纯水的密度，$\rho_w=1g/cm^3$ 或 $1t/m^3$。

土粒比重取决于土的矿物成分，其变化范围不大。砂类土一般为 2.65～2.69，粉土一般为 2.70～2.71，黏性土一般为 2.72～2.76。土粒比重在实验室通过比重瓶法、浮称法、虹吸筒法等方法测定。

三、换算指标

测出上述三个直接测定指标后，可根据图 1-6 所示的土的三相图，经过换算求得其

他指标，即换算指标。

（一）土的干密度 ρ_d

土单位体积内固体颗粒的质量称为土的干密度 ρ_d，即

$$\rho_d=\frac{m_s}{V} \tag{1-6}$$

干密度的大小能反映土体的密实程度，工程中常以干密度作为填方工程（包括土坝、路基和人工压实地基）的土体压实施工质量的控制指标。

（二）土的饱和密度 ρ_{sat}

土中孔隙完全充满水时单位体积土的质量称为土的饱和密度 ρ_{sat}，即

$$\rho_{sat}=\frac{m_s+V_v\rho_w}{V} \tag{1-7}$$

式中　ρ_w——水的密度，近似取 $1g/cm^3$。

土的饱和密度常见数值为 $1.8\sim2.2g/cm^3$。

（三）土的有效密度（浮密度）ρ'

在地下水位以下，土粒受到浮力的作用，颗粒间传递的力应是土粒重力扣除浮力后的数值。将地下水位以下，单位体积土中土粒的质量扣除同体积水质量后的值定义为土的有效密度 ρ'，即

$$\rho'=\frac{m_s-V_s\rho_w}{V} \tag{1-8}$$

（四）土的重度

在计算地基中土体自重应力时，需采用土体单位体积的重量，即土的重度，重度的单位通常为 kN/m^3。土的天然重度 γ 指天然状态时单位土体的重量；干重度 γ_d 指土单位体积内固体颗粒的重量；饱和重度 γ_{sat} 指土中孔隙完全充满水时单位体积土的重量，如地下水位以下的土；有效重度 γ' 指在地下水位以下，单位体积土中土粒所受的重力扣除水的浮力后的值，常用于计算地下水位以下土的自重应力。土的不同状态下的重度可分别按下列公式计算：

$$\left.\begin{array}{l}\gamma=\rho g\\ \gamma_d=\rho_d g\\ \gamma_{sat}=\rho_{sat} g\\ \gamma'=\rho' g\end{array}\right\} \tag{1-9}$$

式中　g——重力加速度。

（五）土的孔隙比 e 和孔隙率 n

1. 孔隙比

孔隙比是指土中孔隙体积与土粒体积之比，即

$$e=\frac{V_v}{V_s} \tag{1-10}$$

孔隙比常用小数表示，是评价土的密度程度和压缩性的重要物理性质指标。

2. 孔隙率

孔隙率是指土中孔隙所占体积与总体积之比，即

$$n=\frac{V_v}{V}\times 100\% \tag{1-11}$$

孔隙率以百分率表示，孔隙率 n 与孔隙比 e 相比，工程应用较少。一般粗粒土的孔隙率小，细粒土的孔隙率大。例如砂类土的孔隙率一般为 28%～35%，黏性土的孔隙率有时可高达 60%～70%。孔隙率同样也能反映土颗粒间的紧密程度。

（六）土的饱和度 S_r

土的饱和度指土中水所占的体积与孔隙总体积之比，即

$$S_r=\frac{V_w}{V_v}\times 100\% \tag{1-12}$$

饱和度常以百分率表示，可以用来描述土中孔隙被水充填的程度。当 $S_r=100\%$ 时，说明土的孔隙完全被水充满，土是完全饱和的；而 $S_r=0$ 时，表明土是完全干燥的，是干土。砂土的湿度按其饱和度可划分为三种状态，即 $S_r\leqslant 50\%$（稍湿），$50\%<S_r\leqslant 80\%$（很湿），$S_r>80\%$（饱和）。

四、各指标间的换算

土的三相比例指标中，土的密度 ρ、含水率 ω、土粒比重 G_s 三个指标可以通过试验直接测定。在测定这三个基本指标后，可以利用土的三相图换算出其余各个指标(图 1-6)。常见的土的三相指标换算公式列于表 1-2。

表 1-2　常用土的三相比例指标换算公式

名称	符号	三相比例表达式	常用换算公式	单位	常见数值范围
土粒比重	G_s	$G_s=\frac{m_s}{V_s}\frac{1}{\rho_w}=\frac{\rho_s}{\rho_w}$	$G_s=\frac{S_r e}{\omega}$		黏性土：2.72～2.75 粉土：2.70～2.71 砂土：2.65～2.69
含水率	ω	$\omega=\frac{m_w}{m_s}\times 100\%$	$\omega=\frac{S_r e}{G_s}$ $\omega=\frac{\rho}{\rho_d}-1$		
密度	ρ	$\rho=\frac{m}{V}$	$\rho=\frac{G_s(1+\omega)\rho_w}{1+e}$	g/cm³	1.6～2.0g/cm³
干密度	ρ_d	$\rho_d=\frac{m_s}{V}$	$\rho_d=\frac{\rho}{1+\omega}$ $\rho_d=\frac{G_s\rho_w}{1+e}$	g/cm³	1.3～1.8g/cm³
饱和密度	ρ_{sat}	$\rho_{sat}=\frac{m_s+V_v\rho_w}{V}$	$\rho_{sat}=\frac{(G_s+e)\rho_w}{1+e}$	g/cm³	1.8～2.3g/cm³
有效密度	ρ'	$\rho'=\frac{m_s-V_s\rho_w}{V}$	$\rho'=\frac{G_s-1}{1+e}\rho_w$	g/cm³	

续表

名称	符号	三相比例表达式	常用换算公式	单位	常见数值范围
重度	γ	$\gamma=\frac{m}{V}g=\rho g$	$\gamma=\frac{G_s(1+\omega)\gamma_w}{1+e}$	kN/m³	16～20kN/m³
干重度	γ_d	$\gamma_d=\frac{m_s}{V}g=\rho_d g$	$\gamma_d=\frac{G_s\gamma_w}{1+e}$	kN/m³	13～18kN/m³
饱和重度	γ_{sat}	$\gamma_{sat}=\frac{m_s+V_s\rho_w}{V}g=\rho_{sat}g$	$\gamma_{sat}=\frac{(G_s+e)\gamma_w}{1+e}$	kN/m³	18～23kN/m³
有效重度	γ'	$\gamma'=\frac{m_s-V_s\rho_w}{V}g=\rho' g$	$\gamma'=\frac{G_s-1}{1+e}\gamma_w$	kN/m³	8～13kN/m³
孔隙比	e	$e=\frac{V_v}{V_s}$	$e=\frac{G_s(1+\omega)\rho_w}{\rho}-1$		黏性土和粉土：0.40～1.20 砂土：0.30～0.90
孔隙率	n	$n=\frac{V_v}{V}\times 100\%$	$n=\frac{e}{1+e}$		黏性土和粉土：30%～60% 砂土：25%～45%
饱和度	S_r	$S_r=\frac{V_w}{V_v}\times 100\%$	$S_r=\frac{\omega G_s}{e}$		0～100%

【例 1-1】　某原状土样，测得土的天然重度 $\gamma=17\text{kN/m}^3$，天然密度 $\rho=1.7\text{g/cm}^3$，含水率 $\omega=22\%$，土粒比重 $G_s=2.72$，试求：土的孔隙比 e、孔隙率 n、饱和度 S_r、干重度 γ_d、饱和重度 γ_{sat} 和有效重度 γ'。

解：

(1) $e=\frac{G_s(1+\omega)\rho_w}{\rho}-1=\frac{2.72\times(1+0.22)}{1.7}-1=0.952$

(2) $n=\frac{e}{1+e}=\frac{0.952}{1+0.952}=0.488=48.8\%$

(3) $S_r=\frac{\omega G_s}{e}=\frac{0.22\times 2.72}{0.952}=0.629=62.9\%$

(4) $\gamma_d=\frac{\gamma_w G_s}{1+e}=\frac{10\times 2.72}{1+0.952}=13.93\ (\text{kN/m}^3)$

(5) $\gamma_{sat}=\frac{\gamma_w(G_s+e)}{1+e}=\frac{10\times(2.72+0.952)}{1+0.952}=18.81\ (\text{kN/m}^3)$

(6) $\gamma'=\frac{\gamma_w(G_s-1)}{1+e}=\frac{10\times(2.72-1)}{1+0.952}=8.81\ (\text{kN/m}^3)$

第三节　土的物理状态指标

一、无黏性土的密实度

无黏性土主要指砂类土和碎石类土，颗粒较粗，土粒间无黏结力，不具有可塑性。它的工程性质主要取决于颗粒粒径及其级配，密实度是反映这类土工程性质的主要指标。无黏性土呈密实状态时，强度较高，压缩性较小，是良好的天然地基；呈松散状态时，强度较低，压缩性较大，是软弱地基。尤其是饱和粉砂、细砂，稳定性很差，在水力作用下易产生流砂，在振动荷载作用下可能发生液化。评价无黏性土密实度的方法通常有下面三种。

1. 孔隙比

无黏性土的密实度在一定程度上可根据天然状态下的孔隙比 e 的大小来评定。根据天然状态下孔隙比的大小可将无黏性土的密实度划分为稍松、中等密实和密实三种。当 $e<0.6$ 时，属密实状态，是良好的天然地基；当 $e>0.95$ 时，为松散状态，不宜作天然地基。采用天然孔隙比的大小来判断砂土的密实度是一种较简便的方法，但这种方法没有考虑颗粒级配对密实度的影响，而且，对砂土难以取原状土样测定天然孔隙比的大小。

2. 相对密实度

为了更合理地判定砂土的密实状态，除孔隙比 e 外，在理论上还可采用相对密实度 D_r 来评价无黏性土的密实度，其表达式为

$$D_r=\frac{e_{max}-e}{e_{max}-e_{min}} \tag{1-13}$$

式中 e_{max}——砂土在最松散状态时的孔隙比，即最大孔隙比；

e_{min}——砂土在最密实状态时的孔隙比，即最小孔隙比；

e——砂土在天然状态时的孔隙比。

由于原状土样（尤其是地下水位）难以保持土的天然结构，土的天然孔隙比难以准确测定。所以，相对密实度多用于填方工程的质量控制中，对于天然土尚难以应用。砂类土的密实度根据相对密实度划分为：

松散 $0<D_r\leqslant 0.33$

中等密实 $0.33<D_r<0.67$

密实 $0.67\leqslant D_r<1$

当 $D_r=0$，表示土处于最松散状态；当 $D_r=1$，表示砂土处于最密实状态。

3. 原位测试方法

在实际工程中，较普遍采用标准贯入试验、静力触探、动力触探等原位测试方法来评价土的密实度。《建筑地基基础设计规范》（GB 50007—2011）中将砂土的密实度按原位标准贯入锤击数 N 分为松散、稍密、中密、密实，见表 1-3。碎石土的密实度可按重型（圆锥）动力触探锤击数 $N_{63.5}$ 分为松散、稍密、中密、密实，见表 1-4。

表 1-3 按标准贯入击数划分砂土密实度

标准贯入锤击数 N	$N\leqslant 10$	$10<N\leqslant 15$	$15<N\leqslant 30$	$N>30$
密实度	松散	稍密	中密	密实

表 1-4 按重型（圆锥）动力触探锤击数划分碎石土密实度

重型（圆锥）动力触探锤击数 $N_{63.5}$	$N_{63.5}\leqslant 5$	$5<N_{63.5}\leqslant 10$	$10<N_{63.5}\leqslant 20$	$N_{63.5}>20$
密实度	松散	稍密	中密	密实

注：本表适用于平均粒径不大于 50mm 且最大粒径不超过 100mm 的卵石、碎石、圆砾、角砾。对于大颗粒含量较多的碎石土，其密实度很难做室内试验或原位触探试验，可按野外鉴别方法确定密实度。表内 $N_{63.5}$ 为经综合修正后的平均值。

二、黏性土的稠度

在生活中经常可以看到这样的现象，雨天土路泥泞不堪，车辆驶过便形成深深的车辙，而在久晴以后土路却非常坚硬，这种现象说明土的工程性质与它的含水率有着十分密切的关系，因此需要定量地加以研究。黏性土和无黏性土在性质上有很大差异，主要是由于土中的黏粒与水之间的相互作用产生的，黏性土最主要的状态特征是它的稠度。

（一）界限含水率

刚沉积的黏土具有液体泥浆那样的稠度，本身不能保持其形状，极易流动。随着黏土中水分的蒸发或上覆沉积层厚度的增加，它的含水率逐渐减少，体积收缩，从而丧失流动能力，进入可塑状态。这时，可用外力塑成任何形状而不发生裂纹，并当外力移去后仍能保持既得形状，土的这种性质称为土的可塑性。黏土的可塑性是一个十分重要的性质，对于陶瓷工业、农业和土木工程都有重要的意义。

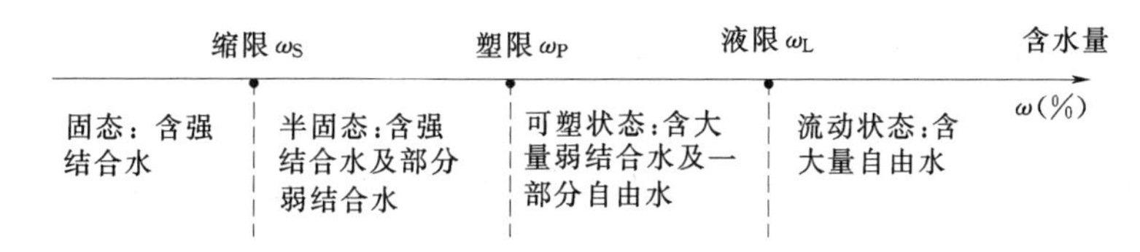

图 1-6　黏性土的物理状态与含水率关系

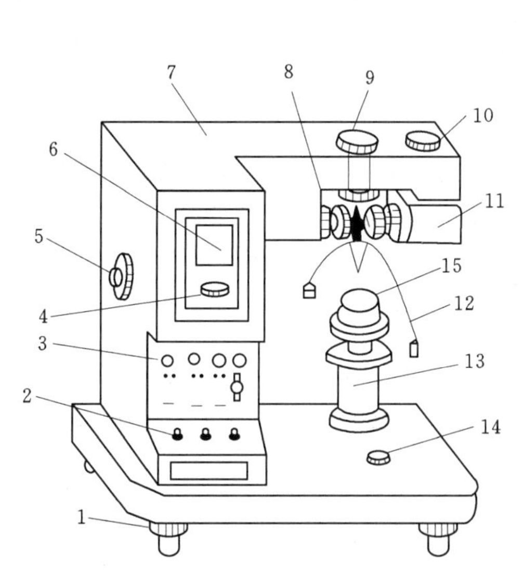

图 1-7　液塑限联合测定仪结构示意图

1—水平调节螺丝；2—控制开关；3—指示灯；4—零线调节螺钉；5—反光镜调节螺钉；6—屏幕；7—机壳；8—物镜调节螺钉；9—电池装置；10—光源调节螺钉；11—光源装置；12—圆锥仪；13—升降台；14—水平泡；15—盛土杯

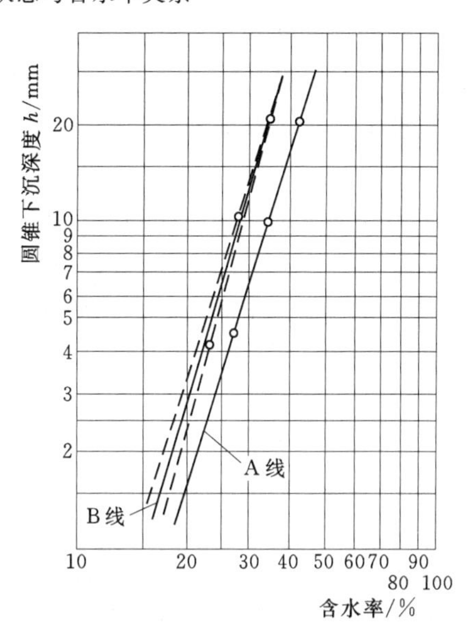

图 1-8　圆锥体入土深度与含水率关系

同一种黏性土随其含水率的不同，可分别处于固态、半固态、可塑状态及流动状态。黏性土由一种状态转到另一种状态的分界含水率，称为界限含水率。界限含水率包括缩限、塑限和液限。土由半固体状态水分不断蒸发，体积不断缩小，直到体积不再缩小时的界限含水率称缩限 ω_S，即固态和半固态的界限含水率；土由半固态转到可塑状态的界限含水率称塑限 ω_P；土由可塑状态变化到流动状态的界限含水率称液限 ω_L（图 1－6）。

（二）液塑限联合测定法

目前一般采用锥式仪进行液限和塑限联合测定，如图 1－8 所示。测定时，将调成 3 种不同含水率的土样，先后分别装满盛土杯内，使锥尖刚好接触土面，圆锥仪在重力作用下沉入土内，并测定圆锥仪在 5s 时的下沉深度。在双对数坐标纸上绘成圆锥下沉深度和含水率的关系直线，如图 1－9 所示，在直线上查得圆锥下沉深度 17mm 所对应的含水率为液限，下沉深度为 2mm 所对应的含水率为塑限。具体方法详见本书附录或《土工试验方法标准》（GB/T 50123—1999）。

（三）塑性指数和液性指数

1. 塑性指数

土处于可塑状态含水率的变化范围常用塑性指数 I_P 来描述，即液限和塑限的差值（去掉百分号），其公式为

$$I_P=\omega_L-\omega_P \tag{1-14}$$

试验表明，塑性指数与黏性土中土粒的组成、黏粒的含量及矿物成分有关。塑性指数越大，土粒越细，黏粒含量越高。塑性指数是描述土的物理状态的重要指标，反映了影响黏性土特征的各种重要因素。

2. 液性指数

对于不同的土即使有相同的含水率，也未必处于同样的状态。为了确定黏性土的稠度状态，需要有一个能表示实际含水率与界限含水率之间相对关系的指标，这个指标就是液性指数，定义为黏性土的天然含水率和塑限的差值与塑性指数之比，即

$$I_L=\frac{\omega-\omega_P}{I_P}=\frac{\omega-\omega_P}{\omega_L-\omega_P} \tag{1-15}$$

液性指数常以小数表示，当 $I_L\leqslant0$（即 $\omega\leqslant\omega_P$）时，土处于坚硬状态，当 $I_L\geqslant1$（即 $\omega>\omega_L$）时，土处于流动状态。因此，可利用液性指数表示黏性土所处的软硬状态，反映黏性土的软硬程度。

《建筑地基基础设计规范》（GB 50007—2011）按液性指数将黏性土划分为坚硬、硬塑、可塑、软塑和流塑五种软硬状态（表 1－5）。

表 1－5　黏性土软硬状态的划分

稠度状态	坚硬	硬塑	可塑	软塑	流塑
液性指数	$I_L\leqslant0$	$0<I_L\leqslant0.25$	$0.25<I_L\leqslant0.75$	$0.75<I_L\leqslant1$	$I_L>1$

用液性指数作为判别黏性土软硬程度的标准，其缺点是没有考虑土的结构性的影响。黏性土的塑限和液限都是采用重塑土测定的，仅表示天然结构被破坏的重塑土的界限含水

率。保持天然结构的原状土，在其含水率达到液限后，并不处于流动状态，但一旦土的这种结构性被破坏，土体则呈现流动状态。

【例1-2】 一体积为 $50cm^3$ 的原状土样，其湿土质量为0.1kg，烘干后质量为0.07kg，土粒相对密度为2.7，土的液限 $\omega_L=50\%$，塑限 $\omega_P=30\%$，求土的塑性指数、液性指数，并确定该土状态。

解：$m=0.1kg$，$m_s=0.07kg$，$V=50cm^3$

得：$m_w=m-m_s=0.1-0.07=0.03$ (kg)

$$\omega=\frac{m_w}{m_s}\times100\%=\frac{0.03}{0.07}\times100\%=43\%$$

$$I_p=\omega_L-\omega_P=50-30=20$$

$I_L=\dfrac{\omega-\omega_P}{I_p}=\dfrac{43-30}{20}=0.65$，$0.25<I_L<0.75$，该土属于可塑状态。

（四）黏性土的灵敏度和触变性

1. 土的结构性

土的组成和物理状态不是决定土的性质的全部因素，原状黏性土的一个重要特征是具有天然结构，但天然结构若在外部因素影响下被破坏，土粒、水分子之间的平衡体系就遭到破坏，强度降低，压缩性增大。所以，土的结构性指天然土的结构受到扰动影响而改变的特性。它对强度的影响可用灵敏度来衡量，在第五章对灵敏度有进一步介绍。

2. 触变性

饱和黏性土受扰动后天然结构遭到破坏，土的强度降低，但当扰动停止后，随着时间的推移，土粒、水分子之间又组成新的平衡体系，土的强度可随时间逐渐增长而（部分）恢复，黏性土的这种抗剪强度随时间恢复的胶体化学性质称为土的触变性。在黏性土中沉桩时，往往利用振扰的方法，破坏桩侧土与桩尖土的结构，以降低沉桩的阻力，但在沉桩完成后，土的强度可随时间部分恢复，使桩的承载力逐渐增加，这就是利用了土的触变性机理。

第四节　土的压实性

在很多工程建设中会对人工填土及场地土进行处理，如地基、路基、土堤、土坝、飞机跑道、码头及开挖基坑后回填土等，特别在高土石坝中，填方量达数百万方甚至千万方以上，是质量要求很高的人工填土。未经处理的填土工程性质通常较差，不能满足工程要求，为了保证场地有足够的强度、较小的透水性和压缩性，施工时必须对填土采用夯打、振动或碾压等方法进行压实，以提高填土的密实度和均匀性。

一、击实试验

在实验室中，通常用土的击实试验来研究土的压实性。击实试验按击锤质量的不同分为轻型击实和重型击实。轻型击实试验适用于粒径小于5mm的黏性土，重型击实试验适用于粒径不大于20mm的土。试验步骤详见附录。

对于同一种土，制备不少于5个不同含水率的土样，将土样分层装入击实仪中，用完全相同的方法分层击实。击实后，测出土样击实后的含水率 ω 和密度 ρ，再用公式计算出干密度 ρ_d。在直角坐标上以含水率 ω 为横坐标，干密度 ρ_d 为纵坐标，绘制击实曲线，即含水率—干密度曲线，如图1-10。当关系曲线不能绘出峰值点时，应进行补点，土样不宜重复使用。

二、填土的击实特性

（一）细粒土的压实性

1. 最优含水率和最大干密度

分析击实曲线图1-9可知，当含水率较低时，干密度 ρ_d 随含水率 ω 的增加而增高，这表明击实效果在逐步提高；当含水率超过某一限值后，干密度随着含水率的增加而降低，这表明击实效果在逐步下降。

在击实曲线上，曲线峰值点相应的纵坐标为击实试样的最大干密度 ρ_{dmax}，相应的横坐标为击实试样的最优含水率 ω_{op}，它表示在这一含水率下，以这种压实功能，能够得到的最大干密度。这是因为若含水率小于最优含水率，土中水分少，颗粒间的水膜有较大的黏滞阻力，所以不容易夯实；当含水率远超过最优含水率时，击实效果反而下降，因为土中出现了自由水，在击实的短时间内，孔隙中的自由水无法立即排出，阻止土粒靠拢。所以，只有具有最优含水率的土，击实效果才达到最好。

土的最优含水率的大小随土的性质而异，试验表明，ω_{op} 约在土的塑限 ω_P 附近。

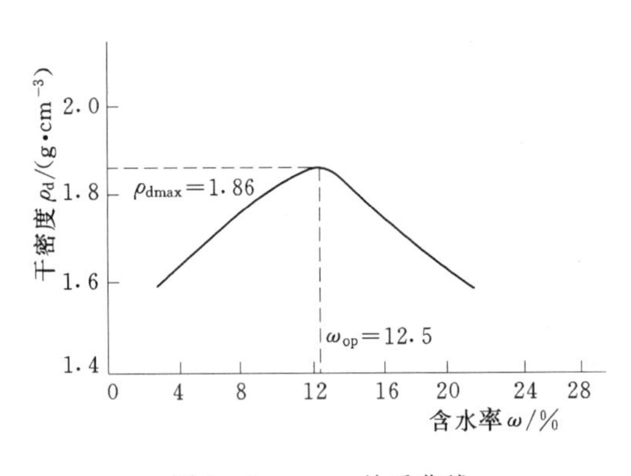

图1-9 ρ_d—ω 关系曲线

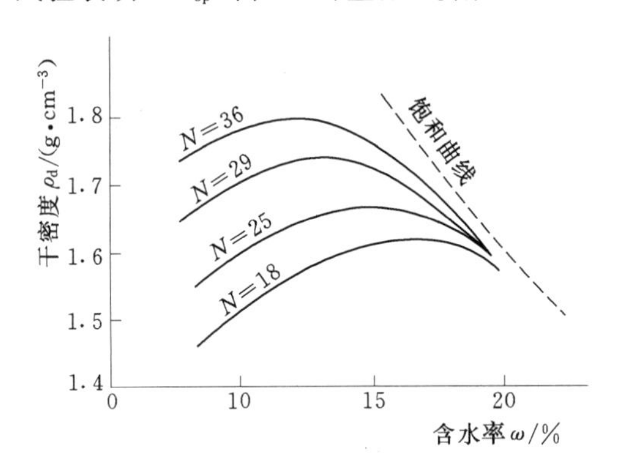

图1-10 不同压实功能的击实曲线

2. 压实功能的影响

同一种土，用不同的击数击实，得到的击实曲线如图1-10所示。每层土的击实次数不同，即表示击实功能有差异。曲线表明，击实次数越多，压实功能越大，得到的最优含水率越小，相应的最大干密度越高。所以，对于同一种土，最优含水率和最大干密度并不是定值，而是随着压实功能而变化。曲线还表明，含水率超过最优含水率后，压实功能的影响随含水率的增加而逐渐减小。在同一含水率时，土的干密度随击实次数的增加而增大，但这种增加的效果有一定的限度。图中虚线为饱和曲线，即饱和度为100%时的含水率与干密度关系曲线。

某一击实次数下的最大干密度值，可以在其他含水率下用增加击实次数的方法得到，例如25次击数下的最大干密度值，可以在其他含水率下35次击数时得到。但试验研究发现，这两种土的密度虽然相同，但其强度与水稳性却不一样，对应于最优含水率和最大干密度的土，强度最高，且在浸水后的强度也最大（这叫水稳性好）。由于土坝、路堤等土工建筑物难免受水浸润，所以，在施工中需控制填土的含水率，使其等于或接近最优含水率是有其经济合理的现实意义的。

3. 土粒级配的影响

土的级配对压实性有很大的影响。级配良好的土易于压实，压实性较好，均匀级配的土压实性较差。级配对砂土、砂砾石等粗粒土的压实性影响更加明显，只有级配良好的砂砾石才能获得较大的密实度。级配是填土工程土料选择的重要条件之一。

4. 填土的含水率和压密标准的控制

填土选用的含水率应控制在最优含水率左右，即 $\omega_{op}\pm$（2%～3%）范围内。填料的含水率过高或过低都是不利的。由于室内试验与工地上大面积土方施工条件有很大的差距，直接用室内试验得出的最大干密度和最优含水率作为现场质量控制的标准是有困难的。目前，工程上大多采用压实度作为要求填土达到的压密标准。压实度的定义为

$$\lambda_c=\frac{\text{填土干密度}}{\text{室内标准功能击实的最大干密度}} \tag{1-16}$$

不同的设计规范对填土的压实度有不同的要求，如我国土石坝设计规范中规定，Ⅰ级、Ⅱ级土石坝，填土的压实度应达到0.95～0.98以上，Ⅲ～Ⅴ级土石坝，压实度应大于0.92～0.95，又如建筑地基中压实填土的压实度和含水率应符合表1-6的规定。

表1-6　压实填土地基质量控制值

结构类型	填土部位	压实度	控制含水率/%
砌体承重结构和框架结构	在地基主要受力层范围内	≥0.97	$\omega_{op}\pm2$
	在地基主要受力层范围以下	≥0.95	
简支结构和排架结构	在地基主要受力层范围内	≥0.96	
	在地基主要受力层范围以下	≥0.94	

注： 地坪垫层以下及基础底面标高以上的压实填土，其压实系数不应小于0.94。

（二）粗粒土的压实性

砂、砾等粗粒土的压实性也与含水率有关，不过不存在最优含水率，一般在完全干燥或者充分洒水饱和的情况下容易压实到较大的干密度。潮湿状态，由于毛细压力增加了粒间阻力，压实干密度显著降低。粗砂在含水率4%～5%，中砂在含水率7%左右时，压实干密度最小，所以，在压实砂、砾时要充分洒水使土料饱和，使其在较高含水率下压实。

对于大型和重要工程，由室内击实试验确定的填筑标准还应通过工地碾压试验进行校核，并确定最经济的碾压参数（如碾压机具重量、铺土厚度、碾压遍数和行车速率等），或根据工地条件对室内试验提供的填筑标准进行适当修正后，作为实际施工控制的填筑标准。

第五节　土（岩）的工程分类

一、分类目的与原则

自然界的土类众多，工程性质各异。为了对土的工程特性作出合理的评价，有必要对土进行科学的分类，这是土木工程勘察、设计的前提。土的工程分类的目的在于初步判断土的基本工程特性，采用相应的研究内容与方法，选择相应的改良与加固方法。

土的分类应遵循的原则是：①有利于土的划分和土料的区分；②可以利用较简单的土的物理试验成果划分土类，选用对土的工程性质最有影响，最能反映土的基本属性，又便于测定的指标作为土的分类依据；③有利于对各种土的力学性能进行总结、比较和分析；④简单易记，不宜繁杂太细。

二、分类体系与方法

我国土的分类方法迄今尚未统一，由于各类工程的特点不同，分类依据的侧重面就不同，不同的部门依据各自的行业特点建立了各自的分类体系。这里介绍《建筑地基基础设计规范》（GB 50007—2011）和《土的分类标准》（GBJ 145—1990）对土（岩）的工程分类。

（一）《建筑地基基础设计规范》（GB 50007—2011）对土（岩）的分类

这种分类方法简单明确，科学性和实用性强，多年来已被我国工程界所熟悉和广泛应用。《建筑地基基础设计规范》（GB 50007—2011）将作为建筑地基的土（岩）分为岩石、碎石土、砂土、粉土、黏性土、人工填土和特殊土七大类。

1. *岩石*

岩石应为颗粒间牢固联结、呈整体或具有节理裂隙的岩体。岩石的坚硬程度根据岩块的饱和单轴抗压强度可分为坚硬岩、较硬岩、较软岩、软岩和极软岩，岩石按风化程度可分为未风化、微风化、中风化、强风化和全风化。

2. *碎石土*

粒径大于 2mm 的颗粒含量超过全重 50％的土为碎石土。碎石土按颗粒形状、粒组含量分为漂石、块石、卵石、碎石、圆砾和角砾，见表 1－7。

表 1－7　碎石土的分类

土的名称	颗粒形状	粒组含量
漂石	圆形及亚圆形为主	粒径大于 200mm 的颗粒含量超过全重 50％
块石	棱角形为主	
卵石	圆形及亚圆形为主	粒径大于 20mm 的颗粒含量超过全重 50％
碎石	棱角形为主	
圆砾	圆形及亚圆形为主	粒径大于 2mm 的颗粒含量超过全重 50％
角砾	棱角形为主	

注：分类时应根据粒组含量栏从上到下以最先符合者确定。

3. 砂土

粒径大于 2mm 的颗粒含量不超过全重 50%，且粒径大于 0.075mm 的颗粒超过全重 50%的土称为砂土。砂土按粒组含量分为砾砂、粗砂、中砂、细砂、粉砂，见表 1-8。

表 1-8　砂土的分类

土的名称	粒组含量	土的名称	粒组含量
砾砂	粒径大于 2mm 的颗粒含量占全重 25%～50%	细砂	粒径大于 0.075mm 的颗粒含量超过全重 85%
粗砂	粒径大于 0.5mm 的颗粒含量超过全重 50%	粉砂	粒径大于 0.075mm 的颗粒含量超过全重 50%
中砂	粒径大于 0.25mm 的颗粒含量超过全重 50%		

注：分类时应根据粒组含量栏从上到下以最先符合者确定。

4. 粉土

塑性指数 $I_P \leqslant 10$，且粒径大于 0.075mm 的颗粒含量不超过全重 50%的土为粉土。粉土的颗粒级配以 0.005～0.075mm 的粒组为主，其工程性质介于黏性土和砂土之间。

5. 黏性土

黏性土指塑性指数 $I_P > 10$ 的土，按塑性指数分为黏土、粉质黏土，见表 1-9。

表 1-9　黏性土的分类

塑性指数 I_P	$I_P > 17$	$10 < I_P \leqslant 17$
土的名称	黏土	粉质黏土

注：塑性指数由相应于 76g 圆锥体沉入土样中深度为 10mm 时测定的液限计算而得。

6. 人工填土

由于人类活动而堆填的土称为人工填土，根据组成和成因，可分为素填土、压实填土、杂填土、冲填土。素填土为由碎石土、砂土、粉土、黏性土等组成的填土。压实填土为经过压实或夯实的素填土。杂填土为含有建筑垃圾、工业废料、生活垃圾等杂物的填土。冲填土为由水力冲填泥砂形成的填土。人工填土的物质成分比较复杂，均匀性较差，一般不宜作为地基使用。

7. 特殊土

特殊土指在特定地理环境或人为条件下形成的具有特殊性质的土，它一般具有特殊成分、状态和结构特征，分布一般具有明显的区域性。

（1）淤泥或淤泥质土。淤泥为在静水或缓慢的流水环境中沉积，并经生物化学作用形成，天然含水率 $\omega > \omega_L$，天然孔隙比 $e \geqslant 1.5$ 的黏性土。淤泥质土为天然含水率 $\omega > \omega_L$，$1 \leqslant e < 1.5$ 的黏性土或粉土。淤泥或淤泥质土大多具有高灵敏度的结构性，分布于我国沿海一带及内陆河流下游湖泊与沼泽地区。

（2）红黏土。红黏土指碳酸盐岩系的岩石经红土化作用形成的高塑性黏土，其液限一般大于 50。红黏土经再搬运后仍保留其基本特征，其液限大于 45 的土为次生红黏土。我国的红黏土主要分布于云贵高原、南岭山脉南北两侧以及湘西、鄂西丘陵山地等地。

（3）膨胀土。膨胀土指在环境的温度和湿度变化时，具有显著的吸水膨胀和失水收缩特性，自由膨胀率大于或等于 40%的黏性土。膨胀土在一般情况下强度较高，压缩性较低，而一旦遇水，膨胀土中的亲水性矿物使土体吸水膨胀，可能对与其接触的建筑物产生强烈的膨胀上抬作用而导致建筑物开裂、变形而破坏；而土中水分减少时，土体失水收缩可使土体产生程度不同的裂隙，导致其自身强度的降低或消失。我国是膨胀土分布最广、面积最大的国家之一。

(4) 湿陷性土。湿陷性土指浸水后结构迅速破坏，强度大大削弱，产生附加沉降，湿陷系数不小于0.015的土。湿陷性土有湿陷性黄土、干旱和半干旱地区的具有崩解性的碎石土和砂土等。

(二)《土的分类标准》(GBJ 145—1990) 对土 (岩) 的分类

GBJ 145—1990对岩土的分类体系源于美国卡萨格兰德 (A. Casagrande，1948) 的分类，与一些欧美国家的土分类体系原则上没有太大的差别，只是在某些细节上有所变动。它是我国的国家标准，适用于各类工程用土，包括一般土和特殊土，但不包括混凝土用砂、石料和有机土。下面介绍《土的分类标准》(GBJ 145—1990) 对细粒土的分类方法。

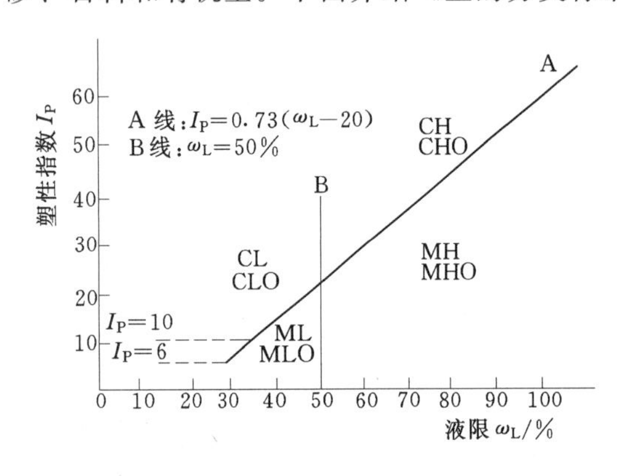

图1-11 10mm液限塑性图

试样中粒径小于0.075mm的粒组质量不小于总质量50%的土称为细粒土。细粒土可根据塑性图进行分类。塑性图是由卡萨格兰德在大量试验资料的基础上首先提出来的，塑性图的横坐标为土的液限 ω_L，纵坐标为塑性指数 I_P。根据所采用的液限标准不同有两种塑性图，当取液限仪锥尖入土深度为10mm对应的含水率为液限时，采用图1-11进行分类。当取液限仪锥尖入土深度为17mm对应的含水率为液限时，所采用的塑性图不同。目前，国内不同行业选用的液限标准不同，应用时要注意。

若对应于土的塑性指数和液限的点位于图1-11中A线以上，且 $I_P \geqslant 10$，表示土的塑性高，属黏土或有机质黏土。若对应于土的塑性指数和液限的点位于A线以下，且 $I_P < 10$，表示土的塑性低，属粉土或有机质粉土。在图1-11中用一条竖线B，又将黏土和粉土各细分为两类。当对应土的液限的点在B线左侧时为低液限黏土 (CL) 或低液限粉土 (ML)，液限在B线右侧时为高液限黏土 (CH) 或高液限粉土 (MH)。土的具体定名和代号见表1-10。

表1-10 细粒土的分类 (10mm液限)

土的塑性指数在塑性图中的位置		土代号	土名称
塑性指数 I_P	液限 ω_L		
$I_P \geqslant 0.73(\omega_L-20)$ 和 $I_P \geqslant 10$	$\omega_L \geqslant 50\%$	CH	高液限黏土
	$\omega_L < 50\%$	CL	低液限黏土
$I_P < 0.73(\omega_L-20)$ 和 $I_P < 10$	$\omega_L \geqslant 50\%$	MH	高液限粉土
	$\omega_L < 50\%$	ML	低液限粉土

若细粒土内粗粒含量为25%～50%，则该土属含粗粒的细粒土，并对含粗粒的类型进行分类。粗粒中砾粒占优势，称为含砾细粒土，在细粒土代号后缀以代号G；当粗粒中砂粒占优势，则该土属含砂细粒土，在细粒土代号后加S，如CLS、MHS等。

若细粒土内含部分有机质，则土名前加有机质，土代号后加O，如高液限有机质黏土（CHO），低液限有机质粉土（MLO）等。

必须指出的是，塑性图给出的是以符号表示的土类名称，而不是土名称。在同一土类中，可以包括许多名称不同而性质相近的土，如低液限无机黏土可包括砂质黏土、粉质黏土、黄土等。因此，在确定土类以后，还应根据地质名称、习惯名称等为土命名，并进行必要的描述。

思　考　题

1－1　土是如何形成的？粗粒土和细粒土的组成有何不同？

1－2　土的物理性质指标中哪些是直接测定指标？各是如何测定的？

1－3　甲土的饱和度大于乙土，则甲土的含水率是否一定高于乙土？

1－4　说明土的天然重度、饱和重度、浮重度和干重度的物理概念及相互关系，并比较同一种土的数值大小。

1－5　土的颗粒级配曲线的特征可用哪两个参数表示？如何利用土的颗粒级配曲线判别土的级配好坏？

1－6　判别无黏性土密实度的指标有哪几种？如何进行判别？

1－7　什么是黏性土的界限含水率？界限含水率有哪些？黏性土按含水率的不同分为哪几种状态？

1－8　什么是土的最大干密度和最优含水率？如何确定？

1－9　什么是土的压实性？土压实的目的是什么？

1－10　《建筑地基基础设计规范》（GB 50007—2011）规定，根据塑性指数如何对黏性土进行分类？

1－11　什么是土的灵敏度和触变性？研究土的结构性有何工程意义？

1－12　建筑地基基础工程中将地基土划分为哪些类别？

习　题

1－1　已知A、B土颗粒级配如图1－12所示，（1）求A土中各粒组的含量；（2）求A、B土的C_u、C_c并判别其级配是否良好。（参考答案：48.7，1.02；4.67，1.1）

1－2　某原位土样天然密度$\rho=2.1\text{g/cm}^3$，含水率$\omega=15\%$，土粒比重$G_s=2.71$，求其饱和度S_r和孔隙比e。（答案：84.7%，0.48）

1－3　某砂土的天然重度$\gamma=17.6\text{kN/m}^3$，含水率$\omega=8.6\%$，土粒比重$G_s=2.66$，最小孔隙比$e_{min}=0.362$，最大孔隙比$e_{max}=0.716$，求砂土的相对密实度D_r。（答案：0.21，松散状态）

1－4　某土坝施工中，上坝材料的天然含水率$\omega=10\%$，干重度$\gamma_d=12.7\text{kN/m}^3$，土粒比重$G_s=2.70$，要求碾压后饱和度达到95%，干重度达到$16.8\text{kN/m}^3$，若每日填筑坝体$5000\text{m}^3$，问每日上坝多少土？共需加多少水？（答案：$6614\text{m}^3$，1059t）

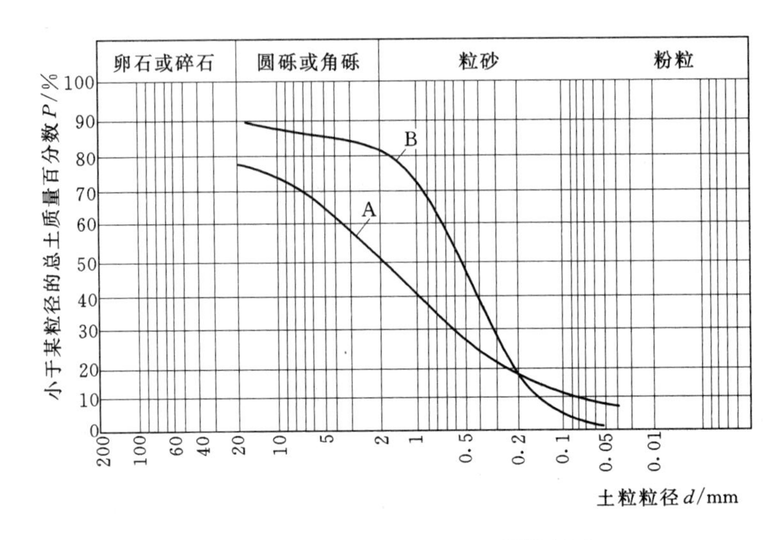

图 1-12　习题 1-1 A、B 土颗粒级配

1-5　从 A、B 两地土层中各取黏性土样进行试验，恰好液、塑限相同，液限 $\omega_L=45\%$，塑限 $\omega_P=30\%$，但 A 地基土的含水率 $\omega=45\%$，B 地基土的含水率 $\omega=25\%$，求 A、B 两地地基土的液性指数，判断土的软硬状态，确定哪个地基土比较好。（答案：1，−0.33，B 地基土较好）

1-6　某无黏性土样的颗粒分析结果如表 1-11 所示，试确定该土样的名称。

表 1-11　各粒组含量

粒径/mm	20～2	2～0.5	0.5～0.25	0.25～0.075	0.075～0.05	<0.05
粒组含量/%	10.5	19.0	25.0	20.0	18.0	7.5

第二章　土的渗透性和渗透问题

在水位差作用下，水透过土体孔隙的现象称为渗透。土具有被水透过的性能称为土的渗透性。图 2－1（*a*）所示为土坝蓄水后，水从上游透过坝身填土孔隙流向下游的例子；图 2－1（*b*）所示为隧道开挖时，地下水向隧道内流动的例子。

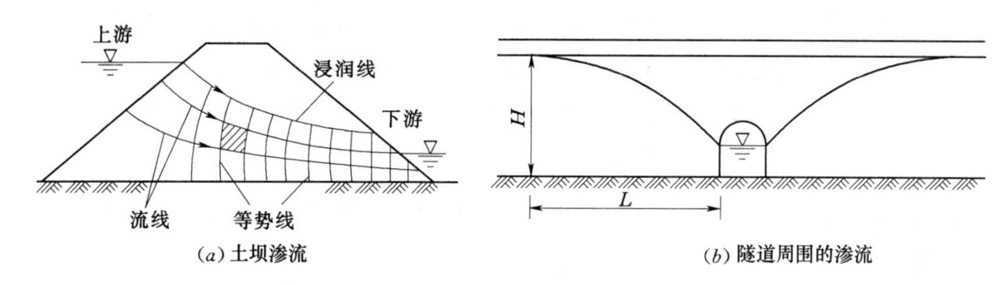

图 2－1　土木工程中的渗流问题

工程中渗透（或渗流）所涉及的范围和问题很多，诸如基坑涌水、闸坝挡水、打井取水、筑堤防洪、渠道防渗等均有渗透问题。为此，必须对土的渗透性质、水在土中渗透的规律及其与工程的关系进行研究。

本章主要讨论水在土体中的渗透规律以及与渗透有关的土体变形问题，此外，还将介绍渗流工程问题与处理措施。

第一节　达　西　定　律

一、达西定律

土体中土粒和孔隙的形状与大小极不规则，因而水在孔隙中的渗透极其复杂。然而，由于土体中的孔隙一般非常微小，水在土体中流动时的黏滞阻力很大、流速缓慢，因此，其流动状态大多属于层流。

1856 年，法国学者达西（Darcy）利用图 2－2 所示的试验装置对砂土的渗透性进行了研究，发现水在土中的渗透速度与试样的水力梯度（或水力坡降）成正比。于是，他把渗透速度表示为

$$v=ki=k\frac{h}{L} \tag{2-1}$$

或用渗流量表示为

$$q=vA=kiA \tag{2-2}$$

这就是著名的达西渗透定律。

式中 v——渗透速度，cm/s 或 m/d；

q——渗流量，cm^3/s 或 m^3/d；

i——水力坡降（水力梯度），即沿渗流方向单位距离的水头损失，无因次；

h——试样两端的水头差，cm 或 m；

L——渗径长度；cm 或 m；

k——渗透系数，cm/s 或 m/d，其物理意义是当水力梯度 $i=1$ 时的渗透速度；

A——试样截面积，cm^2 或 m^2。

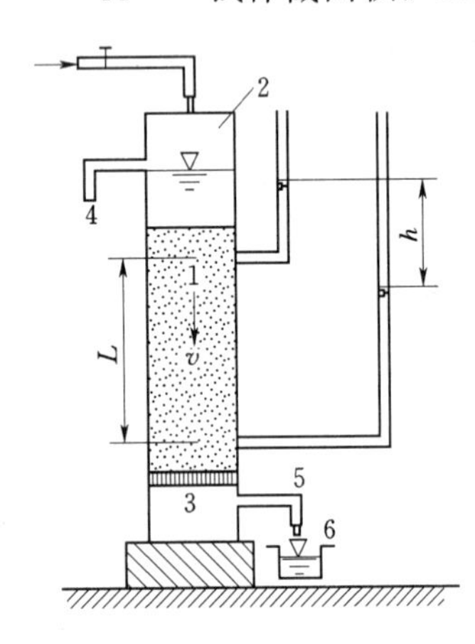

图 2-2 达西渗透试验示意图
1—砂样；2—直立固筒；3—滤板；4—溢水管；5—出水管；6—量杯

必须指出，由式（2-1）求出的渗透速度是一种假想的平均流速，它假定水在土中的渗透是通过整个土体截面来进行的。而实际上，水仅仅通过土体中的孔隙流动。因此，水在土体中的实际平均流速要比达西定律采用的假想平均流速大。要直接测定实际平均流速是困难的，因此，目前在渗流计算中广泛采用的是假想平均流速。

二、达西定律的适用范围与起始水力坡降

从式（2-1）可知，砂土的渗透速度与水力坡降呈线性关系，如图 2-3（a）所示。但是，对于密实的黏土，由于结合水具有较大的黏滞阻力，因此，只有当水力坡降达到某一数值，克服了结合水的黏滞阻力后才能发生渗透。使黏性土开始发生渗透时的水力坡降称为黏性土的起始水力坡降。

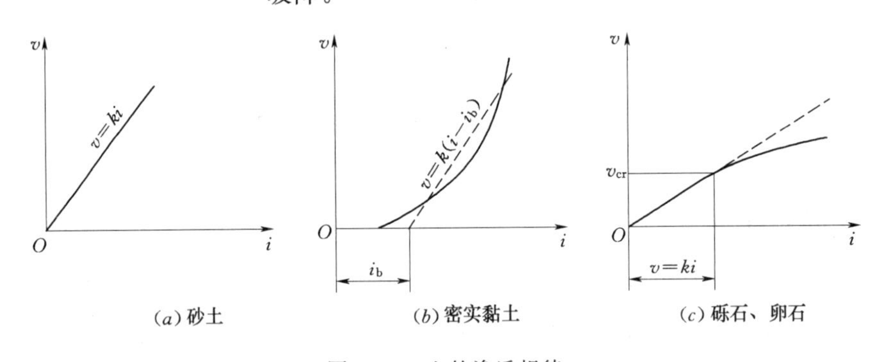

（a）砂土　（b）密实黏土　（c）砾石、卵石

图 2-3 土的渗透规律

试验资料表明，黏性土不仅存在起始水力坡降，而且渗透系数与水力坡降的规律还偏离达西定律而呈非线性关系，如图 2-3（b）中的虚线所示。但为了使用方便，常用虚直线来描述密实黏土的渗透规律，其表达式为

$$v=k(i-i_b) \tag{2-3}$$

式中 i_b——密实黏土的起始水力坡降；

其余符号意义同前。

在粗粒土中（如砾、卵石等），只有在较小的水力坡降下，渗透速度与水力坡降才呈

线性关系。当渗透速度超过临界流速 v_{cr} 时，水在土中的流动进入紊流状态，渗透速度与水力坡降呈非线性关系，如图 2-3（c）所示，此时，达西定律不能适用。

第二节　渗透系数及其确定方法

渗透系数是直接衡量土的透水性强弱的指标，常用于工程渗流计算。渗透系数必须由试验直接测定。

一、渗透试验

土的渗透系数可由现场或室内试验确定，现场与室内试验的基本原理相同，均以达西定律为依据，前者可参考工程地质与水文地质方面的书籍，这里介绍室内渗透试验。室内渗透试验按仪器类型分为常水头和变水头两种。

（一）常水头试验

常水头试验适用于透水性大（$k>10^{-3}$ cm/s）的土，例如砂土。

常水头试验就是在整个试验过程中，水头保持不变。其试验装置如图 2-4 所示。设试样的渗径长度为 L，截面积为 A，作用于试样的水头差为 h，这三者均可直接测定。试验时测出某时间间隔 t 内流过试样的总水量 V，根据达西定律

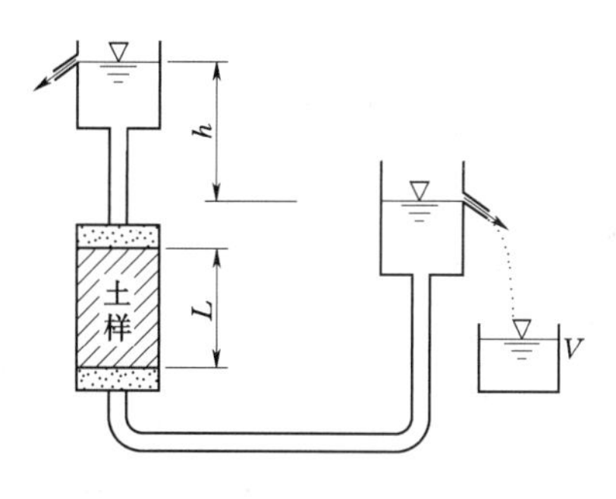

图 2-4　常水头试验装置示意图

$$V=qt=kiAt=k\frac{h}{L}At$$

即

$$k=\frac{VL}{hAt} \tag{2-4}$$

（二）变水头试验

黏性土由于渗透系数很小，流经试样的总水量也很小，不易准确测定。因此，应采用变水头试验。

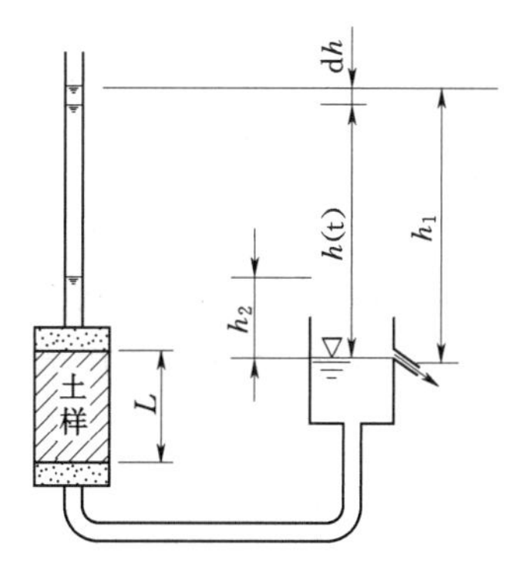

图 2-5　变水头试验装置示意图

变水头试验就是在整个试验过程中，水头随时间而变化的一种试验方法。其试验装置如图 2-5 所示。土样的一端与细玻璃管相接，细玻璃管的内截面积为 a。

试验过程中，任一时刻 t 的水头差为 h，经时段 dt 后，细玻璃管中水位降落 dh，则在时段 dt 内流经试样的水量为

$$\mathrm{d}V=-a\mathrm{d}h \tag{2-5}$$

式中的负号表示水量 V 随水头差 h 的降低而增加。

根据达西定律，在时段 dt 内流经试样的水量又可表示为

$$\mathrm{d}V=kiA\mathrm{d}t=k\frac{h}{L}A\mathrm{d}t \tag{2-6}$$

玻璃管减少的水量与流经土样的水量相等，由上两式可得

$$-a\mathrm{d}h=k\frac{h}{L}A\mathrm{d}t$$

分离变量后两端积分

$$\int_{t_1}^{t_2}\mathrm{d}t=-\int_{h_1}^{h_2}\frac{aL}{kA}\frac{\mathrm{d}h}{h}$$

得到土的渗透系数

$$k=\frac{aL}{A(t_2-t_1)}\ln\frac{h_1}{h_2}$$

如用常用对数表示，上式可写为

$$k=2.3\frac{aL}{A(t_2-t_1)}\lg\frac{h_1}{h_2} \tag{2-7}$$

各类土的渗透系数参考值见表 2-1。

表 2-1 土的渗透系数参考值

土类	渗透系数/(cm·s^{-1})	土类	渗透系数/(cm·s^{-1})
砾石	$>10^{-1}$	粉砂	$10^{-3}\sim10^{-4}$
砾砂	10^{-1}	粉土	$10^{-4}\sim10^{-5}$
粗砂	10^{-2}	粉质黏土	$10^{-5}\sim10^{-6}$
中砂	10^{-2}	黏土	$<10^{-7}$
细砂	10^{-3}		

二、影响渗透系数的因素

影响渗透系数的因素很多，其中主要有以下几种。

(一) 土粒大小与级配

土粒大小与级配对土的渗透性影响较大。细粒含量越多，土的渗透性越小，例如砂土中粉粒及黏粒含量越多时，砂土的渗透系数就会大大减小。

(二) 土的密实度

同一种土在不同的密实状态下具有不同的渗透系数，土的密度增大，孔隙比就变小，土的渗透性也随之减小。因此，测定渗透系数时必须考虑土的密实状态。

(三) 水的动力黏滞系数

土的渗透系数是水的动力黏滞系数的函数，动力黏滞系数随水温发生明显的变化。水温愈高，水的动力黏滞系数愈小，土的渗透系数则愈大。所以，为了比较不同土的渗透系数，一般将某一温度下测得的渗透系数换算为 20℃时的渗透系数，即

$$k_{20}=k_{\mathrm{T}}\frac{\eta_{\mathrm{T}}}{\eta_{20}} \tag{2-8}$$

式中 k_{T}、k_{20}——T℃和 20℃时土的渗透系数；

η_{T}、η_{20}——T℃和 20℃时水的动力黏滞系数，见表 2-2。

（四）土中封闭气体含量

土中封闭气体阻塞渗流通道，使土的渗透系数降低。封闭气体含量愈多，土的渗透性愈小。所以，在进行渗透试验时，要求土样充分饱和。

此外，土中有机质和胶体颗粒的存在以及土的结构构造等都会影响土的渗透系数。

表 2-2　不同温度时水的动力黏滞系数比

温度/℃	5.0	5.5	6.0	6.5	7.0	7.5	8.0	8.5	9.0	9.5	10.0	10.5
η_T/η_{20}	1.501	1.478	1.455	1.435	1.414	1.393	1.373	1.353	1.334	1.315	1.297	1.279
温度/℃	11.0	11.5	12.0	12.5	13.0	13.5	14.0	14.5	15.0	15.5	16.0	16.5
η_T/η_{20}	1.261	1.243	1.227	1.211	1.194	1.176	1.163	1.148	1.133	1.119	1.104	1.090
温度/℃	17.0	17.5	18.0	18.5	19.0	19.5	20.0	20.5	21.0	21.5	22.0	22.5
η_T/η_{20}	1.077	1.066	1.050	1.038	1.025	1.012	1.000	0.988	0.976	0.964	0.953	0.943
温度/℃	23.0	24.0	25.0	26.0	27.0	28.0	29.0	30.0	31.0	32.0	33.0	34.0
η_T/η_{20}	0.932	0.910	0.890	0.870	0.850	0.833	0.815	0.798	0.781	0.765	0.750	0.735

三、成层土的渗透系数

天然沉积土往往由渗透性不同的土层所组成。当各土层的渗透系数和厚度已知时，可求出整个土层在水流平行层面和垂直层面两种情况时的等效渗透系数。

（一）平行层面渗透系数

图 2-6（a）为平行土层层面渗流的区域，每层土各向同性。设各土层的水平向渗透系数分别为 k_1、k_2、…、k_n，土层厚度分别为 H_1、H_2、…、H_n，总厚度为 H。若通过各土层单位宽度的渗流量为 q_1、q_2、…、q_n，则通过整个土层的总渗流量 q_x 应为各土层渗流量之总和，即

$$q_x = q_{1x} + q_{2x} + \cdots + q_{nx} = \sum_{i=1}^{n} q_{ix}$$

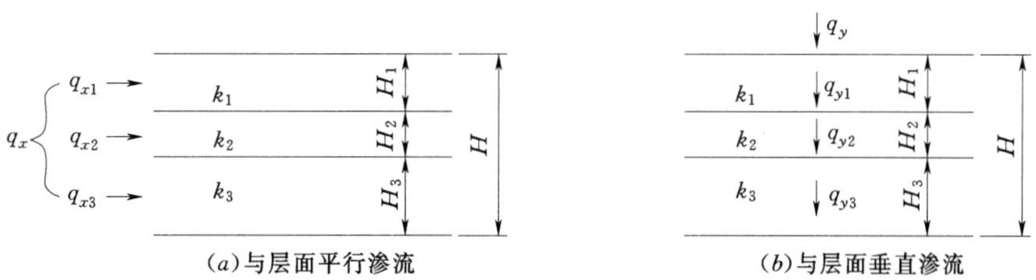

（a）与层面平行渗流　　（b）与层面垂直渗流

图 2-6　成层土的渗流

根据达西定律，将总渗流量用土层的平均渗透系数 k_x 表达，则

$$q_x = k_x i H$$

$$\sum_{i=1}^{n} q_{ix} = k_1 i H_1 + k_2 i H_2 + \cdots + k_n i H_n$$

因此，最后得到整个土层与层面平行的等效渗透系数为

$$k_x = \frac{1}{H}\sum_{i=1}^{n} k_i H_i \tag{2-9}$$

这相当于各层渗透系数按厚度加权的算术平均值。

（二）垂直层面渗透系数

图2-6（b）为垂直土层层面渗流的区域，用类似的方法求解。设通过各土层的渗流量为q_1、q_2、…、q_n，根据水流连续定理，通过整个土层的渗流量q_y必等于通过各土层的渗流量，即

$$q_y = q_{1y} = q_{2y} = \cdots = q_{ny} \tag{2-10}$$

设渗流通过各土层的水头损失分别为h_1、h_2、…、h_n，水力坡降为i_1、i_2、…、i_n，总的水力坡降为i。由达西定律可得

$$k_y iA = k_1 i_1 A = k_2 i_2 A = \cdots = k_n i_n A \tag{2-11}$$

式中 k_y——与层面垂直的土层等效渗透系数；

A——渗流经过的截面积。

又因总水头损失等于各层水头损失的总和，故

$$Hi = H_1 i_1 + H_2 i_2 + \cdots + H_n i_n \tag{2-12}$$

将式（2-11）代入式（2-10）可得

$$k_y \frac{1}{H}(i_1 H_1 + i_2 H_2 + \cdots + i_n H_n) = k_1 i_1 = k_2 i_2 = \cdots = k_n i_n \tag{2-13}$$

将上式经整理后即可得垂直层面的等效渗透系数为

$$k_y = \frac{H}{\dfrac{H_1}{k_1} + \dfrac{H_2}{k_2} + \cdots + \dfrac{H_n}{k_n}} \tag{2-14}$$

由式（2-8）和式（2-13）可知，k_x可近似由最透水层的渗透系数和厚度控制，而k_y则可近似由最不透水层的渗透系数和厚度控制。因此成层土与层面平行的平均渗透系数k_x总大于与层面垂直的平均渗透系数k_y。

【例2-1】 设做变水头渗透试验的黏土试样的截面积为30cm²，厚度为4cm，渗透仪细玻璃管的内径为0.4cm，试验开始时的水位差为160cm，经时段15min观察得水位差为52cm，试验时的水温为30℃，试求试样的渗透系数。

解：已知试样的截面积$A=30\text{cm}^2$，渗径长度$L=4\text{cm}$，细玻璃管的内截面积$a=\frac{\pi d^2}{4}=\frac{3.14\times(0.4)^2}{4}=0.1256\ (\text{cm}^2)$，$h_1=160\text{cm}$，$h_2=52\text{cm}$，$\Delta t=900\text{s}$。

由式（2-6）可得试样在30℃时的渗透系数为

$$k_{30} = 2.3\frac{aL}{A(t_2-t_1)}\lg\frac{h_1}{h_2} = 2.3\times\frac{0.1256\times4}{30\times900}\times\lg\frac{160}{52} = 2.09\times10^{-5}(\text{cm/s})$$

试样在20℃时的渗透系数为

$$k_{20} = k_{30}\frac{\eta_{30}}{\eta_{20}} = 2.09\times10^{-5}\times0.798 = 1.65\times10^{-5}(\text{cm/s})$$

第三节　渗透力和渗透变形

一、渗透力和临界水力坡降

（一）渗透力

水在土体中流动时，受到土粒阻力而消耗能量，引起水头损失。将渗透水流施加于单位土粒上的拖曳力称为渗透力（动水压力）。

如图 2-7 所示，设试样的截面积为 A，渗流进口（1—1 面）与出口（2—2 面）两测压管的水面高差为 h，它表示水从进口面流过 L 厚度的试样到达出口面时，必须克服整个试样内土粒对水流的阻力，该阻力所引起水头的损失 h。于是土粒对水流的阻力应为

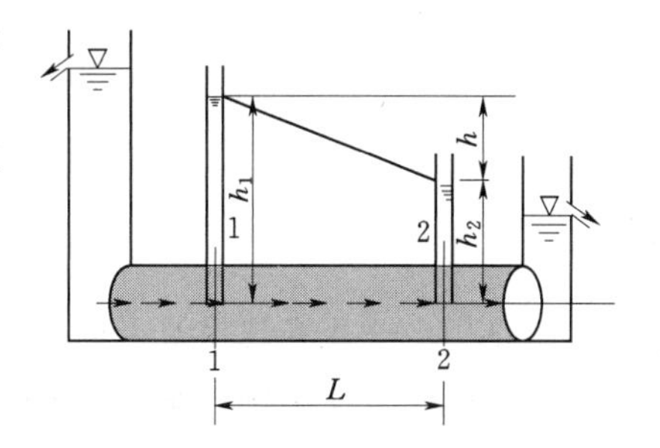

图 2-7　渗透力计算示意图

$$F=\gamma_w hA$$

由于土中渗透速度一般极小，流动水体的惯性力可以忽略不计。根据牛顿第三定律，渗流作用于试样的总渗流力 J 应和试样中土粒对水流的阻力 F 大小相等而方向相反，即

$$J=F=\gamma_w hA$$

渗流作用于单位土体的力（即渗透力）为

$$j=\frac{J}{AL}=\frac{\gamma_w hA}{AL}=i\gamma_w \tag{2-15}$$

渗透力 j 是渗流对单位土体的作用力，其大小与水力坡降成正比，作用方向与渗流方向一致，单位为 kN/m^3。分析式（2-15）的推导，可知渗透力为均匀分布的体积力（内力），是由渗流作用于试样两端 1—1 面与 2—2 面的孔隙水压力差（外力）转化的结果。

由于渗透力的存在，将使土体内部受力发生变化，这种变化对土体稳定性有着很大的影响。例如，图 2-8 中坝下渗流 a 点，由于渗透力方向与重力一致，渗透力促使土体压密、强度提高，因而有利于土体的稳定。b 点的渗流方向近乎水平，使土粒产生向下游移动的趋势，对稳定不利。c 点的渗流力与重力方向相反，当渗透力大于土体的有效重度，土粒将被水流冲出。

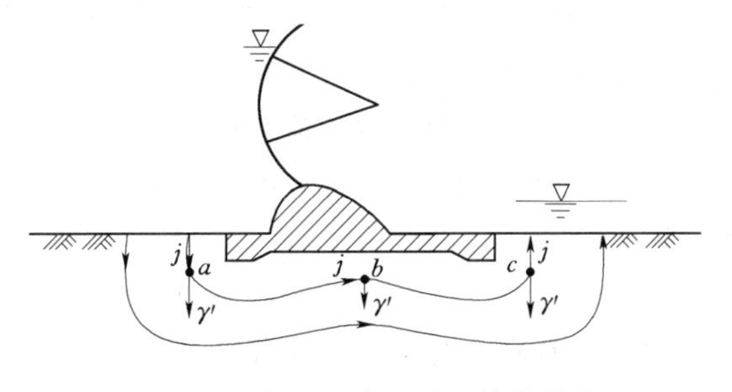

图 2-8　闸基下渗流对土体的影响

（二）临界水力坡降

使土体开始发生渗透变形的水力坡降为临界水力坡降，它可以用试验方法或计算方法加以确定。但由于目前计算方法还不完善，故对重要工程宜以试验及实测方法来确定土的临界坡降。

对图 2-8 所示的闸基 c 点处的单位土

体进行分析，在土颗粒即将向上发生移动的临界状态，其渗透力与有效重度达到平衡，即

$$j=\gamma'$$

又由于 $j=i_{cr}\gamma_w$，所以

$$i_{cr}=\frac{\gamma'}{\gamma_w} \tag{2-16}$$

式中 i_{cr}——土的临界水力坡降。

已知土的有效重度 γ'为

$$\gamma'=\frac{(G_s-1)\gamma_w}{1+e}=\gamma_{sat}-\gamma_w \tag{2-17}$$

将式（2-17）代入式（2-16）得临界坡降 i_{cr}为

$$i_{cr}=\frac{G_s-1}{1+e}=\frac{\gamma_{sat}-\gamma_w}{\gamma_w} \tag{2-18}$$

式中 G_s、e——土粒比重及土的孔隙比；

γ_{sat}——土的饱和重度，kN/m^3；

γ_w——水的重度，kN/m^3。

在工程计算中，将土的临界水力坡降除以某一安全系数 F_s（约为 2～3）后，作为允许水力坡降 $[i]$。设计时，为保证建筑物的安全，将渗流逸出处的水力坡降控制在允许坡降 $[i]$ 内，即

$$i\leqslant[i]=\frac{i_{cr}}{F_s} \tag{2-19}$$

二、渗透变形

渗透水流将土体的细颗粒冲走、带走或使局部土体产生移动，导致土体变形，这类问题称为渗透变形问题。按土体局部破坏的特征，将渗透变形分为流土和管涌。

研究渗透变形的目的是弄清变形的形式，确定濒临破坏时的临界水力梯度，从而合理地选择防渗措施。

（一）渗透变形的基本形式

1. 流土

在渗流作用下，局部土体表面隆起，或某一范围内土粒群同时发生移动的现象称为流土。流土发生于地基或土坝下游渗流出逸处，而不发生于土体内部。开挖基坑或渠道时常常遇到的流砂现象，就属于流土破坏。细砂、粉砂、淤泥等较易发生流土破坏。

图 2-9（*a*）为河堤下相对不透水层下面有一层强透水砂层。由于堤外水位高涨，局部覆盖层被水流冲溃，砂土大量涌出，危及堤防安全。

2. 管涌

在渗流作用下，无黏性土中的细小颗粒通过较大颗粒的孔隙，发生移动并被带出的现象称为管涌。地基土或坝体在渗透水流作用下，其细小颗粒被冲走，孔隙逐渐增大，慢慢

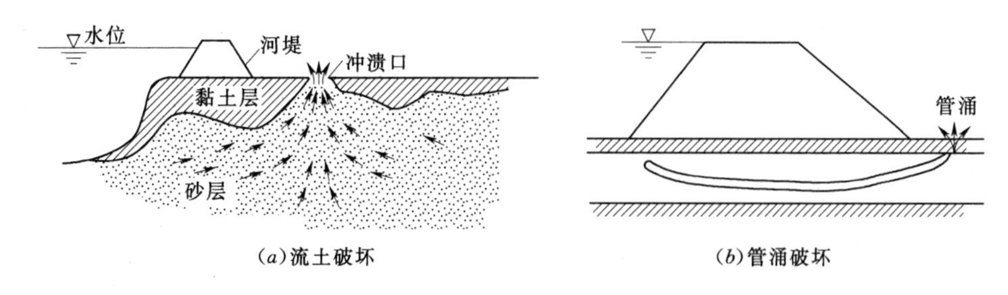

(a)流土破坏　　(b)管涌破坏

图 2-9　河堤渗流破坏实例

形成一种能穿越地基的细管状渗流通道，从而掏空地基或坝体，使地基或斜坡变形或失稳。所以管涌既可以发生在土体内部，也可以发生在渗流出口处。它的发展一般有个时间过程，是一种渐进性的破坏。

图 2-9 (b) 表示河堤管涌失事的例子。开始土体中的细颗粒沿渗流方向移动并不断流失，继而较粗颗粒发生移动，从而在土体内部形成管状通道，带走大量砂粒，最后上部土体坍塌。

产生管涌的条件比较复杂，从单个土粒看，只要向上的渗透力大于土粒的浮重度，土粒即可被向上冲出。实际上管涌可能在水平方向发生，土粒之间还有摩擦力等的作用，它们很难计算确定。因此，发生管涌的临界水力梯度 i_{cr} 一般通过试验确定。

试验装置如图 2-10 (a) 所示，抬高贮水容器，水头差 h 增大，渗透速度随之增大。当水头差增大到一定程度后，可观察到试样中细小土粒的移动，此时的水力坡降即为发生管涌的临界水力坡降。在试验中可测定出不同水力坡降 i 对应的渗透速度 v，绘制出 v—i 关系曲线，如图 2-10 (b)。从 v—i 关系曲线可发现，在管涌前后分为两条直线，这两条直线的交点对应的水力坡降即为发生管涌的临界水力坡降 i_{cr}。工程中对管涌安全性进行评价时，通常可取 $k=1.5\sim2.0$。

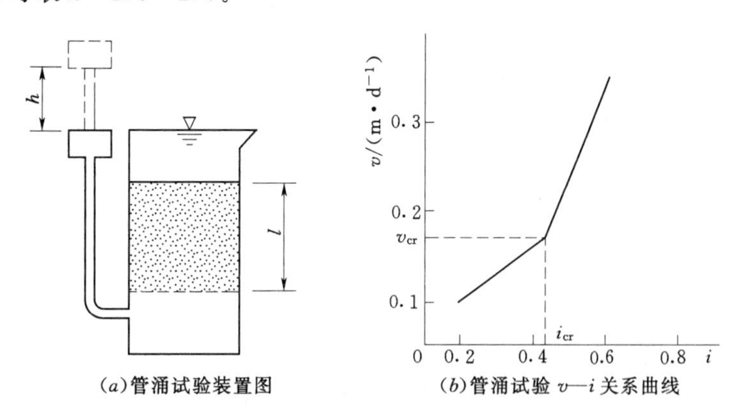

(a)管涌试验装置图　　(b)管涌试验 v—i 关系曲线

图 2-10　管涌试验

(二) 流土与管涌的判别

渗透变形的形式主要与土的类别、颗粒级配以及水力条件等因素有关。在工程实践中，土的渗透变形判别分析如下。

黏性土由于粒间具有黏聚力，联结较紧，常不出现管涌而只发生流土破坏。一般认为

不均匀系数 $C_u<10$ 的匀粒砂土，在一定的水力梯度下，局部地区较易发生流土破坏。

对 $C_u>10$ 的砂和砾石、卵石，分两种情况。当孔隙中细粒含量较少（小于 30%）时，由于阻力较小，只要较小的水力坡降，就足以推动这些细粒发生管涌。如它们的孔隙中细粒增多，以至塞满全部孔隙（此时细料含量约为 30%～35%），此时的阻力最大，便不出现管涌而会发生流土现象。

【例 2-2】 某土坝地基土的比重 $G_s=2.68$，孔隙比 $e=0.82$，下游渗流出口处经计算水力坡降 i 为 0.2，若取安全系数 F_s 为 2.5，试问该土坝地基出口处土体是否会发生流土破坏？

解： 临界水力坡降

$$i_{cr}=\frac{G_s-1}{1+e}=\frac{2.68-1}{1+0.82}=0.92$$

允许水力坡降

$$[i]=\frac{i_{cr}}{F_s}=\frac{0.92}{2.5}=0.37$$

由于实际水力坡降 $i<[i]$，故土坝地基出口处土体不会发生流土破坏。

第四节 渗流工程问题与处理措施

在岩土工程勘察、设计、施工过程中，应充分考虑渗流工程问题，分析评价和预测可能产生的后果，提出防护或监测等工程措施。

一、渗流工程问题

（一）地下水的浮托作用

地下水不仅对水位以下的土体产生静水压力和浮托力，并对建筑物基础产生浮托力。

当建筑物位于粉土、砂土、碎石土和节理裂隙发育的岩石地基时，按设计水位的100%计算浮托力；当建筑物位于节理裂隙不发育的岩石地基时，按设计水位的 50%计算浮托力；当建筑物位于黏性土地基时，其浮托力较难准确确定，应结合地区的实际经验考虑。

土体孔隙中的水与外界的地下水相通，其浮托力应为土体的颗粒体积部分的浮力。《建筑地基基础设计规范》（GB 50007—2011）规定，确定地基承载力特征值时，地下水位以下均取有效重度。

（二）地下水的潜蚀作用

在施工降水等活动过程中产生水头差，在渗透力作用下，土颗粒受到冲刷，将细颗粒冲走，使土的结构破坏，称为地下水的潜蚀作用。潜蚀作用通常产生于粉细砂、粉土地层中。

（三）流砂

本章第三节提到流砂属于土的流土渗透破坏类型，通常易在粉细砂和粉土地层中产生，在地下水位以下的基坑开挖、埋设地下管道、打井等工程活动中常出现。流砂在工程施工中能造成大量的土体流动，致使地表塌陷或建筑物的地基破坏，给施工带来很大的困难，影响建筑工程的稳定，因此，必须进行防治。

（四）基坑突涌

当基坑下部有承压水层时，开挖基坑减小了底板隔水层的厚度，如图2-11所示。当隔水层较薄经受不住承压水头压力，承压水头压力就会冲毁基坑底板，这种现象称为基坑突涌。所以，当基坑下部有承压水层时，应评价造成突涌的可能性。

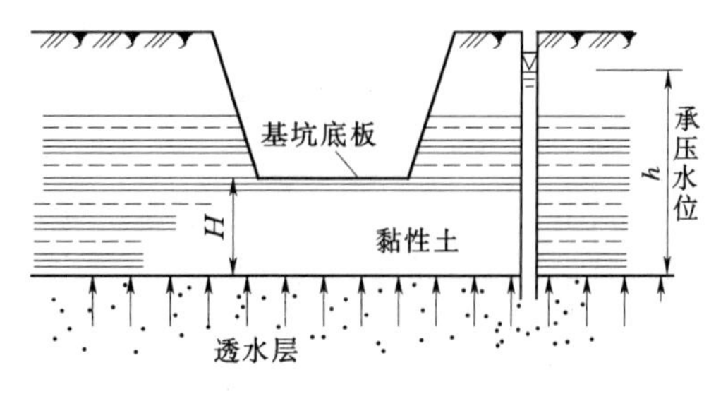

图2-11 基坑底隔水层

二、防渗处理措施

（一）水工建筑物渗流处理措施

水工建筑物的防渗工程措施一般以“上堵下疏”为原则，上游截渗、延长渗径，下游通畅渗透水流，减小渗透压力，防止渗透变形。

1. 垂直截渗

垂直截渗的主要目的是延长渗径，降低上、下游的水力坡度，如果垂直截渗能完全截断透水层，防渗效果更好。垂直截渗墙、帷幕灌浆、板桩等都属于垂直截渗。

如图2-12所示心墙坝混凝土防渗墙，防渗墙完全截断透水层，防渗效果好；若透水层深厚，防渗墙未截断透水层，那么防渗墙起到了延长渗径的作用。

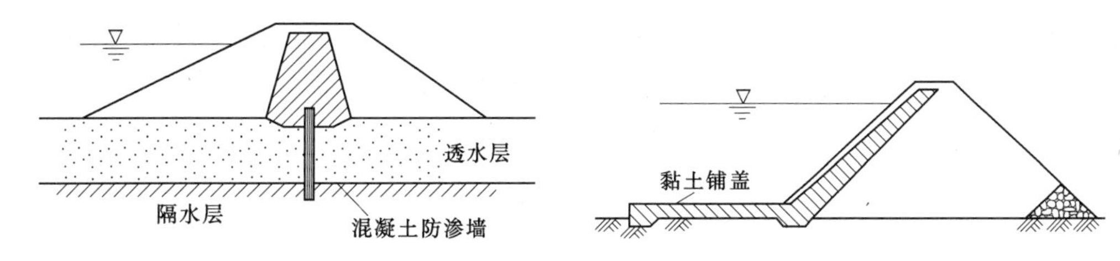

图2-12 心墙坝混凝土防渗墙　　图2-13 水平黏土铺盖防渗

2. 设置水平铺盖

上游设置水平铺盖，如图2-13所示黏土铺盖，与坝体防渗体连接，延长了水流渗透路径。

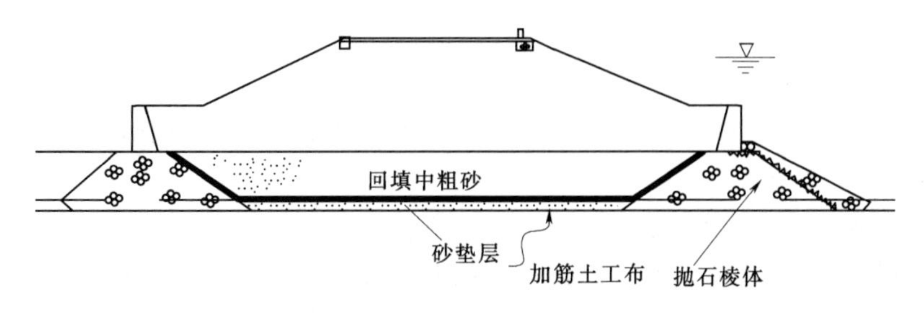

图2-14 河堤基础土工布反滤层

3. 设置反滤层

在水工建筑物下游设置反滤层，既可通畅水流，又起到保护土体、防止细粒流失而产生渗透变形的作用。反滤层可由粒径不等的无黏性土组成，也可由土工布代替，如图2－14所示即为某河堤基础加筋土工布反滤层。

4. 排水减压

为减小下游渗透压力，常常在水工建筑物下游、基坑开挖时，设置减压井或深挖排水槽，如图2－15所示土坝减压井。

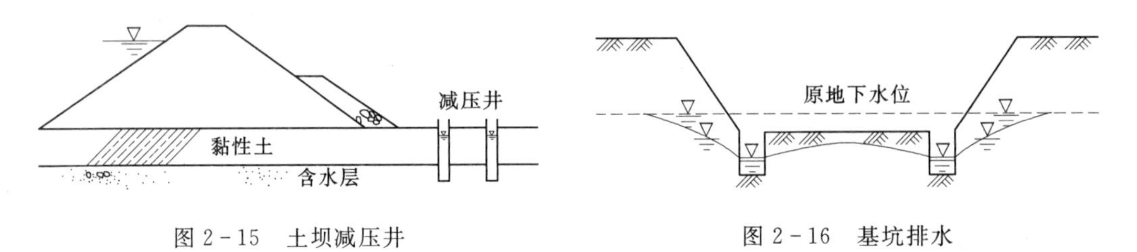

图2－15 土坝减压井

图2－16 基坑排水

(二) 基坑开挖防渗措施

1. 工程降水

可采用明沟排水和井点降水的方法人工降低地下水位。明沟排水就是在基坑内或基坑外设置排水沟、集水井，用抽水设备将地下水从排水沟或集水井排出。浅基坑可用敞开式排水，如图2－16所示基坑排水。

当基坑开挖要求地下水位降得较深时，可采用井点降水的方法。在基坑周围布置一排乃至几排井点，从井中抽水降低水位。井点的间距取1～3m，根据土的种类及要求降水的深度而定。各井的顶部用管子相连，并由一个水泵抽水，如图2－17所示为多级井点降水。

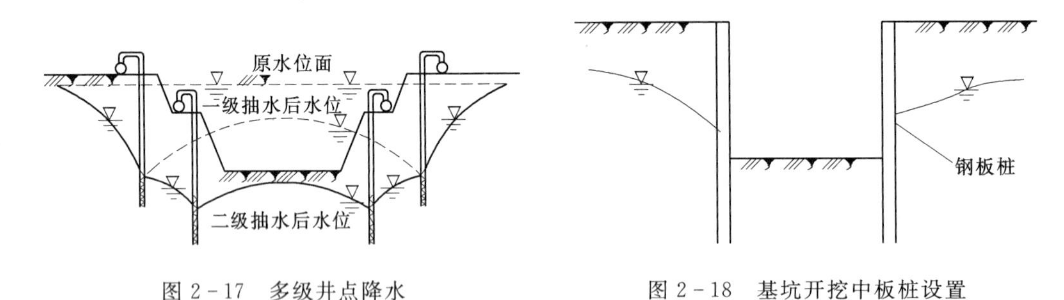

图2－17 多级井点降水

图2－18 基坑开挖中板桩设置

2. 设置板桩

沿坑壁打入板桩，如图2－18所示，它一方面可以加固坑壁，同时增加了地下水的渗流路径，减小水力坡降。

3. 水下挖掘

在基坑或沉井中用机械在水下挖掘，避免因排水而造成流砂的水头差。为了增加砂的稳定性，也可向基坑中注水，并同时进行挖掘。

基坑开挖防渗措施还有冻结法、化学加固法、爆炸法等。

思　考　题

2－1　何谓达西定律？达西定律的适用条件有哪些？

2－2　实验室测定渗透系数的方法有哪几种？它们之间有什么不同？

2－3　何谓渗透力？其大小、方向、单位如何？

2－4　何谓土的临界水力坡降？如何确定土的临界水力坡降？

2－5　渗透变形的基本形式分哪两种？它们分别有什么特征？

2－6　工程上常用的防渗处理措施有哪些？

习　　题

2－1　对某砂土进行常水头渗透试验，试样截面积 A 为 $70cm^2$，试样渗径长度为 10cm，试验水头差为 8cm，水温为 15℃，90s 内流经土样的水量为 $200cm^3$。试求该砂土的渗透系数？（答案：4.5×10^{-2}cm/s）

2－2　对某一原状土样进行变水头试验。试样的截面积为 $32.2cm^2$，长度 $L=3$cm，水头管的截面面积 $a=1.11cm^2$，试验开始的作用水头 $h_1=300$cm，终止水头 $h_2=290$cm，试验经历时间为 40min，水的温度 T 为 15℃。试求该土样的渗透系数 k。（答案：1.66×10^{-6}cm/s）

2－3　在图 2－7 中，已知水头差为 20cm，试样长度为 30cm，试求试样所受的渗透力是多少？若已知试样的 $G_s=2.72$，$e=0.63$，若取安全系数 $F_s=2$，问该试样是否会发生流土现象？（答案：$6.67kN/m^3$；会）

第三章　土 中 应 力 计 算

为了对建筑物地基进行稳定分析和沉降（变形）计算，必须首先了解和计算在建筑物修建前后土体中的应力。地基中的应力，主要包括由土体自重引起的自重应力和由建筑物荷载在地基中引起的附加应力。计算附加应力时，必须首先计算基础底面的压力大小和分布。

本章主要介绍自重应力、基底压力和附加应力的基本概念及其计算方法。

第一节　土 中 自 重 应 力

土体的自重应力指由土体自身的有效重力产生的应力。研究土体的自重应力目的是为了确定其初始应力状态。

假定土体为具有水平表面的半无限弹性体，则土体中所有竖直面和水平面上均不存在剪应力，故土体内部任一点水平面和竖直面上仅作用有竖向的自重应力和水平向的自重应力［图 3－1（a）］。

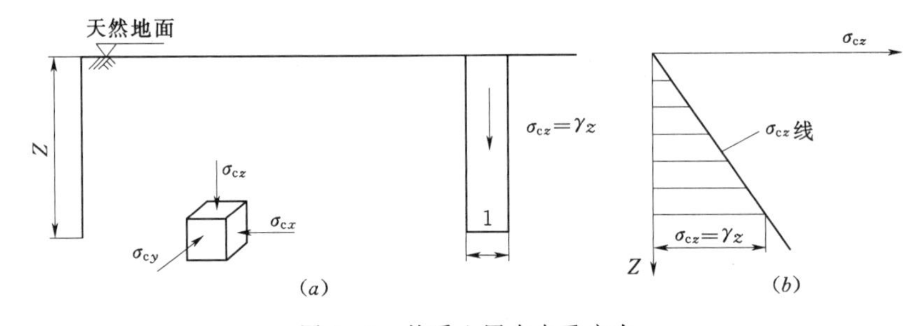

图 3－1　均质土层中自重应力

一、竖直向自重应力

土体中任意深度 z 处的竖向自重应力就等于单位面积上土体的有效重量［图 3－1（a）］。对于天然重度为 γ 的均质土，任意深度 z 处的自重应力，有

$$\sigma_{cz}=\gamma z \tag{3-1}$$

由式（3－1）可知，均质土层中的自重应力随深度线性增加，呈三角形分布［图 3－1（b）］，沿水平面则为均匀分布。

一般情况下，地基由不同性质的成层土组成，并存在地下水，各层土的重度各不相同，在地面以下任一层面处的自重应力为

$$\sigma_{cz}=\gamma_1 h_1+\gamma_2 h_2+\cdots+\gamma_n h_n=\sum_{i=1}^{n}\gamma_i h_i \tag{3-2}$$

式中　n——从天然地面到深度 z 处的土层总数；

　　h_i——第 i 层土的厚度，m；

　　γ_i——第 i 层土的重度，kN/m^3，地下水位以上的土层一般采用天然重度，地下水位以下的土层采用有效重度，毛细饱和带的土层采用饱和重度。

图 3－2 是按式（3－2）计算后绘制的自重应力分布曲线。从自重应力分布曲线可知，非均质土中自重应力沿深度呈折线分布，在重度变化的土层界面和地下水位面上发生转折。

应该说明，在静水条件下，土体中只有粒间应力（即有效应力）才能引起土体变形，土的自重应力是由土体自身的有效重力产生的应力，所以，竖向和水平向的自重应力均是指有效应力。在进行自重应力计算时，地下水位以下土层必须以浮重度代替天然重度。

在地下水位以下，如果埋藏有不透水层（例如基岩层、连续分布的硬黏性土层），由于不透水层中不存在水的浮力，所以层面及层面以下的自重应力按上覆土层的水土总重计算。那么，在不透水层界面上自重应力产生突变（见例 3－1）。

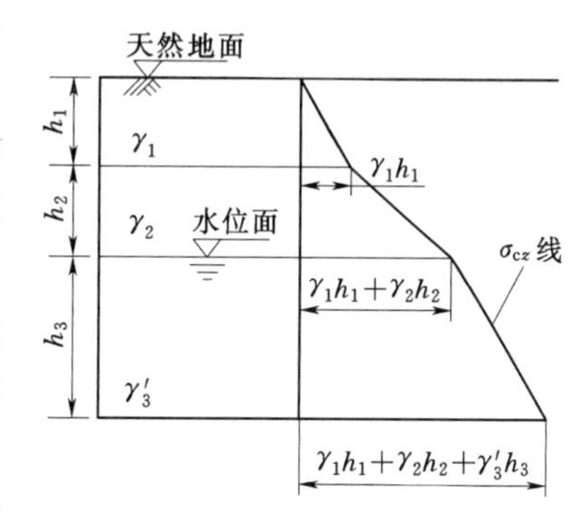

图 3－2　成层土中自重应力分布

地下水位的升降会引起土中自重应力的变化。例如，大量抽取地下水造成地下水位大幅度下降，使原水位以下土体中的有效应力增加，造成地表大面积下沉。

必须指出，自然界中的土层，一般形成至今已经历了很长的地质年代，在自重应力作用下引起的变形早已完成。但对于新近沉积的土层或新近堆填的土层，在自重应力作用下的变形尚未完成，还应考虑它们在自重应力作用下的变形。

二、水平向自重应力

地基中除了作用于水平面上的竖向自重应力以外，还存在作用于竖直面上的水平向自重应力，根据弹性力学广义虎克定律和土体的侧限条件，推导得

$$\sigma_{cx}=\sigma_{cy}=K_0\sigma_{cz} \tag{3-3}$$

式中　K_0——土的侧压力系数（也称静止土压力系数），可通过试验求得，无试验资料时可按经验公式或经验值确定。

【例 3－1】　有一地基由多层土组成，其地质剖面如图 3－3（a）所示，试计算并绘制自重应力 σ_{cz} 沿深度的分布图。

解：

（1）地下水位处　　$h_1=3m$

$$\sigma_{cz}=\gamma_1 h_1=19.0\times3=57.0(kPa)$$

（2）黏土层底面处　　$h_2=2.2m$

$$\sigma_{cz}=\gamma_1 h_1+\gamma_2' h_2=57.0+(20.5-10)\times2.2=80.1(kPa)$$

（3）砂土层底面处　　$h_3=2.5m$

$$\sigma_{cz}=\gamma_1 h_1+\gamma_2' h_2+\gamma_3' h_3=80.1+(19.2-10)\times2.5=103.1(kPa)$$

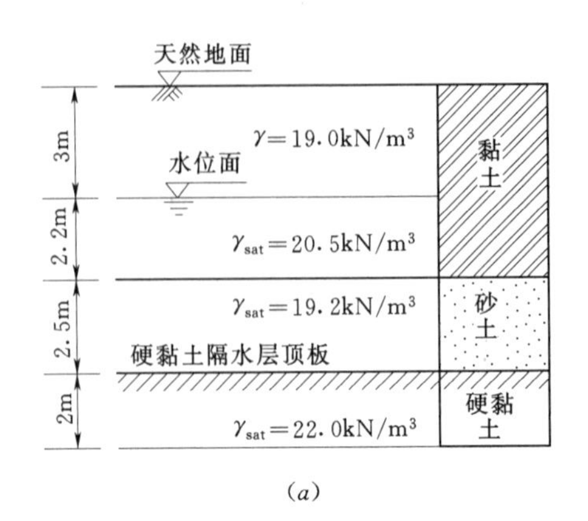

(a)

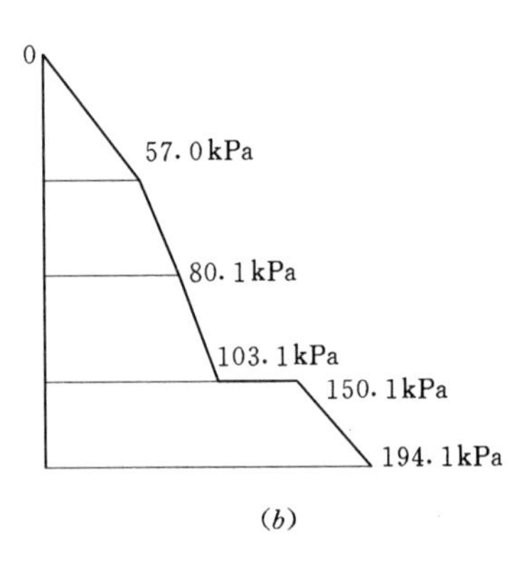

(b)

图 3-3 [例 3-1] 附图

硬黏土层顶面处

$$\sigma_{cz}=\gamma_1 h_1+\gamma_{sat}h_2+\gamma_{sat}h_3=57.0+20.5\times2.2+19.2\times2.5=150.1(\text{kPa})$$

(4) 硬黏土层底面处 $h_4=2\text{m}$

$$\sigma_{cz}=\gamma_1 h_1+\gamma_{sat}h_2+\gamma_{sat}h_3+\gamma_{sat}h_4=150.1+22.0\times2=194.1(\text{kPa})$$

自重应力 σ_{cz} 沿深度分布线绘于图 3-3 (b) 中。

第二节 基 底 压 力

建筑物上部结构荷载和基础自重通过基础传递给地基，作用于基础底面传至地基的单位面积压力称为基底压力，又称接触压力。其反作用力即地基土层反向施加于基础底面上的压力称为基底反力。

基底压力的分布和大小与多种因素有关，它既与基础的形状、大小、刚度和埋置深度有关，又与基础上作用荷载的性质（中心、偏心、倾斜等）及大小、地基土性质有关。例如，柔性基础的基底压力与作用在基础上的荷载分布相同，如图 3-4 (a) 所示。又如刚度较大的条形基础受中心荷载作用，若建造在砂土地基上，其基底压力中间大而边缘为零，类似于抛物线形分布，如图 3-4 (b) 所示；若建造在黏性土地基上，当荷载较小时，基底压力分布边缘大中间小，类似于马鞍形分布，而当荷载逐渐增大后，转变为抛物线形分布，如图 3-4 (c) 所示。

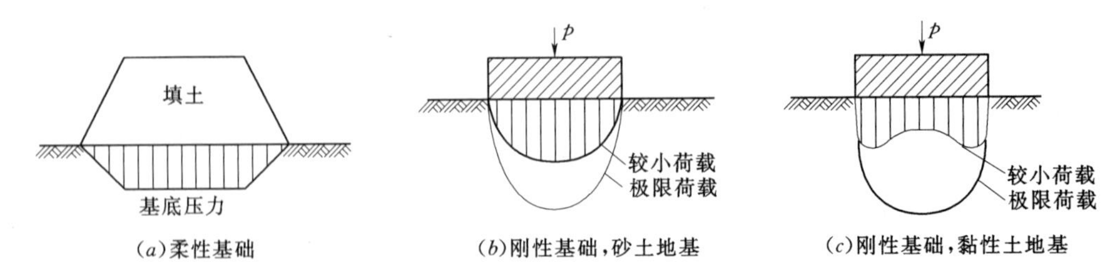

图 3-4 基础基底压力分布示意图

对于刚性较大的基础，虽然基底压力分布十分复杂，但经验表明，当基础宽度不太大，而荷载较小的情况下，基底压力分布可近似地按直线变化考虑，根据材料力学公式进行简化计算，这也是目前工程实践中采用的简化计算方法。

一、中心荷载作用下的基底压力

当基础受中心荷载作用时，荷载的合力通过基础形心，假定基底压力呈均匀分布（图 3-5），此时基底压力设计值 p 按材料力学公式，有

$$p=\frac{F+G}{A} \tag{3-4}$$

其中

$$G=\gamma_G Ad$$

式中　F——上部结构传至基础顶面的竖向力设计值，kN；

G——基础自重设计值及其上回填土重标准值的总和，kN；

γ_G——基础及回填土的平均重度，一般取 $20kN/m^3$，地下水位以下部分用有效重度；

d——基础埋置深度，m，必须从设计地面或室内外平均设计地面起算，如图 3-5 所示；

A——基底面积，m^2。

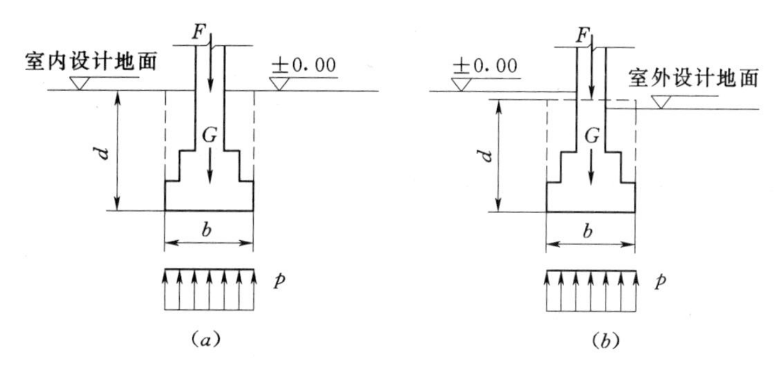

图 3-5　中心荷载作用下的基底压力分布

对于荷载沿长度方向均匀分布的条形基础（当基础长度与宽度之比大于等于 10，可将基础视作条形基础），则沿长度方向截取 1m 的基底面积来计算。此时，式（3-4）中的 A 取基础宽度 b，而 F 和 G 则为沿基础延伸方向取 1m 截条面积上的相应荷载值，单位为 kN/m。

二、偏心荷载作用下的基底压力

基础受单向偏心荷载作用时，为增加基础抗倾稳定，设计时通常将基础长边 l 方向放在偏心方向［图 3-6（a）］。此时，基底压力可按材料力学短柱偏心受压公式计算。

$$\begin{matrix} p_{max} \\ p_{min} \end{matrix}=\frac{F+G}{A}\pm\frac{M}{W} \tag{3-5}$$

式中　p_{max}、p_{min}——基础边缘最大应力、最小应力设计值，kN/m^2；

M——作用于基础底面形心上的力矩设计值，kN·m；

W——基础底面的抵抗矩，m^3，对于矩形截面，$W=\frac{bl^2}{6}$。

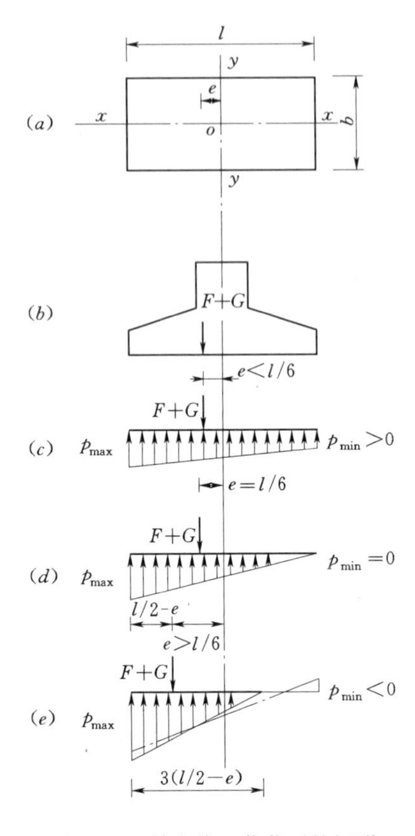

图 3-6　单向偏心荷载下的矩形基底压力分布图

设偏心荷载（$F+G$）的偏心矩为 e［图 3-6 (b)］，则

$$M=(F+G)e$$

将 $M=(F+G)e$、$W=\frac{bl^2}{6}$ 和 $A=bl$ 代入式(3-5)，得

$$\left.\begin{matrix}p_{\max}\\p_{\min}\end{matrix}\right\}=\frac{F+G}{bl}\left(1\pm\frac{6e}{l}\right) \tag{3-6}$$

由式（3-6）计算可知：

当 $e<\frac{l}{6}$ 时，基底压力呈梯形分布，如图 3-6 (c) 所示。

当 $e=\frac{l}{6}$ 时，基底压力呈三角形分布，如图 3-6 (d) 所示。

当 $e>\frac{l}{6}$ 时，基底压力 $p_{\min}<0$，表明基底出现拉应力，由于地基与基础之间不能承受拉应力，此时，基底与地基间局部脱离，而使基底压力重新分布。根据基底反力与偏心荷载相平衡的条件，偏心荷载必作用在基底压力分布图形的形心上［图 3-6 (e)］，因而基底压力分布图形的底边长度必为 $3(l/2-e)$，由力的平衡的条件，得

$$F+G=\frac{1}{2}p_{\max}\times 3\left(\frac{l}{2}-e\right)b$$

则

$$p_{\max}=\frac{2(F+G)}{3\left(\frac{l}{2}-e\right)b} \tag{3-7}$$

值得提出的是，当计算得到 $p_{\min}<0$ 时，一般应调整结构设计和基础尺寸设计，以避免基底与地基间局部脱离的情况。

对作用于建筑物上的水平荷载，计算基底压力时，通常按均匀分布于整个基础底面计算。

三、基底附加压力

作用于地基表面，由于建造建筑物而新增加的压力称为基底附加压力，即导致地基中产生附加应力的那部分基底压力。通常土体在自重作用下早已变形稳定，只有因建造建筑物而新增的外加荷载才能导致地基发生新的变形。实际工程中，一般基础都有一定的埋置深度，该处原有的自重应力因开挖基坑而卸除，所以，基底附加压力在数值上等于基底压力扣除基底标高处原有土体的自重应力，如图 3-7 所示。

基底压力均匀分布时，基底附加压力为

$$p_0 = p - \gamma_0 d \tag{3-8}$$

基底压力呈梯形分布时，基底附加压力为

$$\frac{p_{0\max}}{p_{0\min}} = \frac{p_{\max}}{p_{\min}} - \gamma_0 d \tag{3-9}$$

式中　p_0——基底附加压力设计值，kPa；

p——基底压力设计值，kPa；

γ_0——基底标高以上各天然土层的加权平均重度，kN/m^3，地下水位以下取有效重度；

d——从天然地面起算的基础埋深，m。

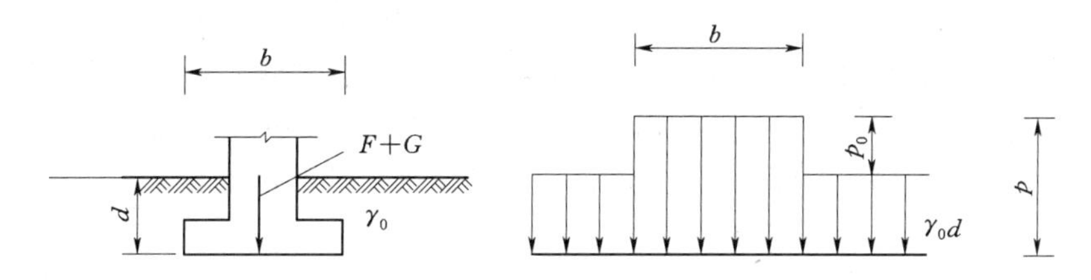

图 3-7　基底附加压力

基底附加压力求得后，将其视为作用在地基表面的局部荷载，然后根据基底附加压力的分布和大小计算地基中的附加应力。

第三节　地基中的附加应力

新增荷载在地基土体中引起的应力称为附加应力。在求解地基中的附加应力时，假定地基土是连续、均匀、各向同性的半无限完全弹性体，然后根据弹性理论的基本公式进行计算。根据不同地基中应力分布的特点，将附加应力的计算分为空间问题和平面问题两大类。

一、竖向集中荷载作用下的地基附加应力

1885 年法国学者布辛涅斯克（J. Boussinesq）用弹性理论推导得出半空间弹性体表面作用有竖向集中力 P 时，在弹性体内任一点 M 所产生的应力解析解。以 P 的作用点为坐标原点，P 的作用线为 Z 轴，建立如图 3-8 所示的三维坐标系，M 点坐标为（x，y，z）。

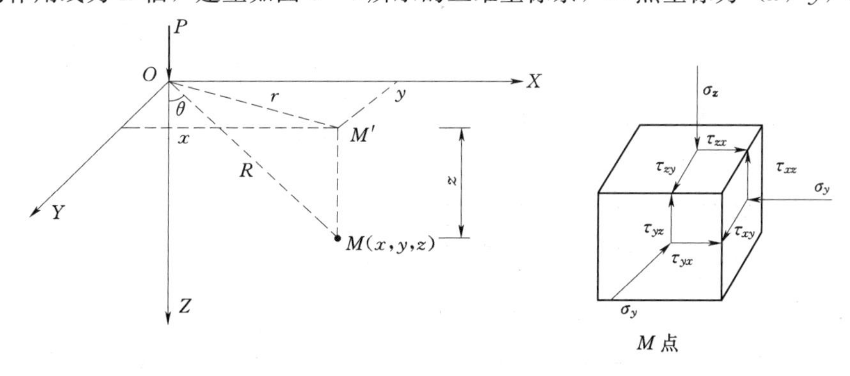

图 3-8　竖向集中荷载作用下的应力

布辛涅斯克用弹性理论推导得出 M 点的六个附加应力分量，即 σ_x、σ_y、σ_z、τ_{xy}、τ_{yz}、τ_{zx} 六个分量的表达式。其中，对建筑地基沉降计算直接有关的是竖向法向应力分量 σ_z，σ_z 的表达式为

$$\sigma_z=\frac{3Pz^3}{2\pi R^5}=\frac{3P}{2\pi R^2}\cos^3\theta \tag{3-10}$$

式中 R——M 点至坐标原点 O 的距离；

θ——OM 与 OZ 之间的夹角。

由式（3－10）计算，可绘出土中附加应力分别沿水平向和竖直向的分布图以及 σ_z 的等值线图。从图中可知在集中力作用下，附加应力 σ_z 的分布规律。

地面下任一深度的水平面上，距离地面越深，附加应力的分布范围越广，在集中力作用线上的附加应力最大，向两侧逐渐减小，如图 3－9（Z 轴左侧）所示；同一竖向线上的附加应力随深度而变化，在集中力作用线上，当 $z=0$ 时，$\sigma_z\to\infty$，随着深度增加，σ_z 逐渐减小，如图 3－9（Z 轴右侧）所示；剖面图上的附加应力等值线如图 3－10 所示，在空间上附加应力等值面呈泡状，称应力泡。

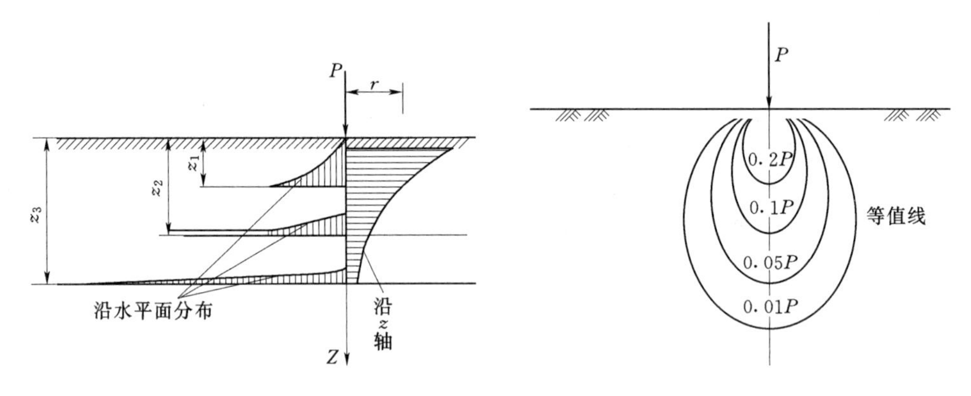

图 3－9 集中力作用下土中 σ_z 的分布

图 3－10 土中 σ_z 等值线

从上述分析可知，竖向集中力作用引起的附加应力向深部向四周无限传播，在传播过程中，应力强度不断降低，这种现象称为应力扩散。

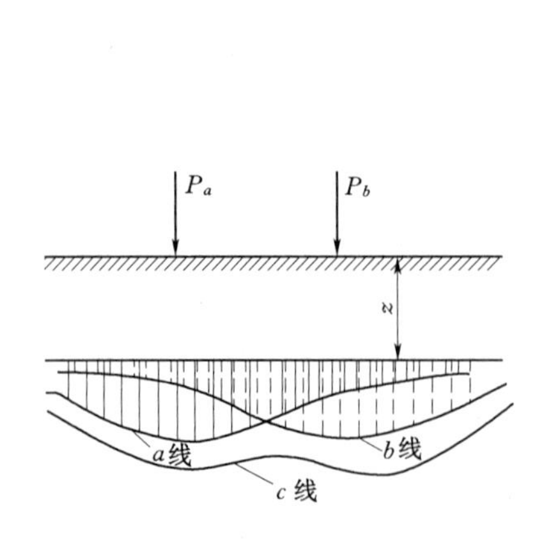

图 3－11 两个集中力作用下 σ_z 的叠加

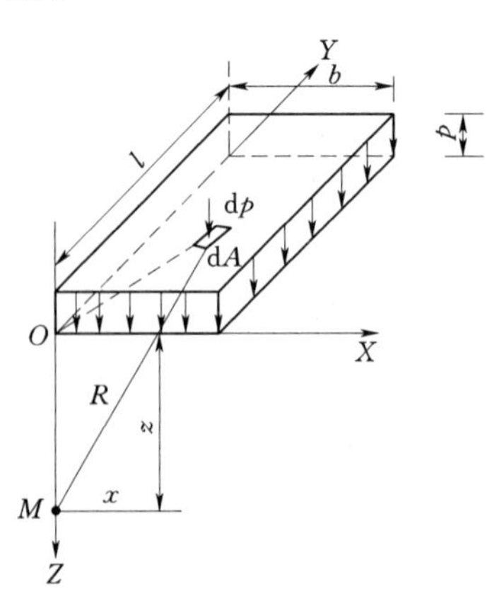

图 3－12 垂直均布荷载作用时角点下的附加应力

当土体表面作用有几个集中力时，可分别算出各集中力在地基中引起的附加应力，如图 3－11 中的 a 线和 b 线。然后根据应力叠加原理求出附加应力的总和，如图 3－11 中的 c 线所示。

二、矩形基础地基中的附加应力计算

矩形基础长度为 l，基础宽度为 b，当 $l/b<10$，其地基附加应力计算问题属于空间问题。下面按基底荷载分布的不同形式介绍附加应力计算。

（一）垂直均布荷载

竖向均布荷载 p 作用于矩形基底，以基底角点为原点，建立如图 3－12 坐标系。在基底面取微面积 $\mathrm{d}x\mathrm{d}y$，该微面积上作用荷载 $\mathrm{d}p=p\mathrm{d}x\mathrm{d}y$ 可被当作集中力，将 $\mathrm{d}p$ 代入布辛涅斯克解式（3－10），沿长度 l 和宽度 b 两个方向二重积分，可求得角点下任一深度 z 处 M 点的附加应力。

$$\sigma_z=\int_0^l\int_0^b\frac{3p}{2\pi}\frac{z^3}{(x^2+y^2+z^2)^{5/2}}\mathrm{d}x\mathrm{d}y$$
$$=\frac{p}{2\pi}\left[\arctan\frac{m}{n\sqrt{1+m^2+n^2}}+\frac{mn}{\sqrt{1+m^2+n^2}}\left(\frac{1}{m^2+n^2}+\frac{1}{1+n^2}\right)\right] \tag{3-11}$$

其中
$$m=l/b,n=z/b$$

将式（3－11）简写成

$$\sigma_z=K_c p \tag{3-12}$$

式中　K_c——垂直均布荷载下矩形基底角点下的竖向附加应力系数，无量纲，$K_c=f(m,n)$，可由表 3－1 查得。

表 3－1　矩形基底受垂直均布荷载作用（图 3－12）角点下的竖向附加应力系数 K_c

$n=z/b$ ＼ $m=l/b$	1.0	1.2	1.4	1.6	1.8	2.0	3.0	4.0	5.0	6.0	10.0
0.0	0.2500	0.2500	0.2500	0.2500	0.2500	0.2500	0.2500	0.2500	0.2500	0.2500	0.2500
0.2	0.2486	0.2489	0.2490	0.2491	0.2491	0.2491	0.2492	0.2492	0.2492	0.2492	0.2492
0.4	0.2401	0.2420	0.2429	0.2434	0.2437	0.2439	0.2442	0.2443	0.2443	0.2443	0.2443
0.6	0.2229	0.2275	0.2300	0.2315	0.2324	0.2329	0.2339	0.2341	0.2342	0.2342	0.2342
0.8	0.1999	0.2075	0.2120	0.2147	0.2165	0.2176	0.2196	0.2200	0.2202	0.2202	0.2202
1.0	0.1752	0.1851	0.1911	0.1955	0.1981	0.1999	0.2034	0.2042	0.2044	0.2045	0.2046
1.2	0.1516	0.1626	0.1705	0.1758	0.1793	0.1818	0.1870	0.1882	0.1885	0.1887	0.1888
1.4	0.1308	0.1423	0.1508	0.1569	0.1613	0.1644	0.1712	0.1730	0.1735	0.1738	0.1740
1.6	0.1123	0.1241	0.1329	0.1436	0.1445	0.1482	0.1567	0.1590	0.1598	0.1601	0.1604
1.8	0.0969	0.1083	0.1172	0.1241	0.1294	0.1334	0.1434	0.1463	0.1474	0.1478	0.1482
2.0	0.0840	0.0947	0.1034	0.1103	0.1158	0.1202	0.1314	0.1350	0.1363	0.1368	0.1374
2.2	0.0732	0.0832	0.0917	0.0984	0.1039	0.1084	0.1205	0.1248	0.1264	0.1271	0.1277
2.4	0.0642	0.0734	0.0812	0.0879	0.0934	0.0979	0.1108	0.1156	0.1175	0.1184	0.1192

续表

$n=z/b$ \ $m=l/b$	1.0	1.2	1.4	1.6	1.8	2.0	3.0	4.0	5.0	6.0	10.0
2.6	0.0566	0.0651	0.0725	0.0788	0.0842	0.0887	0.1020	0.1073	0.1095	0.1106	0.1116
2.8	0.0502	0.0580	0.0649	0.0709	0.0761	0.0805	0.0942	0.0999	0.1024	0.1036	0.1048
3.0	0.0447	0.0519	0.0583	0.0640	0.0690	0.0732	0.0870	0.0931	0.0959	0.0973	0.0987
3.2	0.0401	0.0467	0.0526	0.0580	0.0627	0.0668	0.0806	0.0870	0.0900	0.0916	0.0933
3.4	0.0361	0.0421	0.0477	0.0527	0.0571	0.0611	0.0747	0.0814	0.0847	0.0864	0.0882
3.6	0.0326	0.0382	0.0433	0.0480	0.0523	0.0561	0.0694	0.0763	0.0799	0.0816	0.0837
3.8	0.0296	0.0348	0.0395	0.0439	0.0479	0.0516	0.0645	0.0717	0.0753	0.0773	0.0796
4.0	0.0270	0.0318	0.0362	0.0403	0.0441	0.0474	0.0603	0.0674	0.0712	0.0733	0.0758
4.2	0.0247	0.0291	0.0333	0.0371	0.0407	0.0439	0.0563	0.0634	0.0674	0.0696	0.0724
4.4	0.0227	0.0268	0.0306	0.0343	0.0376	0.0407	0.0527	0.0597	0.0639	0.0662	0.0692
4.6	0.0209	0.0247	0.0283	0.0317	0.0348	0.0378	0.0493	0.0564	0.0606	0.0630	0.0663
4.8	0.0193	0.0229	0.0262	0.0294	0.0324	0.0352	0.0463	0.0533	0.0576	0.0601	0.0635
5.0	0.0179	0.0212	0.0243	0.0274	0.0302	0.0328	0.0435	0.0504	0.0547	0.0573	0.0610
6.0	0.0127	0.0151	0.0174	0.0196	0.0218	0.0238	0.0325	0.0388	0.0431	0.0460	0.0506
7.0	0.0094	0.0112	0.0130	0.0147	0.0164	0.0180	0.0251	0.0306	0.0346	0.0376	0.0428
8.0	0.0073	0.0087	0.0101	0.0114	0.0127	0.0140	0.0198	0.0246	0.0283	0.0311	0.0367
9.0	0.0058	0.0069	0.0080	0.0091	0.0102	0.0112	0.0161	0.0202	0.0235	0.0262	0.0319
10.0	0.0047	0.0056	0.0065	0.0074	0.0083	0.0092	0.0132	0.0167	0.0198	0.0222	0.0280

计算中必须注意，l 为基础长边，b 为基础短边，z 是从基底面起算的深度，p 为基底附加压力。

对于矩形基础内外任一点基底下的附加应力计算，可利用式（3－12）和应力叠加原理求解，称为“角点法”。利用角点法计算下列情况下的地基附加应力：

（1）矩形荷载面内任一点 o 之下的附加应力，如图 3－13（a）所示，即

$$\sigma_z=(K_{c\mathrm{I}}+K_{c\mathrm{II}}+K_{c\mathrm{III}}+K_{c\mathrm{IV}})p$$

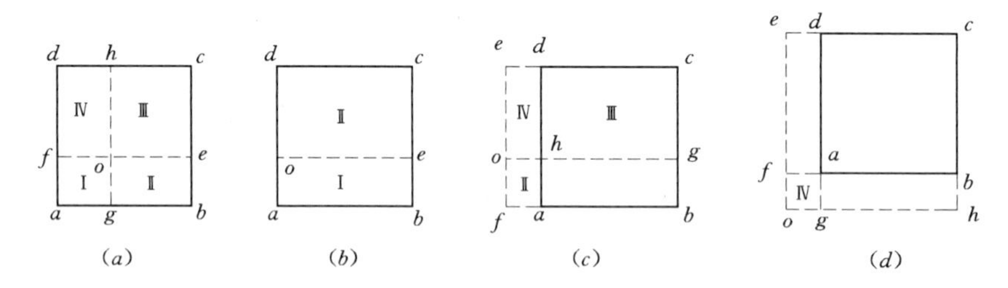

图 3－13　角点法的应用

（2）矩形荷载面边缘上任一点 o 之下的附加应力，如图 3－13（b）所示，即

$$\sigma_z=(K_{c\mathrm{I}}+K_{c\mathrm{II}})p$$

（3）矩形荷载面边缘外一点 o 之下的附加应力，如图 3－13（c）所示，即

$$\sigma_z=(K_{c\mathrm{I}}-K_{c\mathrm{II}}+K_{c\mathrm{III}}-K_{c\mathrm{IV}})p$$

式中　Ⅰ——$ofbg$；

　　　Ⅲ——$oecg$。

（4）矩形荷载面外任一点 o 之下的附加应力，如图 3－13（d）所示，即

$$\sigma=(K_{c\text{I}}-K_{c\text{II}}-K_{c\text{III}}+K_{c\text{IV}})p$$

式中　Ⅰ——$ohce$；

Ⅱ——$ogde$；

Ⅲ——$ohbf$。

（二）垂直三角形分布荷载

矩形基底上作用有垂直三角形分布荷载，其最大荷载强度为 p_t，将荷载强度为零的角点 1 作为坐标原点，如图 3－14 所示，同样，在荷载面积上取集中力

$$dp=p_t\frac{x}{b}dxdy$$

代入布辛涅斯克解式（3－10），用积分法求得零角点 1 下任一深度 z 处 M 点的附加应力为

$$\sigma_z=K_{t1}p_t \qquad (3-13)$$

其中

$$K_{t1}=\frac{mn}{2\pi}\left[\frac{1}{\sqrt{m^2+n^2}}-\frac{n^2}{(1+n^2)\sqrt{1+m^2+n^2}}\right] \qquad (3-14)$$

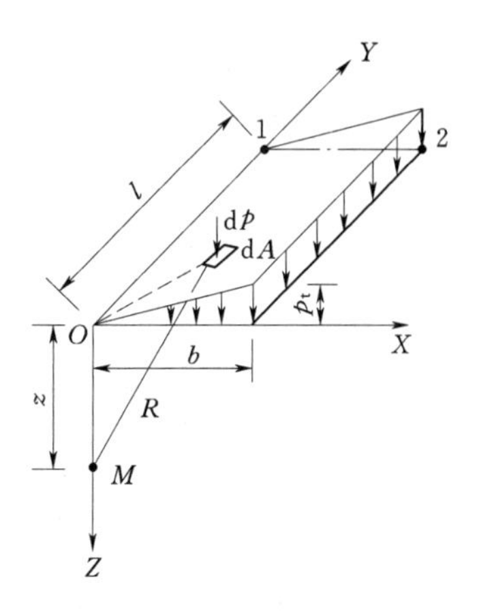

图 3－14　三角形分布荷载作用时角点下的附加应力

式中　K_{t1}——垂直三角形分布荷载作用矩形基底零角点 1 下竖向附加应力系数，无量纲，$K_{t1}=f(m,n)$，可由表 3－2 查得，其中 $m=l/b$，$n=z/b$。

表 3－2　矩形基底受垂直三角形分布荷载（图 3－14）作用角点下的竖向附加应力系数 K_{t1} 和 K_{t2}

$m=l/b$ / $n=z/b$	角点 1	角点 2	角点 1	角点 2	角点 1	角点 2	角点 1	角点 2	角点 1	角点 2
	0.2		0.4		0.6		0.8		1.0	
0.0	0.0000	0.2500	0.0000	0.2500	0.0000	0.2500	0.0000	0.2500	0.0000	0.2500
0.2	0.0223	0.1821	0.0280	0.2115	0.0296	0.2165	0.0301	0.2178	0.0304	0.2182
0.4	0.0269	0.1094	0.0420	0.1604	0.0487	0.1781	0.0517	0.1844	0.0531	0.1870
0.6	0.0259	0.0700	0.0448	0.1165	0.0560	0.1405	0.0621	0.1520	0.0654	0.1575
0.8	0.0232	0.0480	0.0421	0.0853	0.0553	0.1093	0.0637	0.1232	0.0688	0.1311
1.0	0.0201	0.0346	0.0375	0.0638	0.0508	0.0852	0.0602	0.0996	0.0666	0.1086
1.2	0.0171	0.0260	0.0324	0.0491	0.0450	0.0673	0.0546	0.0807	0.0615	0.0901
1.4	0.0145	0.0202	0.0278	0.0386	0.0392	0.0540	0.0483	0.0661	0.0554	0.0751
1.6	0.0123	0.0160	0.0238	0.0310	0.0339	0.0440	0.0424	0.0547	0.0492	0.0628
1.8	0.0105	0.0130	0.0204	0.0254	0.0294	0.0363	0.0371	0.0457	0.0435	0.0534
2.0	0.0090	0.0108	0.0176	0.0211	0.0255	0.0304	0.0324	0.0387	0.0384	0.0456
2.5	0.0063	0.0072	0.0125	0.0140	0.0183	0.0205	0.0236	0.0265	0.0284	0.0313
3.0	0.0046	0.0051	0.0092	0.0100	0.0135	0.0148	0.0176	0.0192	0.0214	0.0233
5.0	0.0018	0.0019	0.0036	0.0038	0.0054	0.0056	0.0071	0.0074	0.0088	0.0091
7.0	0.0009	0.0010	0.0019	0.0019	0.0028	0.0029	0.0038	0.0038	0.0047	0.0047
10.0	0.0005	0.0004	0.0009	0.0010	0.0014	0.0014	0.0019	0.0019	0.0023	0.0024

续表

$m=l/b$	角点 1	角点 2	角点 1	角点 2	角点 1	角点 2	角点 1	角点 2	角点 1	角点 2
$n=z/b$	1.2		1.4		1.6		1.8		2.0	
0.0	0.0000	0.2500	0.0000	0.2500	0.0000	0.2500	0.0000	0.2500	0.0000	0.2500
0.2	0.0305	0.2148	0.0305	0.2185	0.0306	0.2185	0.0306	0.2185	0.0306	0.2185
0.4	0.0539	0.1881	0.0543	0.1886	0.0545	0.1889	0.0546	0.1891	0.0547	0.1892
0.6	0.0673	0.1602	0.0684	0.1616	0.0690	0.1625	0.0694	0.1630	0.0696	0.1633
0.8	0.0720	0.1355	0.0739	0.1381	0.0751	0.1396	0.0759	0.1405	0.0764	0.1412
1.0	0.0708	0.1143	0.0735	0.1176	0.0753	0.1202	0.0766	0.1215	0.0774	0.1225
1.2	0.0664	0.0962	0.0698	0.1007	0.0721	0.1037	0.0738	0.1055	0.0749	0.1069
1.4	0.0606	0.0817	0.0644	0.0864	0.0672	0.0897	0.0692	0.0921	0.0707	0.0937
1.6	0.0545	0.0696	0.0586	0.0743	0.0616	0.0780	0.0639	0.0806	0.0656	0.0826
1.8	0.0487	0.0596	0.0528	0.0644	0.0560	0.0681	0.0585	0.0709	0.0604	0.0730
2.0	0.0434	0.0513	0.0474	0.0560	0.0507	0.0596	0.0533	0.0625	0.0553	0.0649
2.5	0.0326	0.0365	0.0362	0.0405	0.0393	0.0440	0.0419	0.0469	0.0440	0.0491
3.0	0.0249	0.0270	0.0280	0.0303	0.0307	0.0333	0.0331	0.0359	0.0352	0.0380
5.0	0.0104	0.0108	0.0120	0.0123	0.0135	0.0139	0.0148	0.0154	0.0161	0.0167
7.0	0.0056	0.0056	0.0064	0.0066	0.0073	0.0074	0.0081	0.0083	0.0089	0.0091
10.0	0.0028	0.0028	0.0033	0.0032	0.0037	0.0037	0.0041	0.0042	0.0046	0.0046

$m=l/b$	角点 1	角点 2	角点 1	角点 2	角点 1	角点 2	角点 1	角点 2	角点 1	角点 2
$n=z/b$	3.0		4.0		6.0		8.0		10.0	
0.0	0.0000	0.2500	0.0000	0.2500	0.0000	0.2500	0.0000	0.2500	0.0000	0.2500
0.2	0.0306	0.2186	0.0306	0.2186	0.0306	0.2186	0.0306	0.2186	0.0306	0.2186
0.4	0.0548	0.1894	0.0549	0.1894	0.0549	0.1894	0.0549	0.1894	0.0549	0.1894
0.6	0.0701	0.1638	0.0702	0.1639	0.0702	0.1640	0.0702	0.1640	0.0702	0.1640
0.8	0.0773	0.1423	0.0776	0.1424	0.0776	0.1426	0.0776	0.1426	0.0776	0.1426
1.0	0.0790	0.1244	0.0794	0.1248	0.0795	0.1250	0.0796	0.1250	0.0796	0.1250
1.2	0.0774	0.1096	0.0779	0.1103	0.0782	0.1105	0.0783	0.1105	0.0783	0.1105
1.4	0.0739	0.0973	0.0748	0.0982	0.0752	0.0986	0.0752	0.0987	0.0753	0.0987
1.6	0.0697	0.0870	0.0708	0.0882	0.0714	0.0887	0.0715	0.0888	0.0715	0.0889
1.8	0.0652	0.0782	0.0666	0.0797	0.0673	0.0805	0.0675	0.0806	0.0675	0.0808
2.0	0.0607	0.0707	0.0624	0.0726	0.0634	0.0734	0.0636	0.0736	0.0636	0.0738
2.5	0.0504	0.0559	0.0529	0.0585	0.0543	0.0601	0.0547	0.0604	0.0548	0.0605
3.0	0.0419	0.0451	0.0449	0.0482	0.0469	0.0504	0.0474	0.0509	0.0476	0.0511
5.0	0.0214	0.0221	0.0248	0.0256	0.0283	0.0290	0.0296	0.0303	0.0301	0.0309
7.0	0.0124	0.0126	0.0152	0.0154	0.0186	0.0190	0.0204	0.0207	0.0212	0.0216
10.0	0.0066	0.0066	0.0084	0.0083	0.0111	0.0111	0.0128	0.0130	0.0139	0.0141

同理，荷载强度最大值角点 2 下任一深度 z 处 M 点的附加应力为

$$\sigma_z = K_{t2} p_t \tag{3-15}$$

式中　K_{t2}——矩形基底荷载强度最大值角点 2 下竖向附加应力系数，无量纲，$K_{t2}=f(m, n)$，可由表 3-2 查得，其中 $m=l/b$，$n=z/b$。

计算中必须注意，b 为沿荷载变化方向矩形基底边长，l 为矩形基底另一边长；同理，计算中可利用角点法。

（三）水平均布荷载

矩形基底作用有水平均布荷载 p_h，如图 3-15 所示，水平荷载起始边角点 1 下任一深度 z 处竖向附加应力为

$$\sigma_z=-K_h p_h \tag{3-16}$$

水平荷载终止边角点 2 下任一深度 z 处的竖向附加应力为

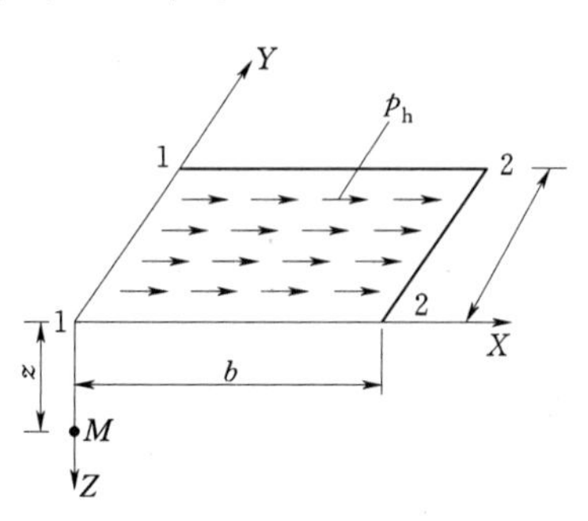

图 3-15　水平均布荷载作用角点下的附加应力

$$\sigma_z=+K_h p_h \tag{3-17}$$

其中

$$K_h=\frac{m}{2\pi}\left[\frac{1}{\sqrt{m^2+n^2}}-\frac{n^2}{(1+n^2)\sqrt{1+m^2+n^2}}\right] \tag{3-18}$$

式中　K_h——水平均布荷载作用矩形基底角点下竖向附加应力系数，无量纲，$K_h=f(m, n)$，可由表 3-3 查得，其中 $m=l/b$，$n=z/b$。

表 3-3　矩形基底受水平均布荷载（图 3-15）作用角点下的竖向附加应力系数 K_h

$n=z/b$ \ $m=l/b$	1.0	1.2	1.4	1.6	1.8	2.0	3.0	4.0	5.0	6.0	10.0
0.0	0.1592	0.1592	0.1592	0.1592	0.1592	0.1592	0.1592	0.1592	0.1592	0.1592	0.1592
0.2	0.1518	0.1523	0.1526	0.1528	0.1529	0.1529	0.1530	0.1530	0.1530	0.1530	0.1530
0.4	0.1328	0.1347	0.1356	0.1362	0.1365	0.1367	0.1371	0.1372	0.1372	0.1372	0.1372
0.6	0.1091	0.1121	0.1139	0.1150	0.1156	0.1160	0.1168	0.1169	0.1170	0.1170	0.1170
0.8	0.0861	0.0900	0.0624	0.0939	0.0948	0.0955	0.0967	0.0969	0.0970	0.0970	0.0970
1.0	0.0666	0.0708	0.0735	0.0753	0.0766	0.0774	0.0790	0.0794	0.0795	0.0796	0.0796
1.2	0.0512	0.0553	0.0582	0.0601	0.0615	0.0624	0.0645	0.0650	0.0652	0.0652	0.0652
1.4	0.0395	0.0433	0.0460	0.0480	0.0494	0.0505	0.0528	0.0534	0.0537	0.0537	0.0538
1.6	0.0308	0.0341	0.0366	0.0385	0.0400	0.0410	0.0436	0.0443	0.0446	0.0447	0.0447
1.8	0.0242	0.0270	0.0293	0.0311	0.0325	0.0336	0.0362	0.0370	0.0374	0.0375	0.0375
2.0	0.0192	0.0217	0.0237	0.0253	0.0266	0.0277	0.0303	0.0312	0.0317	0.0318	0.0318
2.5	0.0113	0.0130	0.0145	0.0157	0.0167	0.0176	0.0202	0.0211	0.0217	0.0219	0.0219
3.0	0.0070	0.0083	0.0093	0.0102	0.0110	0.0117	0.0140	0.0150	0.0156	0.0158	0.0159
5.0	0.0018	0.0021	0.0024	0.0027	0.0030	0.0032	0.0043	0.0050	0.0057	0.0059	0.0060
7.0	0.0007	0.0008	0.0009	0.0010	0.0012	0.0013	0.0018	0.0022	0.0027	0.0029	0.0030
10.0	0.0002	0.0003	0.0003	0.0004	0.0004	0.0005	0.0007	0.0008	0.0011	0.0013	0.0014

计算中必须注意，b 为沿水平荷载作用方向矩形基底边长，l 为矩形基底另一边长；

同理，计算中可利用角点法。

【例 3-2】 有两相邻基础 A 和 B，其尺寸、相对位置及基底附加压力分布见图 3-16(a)。若考虑相邻荷载的影响，试求 A 基础底面中心点 o 下 2m 处的竖向附加应力。

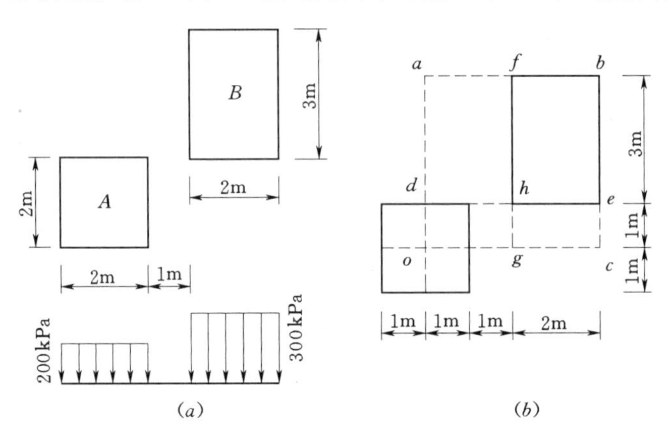

图 3-16 [例 3-2] 附图

解：

(1) 求基础 A 引起的附加应力。将基础 A 分为如图 3-16(b) 所示的 4 个小矩形，矩形长 l=1m，宽 b=1m，由 $m=1$，$n=2$ 查表 3-2 得 $K_c=0.0840$；则

$$\sigma_z'=4K_c p=4\times0.0840\times200=67.2(\text{kPa})$$

(2) 求基础 B 引起的附加应力。将基础 B 分为如图 3-16(b) 所示的Ⅰ($oabc$)、Ⅱ($odec$)、Ⅲ($oafg$)、Ⅳ($odhg$) 4 个矩形

矩形Ⅰ由 $m=1.0$、$n=0.5$，查表 3-1 得 $K_{c1}=0.2315$，矩形Ⅱ由 $m=4.0$、$n=2.0$，查得 $K_{c2}=0.1350$，矩形Ⅲ由 $m=2.0$、$n=1.0$，查得 $K_{c3}=0.1999$，矩形Ⅳ由 $m=2.0$、$n=2.0$，查得 $K_{c4}=0.1202$。

$$\sigma_z''=(K_{c1}-K_{c2}-K_{c3}+K_{c4})p$$
$$=(0.2315-0.1350-0.1999+0.1202)\times300=5.04(\text{kPa})$$

(3) 求基础 A 和 B 共同引起的附加应力，即

$$\sigma_z=\sigma_z'+\sigma_z''=67.2+5.04=72.24(\text{kPa})$$

三、条形基础地基中的附加应力计算

当基础底面长宽比 $l/b\to\infty$时，称为条形基础。若基底面作用有沿长度方向均布的荷载，在土中垂直于长度方向任一截面附加应力分布规律是相同的，且沿长度方向上地基应变和位移均为 0，此时，地基中的应力状态属于平面问题。

实际工程中不存在 $l/b\to\infty$的条形基础，研究表明，当基础的长宽比 $l/b\geqslant10$ 时，将其视为平面问题计算的附加压力结果误差甚微。墙基、路基、挡土墙等地基均可按平面问题计算地基中的附加应力。

(一) 竖向均布线荷载

当竖向均布线荷载 p 作用于地基土体表面，地基中任一点 M 的附加应力解答可由布辛涅

斯克解式（3-10）通过积分得到，该解答称为弗拉曼解。如图3-17所示，在线荷载上取微分长度dy，作用其上的荷载pdy可看作集中力，则在地基内M点引起的竖向附加应力为

$$\sigma_z = \int_{-\infty}^{+\infty} \frac{3p}{2\pi} \frac{z^3}{(x^2+y^2+z^2)^{5/2}} \mathrm{d}y = \frac{2pz^3}{\pi(x^2+z^2)^2} \quad (3-19)$$

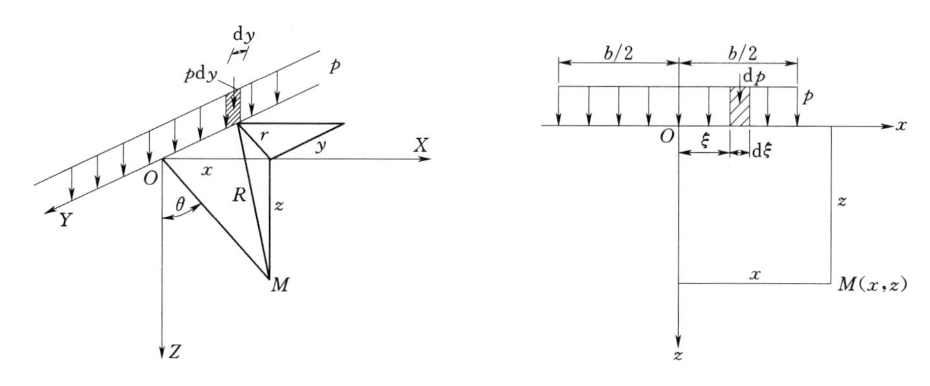

图3-17　竖向均布线荷载下地基附加应力　　图3-18　垂直均布条形荷载下地基附加应力

（二）垂直均布条形荷载

宽度为b的条形基底上作用有均布荷载p，垂直于基础长度方向任意截取一截面，将宽度b的中点作为坐标原点，如图3-18所示，则在微条dξ上作用有线荷载dp=pdξ，将其代入式（3-19）在宽度b内进行积分，可求得基底下任一深度z处竖向附加应力为

$$\sigma_z = K_{sz} p \quad (3-20)$$

$$K_{sz} = \frac{1}{\pi}\left[\arctan\frac{1-2m}{2n} + \arctan\frac{1+2m}{2n} - \frac{4n(4m^2-4n^2-1)}{(4m^2+4n^2-1)^2+16n^2}\right] \quad (3-21)$$

式中　K_{sz}——条形基底作用垂直均布荷载时竖向附加应力系数，无量纲，$K_{sz}=f(m,n)$，可由表3-4查得，其中$m=x/b$，$n=z/b$。

表3-4　条形基底受垂直均布荷载（图3-18）作用时的竖向附加应力系数K_{sz}

$n=z/b$ \ $m=x/b$	0.00 中点	0.25	0.50 角点	0.75	1.00	1.50	2.00
0.00	1.000	1.000	0.500	0.000	0.000	0.000	0.000
0.25	0.960	0.905	0.496	0.088	0.019	0.002	0.001
0.35	0.907	0.832	0.492	0.148	0.039	0.006	0.003
0.50	0.820	0.735	0.481	0.218	0.082	0.017	0.005
0.75	0.668	0.610	0.450	0.263	0.146	0.040	0.017
1.00	0.552	0.513	0.410	0.288	0.185	0.071	0.029
1.50	0.396	0.379	0.332	0.273	0.211	0.114	0.055
2.00	0.306	0.292	0.275	0.242	0.205	0.134	0.083
2.50	0.245	0.239	0.231	0.215	0.188	0.139	0.098
3.00	0.208	0.206	0.198	0.185	0.171	0.136	0.103
4.00	0.160	0.158	0.153	0.147	0.140	0.122	0.102
5.00	0.126	0.125	0.124	0.121	0.117	0.107	0.095

（三）垂直三角形分布条形荷载

当条形基础上受垂直三角形分布荷载作用，荷载最大强度为 p_t，取零荷载处为坐标原点，以荷载增大方向为 X 正向，如图 3-19 所示，同样，在微条 $d\xi$ 上作用有线荷载 $dp=(\xi/b)\ p_t d\xi$，应用弗拉曼解在宽度 b 内进行积分可得

$$\sigma_z=\frac{p_t}{\pi}\left\{m\left[\arctan\left(\frac{m}{n}\right)-\arctan\left(\frac{m-1}{n}\right)\right]-\frac{(m-1)m}{(m-1)^2+n^2}\right\}=K_{tz}p_t \quad (3-22)$$

式中 K_{tz}——条形基底作用垂直三角形分布荷载时竖向附加应力系数，可由表 3-6 查得。

表 3-5 条形基底受垂直三角形分布荷载（图 3-19）作用时的竖向附加应力系数 K_{tz}

$n=z/b$ \ $m=x/b$	-0.50	-0.25	+0.00 零角点	+0.25	+0.50 中点	+0.75	+1.00 角点	+1.25	+1.50
0.01	0.000	0.000	0.003	0.249	0.500	0.750	0.497	0.000	0.000
0.1	0.000	0.002	0.032	0.251	0.498	0.737	0.468	0.010	0.002
0.2	0.003	0.009	0.061	0.255	0.489	0.682	0.437	0.050	0.009
0.4	0.010	0.036	0.011	0.263	0.441	0.534	0.379	0.137	0.043
0.6	0.030	0.066	0.140	0.258	0.378	0.421	0.328	0.177	0.080
0.8	0.050	0.089	0.155	0.243	0.321	0.343	0.285	0.188	0.106
1.0	0.065	0.104	0.159	0.224	0.275	0.286	0.250	0.184	0.121
1.2	0.070	0.111	0.154	0.204	0.239	0.246	0.221	0.176	0.126
1.4	0.080	0.144	0.151	0.186	0.210	0.215	0.198	0.165	0.127
2.0	0.090	0.108	0.127	0.143	0.153	0.155	0.147	0.134	0.115

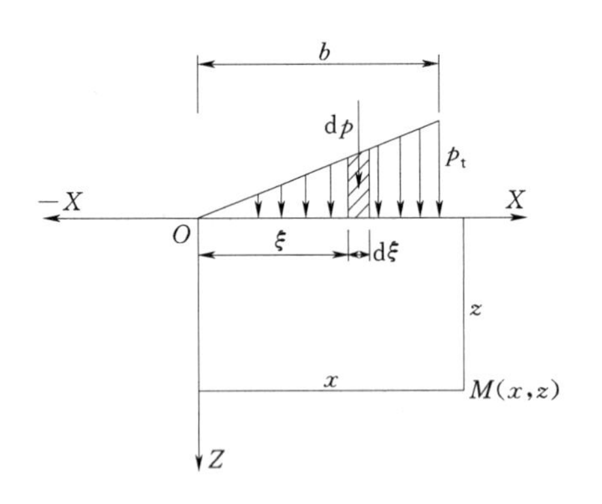

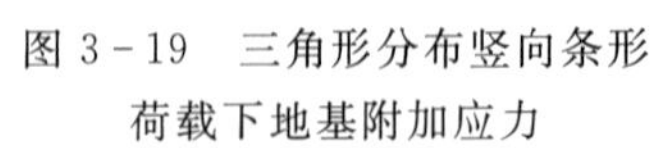
图 3-19 三角形分布竖向条形荷载下地基附加应力

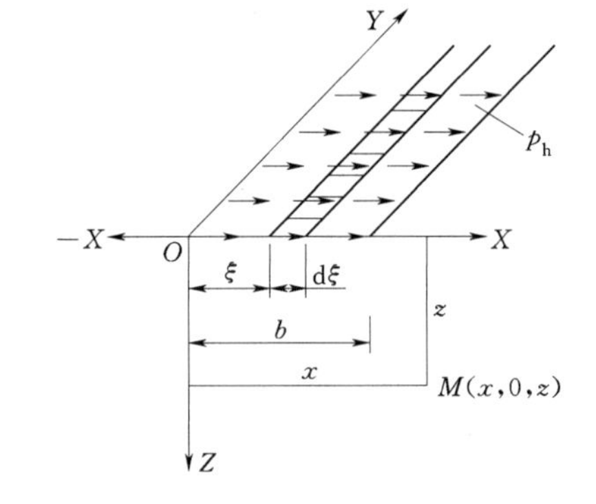

图 3-20 水平均布条形荷载下地基附加应力

（四）水平均布条形荷载

当条形基底上作用有水平均布荷载 p_h，如图 3-20 所示，同样可以利用弹性理论求水平线荷载对地基中任意点 M 所引起的附加应力，然后沿整个宽度积分可求得 M 点的附加应力为

$$\sigma_z=\frac{p_h}{\pi}\left[\frac{n^2}{(m-1)^2+n^2}-\frac{n^2}{m^2+n^2}\right]=K_{hz}p_h \tag{3-23}$$

式中　K_{hz}——条形基底作用水平均布荷载时竖向附加应力系数，可由表 3-7 查得。

表 3-6　条形基底受水平均布荷载（图 3-20）作用时的竖向附加应力系数 K_{hz}

$n=z/b$ \ $m=x/b$	−0.50	−0.25	+0.00 角点	+0.25	+0.50 中点	+0.75	+1.00 角点	+1.25	+1.50
0.01	0.000	−0.001	−0.318	−0.001	0.000	0.001	0.318	0.001	0.000
0.1	−0.011	−0.042	−0.315	−0.039	0.000	0.039	0.315	0.042	0.011
0.2	−0.038	−0.116	−0.306	−0.103	0.000	0.103	0.306	0.116	0.038
0.4	−0.103	−0.199	−0.274	−0.158	0.000	0.158	0.274	0.199	0.103
0.5	−0.127	−0.211	−0.255	−0.157	0.000	0.157	0.255	0.211	0.127
0.6	−0.144	−0.212	−0.234	−0.147	0.000	0.147	0.234	0.212	0.144
0.8	−0.158	−0.197	−0.194	−0.121	0.000	0.121	0.194	0.197	0.158
1.0	−0.157	−0.175	−0.159	−0.096	0.000	0.096	0.159	0.175	0.157
1.2	−0.147	−0.153	−0.131	−0.078	0.000	0.078	0.131	0.153	0.147
1.4	−0.133	−0.132	−0.108	−0.061	0.000	0.061	0.108	0.132	0.133
2.0	−0.096	−0.085	−0.064	−0.034	0.000	0.034	0.064	0.085	0.096

【例 3-3】 某条形地基，如图 3-21（*a*）所示。基础上作用荷载 $F=400\text{kN/m}$，$M_1=20\text{kN}\cdot\text{m}$，试求基础中点下的附加应力，并绘制附加应力分布图。

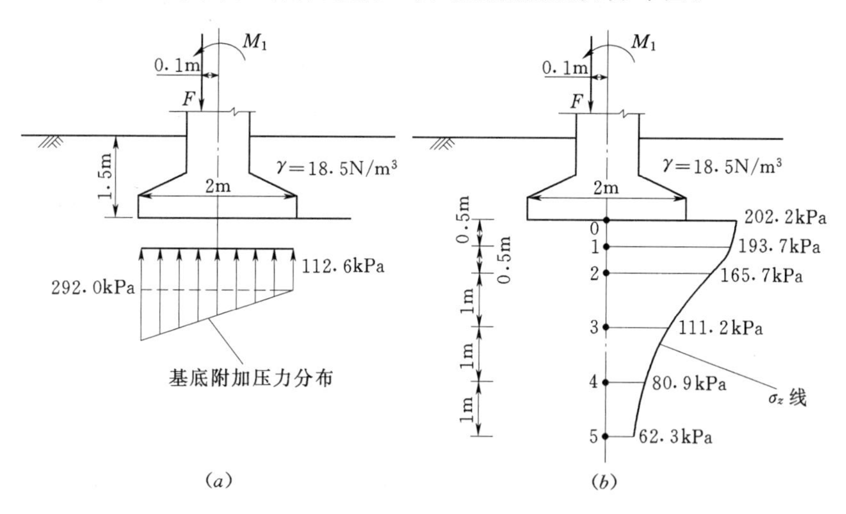

图 3-21　[例 3-3] 附图

解：（1）求基底附加压力。

基础及上覆土重为

$$G=20\times1.5\times2=60(\text{kN/m})$$

偏心矩为

$$e=\frac{M_1+0.1F}{F+G}=\frac{20+0.1\times400}{400+60}=0.13(\text{m})$$

基底压力为

$$\frac{p_{max}}{p_{min}}=\frac{400+60}{2}\left(1\pm\frac{6\times0.13}{2}\right)=\frac{319.7}{140.3}(\text{kPa})$$

基底附加压力为

$$\frac{p_{0max}}{p_{0min}}=\frac{319.7}{140.3}-18.5\times1.5=\frac{292.0}{112.6}(\text{kPa})$$

(2) 基础中点下的附加应力。将梯形分布的附加应力视为作用于地基上的荷载，并分成均布和三角形分布两部分，其中均布荷载 $p_0=112.6\text{kPa}$，三角形荷载 $P_{0t}=292.0-112.6=179.4$ (kPa)，如图 3-21 (*a*) 所示。

分别计算 $z=0\text{m}$、0.5m、1.0m、2.0m、3.0m、4.0m、5.0m 处的附加应力，计算结果列于表 3-7。附加应力分布图，绘于图 3-21 (*b*)。

表 3-7 计 算 结 果

点号	深度 z/m	z/b	均布荷载 $p_0=112.6\text{kPa}$			三角形荷载 $p_{0t}=179.4\text{kPa}$			$\sigma_z=\sigma_z'+\sigma_z''$ /kPa
			x/b	K_{sz}	σ_z'	x/b	K_{tz}	σ_z''	
0	0	0	0	1.00	112.6	0.5	0.500	89.7	202.3
1	0.5	0.25	0	0.96	108.1	0.5	0.477	85.6	193.7
2	1.0	0.5	0	0.82	92.3	0.5	0.409	73.4	165.7
3	2.0	1.0	0	0.55	61.9	0.5	0.275	49.3	111.2
4	3.0	1.5	0	0.40	45.0	0.5	0.200	35.9	80.9
5	4.0	2.0	0	0.31	34.9	0.5	0.153	27.4	62.3

思 考 题

3-1 何谓土的自重应力？土的自重应力沿深度有何变化？计算自重应力时应注意些什么？地下水位的升、降对地基中的自重应力有何影响？

3-2 什么是基底压力？如何计算竖向中心荷载、偏心荷载和水平荷载作用下的基底压力？

3-3 什么是基底附加压力？如何计算基底附加压力？

3-4 在集中荷载作用下，地基中附加应力的分布有何规律？相邻两基础下的附加应力是否会彼此影响？

3-5 附加应力计算中的空间问题和平面问题是如何划分的？

3-6 何谓角点法？如何应用应力叠加原理计算附加应力？如何应用角点法计算地基中任意点的附加应力？

3－7　若基础底面的压力不变，增加基础埋置深度后土中附加应力有何变化？

习　　题

3－1　按图3－22给出的资料，试计算地基中的自重应力 σ_z，并绘制自重应力分布曲线。若地下水位下降至地面以下5m处，自重应力有何变化？（答案：130.1kPa）

3－2　某条形基础如图3－23所示，在设计地面标高处作用有偏心荷载720kN/m，上部结构荷载作用点偏离基础中心线0.4m，基础埋深为2m，基底宽度为3m。试求基底附加压力 p_{omin} 和 p_{omax}，并绘出沿宽度方向的基底附加压力分布图。（答案：53.6kPa，434.4kPa）

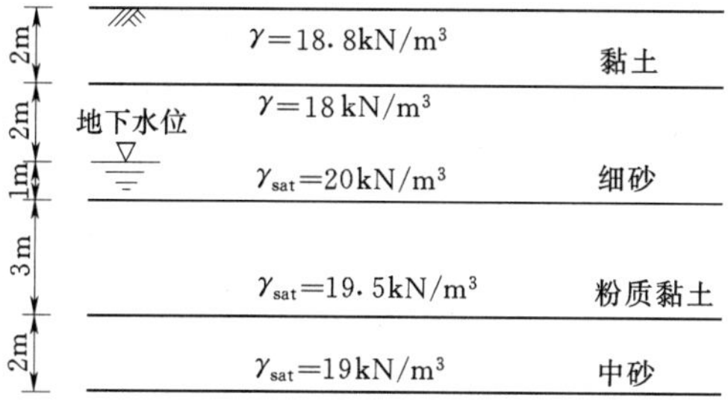

图3－22　习题3－1附图

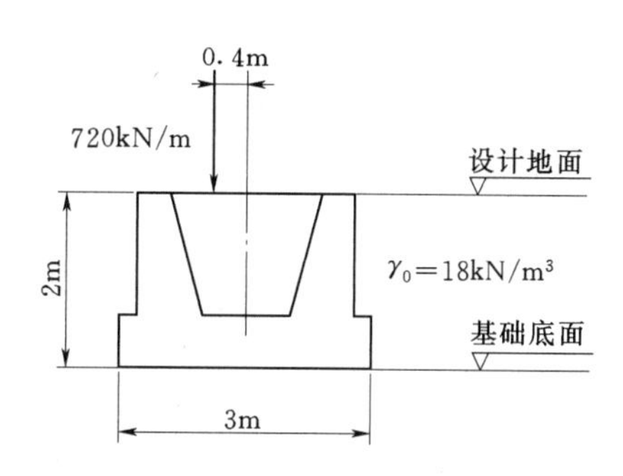

图3－23　习题3－2附图

3－3　由相邻两荷载面 A 和 B，其尺寸、相对位置及所受荷载见图3－24，若考虑相邻荷载面的影响，试求 A 荷载面中心点以下深度 $z=2$m处的附加应力 σ_z。（提示：利用对称性和叠加原理，将作用于基础 A 的荷载强度进行变换，变换为均布荷载150kPa；答案：51.78kPa）

3－4　某条形基础宽 $b=4$m，见图3－25，基底中点下 A、B、C、D 点的深度分布为0m、1m、2m、4m，在基底下 $z=2$m的水平面上，沿宽度方向 E、F、G 点距中心垂线分别为1m、2m、4m，试求 A、B、C、D、E、F、G 点的附加应力并绘出分布曲线。（答案：500kPa，480kPa，410kPa，275kPa，370kPa，240kPa，40kPa）

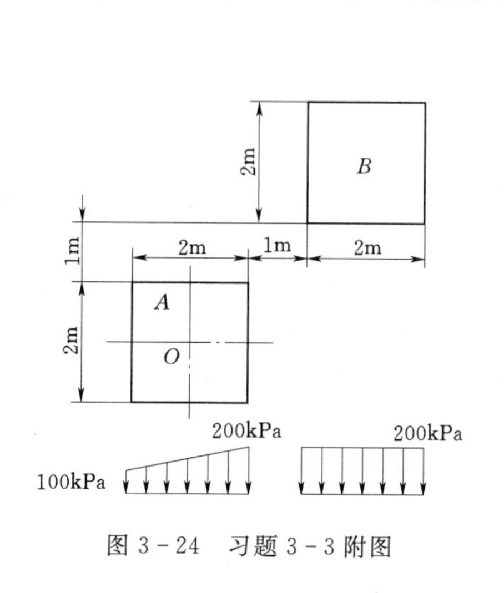

图3－24　习题3－3附图

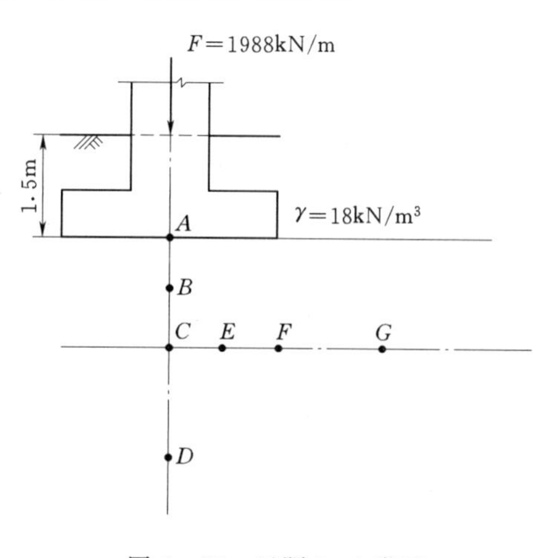

图3－25　习题3－4附图

第四章　土的压缩性和地基沉降计算

第一节　土的压缩性

土体在外力、温度及周围环境改变时，体积减小的性质称为土的压缩性。地基土产生压缩的原因主要有外因和内因。外因包括：①建筑物荷载作用；②地下水位大幅度下降，相当于施加大面积荷载；③施工影响，基槽持力层土的结构扰动；④振动影响，产生振沉；⑤温度变化影响，如冬季冰冻、春季融化；⑥浸水下沉，如黄土湿陷、填土下沉。内因包括：①固相本身压缩，极小，对土木工程可忽略不计；②液相水的压缩，在一般土木工程荷载100～600kPa作用下，很小，可忽略不计；③孔隙的压缩，土中水与气体受压后从孔隙中排出，使土的孔隙体积减小，是引起土的压缩的主要原因。

土是三相体系，土的压缩性比钢材、混凝土等其他连续介质材料大得多。土的压缩性具有两个特点：

（1）土的压缩变形主要是由于孔隙体积的减小引起的。

（2）饱和土的压缩需要一定的时间才能完成。由于饱和土的孔隙中全部充满水，要使孔隙减小，土孔隙中的水必须部分排出，这需要一定的时间。土的压缩量随时间增长的过程，称为土的固结。

一、压缩试验

自然界的土多种多样，其压缩性质各不相同。下面介绍室内压缩试验（亦称固结试验），它是研究土压缩性的最基本的方法。

1. 试验仪器和试验方法

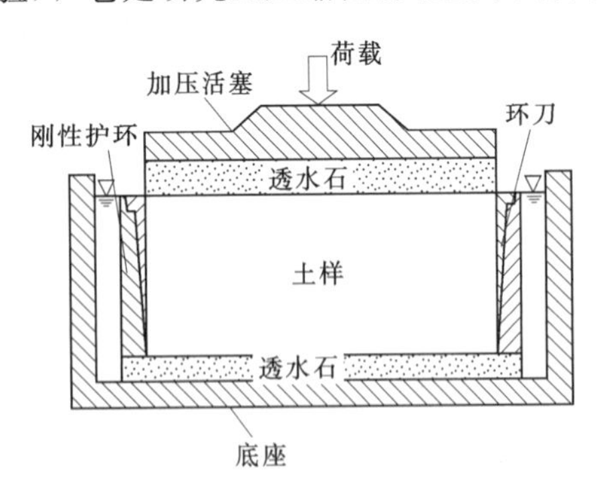

图4-1　固结仪示意图

压缩试验是在压缩仪（又称固结仪）（图4-1）上进行的，主要仪器设备包括固结容器、加压设备、变形量测设备等。试验时先用具有一定刚度的金属环刀切取原状土样，切土方向应与土天然状态时的垂直方向一致。然后将土样连同环刀一起放入压缩仪的刚性护环内，在土样上下两面各放上滤纸和透水石，使土样在压缩过程中竖向可自由排水，透水石上面再通过加荷装置施加竖向荷载，对饱和试样施加第一级压力后应立即向水槽内注水，浸没试样。用测微计（百分表）测记每级荷载作用下的稳定读数（标准时间为24h），可以计算各级荷载作用下稳定后试样的孔隙比，从而绘制土体的压缩曲线。

作用在试样上的荷载是分级施加的，常规压缩试验的加荷等级 p 为 50kPa、100kPa、200kPa、300kPa、400kPa。第一级压力的大小应视土的软硬程度而定，最后一级压力应大于土的自重应力与附加应力之和。每加一级荷载，要等到土样压缩相对稳定后才能加下一级荷载。随着高层建筑的兴建和重型设备的发展，常规压缩仪的压力范围太小，可采用高压固结仪，最高压力可达 3200kPa 以上。

由于金属环刀和刚性护环的限制，使土样在竖向压力作用下只能发生竖向变形 Δh，而无侧向变形，这称为侧限条件。由于整个压缩过程仅土样高度在减少，处于一维压缩状态，所以土的压缩试验也可称为侧限压缩试验。

2. 试验结果整理

设土样的初始高度为 h_0，初始孔隙比为 e_0，荷载 p_i 作用下压缩稳定后的土样高度为 h_i，孔隙比为 e_i，则压缩量 $\Delta h_i = h_0 - h_i$。任一荷载 p_i 作用下土样相应的孔隙比 e_i 的表达式为

$$e_i = e_0 - \frac{1+e_0}{h_0}\Delta h_i \tag{4-1}$$

$$e_0 = \frac{G_s \rho_w (1+\omega)}{\rho} - 1 \tag{4-2}$$

式中　e_i——各级荷载作用下土样压缩稳定后的孔隙比；

e_0——土样的初始孔隙比；

G_s、ω、ρ——土粒比重、土样的初始含水率和初始密度，可根据室内试验测定。

这样，只要测得各级荷载 p_i 作用下土样压缩稳定后的压缩量 Δh_i，就可根据式（4－1）计算出相应荷载下试样压缩稳定后的孔隙比 e_i，并绘制如图 4－2 所示的 e—p 曲线。

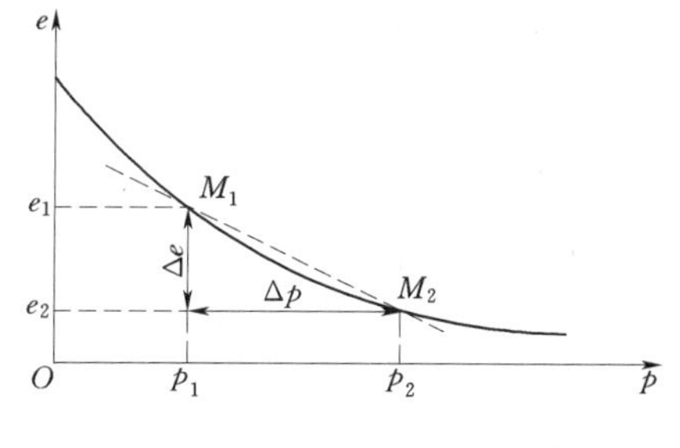

图 4－2　压缩曲线

二、压缩性指标

土的压缩性可用不同的定量指标表示，称土的压缩性指标，它是评价土的压缩性和进行地基沉降计算的重要参数。土的压缩性指标主要有压缩系数、压缩模量、体积压缩系数、弹性模量、压缩指数等。

1. 压缩系数 α

不同的土具有不同的压缩性，其压缩曲线 e—p 曲线的形状也不同，可根据 e—p 曲线的陡缓程度来说明土的压缩性质。e—p 曲线越陡，则相同应力变化范围内孔隙比变化越大，土越容易被压缩，因此土的压缩性越高；反之，e—p 曲线越平缓，土的压缩性越低。曲线任一点处切线点的斜率表示了相应压力作用下的土的压缩性，定义为压缩系数用 α，即

$$\alpha = -\frac{\mathrm{d}e}{\mathrm{d}p} \tag{4-3}$$

如图 4－2 所示，对 e—p 曲线上任意两点 M_1 和 M_2，对应的应力分别为 p_1 和 p_2，对应的孔隙比分别为 e_1 和 e_2。当应力增量 $\Delta p = p_2 - p_1$ 不大时，可近似以连接 M_1 和 M_2 的直

线来代替两点之间的压缩曲线 α，它的表达式为

$$\alpha=-\frac{\mathrm{d}e}{\mathrm{d}p}\approx-\frac{\Delta e}{\Delta p}=\frac{e_1-e_2}{p_2-p_1} \tag{4-4}$$

式中 p_1——加压前使试样压缩稳定的应力或地基中某深度处土中原有的竖向自重应力，kPa；

p_2——加压后试样所受的应力或地基中某深度处土中竖向自重应力与附加应力之和，kPa；

e_1、e_2——相应于 p_1、p_2 作用下压缩稳定时土的孔隙比。

式（4-3）中的负号表示 e 随 p 的增加而减小。在同一压缩曲线上，所取应力段不同，就会有不同的压缩系数值，即压缩系数不是一个常数。α 值越大，土的压缩性就越大，反之，土的压缩性就越小。不同土的压缩性差异很大，即使是同一种土，压缩性也变化很大。为了便于判断和比较土的压缩性，并考虑到实际工程中土所受的压应力常在 100～200kPa 范围内，《建筑地基基础设计规范》（GB 50007—2011）规定用 $p_1=100\text{kPa}$，$p_2=200\text{kPa}$ 时相应的压缩系数 α_{1-2} 来评价土的压缩性。

$\alpha_{1-2}<0.1\text{MPa}^{-1}$ 时，为低压缩性土。

$0.1\text{MPa}^{-1}\leqslant\alpha_{1-2}<0.5\text{MPa}^{-1}$ 时，为中压缩性土。

$\alpha_{1-2}\geqslant0.5\text{MPa}^{-1}$ 时，为高压缩性土。

2. 压缩模量 E_s

压缩模量也称侧限压缩模量，表示土在完全侧限条件（无侧向变形）下竖向应力增量 Δp 与相应的应变增量 $\Delta\varepsilon$ 的比值，用符号 E_s 表示，即

$$E_s=\frac{\Delta p}{\Delta\varepsilon}=\frac{\Delta p}{\dfrac{\Delta e}{1+e_0}}=\frac{1+e_0}{a} \tag{4-5}$$

式中 e_0——试样初始孔隙比。

压缩模量不是常数，随应力大小而变化，它和压缩系数成反比，即压缩系数越小，则压缩模量越大，土的压缩性也越低。通常取压应力变化范围由 100kPa 增加到 200kPa 时的压缩模量 E_{s1-2} 作为评定土的压缩性的指标，$E_{s1-2}<4\text{MPa}$ 为高压缩性土，$4\text{MPa}\leqslant E_{s1-2}\leqslant15\text{MPa}$ 为中压缩性土，$E_{s1-2}>15\text{MPa}$ 为低压缩性土。

3. 压缩指数 C_c

土的压缩试验结果也可用 e—$\lg p$ 曲线表示，如图 4-3。原状土的 e—$\lg p$ 曲线可明显地分成两部分，对应于应力较小的那部分曲线接近于水平线，对应于应力较大的那部分曲线接近于斜直线。e—$\lg p$ 曲线斜线段的斜率用 C_c 表示，称为压缩指数，是无量纲量，表达式为

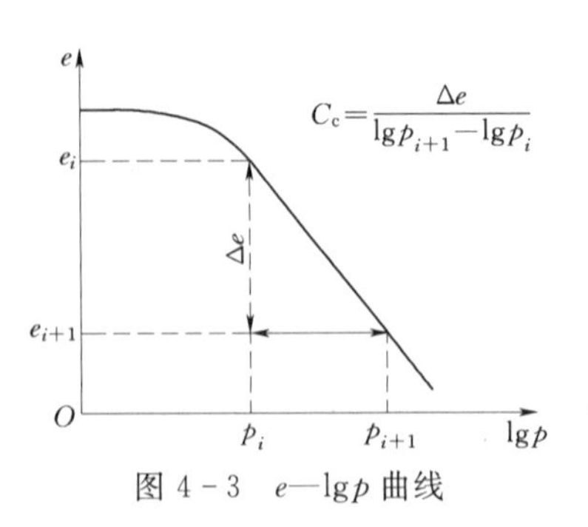

图 4-3 e—$\lg p$ 曲线

$$C_c=\frac{e_1-e_2}{\lg p_2-\lg p_1} \tag{4-6}$$

压缩指数不同于压缩系数，它在应力较大时是一个比较稳定的量，不随应力而变化。土的 C_c 值越大，压缩性越高。$C_c>0.167$ 为高压缩性土，$C_c<0.033$ 为低压缩性土，介于

两者之间为中压缩性土。

室内压缩试验是确定土的压缩性指标的简易可行的方法，但因所取土样尺寸小，又是侧限压缩，且由钻孔中采取的原状试样，要受应力解除的扰动影响，再加上运送、切样等不可避免的各种因素，难免扰动土的天然结构，故不能准确反映地基的实际变形条件。为更准确地评定土在天然状态下的压缩性，可采用原位测试方法加以解决，如载荷试验、旁压试验等。

4. 变形模量 E_0

无侧限条件下，土在受压变形过程中，竖向应力与竖向应变的比值称为变形模量 E_0。理论上，变形模量 E_0 可由压缩模量 E_s 换算求得，两者的关系为

$$E_0=\left(1-\frac{2\mu^2}{1-\mu}\right)E_s \tag{4-7}$$

式中　μ——排水条件下土的泊松比。

由于土的变形性质不能完全由线弹性常数来概括，因而由不同的试验方法测得的 E_0 和 E_s 之间的关系往往不一定符合式（4-7）。变形模量应根据载荷试验结果，利用弹性理论间接反算确定。国内外对现场快速测定变形模量的方法如旁压试验、触探试验等给予了很大重视，还发展了能在不同深度地基土层中做载荷试验的螺旋压板试验等方法。变形模量的大小随土的性状而异，软黏土的 E_0 约为几个 MPa，甚至低于 1MPa，硬黏土的 E_0 约在 20～30MPa 之间，而密砂与砾石的 E_0 可高达 40MPa 以上。

第二节　地基最终沉降量计算

土木或水工建筑物修建在地基土上，地基土在外荷载引起的附加应力作用下产生的竖向变形称为沉降。地基沉降的大小主要取决于地基土的性质和附加应力的数值。当建筑场地土质坚实，压缩性小时，地基的沉降较小，对工程正常使用没有影响。但若地基为软弱土层且厚薄不匀，压缩性大，或上部结构荷载轻重变化悬殊时，基础将发生严重的沉降和不均匀沉降，出现倾斜、墙体开裂、基础断裂等情况，影响建筑物的正常使用与安全。例如水利工程中的水闸或有吊车的厂房，如果闸门两侧的闸墩或吊车两侧的基础产生过大的不均匀沉降，就会使闸门启闭或吊车行驶困难。对于挡水的水工建筑物，如土坝，如果产生过大的沉降将不能满足拦洪蓄水的要求，而不均匀沉降又会使土坝产生裂缝导致渗漏，给工程带来很大危害。

地基最终沉降量指土体在荷载作用下不断产生压缩，变形稳定时基础底面所产生的总沉降量。地基最终沉降量的计算方法有很多种，下面主要介绍分层总和法。

一、分层总和法

天然地基一般由厚度、性质不同的不均匀土层组成，即使是均匀土层，土的物理力学指标也会随深度变化。因此，计算地基最终沉降量时，一般将地基沉降计算深度内的土层按土质、应力变化情况、基础大小等划分成若干水平土层，分别计算各分层的压缩量，然后求其总和，

得出地基最终沉降量，称为分层总和法，这是一种近似计算方法，计算简图见图4－4。

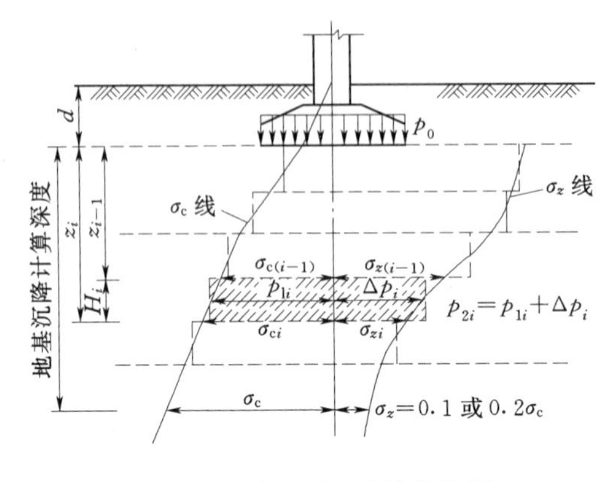

图4－4　分层总和法计算简图

（一）计算假定

（1）地基是均匀、各向同性的半无限空间弹性体，应用弹性理论方法计算地基中的附加应力。

（2）在地基作用下，地基土只产生竖向压缩变形，不发生侧向膨胀变形，故可采用完全侧限条件下的压缩性指标计算地基的沉降量。

（3）一般取基底中心点下地基竖向附加应力进行计算，以基底中心点的沉降代表基础的平均沉降。

（二）计算步骤

（1）按比例绘制地基土层分布剖面图。

（2）地基土分层。为提高沉降计算精度，由基础底面起，沿深度将地基土分为若干层，天然土层的交界面（因不同土层的压缩性及重度不同）及地下水位（因水位上下土层的重度不同）是当然的分层界面。在同类土中，各分层的厚度不宜太大，因为附加应力沿深度的变化是非线性的，土的压缩曲线 e—p 曲线也是非线性的，分层厚度太大将产生较大的误差。分层厚度可控制在2～4m或不大于0.4b（b 为基底宽度），对每一分层，可认为自重应力和附加应力沿深度是线性分布的。

（3）计算地基中土的自重应力分布。求出地基中各分层界面处的竖向自重应力，自重应力应从地面算起，地下水位以上取土的天然重度，地下水位以下一般取土的有效重度进行计算。按比例在计算点垂线左侧绘出自重应力的分布曲线。

（4）计算地基中各分层界面处竖向附加应力，按比例在计算点垂线右侧绘出竖向附加应力的分布曲线。

（5）确定地基沉降计算深度。外荷载在地基中引起的附加应力随深度增加而递减，自重应力随深度增加而递增。到一定深度后，引起的压缩变形对最终沉降量来说可忽略不计，满足这一条件的深度称为沉降计算深度 z_n，一般取下列条件

$$\sigma_z=0.2\sigma_c \tag{4-8}$$

即地基附加应力等于20%自重应力深度处作为沉降计算深度。若在该深度以下为高压缩性土（如软弱土层），则应取地基附加应力等于10%自重应力深度处作为沉降计算深度，即

$$\sigma_z=0.1\sigma_c \tag{4-9}$$

在沉降计算深度范围内存在基岩时，z_n 取至基岩表面。

（6）按算术平均求第 i 分层的平均自重应力 p_{1i} 和平均附加应力 Δp_i，根据第 i 分层的平均自重应力 p_{1i}、平均自重应力与平均附加应力之和 p_{2i}，由压缩曲线查出相应的初始孔隙比 e_{1i} 和压缩稳定后的孔隙比 e_{2i}。

（7）计算各分层土的压缩量 Δs_i。根据计算假定，可采用室内侧限压缩试验的成果进行计算，即

$$\Delta s_i=\varepsilon_i H_i=\frac{\Delta e_i}{1+e_{1i}}H_i=\frac{e_{1i}-e_{2i}}{1+e_{1i}}H_i \tag{4-10}$$

式中　ε_i——第 i 分层的平均压缩应变；

H_i——第 i 分层的厚度。

若只有 a、E_s 等压缩性指标，未提供压缩曲线，可用式（4-11）估算第 i 分层的压缩量，即

$$\Delta s_i=\frac{\alpha_i}{1+e_{1i}}\Delta p_i H_i=\frac{\Delta p_i}{E_{si}}H_i \tag{4-11}$$

式中　Δp_i——第 i 层土的平均附加应力，$\Delta p_i=p_{2i}-p_{1i}$；

α_i、E_{si}——第 i 层土对应于 $p_{1i}\sim p_{2i}$ 应力段的压缩系数、压缩模量。

（8）计算最终沉降量，即

$$s=\sum_{i=1}^{n}\Delta s_i \tag{4-12}$$

式中　n——分层数。

【例 4-1】 某墙下单独基础底面尺寸 2.8m×2m，基础埋深 $d=1.5$m，上部结构传至地面处的荷载为 350kN，地基土第一层为 2.4m 厚黏土层，$\gamma=17.6$kN/m³，第二层为粉质黏土层，$\gamma=18.0$kN/m³，地下水位在基底以下 0.9m 处，如图 4-5 所示，地基土层室内压缩试验成果见表 4-1，用分层总和法计算基底中点处的最终沉降量。

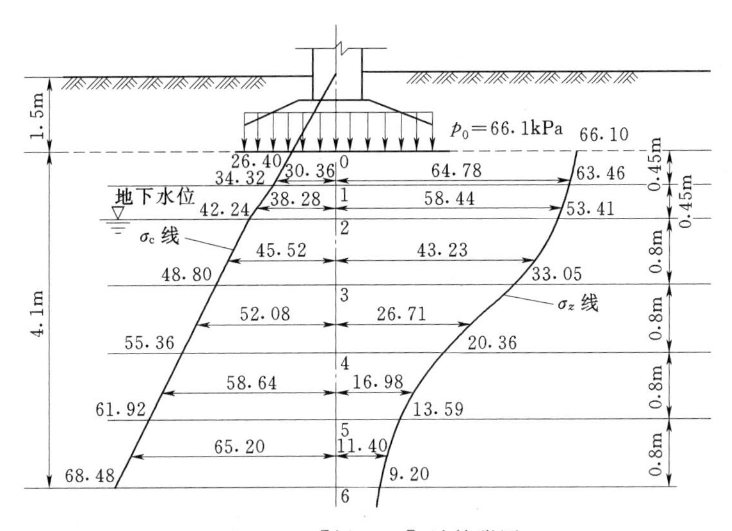

图 4-5　［例 4-1］计算附图

表 4-1　地基土层的压缩试验成果

土名 \ e \ p/kPa	0	50	100	200	300
黏土	0.651	0.625	0.608	0.587	0.570
粉质黏土	0.978	0.889	0.855	0.809	0.773

解： (1) 地基分层。考虑分层厚度不超过 $0.4b=0.8\text{m}$ 以及地下水位的位置，基底以下黏土层分层厚度取 0.45m，粉质黏土层分层厚度取 0.8m。

(2) 计算自重应力。计算分层界面处的竖向自重应力，地下水位以下取土层有效重度进行计算。计算各分层上下界面处自重应力的平均值$\frac{\sigma_{c(i-1)}+\sigma_{ci}}{2}$，作为该分层的自重应力平均值 p_{1i}，各分层界面处的自重应力值及各分层的自重应力平均值见表4－2。

表 4－2 分层总和法计算基础最终沉降量

分层点	深度 z_i /m	层号	层厚 H_i /m	自重应力 σ_c /kPa	附加应力 σ_z /kPa	自重应力平均值 $\frac{\sigma_{c(i-1)}+\sigma_{ci}}{2}=p_{1i}$ /kPa	附加应力平均值 $\frac{\sigma_{z(i-1)}+\sigma_{zi}}{2}=\Delta p_i$ /kPa	自重应力平均值＋附加应力平均值 $p_{1i}+\Delta p_i=p_{2i}$ /kPa	受压前孔隙比 e_{1i} (对应 p_{1i})	受压后孔隙比 e_{2i} (对应 p_{2i})	分层压缩量 Δs_i /mm
0	0	—	—	26.40	66.10	—	—	—	—	—	—
1	0.45	1	0.45	34.32	63.46	30.36	64.78	95.14	0.635	0.610	6.88
2	0.90	2	0.45	42.24	53.41	38.28	58.44	96.72	0.631	0.609	6.07
3	1.70	3	0.8	48.80	33.05	45.52	43.23	88.75	0.897	0.863	14.33
4	2.50	4	0.8	55.36	20.36	52.08	26.71	78.79	0.888	0.869	8.05
5	3.30	5	0.8	61.92	13.59	58.64	16.98	75.62	0.885	0.872	5.52
6	4.10	6	0.8	68.48	9.20	65.20	11.40	76.60	0.879	0.871	3.41

(3) 计算竖向附加应力。基底附加压力为

$$p_0=\frac{350+20\times2.8\times2\times1.5}{2.8\times2}-17.6\times1.5=66.1(\text{kPa})$$

查表得附加应力系数 α_c，用角点法计算各分层处的竖向附加应力 $\sigma_z=4\alpha_c(l/b,\ z/b)p_0$，计算各分层上下界面处附加应力的平均值$\frac{\sigma_{z(i-1)}+\sigma_{zi}}{2}$，即 Δp_i，见表 4－2。

(4) 计算各分层自重应力平均值与附加应力平均值之和 $p_{2i}=p_{1i}+\Delta p_i$，见表4－2。

(5) 确定沉降计算深度。因为粉质黏土层下面没有软弱土层，所以可按 $\sigma_z=0.2\sigma_{cz}$ 确定沉降计算深度。$z=3.3\text{m}$ 处，$\sigma_z=13.59\text{kPa}>0.2\sigma_c=12.38\text{kPa}$；$z=4.1\text{m}$ 处，$\sigma_z=9.2\text{kPa}<0.2\sigma_c=13.70\text{kPa}$，所以，沉降计算深度为基底以下 4.1m。

(6) 计算各分层的压缩量。采用公式 $\Delta s_i=\frac{e_{1i}-e_{2i}}{1+e_{1i}}H_i$ 计算各分层的压缩量，列于表 4－2 中。

(7) 计算基底中点处最终沉降量，即

$$s=\sum_{i=1}^{n}\Delta s_i=6.88+6.07+14.33+8.05+5.52+3.41=44.26(\text{mm})$$

必须指出，地基最终沉降量计算，除分层总和法以外，还有《建筑地基基础设计规范》(GB 50007—2011) 在分层总和法的基础上提出的一种较为简便的计算方法，称为规

范法。

二、地基沉降计算中的有关问题

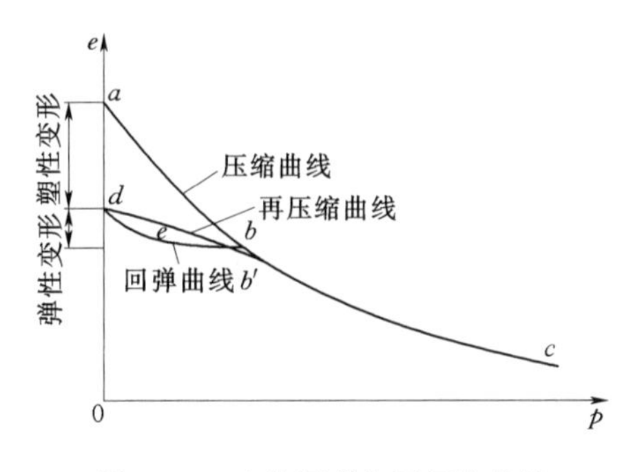

图 4-6　土的回弹与再压缩曲线

1. 土的回弹与再压缩特性

如图 4-6 所示，土样逐级加荷可得到压缩曲线 *abc*。若加荷至 *b* 点开始逐级卸荷，此时土样将沿 *bed* 曲线回弹，曲线 *bed* 称为回弹曲线。如果卸荷至 *d* 点后，再逐级加荷，土样又开始沿 *db′* 再压缩，至 *b′* 后与压缩曲线重合。曲线 *db′* 称为再压缩曲线。从土的回弹和再压缩曲线可以看出：土的卸荷回弹曲线不与原压缩曲线相重合，说明土不是完全弹性体，其中有一部分为不能恢复的塑性变形；土的再压缩曲线比原压缩曲线斜率要小得多，说明土经过压缩后，卸荷再压缩时，其压缩性明显降低。

当建筑物基础底面和埋深比较大时，若基坑暴露的时间较长，地基土有可能由于开挖卸荷作用引起回弹。因此，在预估基础的沉降量时应适当考虑这种影响。

2. 土的应力历史对土的压缩性的影响

土的压缩性不仅取决于土的现存固结压力，而且与土的应力历史有关，土的应力历史指土体在历史上曾经受到过的应力状态。土层在历史上曾受过的最大固结压力称为先期固结压力，记为 p_c 一般用先期固结压力与目前上覆土自重应力 p_0 的比值来描述土层的应力历史，称为超固结比，记为 *OCR*。根据超固结比可将土层分为三种固结状态，$OCR=1$ 为正常固结状态，$OCR>1$ 为超固结状态，$OCR<1$ 为欠固结状态。

（1）正常固结土。正常固结土指土层历史上经受的最大压力，为现有覆盖土的自重应力。在工程设计中大多数建筑场地最常见的土层为这类正常固结土，土层在自重作用下已完全固结，自重应力不再引起土层压缩，只有外荷载引起的附加应力才能使土层进一步压缩，如图 4-7（*a*）所示。

（2）超固结土。超固结土指土层在超过目前自重压力的荷载作用下固结形成的土，即该土层历史上曾经受到过大于现有覆盖土重的先期固结压力，历史最高地面比目前地面高，后来因各种原因（如水流冲刷、冰川作用、人类活动等）将部分沉积物搬运至别处，使地面降至目前标高，如图 4-7（*b*）所示。

当施加在超固结土层上的荷载小于或等于该土层的先期固结压力时，其压缩变形将会很小，甚至可以忽略不计，只有当地基中附加应力与自重应力之和超出其先期固结压力后，土层才会有明显压缩。因此，超固结土的压缩性较低，压缩量较小，对工程影响不大。

（3）欠固结土。欠固结土指土层在目前的自重作用下，还没有达到完全固结的程度，土层实际固结压力小于现有的土层自重应力。新近沉积的黏性土、人工填土、沿海用吹填土新造的陆地等都为欠固结土如图 4-7（*c*）所示。欠固结土的固结沉降应包括两部分，一部分由地基中的附加应力引起，通常近似按正常固结土的方法计算其压缩量，另一部分是在自重作用下固结还没有达到稳定，继续发生固结所引起的那部分沉降值，因此欠固结土的沉降量较大。

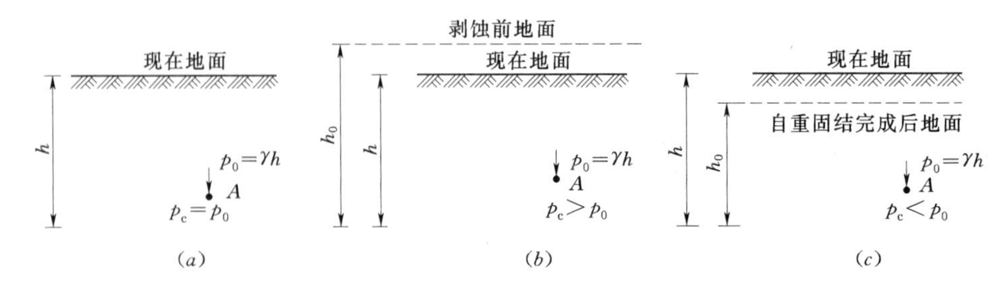

图 4-7　沉积土层按先期固结压力 p_c 分类

3. 黏性土沉降的三个组成部分

根据黏性土的实际变形特征，可将黏性土地基的固结分为三个阶段：

(1) 瞬时固结，指土体在荷载作用下立即发生的压缩。对饱和土体，即为受剪力后，土体形状改变、体积不变情况下剪切变形的结果。

(2) 主固结，指土体的压缩主要是附加应力作用下孔隙中的部分自由水逐渐向外排出，孔隙体积逐渐减小引起的，这一过程以土中发生渗流为其主要特征，土体的变形速率主要取决于孔隙水的排出速率。对于一般黏性土，主固结沉降是地基总沉降的主要部分。

(3) 次固结，指超静孔压消散为零后，土骨架在持续荷载作用下发生蠕变继续发生的固结。

4. 砂性土地基的沉降

砂性土地基由于透水性好，固结完成快，剪切和压缩引起的沉降都在加荷后很快发生。砂性土的沉降计算迄今还没有完全合理的计算方法，只能用经验方法。

5. 相邻荷载的影响

在一般地基上，一些建筑物由于没有充分估计相邻荷载的影响，发生了不均匀沉降。相邻荷载导致地基沉降的原因是附加应力扩散、应力叠加，使地基产生附加沉降造成的。在软弱地基中，这种附加沉降可达自身荷载引起沉降量的50%以上，往往导致建筑墙面开裂和结构损坏。因此，地基沉降计算中需考虑相邻荷载影响，其值可按应力叠加原理，采用角点法计算。

第三节　饱和土体地基沉降与时间关系计算

一、基本概念

工程中不仅需要计算地基最终沉降量，往往还需要知道地基在施工期间的沉降或完工后某一时刻的沉降（工后沉降），其目的是组织施工顺序、控制施工速度以及采取必要的建筑安全措施（如考虑建筑物有关部分的预留净空或连接方法）等，这需要了解地基沉降与时间的关系，由土体的固结理论来解决。

土体在荷载作用下，孔隙水排出，土颗粒相对移动都要经过一定的时间。因此，土的压缩变形不是瞬时完成的，而是随时间逐步发展并渐趋稳定。影响地基变形与时间关系的因素相当复杂，主要取决于地基土的渗透性大小和排水条件。无黏性土（碎石土、砂土）

渗透性较好，孔隙水排出快，受力后固结稳定所需的时间很短，可认为外荷载施加完毕（如建筑物施工期间），其固结已基本完成。而粉土和黏性土的渗透性较差，压缩稳定所需时间就很长，往往需几年甚至几十年。固结对地基的渗流、稳定和沉降等有重要影响，直接影响上部结构的正常使用和安全。

饱和土是由土骨架和孔隙水组成的两相土。孔隙水仅受静水自重作用时产生的压力称为静水压力。土体在外荷载作用下，由孔隙水所传递超过静水压力的那部分水压力称为超静孔隙水压力，简称超静孔压，由土骨架传递的应力称为有效应力。

二、有效应力原理

（一）饱和土的一维固结模型

太沙基（Terzaghi，1925）对饱和土的一维渗流固结提出了如图 4-8 所示的弹簧活塞模型。在一个盛满水的圆筒中装有一个带有弹簧的活塞，弹簧上下端连接着活塞和筒底，活塞上有透水的孔，圆筒的侧壁和底部均不能透水。由于土被看成是线性变形体，其应力与应变成比例关系，所以模型中的弹簧代表土骨架，弹簧刚度的大小则代表了土压缩性的大小。圆筒中的水代表土孔隙中的自由水，活塞上透水小孔的孔径大小象征土的竖向渗透性大小，即排水条件。圆筒是刚性的，弹簧和活塞只能作竖向运动，水只能向上从活塞小孔排出，象征土的渗流和变形都是一维的。

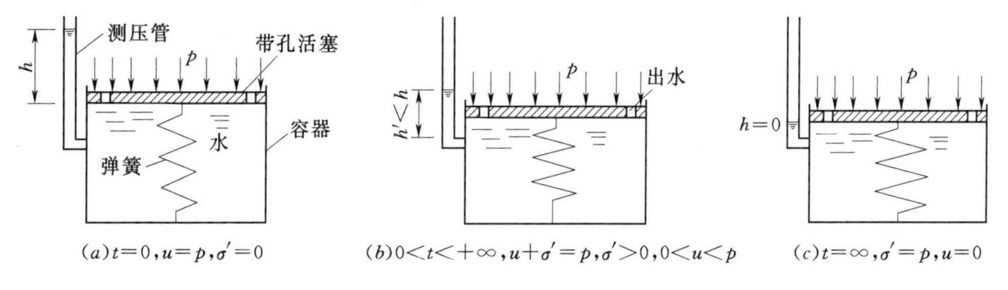

图 4-8　饱和土渗透固结弹簧活塞模型

当在活塞上施加外荷载压力 p 的瞬间，水来不及从活塞上小孔中排出，弹簧未变形，即未受力，荷载全部由水承担，此时水中的压力为超静孔压 u。由于土中任一点的孔隙水压力对各个方向的作用是相等的，因此它只能使每个土颗粒四周受到相同的压力，而不能改变土粒的位置，土粒本身又是不可压缩的，故整个土体不会因受孔隙水压力的作用而变形。

随时间推移，受到超静孔压的水逐渐经活塞小孔排出，超静孔压逐渐消散，弹簧被压缩，分担的压力逐渐增加，直至最后外荷载压力 p 完全由弹簧来平衡，超静孔压完全消散，降为 0，水停止流出为止，整个固结过程结束。所以，饱和土的渗流固结不仅是孔隙水逐渐排出，变形逐步发展的过程，也是土中超静孔压不断消散，有效应力逐渐增长的过程。

（二）有效应力原理

太沙基（1925）首先提出了饱和土体的有效应力原理，饱和土的有效应力原理的表达

式可写成

$$\sigma=\sigma'+u \tag{4-13}$$

式中 σ——总应力；

σ'——有效应力；

u——孔隙水压力。

饱和土体的有效应力原理在现代土力学中一直被普遍采用。有效应力原理表明：作用在饱和土体上的总应力 σ 由作用在土骨架上的有效应力 σ' 和作用在孔隙水上的孔隙水压力 u 组成；当总应力一定时，若土体中孔隙水压力增加或减小，则会相应引起有效应力的减小或增加。有效应力的数值无法直接量测，而孔隙水压力可以通过室内三轴压缩试验或工程现场孔隙水压力仪进行量测，根据有效应力原理公式即可计算有效应力。

三、饱和土体地基沉降与时间关系计算

（一）太沙基一维固结理论简介

利用上述固结模型得到的有关饱和土固结作用机理，可以求解附加应力作用下地基的一维固结问题。一维固结是指土的压缩变形和水的渗透只沿土层竖直方向发生，水平方向无位移、无渗流。例如，厚度不大的饱和软黏土层，当受到分布面积较大的均布荷载作用时，只要底面或顶面有透水层，可认为是一维固结。太沙基一维固结理论的基本假定是：

（1）土体是均质、各向同性且完全饱和的。

（2）土粒和孔隙水是不可压缩的，土的变形完全由孔隙体积的减小引起。

（3）土的变形和土中水的渗流只沿竖向发生，是一维的。

（4）土中渗流符合达西定律，且渗透系数保持不变。

（5）孔隙比的变化与有效应力的变化成正比，即 $-\dfrac{\Delta e}{\Delta\sigma}=a$，且压缩系数 a 在固结过程中保持不变。

（6）外荷载一次瞬时施加，在固结过程中保持不变。

基于以上假定，太沙基建立了饱和土的一维固结方程。如图 4－9 所示，在厚度为 H 的均质、各向同性饱和土层上瞬时施加连续均布荷载，土层在自重应力作用下已固结稳

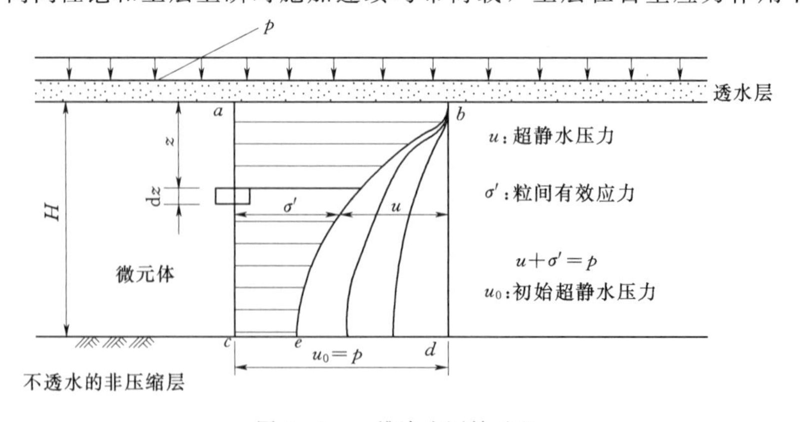

图 4－9 一维渗流固结过程

定，仅考虑外荷载引起的固结。土层上表面为透水边界，下表面为不透水边界，符合一维渗流的假定。

（二）固结度

为了研究土层中超静孔压的消散程度，常采用固结度来描述。固结度与土的性质、土层厚度和所取的时间有关，若土的渗透性越好，固结完成得越快。

1. 某点的固结度

地基某点 t 时刻的竖向有效应力与总压力或初始超静孔压的比值，称为该点 t 时刻的固结度，表示该处超静孔压的消散程度，即

$$U=\frac{\sigma'}{\sigma}=\frac{\sigma-u}{\sigma} \tag{4-14}$$

2. 土层的平均固结度

对工程更有实际意义的是整个土层的平均固结度，指地基中各点土骨架 t 时刻承担的有效应力图面积（应力面积 $abec$）与附加应力（或初始超静孔压）图面积（应力面积 $abdc$）之比，也是某一时刻 t 地基的沉降量与最终沉降量的比值，即

$$U_t=\frac{\int_0^H\sigma'(z,t)\mathrm{d}z}{\int_0^H p(z)\mathrm{d}z}=\frac{s_{ct}}{s_c} \tag{4-15}$$

式中 s_{ct}——某时刻 t 地基的固结沉降量；

s_c——地基最终沉降量（$t=\infty$）。

（三）饱和土体地基沉降与时间关系计算

1. 计算公式

太沙基一维固结理论求解了孔隙水压力随时间 t 和深度 z 变化的函数解，固结度又是某一时刻 t 地基的沉降量与最终沉降量的比值。那么可建立地基沉降与时间关系，即可求出地基在任一时间的沉降量，满足工程要求的简化式为

$$U_t=1-\frac{8}{\pi^2}\mathrm{e}^{-\pi^2T_v/4}=f(T_v) \tag{4-16}$$

$$T_v=\frac{C_vt}{H^2}$$

$$C_v=\frac{k(1+e_0)}{a\gamma_w}$$

式中 e——自然对数底数；

T_v——时间因数，无量纲；

C_v——竖向固结系数，m^2/a；

H——土体最大竖向排水距离，m，当土层为单向排水时，H 等于土层厚度；当土层为上下双面排水时，H 为土层厚度的一半；

k——土的渗透系数，m/a；

e_0——土的初始孔隙比；

a——土的压缩系数，kPa^{-1}；

γ_w——水的重度，kN/m^3；

t——固结时间，年。

2. 地基沉降与时间关系计算步骤

应用图4－10，固结度U_t与时间因素T_v关系曲线进行计算，图中共计10条曲线，由下至上α=0，0.2，0.4，0.6，0.8，1.0，2.0，4.0，8.0，∞。其中

$$\alpha=\frac{排水面附加应力}{不排水面附加应力}=\frac{\sigma_1}{\sigma_2} \tag{4-17}$$

土层双面排水时，α=1。由地基土的性质，计算时间因素T_v，由曲线横坐标与α值，即可找出纵坐标U_t为所求。地基沉降与时间关系计算步骤如下：

(1) 计算地基最终沉降量s，由前述分层总和法或《建筑地基基础设计规范》(GB 50007—2002) 法进行计算。

(2) 计算附加应力比值α。由地基附加应力计算，应用式(4－17)可得α值。

(3) 假定一系列地基平均固结度U_t。如U_t=10%，20%，40%，60%，80%，90%。

(4) 计算时间因素T_v。由假定的每一个平均固结度U_t与α值，应用图4－10，查出横坐标时间因素T_v。

(5) 计算时间t。由地基土的性质指标和土层厚度，由T_v计算出每一U_t的时间t。

(6) 计算时间t的沉降量s_t。由公式$U_t=\frac{s_t}{s}$可得

$$s_t=U_t s \tag{4-18}$$

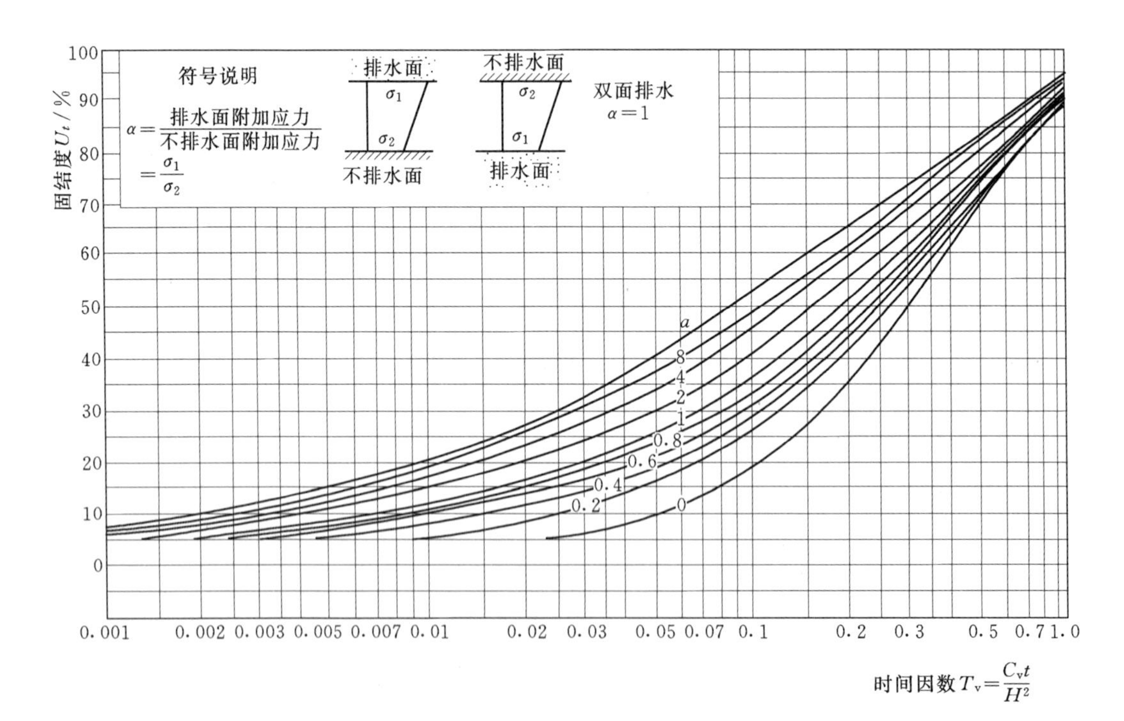

图4－10 时间因数T_v与固结度U_t关系图

3. 说明

（1）某时刻地基平均固结度的大小说明了该时刻的地基压缩和固结的程度，如 $U_t=80\%$，表示地基的固结沉降已达最终沉降的 80%，地基固结程度已达 80%。

（2）土体最大竖向排水距离 H 越小，地基越易固结，在同一时刻所达到的固结度越大。T_v 与 H 的二次方成反比，对于同一地基情况，若将单面排水改为双面排水，要达到相同的固结度，所需历时应减少为原来的 1/4。缩短排水距离可极大地提高地基的固结速率。地基处理中常采用打设砂井或塑料排水板等竖向排水体的方法缩短排水距离，从而加快地基的固结速率，缩短施工时间。

【例 4－2】 如图 4－11 所示，厚度 $H=8\text{m}$ 的黏土层，上下层面均为排水砂层，黏土层孔隙比 $e_0=0.8$，压缩系数 $a=0.25\text{MPa}^{-1}$，渗透系数 $k=6.3\times10^{-8}\text{cm/s}$，地表瞬时施加大面积均布荷载 $p=180\text{kPa}$，求：（1）加荷半年后地基的沉降；（2）黏土层达到 50%固结度所需的时间（年）。

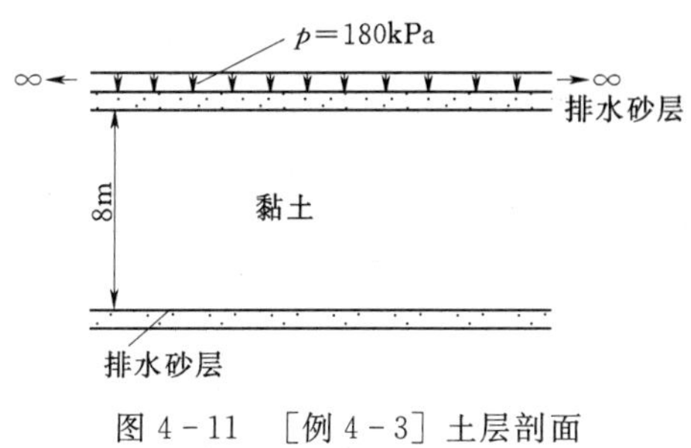

图 4－11　［例 4－3］土层剖面

解：（1）黏土层压缩模量为

$$E_s=\frac{1+e_0}{a}=\frac{1+0.8}{0.25}=7.2(\text{MPa})$$

地基最终沉降量为

$$s=\frac{p}{E_s}H=\frac{180\times10^{-3}}{7.2}\times8=0.2(\text{m})=200(\text{mm})$$

黏土层固结系数为

$$C_v=\frac{k(1+e_0)}{a\gamma_w}=\frac{6.3\times10^{-10}\times(1+0.8)}{0.25\times10^{-3}\times9.8}=4.63\times10^{-7}(\text{m}^2/\text{s})=14.6(\text{m}^2/\text{年})$$

时间因素为

$$T_v=\frac{C_vt}{(H/2)^2}=\frac{14.6\times0.5}{4^2}=0.456$$

由 $a=1.0$ 及 $T_v=0.456$，查图 4－9，得 $U_t=0.737$，则加荷半年后地基的沉降为

$$s_t=U_ts=0.737\times200=147.4(\text{mm})$$

（2）求 $U_t=0.5$ 所需的历时 t。由 $U_0=0.5$，$a=1.0$，查图 4－12，得

$$T_v=0.196$$

则黏土层达到 50%固结度所需的时间为

$$t=\frac{T_v\ (H/2)^2}{C_v}=\frac{0.196\times(8/2)^2}{14.6}=0.215(\text{年})$$

第四节　建筑物沉降观测与地基变形允许值

一、建筑物沉降观测

由于地基土的复杂性和计算理论的局限性，使地基沉降计算值与实际值并不完全符

合。为了保证建筑物的使用安全，验证工程设计与沉降计算的正确性，不致因产生过大沉降或过快的沉降速率而导致破坏，并且作为工程事故发生后分析事故原因和加固处理的依据，有必要对建筑物进行沉降观测。许多高层建筑和重要工程一般都需要进行长期的沉降观测，以分析研究建筑物的沉降规律及发展趋势，推算最终沉降量。由于一维固结理论在很多情况下与实际情况有出入，因此，利用沉降观测资料推算后期沉降量，有其重要的现实意义。《建筑地基基础设计规范》（GB 50007—2011）对需进行沉降观测的建筑物作出了规定。

1. 收集资料和编写计划

在确定观测对象后，应收集以下勘察设计资料。

（1）观测对象所在地区的总平面布置图。

（2）该地区的工程地质勘察资料。

（3）观测对象的建筑和结构平面图、立面图、剖面图与基础平面图、剖面图。

（4）结构荷载和地基基础的设计计算资料。

（5）工程施工进度计划。

在收集上述资料的基础上编制沉降观测工作计划，包括观测目的和任务、水准基点和观测点的位置、观测方法和精度要求、观测时间和次数等。

2. 水准基点的设置

水准基点的设置应以保证水准基点的稳定可靠为原则。

（1）一般宜设置在基岩上或压缩性较低的土层上。

（2）应尽可能靠近沉降观测点，但必须在建筑物荷载产生的附加应力影响范围之外，不受行人车辆碰撞的地点。

（3）在一个观测区内，水准点应不少于 3 个。

3. 观测点的设置

（1）应能全面反映建筑物的沉降并结合地质情况确定，测点间距为 8～12m，数量不宜少于 6 个。

（2）尽量设置在建筑物有代表性的部位。工业建筑通常设置在柱（或柱基）和承重墙上，民用建筑通常设置在建筑物的四周角点、中点处，外墙的转角处、高低层交界处、纵横墙的交界处、沉降缝两侧、地基土软硬交界两侧、宽度大于 15m 的建筑物内部承重墙（柱）上，同时，要尽可能布置在建筑物的纵横轴线上。

（3）对特殊情况，可根据具体情况适当增设观测点。

4. 仪器和精度

水准测量是沉降观测的一项主要工作，测量精度的高低将直接影响观测资料的可靠性。为保证测量精度要求，水准基点的导线测量与观测点水准测量，一般均应采用高精度水准仪、固氏基线尺、精密水平仪和铟钢尺。对第一观测对象宜固定测量工具、固定人员，观测前应严格校验仪器。测量精度宜采用Ⅱ级水准测量，视线长度宜为 20～30m，视线高度不宜低于 0.3m。水准测量应采用闭合法。

二、地基变形允许值

所谓地基变形允许值是指能保证建筑物正常使用和安全的地基最大变形值，主要的确定方法有理论分析法和经验统计法，从工程实用角度，目前主要采用经验统计法。

《建筑地基基础设计规范》（GB 50007—2011）规定，为了保证建筑物的正常使用和安全，充分发挥地基土的承载能力，建筑物的地基变形计算值不应大于地基变形允许值，否则，需从上部结构、基础和地基三方面采取适当措施，反复进行比较计算，直至符合安全经济的原则为止。建筑物的地基变形允许值见表 4-3。

表 4-3　建筑物的地基变形允许值

变形特征		地基土类别	
		中、低压缩性土	高压缩性土
砌体承重结构基础的局部倾斜		0.002	0.003
工业与民用建筑相邻柱基的沉降差	框架结构	$0.002l$	$0.003l$
	砌体墙填充的边排柱	$0.0007l$	$0.001l$
	当基础不均匀沉降时不产生附加应力的结构	$0.005l$	$0.005l$
单层排架结构（柱距为 6m）柱基的沉降量/mm	(120)	200	
桥式吊车轨面的倾斜（按不调整轨道考虑）	纵向	0.004	
	横向	0.003	
多层和高层建筑的整体倾斜	$H_g \leqslant 24$	0.004	
	$24 < H_g \leqslant 60$	0.003	
	$60 < H_g \leqslant 100$	0.0025	
	$H_g > 100$	0.002	
体型简单的高层建筑基础的平均沉降量/mm		200	
高耸结构基础的倾斜	$H_g \leqslant 20$	0.008	
	$20 < H_g \leqslant 50$	0.006	
	$50 < H_g \leqslant 100$	0.005	
	$100 < H_g \leqslant 150$	0.004	
	$150 < H_g \leqslant 200$	0.003	
	$200 < H_g \leqslant 250$	0.002	
高耸结构基础的沉降量/mm	$H_g \leqslant 100$	400	
	$100 < H_g \leqslant 200$	300	
	$200 < H_g \leqslant 250$	200	

注：1. 本表数值为建筑物地基实际最终变形允许值。
2. 有括号者仅适用于中压缩性土。
3. l 为相邻柱基的中心距离，mm；H_g 为自室外地面起算的建筑物高度，m。
4. 倾斜指基础倾斜方向两端点的沉降差与其距离的比值。
5. 局部倾斜指砌体承重结构沿纵向 6～10m 内基础两点的沉降差与其距离的比值。

地基变形特征有以下四种：

（1）沉降量。指建筑物基础底面中心点在任一时刻的沉降值。

（2）沉降差。指同一建筑物中相邻单独基础沉降量的差值。

（3）倾斜。指独立基础倾斜方向两端点的沉降差与其距离的比值，以%表示。

（4）局部倾斜。指砌体承重结构沿纵向6～10m内基础某两点的沉降差与其距离的比值，以‰表示。

在必要情况下，需要分别预估建筑物在施工期间和使用期间的地基变形值，以便预留建筑物在施工期间和使用期间的地基变形值，预留建筑物有关部分之间的净空，选择连接方法和施工顺序。一般多层建筑物在施工期间完成的沉降量，对于砂土可认为其最终沉降量已完成80%以上，对于其他低压缩性土可认为已完成最终沉降量的50%～80%，对于中压缩性土可认为已完成20%～50%，对于高压缩性土可认为已完成5%～20%。

《建筑地基基础设计规范》（GB 50007—2011）规定，地基基础设计等级为甲级、乙级的建筑物，均应按地基变形设计。《建筑地基基础设计规范》（GB 50007—2011）还给出了可不作地基变形计算，设计等级为丙级的建筑物范围。

思考题

4-1 引起土体压缩的主要原因是什么？

4-2 从基本概念、计算公式、适用条件、测定方法等几方面比较压缩模量和变形模量。

4-3 什么是有效应力？它对土的变形有什么影响？简述有效应力原理及其表达式。

4-4 地下水位升降对建筑物沉降有何影响？

4-5 分层总和法有哪些前提条件？它与实际情况有哪些不同？

4-6 对分层总和法和规范法计算最终沉降量在计算原理、采用的参数、沉降计算深度、修正系数等方面加以说明。

4-7 什么是固结沉降？黏性土和无黏性土的固结沉降各有什么特点？

4-8 一维渗流固结中，渗流距离H、渗透系数k对固结时间分别有什么影响？为什么？

4-9 什么是地基的平均固结度？写出其各种表达式。

4-10 甲乙两土层的厚度和土的性质都相同，甲土层是单面排水，乙土层是双面排水，问这两个土层的时间因素是否一样？

习题

4-1 侧限压缩试验中饱和试样的初始厚度为2cm，测得含水率为27.8%，土粒比重为2.70，土的密度为1.97g/cm^3。当垂直压力由200kPa增加到300kPa变形稳定时，试样厚度由1.99cm变为1.97cm，求试样的初始孔隙比e_0和压缩系数a_{2-3}。（答案：0.75；0.18MPa^{-1}）

4－2　矩形基础底面尺寸为4m×2.5m，作用有中心集中荷载1000kN，基础下可压缩土层厚H=5m，压缩模量E_s=5MPa，饱和重度γ_{sat}=20kN/m^3，湿重度γ=18kN/m^3，其下为基岩。在附加应力作用下，地基已经沉降稳定，初始地下水位在基础底面处，求当地下水位下降3m时该基础产生的沉降。（答案：7.2mm）

4－3　某矩形基础底面尺寸为2m×2m，作用有中心集中荷载500kN，基础埋深d=1m，地下水位位于基础底面处，基础底面以上土层为填土，γ=18kN/m^3，基础底面以下土层情况见表4－4，土样的压缩试验结果见表4－5，（地基承载力特征值f_{ak}=125kPa）

表4－4　土层情况

土层名称	土层厚度/m	γ_{sat}/(kN·m^{-3})	ω/%	G_s
粉质黏土	2	19.1	30	2.72
淤泥质黏土	勘察未钻穿	18.2	40	2.71

表4－5　室内压缩试验结果

土层 \ e \ 垂直压力p	0	50	100	200	300
粉质黏土	0.942	0.889	0.855	0.807	0.773
淤泥质黏土	1.045	0.925	0.891	0.848	0.823

（1）绘制土样压缩曲线，计算压缩系数α_{1-2}，并判别压缩性（答案：0.48MPa^{-1}）。

（2）采用分层总和法计算基础底面中点最终沉降量。（参考答案：110.3mm）

4－4　某土层表面作用有连续均布荷载，土层上部为可压缩的软黏土层，层厚4m，固结系数9×10^{-8}m^2/s，最终沉降量为15cm；土层下部仍有一可压缩黏性土层，层厚3m，固结系数4×10^{-8}m^2/s，最终沉降量为25cm，求连续均布荷载施加一年后地基的总沉降量。注：α取1.0。（参考答案：175.8）

第五章　土的抗剪强度与地基承载力

建筑物地基受外荷后的稳定性，填方或挖方边坡在外力和土体自重作用下的稳定性，以及挡土结构物上的土压力等问题，都涉及一部分土体沿着某个面的滑动，即涉及土体之间的抗滑能力问题。在外荷和自重作用下，土工建筑物和地基内部将产生剪应力和相应的变形，土体抵抗剪切破坏的极限能力即为土的抗剪强度。如果土体内某一部分的剪应力达到了抗剪强度，该部分就会出现剪切破坏或产生塑性变形，若土体内剪切破坏范围继续扩大，最终可能导致整体破坏。

必须指出，土体受荷作用后，土中各点同时产生法向应力和剪应力，其中法向应力作用将使土体发生压密，这是有利的因素；而剪应力作用可使土体发生剪切，这是不利的因素。因此，土的强度破坏通常是指剪切破坏，所谓土的强度往往指抗剪强度。

土的抗剪强度是土的重要力学性质之一，研究土的抗剪强度及其变化规律对于工程设计、施工、管理等都具有非常重要的意义。本章主要介绍土的抗剪强度与极限平衡条件、土的抗剪强度试验方法、不同排水条件时剪切试验成果以及确定地基承载力的理论方法。

第一节　土的抗剪强度与极限平衡条件

一、库仑定律

（一）库仑定律

1776年法国科学家库仑（Coulomb）根据砂土的剪切试验，得到抗剪强度的表达式为

$$\tau_f=\sigma\tan\varphi \tag{5-1}$$

后来又通过进一步的试验得出了黏性土的抗剪强度表达式

$$\tau_f=\sigma\tan\varphi+c \tag{5-2}$$

式中　τ_f——土的抗剪强度，kPa；

σ——剪切面上的法向应力，kPa；

φ——土的内摩擦角，(°)；

c——土的黏聚力，kPa。

式（5－1）和式（5－2）为著名的抗剪强度定律，式中 c 和 φ 称为土的抗剪强度指标。该定律表明，土的抗剪强度是剪切面上的法向总应力 σ 的线性函数，如图5－1所示。同时从该定律可知，对于无黏性土，其抗剪强度仅仅由粒间的摩擦力（$\sigma\tan\varphi$）构成；而对于黏性土，其抗剪强度由摩擦力（$\sigma\tan\varphi$）和黏聚力（c）两部分构成。

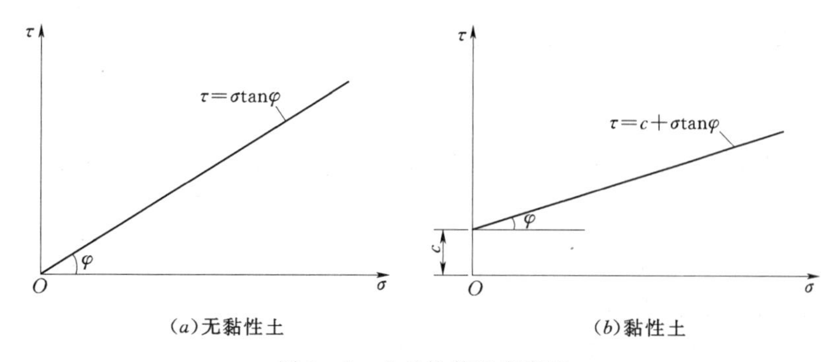

图 5-1　土的抗剪强度定律

(二) 土的抗剪强度影响因素

抗剪强度的摩擦力主要来自两个方面：一是滑动摩擦，即剪切面土粒间表面的粗糙所产生的摩擦作用；二是咬合摩擦，即土粒间互相嵌入所产生的咬合力。抗剪强度的黏聚力一般由土粒之间的胶结作用和电分子引力等因素形成。

根据以上论述可知，影响土的抗剪强度因素很多。抗剪强度的摩擦力除了与剪切面上的法向总应力有关以外，还与土的初始密度、土粒级配、土粒形状以及表面粗糙程度等因素有关。而土的抗剪强度黏聚力分量，通常与土中矿物成分、黏粒含量、含水率以及土的结构等因素密切相关。

c 和 φ 是决定土的抗剪强度的两个重要指标，对某一土体来说，c 和 φ 并不是常数，c 和 φ 的大小随试验方法、固结程度、土样的排水条件等不同而有较大的差异。

二、土的极限平衡条件

(一) 土中某点的应力状态

已知土中某点的应力状态，即某点各个面上的剪应力 τ 和法向应力 σ，便可利用库仑定律判别该点是否出现剪切破坏。

现以平面课题为例分析土中某点的应力状态。从土体中任取一单元体，设作用在单元体上的大、小主应力分别为 σ_1 和 σ_3，如图 5-2 (*a*) 所示。在单元体上任取一截面 mn，mn 平面与大主应力 σ_1 作用面成 α 角，其上作用有剪应力 τ 和法向应力 σ。为建立 σ、τ 与 σ_1、σ_3 之间的关系，取楔形脱离体 abc，如图 5-2 (*b*) 所示。

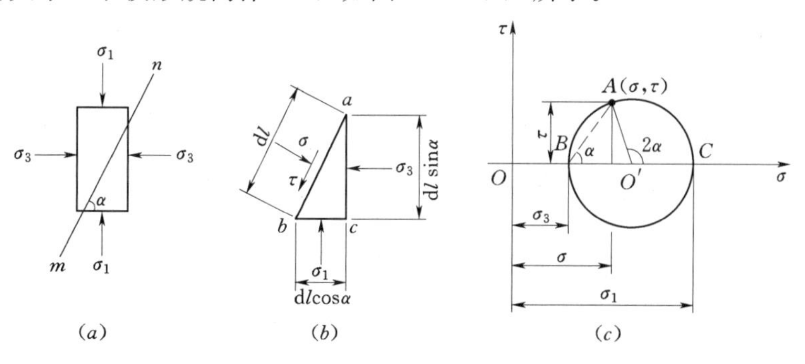

图 5-2　土中某点的应力状态

根据楔体静力平衡条件可求得如下关系式

$$\left[\sigma-\frac{1}{2}(\sigma_1+\sigma_3)\right]^2+\tau^2=\left[\frac{1}{2}(\sigma_1-\sigma_3)\right]^2 \tag{5-3}$$

式（5-3）在 σ—τ 坐标系中为圆的方程，圆心 o' [1/2 ($\sigma_1+\sigma_3$)，0]，半径 1/2 ($\sigma_1-\sigma_3$)，如图 5-2（c）所示，这就是莫尔应力圆，土中某点的应力状态可用莫尔应力圆描述。也就是说莫尔应力圆上每一点都代表土单元体的一个斜平面，该面与大主应力作用面的夹角为 α。

（二）土的极限平衡条件

莫尔应力圆上的任意点，都代表着单元土体中相应面上的应力状态，因此，可以把莫尔应力圆与库仑抗剪强度包线绘于同一坐标系中（图 5-3），按其相对位置判别某点所处的应力状态。分为以下三种状态：

（1）应力圆Ⅰ位于强度包线的下方，即应力圆与强度包线相离，表明单元土体中任一平面上的剪应力都小于该面上相应的抗剪强度，即 $\tau<\tau_f$，该点处于弹性平衡状态。

（2）应力圆Ⅱ与强度包线在 A 点相切，表明切点 A 所代表的平面上剪应力等于抗剪强度，即 $\tau=\tau_f$，该点处于极限平衡状态。应力圆Ⅱ称为极限应力圆，此时，该点处于濒临破坏的极限状态。

（3）应力圆Ⅲ与强度包线相割，表示该点某些平面上的剪应力大于抗剪强度，即 $\tau>\tau_f$，该点处于破坏状态。实际上，圆Ⅲ所代表的应力状态是不可能存在的，因为在任何物体中，产生的任何应力都不可能超过其强度。

把莫尔应力圆与库仑强度包线相切的应力状态作为土的破坏准则，即莫尔—库仑破坏准则，它是目前判别土体所处状态的最常用准则。根据土体莫尔—库仑破坏准则，建立某点大、小主应力与抗剪强度指标间的关系。

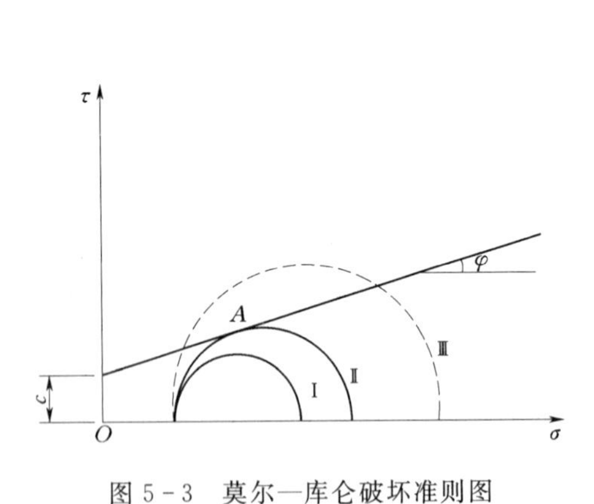

图 5-3　莫尔—库仑破坏准则图

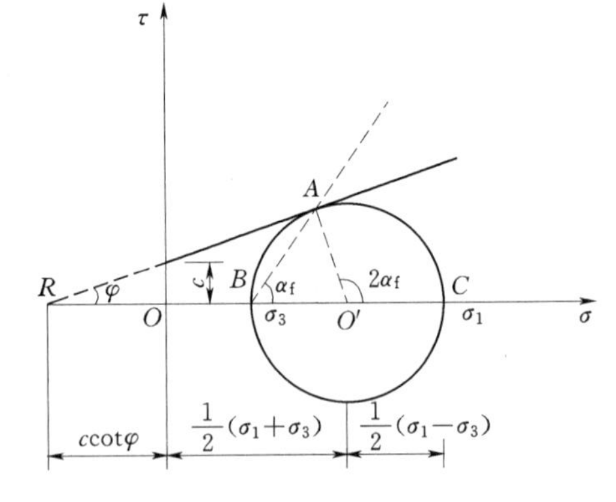

图 5-4　土的极限平衡条件

在图 5-4 的直角三角形 $O'AR$ 中，有

$$\sin\varphi=\frac{\frac{1}{2}(\sigma_1-\sigma_3)}{c\cot\varphi+\frac{1}{2}(\sigma_1+\sigma_3)} \tag{5-4}$$

利用三角函数关系转换后可得

$$\sigma_1=\sigma_3\tan^2\left(45°+\frac{\varphi}{2}\right)+2c\tan\left(45°+\frac{\varphi}{2}\right) \tag{5-5}$$

或

$$\sigma_3=\sigma_1\tan^2\left(45°-\frac{\varphi}{2}\right)-2c\tan\left(45°-\frac{\varphi}{2}\right) \tag{5-6}$$

式（5-4）～式（5-6）即为土的极限平衡条件式。对于无黏性土，$c=0$，有

$$\sigma_1=\sigma_3\tan^2\left(45°+\frac{\varphi}{2}\right) \tag{5-7}$$

$$\sigma_3=\sigma_1\tan^2\left(45°-\frac{\varphi}{2}\right) \tag{5-8}$$

土处于极限平衡状态时，破坏面与大主应力作用面的夹角为 α_f，由图 5-4 中的几何关系可得

$$\alpha_f=\frac{1}{2}(90°+\varphi)=45°+\frac{\varphi}{2} \tag{5-9}$$

剪破面并不产生于最大剪应力面，而与最大剪应力面成 $\varphi/2$ 的夹角，可知，土的剪切破坏并不是由最大剪应力 τ_{max} 所控制。

【例 5-1】 已知土的抗剪强度指标 $\phi=30°$，$c=10$kPa，土体中某一受剪面上的法向应力 $\sigma=100$kPa，剪应力 $\tau=40$kPa，试用图解法判定该受剪面处于何种状态。

解：(1) 首先在坐标系中绘出库仑强度曲线，然后绘出点 M（100，40）如图 5-5 所示。

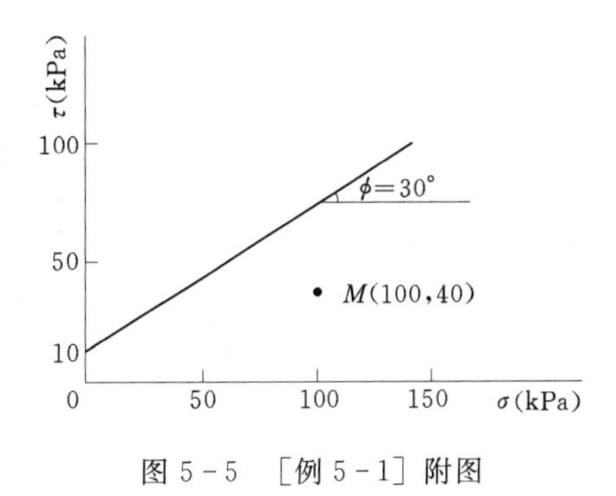

图 5-5　［例 5-1］附图

(2) 从图 5-4 中可以看出，M 点（100，40）位于库仑强度曲线的下方，即位于稳定区域，所以该受剪面处于稳定平衡状态。通过计算也可以得到该受剪面上的抗剪强度为

$$\tau_f=\sigma\tan\phi+c=100\tan30°+10=57.7+10=67.7(\text{kPa})$$

现在实际受到的剪应力 $\tau=40\text{kPa}<\tau_f=67.7\text{kPa}$，所以该受剪面处于稳定平衡状态。

第二节　土的剪切试验方法

测定土的抗剪强度的试验称为剪切试验。剪切试验的方法有多种，按常用的试验仪器，可将其分为直接剪切试验、三轴剪切试验、无侧限抗压强度试验和十字板剪切试验等。

一、直接剪切试验

直接剪切试验是室内测定土的抗剪强度最常用和最简便的方法，所使用的仪器称为直剪仪。直剪仪分应变控制式和应力控制式两种，前者以等应变速率使试样产生剪切位移直至剪破，后者是分级施加水平剪应力并测定相应的剪切位移。目前我国使用较多的是应变

控制式直剪仪。

应变控制式直剪仪的主要工作部分如图 5-6 所示。

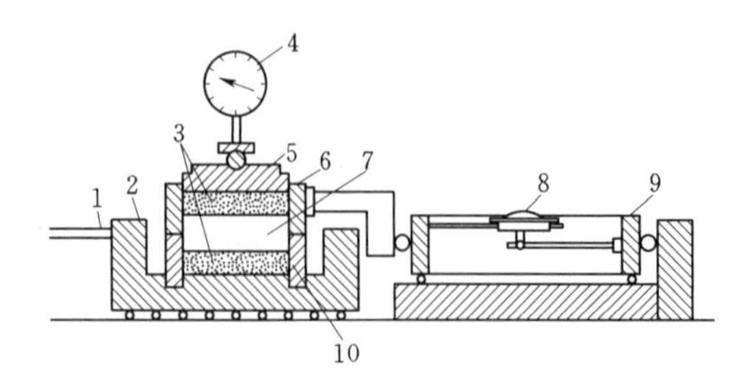

图 5-6 应变控制式直剪仪结构示意图

1—轮轴；2—底座；3—透水石；4—量表；5—活塞；6—上盒；7—土样；8—量表；9—量力环；10—下盒

剪切盒由可互相错动的上、下两个金属盒组成，盒的内壁呈圆柱形，下盒可自由移动，上盒与一端固定的量力钢环（测力计）相接触。试样高 2cm，面积 $30cm^2$。

试验时，首先将剪切盒的上、下盒对正，用环刀切取土样，并将土样推入剪切盒中。通过杠杆对土样施加垂直压力 p 后，由推动座匀速推进对下盒施加剪应力，使试样沿上下盒水平接触面产生剪切变形，直至剪破。

剪切面上相应的剪应力值由量力环的变形值推算。在剪切过程中，每隔一固定时间间隔测计量力环中百分表度数，直至剪损。根据计算的剪应力 τ 与剪切位移 Δl 的值，可绘制出一定法向应力 σ 条件下的剪应力—剪切位移关系曲线，如图 5-7 所示。对于较密实的黏土及密砂土的 $\tau-\Delta l$ 曲线具有明显峰值，如图 5-7 中曲线 1，其峰值即为破坏强度 τ_f；对于软黏土和松砂，其 $\tau-\Delta l$ 曲线常不出现峰值，如图 5-7 中曲线 2，此时可按某一剪切变形量作为控制破坏标准，《土工试验方法标准》(GB/T 50123—1999) 规定以剪切位移相对稳定值 b 点的剪应力作为抗剪强度 τ_f。

通常取 4 个试样，分别在不同的垂直压力 σ 下进行剪切，求得相应的抗剪强度 τ_f。绘制 $\tau_f-\sigma$ 曲线，即得该土的抗剪强度包线，如图 5-8 所示。图中强度包线与水平轴的夹角即为土的内摩擦角 φ，与纵轴的截距即为土的黏聚力 c。

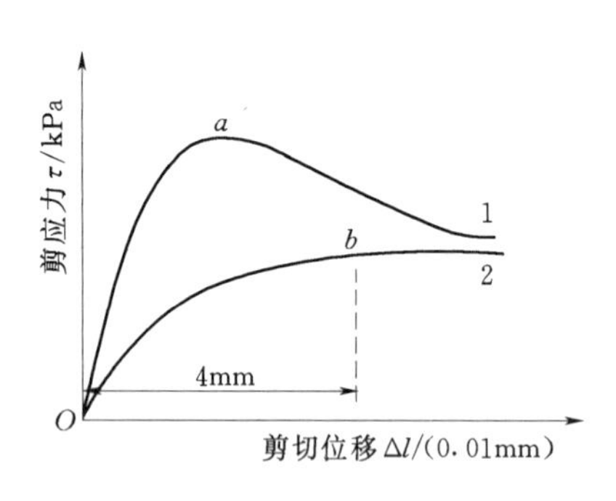

图 5-7 剪应力与剪切位移关系

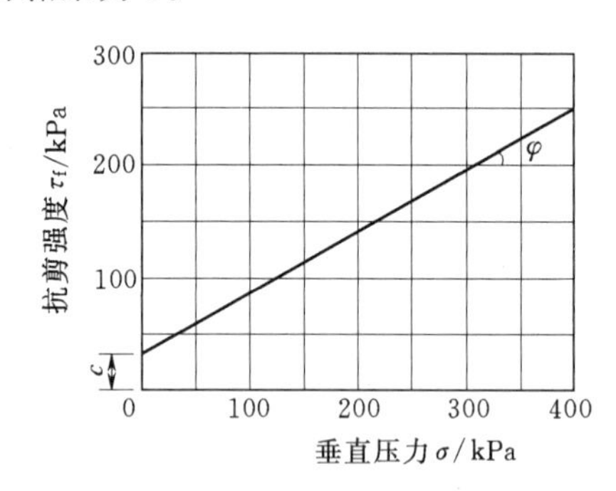

图 5-8 抗剪强度与垂直压力的关系曲线

直剪仪构造简单，试样的制备和安装方便，且操作容易掌握，至今仍被工程单位广泛采用，但该试验存在以下不足：

(1) 剪切破坏面固定为上下盒之间的水平面不符合实际情况，因为该面不一定是土样的最薄弱面。

(2) 试验中不能严格控制排水条件，这一点对透水性强的土尤为突出，不能量测土样的孔隙水压力。

(3) 由于上下盒的错动，剪切过程中试样的剪切面积逐渐减小，剪切面上的剪应力分布不均匀。

因此，直剪试验不宜作为深入研究土的抗剪强度特性的手段，为了克服直剪试验存在的问题，对重大工程以及一些科学研究，应采用更为完善的三轴剪切试验。

二、三轴剪切试验

三轴剪切试验所用的仪器为三轴剪力仪，有应变控制式和应力控制式两种。前者操作简单，因而使用较广泛。应变控制式三轴剪力仪主要由压力室、加压系统和量测系统三大部分组成，如图 5-9 所示。

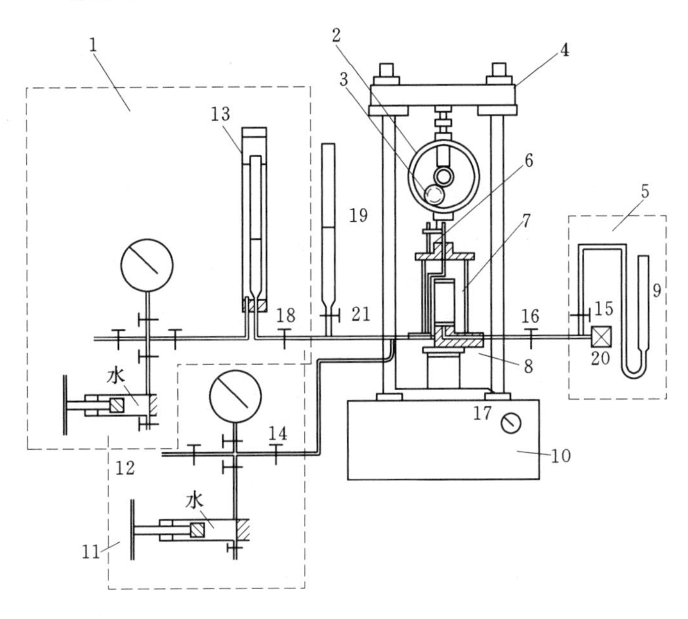

图 5-9　三轴仪组成示意图

1—反压力控制系统；2—轴向测力计；3—轴向位移计；4—试验机横梁；5—孔隙水压力测量系统；6—活塞；7—压力室；8—升降台；9—量水管；10—试验机；11—周围压力控制系统；12—压力源；13—体变管；14—周围压力阀；15—量管阀；16—孔隙压力阀；17—手轮；18—体变管阀；19—排水管；20—孔隙压力传感器；21—排水管阀

三轴压力室是一个由金属顶盖、底座和透明有机玻璃圆筒组成的密封容器。试样为圆柱形，安放在压力室中，试验时试样的排水由与试样顶部连通的排水阀来控制，试样底部与孔隙水压力量测系统相连接。

试验的主要步骤为：①将制备好的试样套在橡皮膜内，置于压力室底座上，装上压力室外罩并密封；②向压力室注水，使周围压力达到所需的 σ_3；③按照试验排水条件要求关闭或开启各阀门，开动试验机马达，使压力室匀速上升，逐渐施加轴向压力增量 $\Delta\sigma$，直至试样剪破。假定试样上下端所受约束的影响可以忽略不计，则轴向即为大主应力方向，$\sigma_1=\sigma_3+\Delta\sigma$，试样剪破面方向与大主应力作用平面的夹角为 $\alpha_f=45°+\varphi/2$，如图 5-10（*a*）所示。按试样剪破时的 σ_1 和 σ_3 作极限应力圆，它必与强度包线相切。

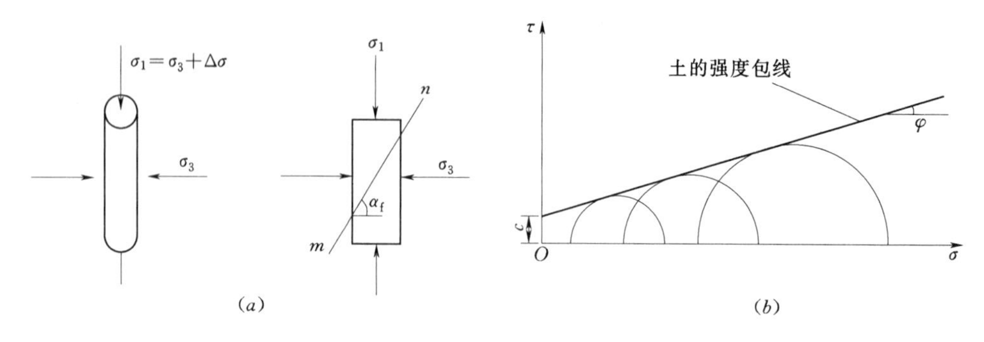

图 5-10 三轴剪切试验原理

为确定土的强度包线，通常至少需要 3～4 个土样，分别在不同的周围压力 σ_3 作用下进行剪切，得到 3～4 个不同的破坏应力圆，绘出各应力圆的公切线即为土的抗剪强度包线，近似取一直线，如图 5-10（*b*）所示，由此求得抗剪强度指标 c、φ 值。

三轴试验与直剪试验相比，其突出的优点是试验中能严格控制试样排水条件，量测孔隙水压力，从而获得土中有效应力变化情况。此外，试样中的应力分布比较均匀。所以，三轴试验成果较直剪试验成果更准确、可靠。但该试验仪器复杂，操作技术要求高，试样制备较麻烦。此外，试验在 $\sigma_2=\sigma_3$ 的轴对称条件下进行，这与土体实际受力情况可能不符。为此，现代土工实验室已发展了真三轴仪、平面应变仪等，以便更好的模拟土的不同应力状态，更准确地测定土的强度。

三、无侧限抗压强度试验

无侧限抗压强度试验采用的仪器为无侧限压缩仪，如图 5-11（*a*）所示为应变控制式无侧限压缩仪，试验中，通过转轮对圆柱形试样施加垂直轴向压力，直至土样产生剪切破坏。

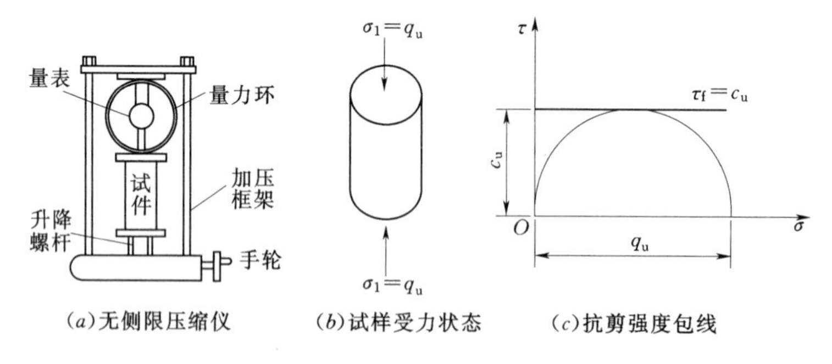

图 5-11 应变控制式无侧限抗压强度试验

实际上，无侧限抗压强度试验是三轴剪切试验的特例。对试样不施加侧向压力，即 $\sigma_3=0$，只施加垂直的轴向压力直至发生破坏，如图 5-11（*b*）所示。试样在无侧限压力条件下，剪切破坏时试样承受的最大轴向压力 q_u，称为无侧限抗压强度。

根据试验结果只能作出一个极限应力圆（$\sigma_3=0$，$\sigma_1=q_u$）。因此对一般黏性土，无法作出强度包线。而对于饱和软黏土，根据三轴不排水剪试验成果，其强度包线近似于一水平线，即 $\varphi_u=0$。故无侧限抗压强度试验适用于测定饱和软黏土的不排水强度，如图 5-11（c）所示。通过 $\sigma_3=0$，作极限应力圆，其水平切线就是强度包线，则

$$\varphi_u=0 \tag{5-10}$$

$$\tau_f=c_u=\frac{q_u}{2} \tag{5-11}$$

式中　c_u——饱和软黏土的不排水强度，kPa；

φ_u——不排水剪试验测得的内摩擦角，(°)；

q_u——无侧限抗压强度，kPa。

无侧限抗压强度试验仪器构造简单，操作方便，可代替三轴试验测定饱和软黏土的不排水强度。

饱和黏性土的强度与土的结构有关，当土的结构遭受破坏时，其强度会迅速降低，工程上常用灵敏度 S_t 来反映土的结构受挠动对强度的影响程度，即

$$S_t=\frac{q_u}{q_u'} \tag{5-12}$$

式中　q_u——原状土的无侧限抗压强度，kPa；

q_u'——重塑土（指在含水率和密度不变的条件下，使土的天然结构彻底破坏再重新制备的土）的无侧限抗压强度，kPa。

根据灵敏度可将饱和黏性土分为三类：

低灵敏度土　　$1<S_t\leqslant 2$

中灵敏度土　　$2<S_t\leqslant 4$

高灵敏度土　　$S_t>4$

土的灵敏度愈高，其结构性愈强，受挠动后土的强度就降低愈多。所以在饱和黏性土上修建建筑物时，应尽量减少对土的挠动，保持土的原状结构。

四、十字板剪切试验

十字板剪切试验是一种利用十字板剪切仪在现场测定土的抗剪强度的方法。它适用于现场测定饱和黏性土的不排水强度，尤其适用于均匀的饱和软黏土。

十字板剪切仪主要由两片十字交叉的金属板头、扭力装置和量测设备三部分组成，其主要工作部分如图 5-12 所示。试验时预先钻孔到接近预定施测深度，清理孔底后将十字板固定在钻杆下端，然后压入到孔底以下约 750mm。通过地面上的扭力设备施加扭矩，使十字板按一定速率扭转，此时十字板头内的土体与周围土体产生相对扭剪，直至破坏。根据力矩平衡条件，由剪切破坏时的扭矩 M_{max} 可推算

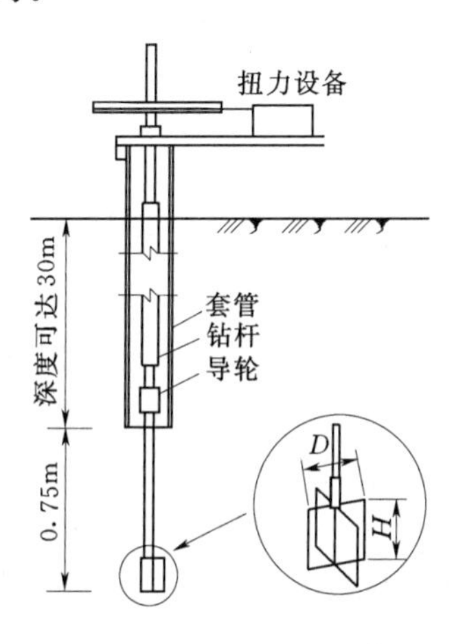

图 5-12　十字板剪切仪

土的抗剪强度。

土体的抗扭力矩 M_{max} 由 M_1 和 M_2 两部分组成，即

$$M_{max}=M_1+M_2 \tag{5-13}$$

式中 M_1——土柱上下平面的抗剪强度对轴心的抗扭力矩，kN·m；

M_2——土柱侧面上的抗剪强度对轴心的抗扭力矩，kN·m。

假设土体为各向同性体，圆柱侧面和上、下端面上的抗剪强度均相等。可以得到

$$\tau_f=\frac{2M_{max}}{\pi D^2\left(H+\frac{D}{3}\right)} \tag{5-14}$$

式中 D——十字板直径，m；

H——十字板高度，m。

由于饱和黏性土在不固结不排水剪中 φ_u 等于零，因此测得的 τ_f 就等于 c_u。十字板剪切试验测得的 τ_f 亦与无侧限抗压强度试验结果接近，即

$$\tau_f\approx\frac{q_u}{2}$$

十字板剪切试验具有仪器结构简单、操作方便、挠动少等特点，因而在软黏土地基中有较好的适用性，亦常用以在现场对软黏土的灵敏度测定。

【例 5-2】 某土层原位十字板测定的土的平均抗剪强度为 $\tau_f=50$kPa，取该土制成试样，进行室内无侧限抗压强度试验，测得的强度为 40kPa，求土的灵敏度。

解： 原状土的无侧限抗压强度为

$$q_u=2\tau_f=2\times50=100(\text{kPa})$$

重塑试样的无侧限抗压强度为

$$q_u'=40\text{kPa}$$

灵敏度为

$$S_t=\frac{q_u}{q_u'}=\frac{100}{40}=2.5$$

*第三节 不同排水条件时的剪切试验成果

一、总应力强度指标和有效应力强度指标

在土的抗剪强度表达式 $\tau_f=\sigma\tan\varphi+c$ 中，若施加于试样上的垂直法向应力 σ 为总应力，那么计算出的 c、φ 为总应力意义上的土的黏聚力和内摩擦角，称之为总应力强度指标。

根据土的有效应力原理和固结理论可知，土的抗剪强度并不是由剪切面上的法向总应力决定，而是取决于剪切面上的法向有效应力。因此，有必要提供按有效应力计算的土的抗剪强度表达式

$$\tau_f=\sigma'\tan\varphi'+c'=(\sigma-u)\tan\varphi'+c' \tag{5-15}$$

式中 σ'——剪破面上的法向有效应力，kPa；

c'、φ'——土的有效黏聚力和有效内摩擦角，即土的有效应力强度指标。

有效应力强度指标确切地表达出了土的抗剪强度的实质，是比较合理的表达方法。但在许多实际工程中难以测定土的孔隙水压力，因此，目前在工程中两套指标均有使用。

二、不同排水条件时的剪切试验方法及成果表达

土的抗剪强度与试验时的排水条件密切相关，根据土体现场受剪的排水条件，有三种试验方法与之相对应，即不固结不排水剪、固结不排水剪和固结排水剪。

（一）不固结不排水剪（UU）

不固结不排水剪简称不排水剪，三轴试验中施加周围压力 σ_3、轴向压力 $\Delta\sigma$ 直至剪破的整个过程都关闭排水阀门，不允许试样排水固结，使土样含水率不变。

在直剪试验中，通过试验加荷的快慢来实现是否排水。在试样的上、下面与透水石之间用不透水薄膜隔开，施加预定的垂直压力之后，立即施加水平剪力，并在 3～5min 之内剪破，称之为快剪（Q）。

如果有一组饱和黏性土试样进行不排水剪试验，分别在不同的周围压力 σ_3 下剪切至破坏，试验结果如图 5－13 所示。图 5－13 中，实线半圆 A、B、C 分别表示三个试样在不同 σ_3 作用下破坏时的总应力圆，虚线是有效应力圆。试验结果表明，虽然三个试样的周围压力 σ_3 不同，但破坏时的主应力差相等，三个极限应力圆的直径相等，因而强度包线是一条水平线。即

$$\tau_f = c_u = \frac{1}{2}(\sigma_1 - \sigma_3) \qquad (5-16)$$

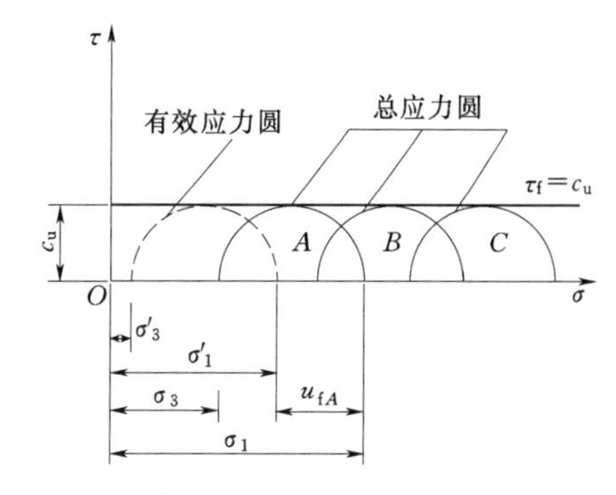

图 5－13　饱和黏性土的不排水剪试验结果

（二）固结不排水剪（CU）

三轴试验中在施加周围压力 σ_3 时打开排水阀门，使试样完全排水固结，即让试样孔隙水压力完全消散至零。然后关闭排水阀门，再施加轴向压力增量 $\Delta\sigma$，使试样在不排水条件下剪切破坏。

在直剪试验中，剪前使试样在垂直荷载下充分固结，剪切时速率较快，尽量使土样在剪切过程中不再排水，这种剪切方法为称固结快剪（CQ）。

对于三轴试验成果，除用总应力强度指标表达外，还可用有效应力指标 c'、φ' 表示。同样，有效应力圆与总应力圆大小相等，将总应力圆在水平轴上左移 u_f 即得有效应力圆，如图 5－14 所示。由总应力圆（图中实线）强度包线可确定固结不排水剪总应力强度指标 c_{cu}、φ_{cu}；按有效应力圆（图中虚线）强度包线可确定 c'、φ'。于是，总应力强度线可表示为

$$\tau_f = \sigma \tan \varphi_{cu} + c_{cu} \qquad (5-17)$$

有效应力强度线可表达为

$$\tau_f = \sigma' \tan \varphi' + c' \qquad (5-18)$$

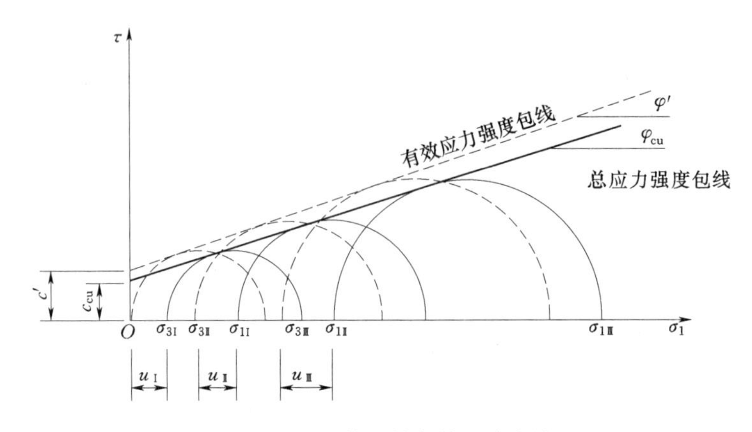

图 5-14　固结不排水剪试验成果

(三) 固结排水剪 (CD)

固结排水剪简称排水剪，三轴试验时使试样在周围压力 σ_3 作用下排水固结，再缓慢施加轴向压力增量 $\Delta\sigma$，直至剪破，即整个试验过程中打开排水阀门，始终保持试样的孔隙水压力为零。

在直剪试验中，施加垂直压力 σ 后待试样固结稳定，再以缓慢的速率施加水平剪力，直至剪破，即整个试验过程中尽量使土样排水。该试验方法称为慢剪 (S)。

排水剪试验在整个过程中，孔隙水压力始终为零，总应力全部转化为有效应力，所以总应力圆就是有效应力圆，总应力强度线就是有效应力强度线。强度指标标记为 c_d、φ_d。排水剪强度线可表达为

$$\tau_f = \sigma\tan\varphi_d + c_d \tag{5-19}$$

由于固结排水剪试验所需时间太长，实用上常以固结不排水剪所得指标 c'、φ' 代替固结排水剪试验的指标 c_d、φ_d。

按上述三种特定试验方法进行试验所得的成果，均可用总应力强度指标来表达，其表示方法如表 5-1 所示。

表 5-1　剪切试验成果表达

直接剪切		三轴剪切	
试验方法	成果表达	试验方法	成果表达
快剪	c_q、φ_q	不排水剪	c_u、φ_u
固结快剪	c_{cq}、φ_{cq}	固结不排水剪	c_{cu}、φ_{cu}
慢剪	c_s、φ_s	排水剪	c_d、φ_d

对于同一种土，分别在 UU、CU 或 CD 三种不同的排水条件下进行试验，如果以总应力表示，将得到完全不同的试验结果；但无论何种排水条件，都可获得相同的 c'、φ'，它们不随试验方法而变。由此可见，抗剪强度与有效应力有唯一的对应关系。

三、抗剪强度指标的选用

如前所述，土的抗剪强度指标随试验方法、排水条件的不同而异。实际工程问题的情

况千差万别，用实验室的试验条件去模拟现场条件毕竟还会有差别，对于某一具体工程问题，确定土的强度指标并不是一件容易的事。因此，应该尽可能根据现场条件决定采用实验室的试验方法，以获得合适的抗剪强度指标。

首先根据工程问题的性质确定分析方法，进而决定采用总应力强度指标或有效应力强度指标，然后选择测试方法。一般认为，由三轴固结不排水试验确定的有效应力强度指标 c' 和 φ' 宜用于分析地基的长期稳定性，例如土坡的长期稳定性分析，估计挡土结构物的长期土压力，位于软土地基上结构物地基长期稳定分析等。而对于饱和软黏土的短期稳定性问题，则宜采用不排水剪的强度指标 c_u。但在进行不排水剪试验时，宜在土的有效自重压力下预固结，可避免试验得出的指标过低，使其结果更符合实际情况。

一般工程问题多采用总应力分析法，下面就其测试方法和指标的选用进行分析。若建筑物施工速度较快，而地基土的透水性和排水条件不良时，可采用不排水剪和快剪强度指标；如果地基加荷速率较慢，地基土的透水性好（如低塑性的黏性土）以及排水条件又较佳时（如黏性土层中夹砂层），则可采用排水剪或慢剪强度指标；如果介于以上两种情况之间，或建筑物竣工以后较久荷载又突然增加（如房屋增层、水库突然蓄水、水库水位降落期等），则可采用固结不排水剪或固结快剪强度指标。

由于实际加荷情况和土的性质是复杂的，而且建筑物在施工和使用过程中要经历不同的固结状态，因此，确定强度指标时还应结合工程经验。

【例 5－3】 对某种饱和黏性土做固结不排水试验，四个试样破坏时的大、小主应力和孔隙水压力列于表 5－2 中，试用作图法确定土的强度指标 c_{cu}、φ_{cu} 和 c'、φ'。

表 5－2　三轴试验成果　单位：kPa

周围应力 σ_3	σ_1	u_f
60	145	31
100	218	57
150	310	92
200	401	126

解：根据表 5－2 中 σ_1、σ_3 值，按比例绘出 3 个总应力极限应力圆，如图 5－15 中 4 个实线圆，再绘出总应力强度包线，量得

$$c_{cu}=13\text{kPa},\varphi_{cu}=25°$$

由 $\sigma_1'=\sigma_1-u_f$，$\sigma_3'=\sigma_3-u_f$，将总应力圆在水平轴上左移相应的 u_f 即得 4 个有效应力极限莫尔圆，如图 5－15 所示虚线圆，再绘出有效应力强度包线，量得

$$c'=10\text{kPa},\varphi'=38°$$

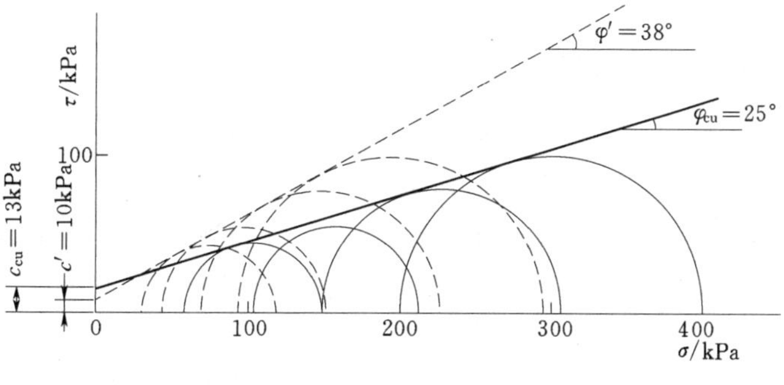

图 5－15　［例 5－3］附图

第四节 地基破坏模式与变形阶段

一、地基的破坏模式

建筑物因地基承载力不足而引起破坏的根本原因是由于荷载过大，使地基中产生的剪应力达到或超过了地基土的抗剪强度所致。根据地基剪切破坏的特征，可将地基破坏模式分为三种：整体剪切破坏、局部剪切破坏和冲剪破坏。

整体剪切破坏的特征是：如图 5－16（*a*）所示，当基底压力 p 超过临塑荷载 p_{cr}后，随着荷载的增加，剪切破坏区不断扩大，最后在地基中形成连续的滑动面，基础急剧下沉或突然倾倒，基础四周的地面明显隆起。

局部剪切破坏的特征是：如图 5－16（*b*）所示，随着基底压力的增大，剪切破坏区相应增大，当基底压力增大到某一数值即相应于极限荷载 p_u时，基础两侧地面微微隆起，然而剪切破坏区仅仅被限制在地基内部的某一区域，未形成延伸至地面的连续滑动面。

冲剪破坏的特征是：如图 5－16（*c*）所示，基础下软弱土发生垂直剪切破坏，使基础连续下沉。破坏时地基中无明显滑动面，基础四周地面无隆起而是下陷，基础无明显倾斜，但发生极大沉降。

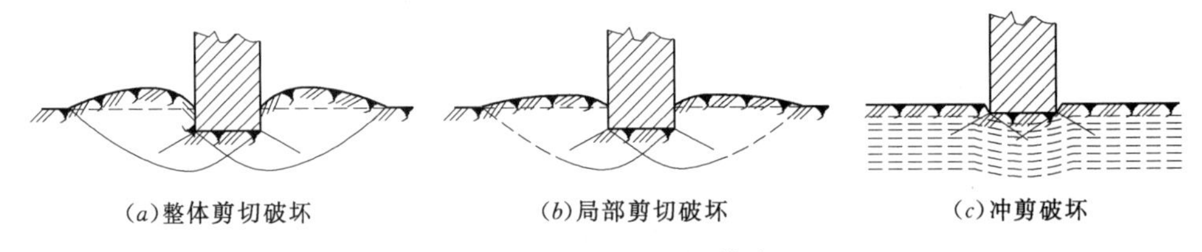

（*a*）整体剪切破坏　（*b*）局部剪切破坏　（*c*）冲剪破坏

图 5－16　地基的破坏模式

地基的破坏形式，主要由地基土的性质尤其是与压缩性有关。一般而言，对于坚硬或紧缩的土，将出现整体剪切破坏；而对于松软土，将出现局部或冲剪破坏。通常使用的地基承载力公式，均是在整体剪切破坏的条件下得到的。对于局部剪切或冲剪破坏的情况，目前尚无理论公式可循，而是将整体剪切破坏所得到的公式进行适当修正后加以应用。不过，一般建筑物很少选择松软土层作为地基。

二、地基变形的三个阶段

建筑物的地基应满足两个方面的要求：一是变形要求，地基在建筑物荷载作用下，沉降量或沉降差不能超过建筑物的允许值，否则可能导致上部结构开裂、倾斜甚至于破坏；二是稳定要求，建筑物荷载不能超过地基的承载能力，否则地基会产生剪切滑动破坏而导致建筑物损毁。关于地基变形计算，在前面章节已介绍过，本章只讨论与地基承载力有关的问题。

地基承载力的确定方法有多种，可根据理论公式、原位测试或室内试验成果、地基规范等途径得到。本章只介绍理论公式确定地基承载力，其他方法在第九章中加以介绍。

对地基进行现场荷载试验时，若地基变形表现为整体剪切破坏模式，一般可得到如图5－17（a）所示的荷载 p 和沉降 S 的关系曲线，从荷载开始施加至地基发生破坏，地基的变形经过三个阶段。

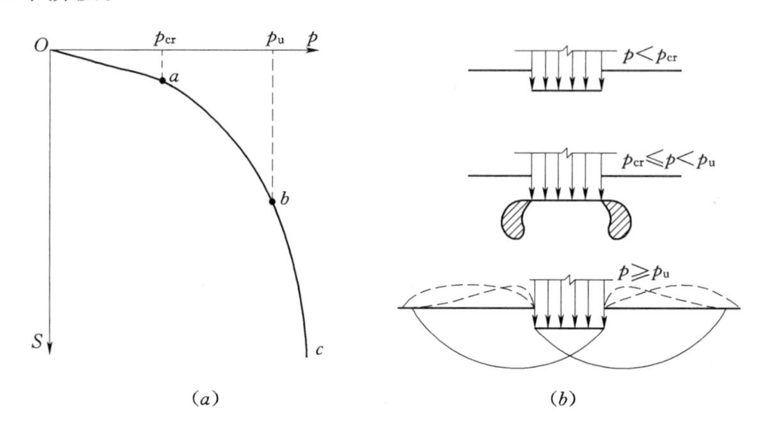

图5－17　地基载荷试验的 p—S 曲线

（1）弹性变形阶段，相应于 p—S 曲线中的 oa 段。由于荷载较小，地基中的剪应力均小于土的抗剪强度，p 与 S 的关系近乎直线变化，地基处于弹性平衡状态。

（2）弹塑性变形阶段，相应于 p—S 曲线的 ab 段，当荷载继续增加超过 a 点相应压力时，p 与 S 之间呈曲线关系。此时地基土中局部范围内产生剪切破坏，即出现塑性变形区。随着荷载继续增大，剪切破坏区（即塑性区）也相应地扩大。

（3）破坏阶段，相应于 p—S 曲线上的 bc 段，如果此时荷载继续增加，剪切破坏区将扩展成片，形成一连续的滑动面，荷载略有增加或不增加，沉降均有急剧变化，地基丧失稳定。

p—S 曲线上的 a 点所对应的荷载为临塑荷载，用 p_{cr}表示，即地基中刚开始产生塑性变形（局部剪切破坏）的临界荷载。p—S 曲线上 b 点所对应的荷载称为极限荷载，以 p_u 表示，是使地基发生整体剪切破坏的荷载。荷载从 p_{cr}增加到 p_u的过程是地基剪切破坏区逐渐发展的过程，如图5－17（b）所示。

第五节　按塑性区开展深度确定地基承载力

地基承载力是指在保证地基稳定的条件下，使建筑物和构筑物的沉降量不超过允许值的地基承载能力。

按塑性区开展深度确定地基承载力的方法，就是将地基中的剪切破坏区限制在某一范围内，确定其相应的承载力。按塑性区开展深度的方法目前尚无精确解答，本节介绍的是近似计算方法。

一、临塑荷载及其确定方法

假设地基为半无限空间体，由弹性理论可以得到，在条形均布压力作用下地基内任一点 M（图5－18）的大、小主应力的计算公式。

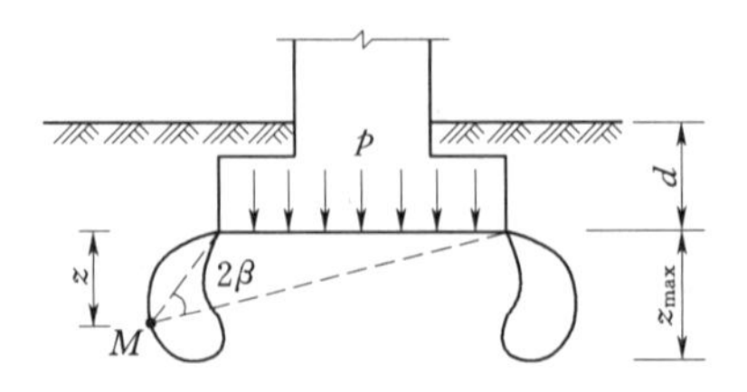

图 5-18 条形基底边缘的塑性区

在某一基底压力 p 下，如果基础的埋深 d、基底压力 p 以及土的 γ、c、φ 为已知，极限平衡区边界线上的任一点的坐标 z 只是 β 的函数，绘出塑性区的边界线如图 5-18 所示。

通过求极值，可得塑性区的最大深度 z_{max} 为

$$z_{max}=\frac{p-\gamma_0 d}{\pi\gamma}\left(\cot\varphi-\frac{\pi}{2}+\varphi\right)-\frac{c}{\gamma\tan\varphi}-d \tag{5-20}$$

式中 γ_0——基底以上土的重度；

γ——基底以下土的重度。

式（5-20）表明，在其他条件不变时，塑性区随着 p 的增大而扩展。当 $z_{max}=0$ 时，表示地基即将出现塑性区，相应的荷载即为临塑荷载 p_{cr}，即

$$p_{cr}=\frac{\pi(\gamma_0 d+c\cot\varphi)}{\cot\varphi+\varphi-\frac{\pi}{2}}+\gamma_0 d \tag{5-21}$$

二、界限荷载及其确定方法

在地基基础设计中，若采用临塑荷载 p_{cr} 作为地基承载力，无疑过于保守。因为除软弱地基外，一般地基即使让极限平衡区发展到某一深度，也并不影响建筑物的安全和正常使用。工程实践表明，采用界限荷载 $p_{1/4}$ 或 $p_{1/3}$ 可以作为地基承载力使用。

在式（5-20）中，若令 $z_{max}=\frac{1}{4}b$（b 为条形基础的宽度），记地基承载力为 $p_{1/4}$，则

$$p_{1/4}=\frac{\pi\left(\gamma_0 d+c\cot\varphi+\frac{1}{4}\gamma b\right)}{\cot\varphi+\varphi-\frac{\pi}{2}}+\gamma_0 d \tag{5-22}$$

在偏心荷载作用下可令 $z_{max}=\frac{1}{3}b$，记地基承载力为 $p_{1/3}$，则

$$p_{1/3}=\frac{\pi\left(\gamma_0 d+c\cot\varphi+\frac{1}{3}\gamma b\right)}{\cot\varphi+\varphi-\frac{\pi}{2}}+\gamma_0 d \tag{5-23}$$

以上地基承载力公式是针对条形基础推导出来的，对于矩形和圆形基础也可采用，其结果偏于安全。

【例 5-4】 有一条形基础，底宽 $b=2.0$m，埋置深度 $d=1.5$m，地基土的重度 $\gamma=19\text{kN/m}^3$，黏聚力 $c=10$kPa，内摩擦角 $\varphi=15°$，试求该地基的 p_{cr}、$p_{1/4}$、$p_{1/3}$ 值。

解：（1）求临塑荷载 p_{cr}。

$$p_{cr}=\frac{\pi(\gamma_0 d+c\cot\varphi)}{\cot\varphi+\varphi-\frac{\pi}{2}}+\gamma_0 d$$

$$=\frac{3.14\times(19\times1.5+10\times\cot 15°)}{\cot 15°+15\times\frac{\pi}{180}-\frac{\pi}{2}}+19\times1.5=105.6(\text{kPa})$$

（2）求界限荷载 $p_{1/4}$。

$$p_{1/4}=\frac{\pi(\gamma_0 d+c\cot\varphi+\frac{1}{4}\gamma b)}{\cot\varphi+\varphi-\frac{\pi}{2}}+\gamma_0 d$$

$$=\frac{3.14\times(19\times1.5+10\times\cot 15^\circ+\frac{1}{4}\times19\times2)}{\cot 15^\circ+15\times\frac{\pi}{180}-\frac{\pi}{2}}+19\times1.5=116(\text{kPa})$$

（3）求界限荷载 $p_{1/3}$。

$$p_{1/3}=\frac{\pi(\gamma_0 d+c\cot\varphi+\frac{1}{3}\gamma b)}{\cot\varphi+\varphi-\frac{\pi}{2}}+\gamma_0 d$$

$$=\frac{3.14\times(19\times1.5+10\times\cot 15^\circ+\frac{1}{3}\times19\times2)}{\cot 15^\circ+15\times\frac{\pi}{180}-\frac{\pi}{2}}+19\times1.5=119.5(\text{kPa})$$

第六节　浅基础地基的极限承载力

地基的极限承载力是指地基即将发生整体破坏时的基底压力，记为 p_u。将地基极限承载力除以安全系数 K，即为地基承载力设计值 f，即

$$f=\frac{p_u}{K} \tag{5-24}$$

式中　f——地基承载力设计值；

p_u——地基的极限承载力；

K——承载力安全系数，一般取 2～3。

下面介绍几种以假定滑动面的形状为前提，利用滑动土体的静力平衡条件和土体抗剪强度理论推导出来的计算极限承载力的公式。

一、太沙基公式

对中心荷载下基底粗糙的条形基础，太沙基假定在整体剪切破坏模式时，其地基中滑动面的形状如图 5-19 所示。

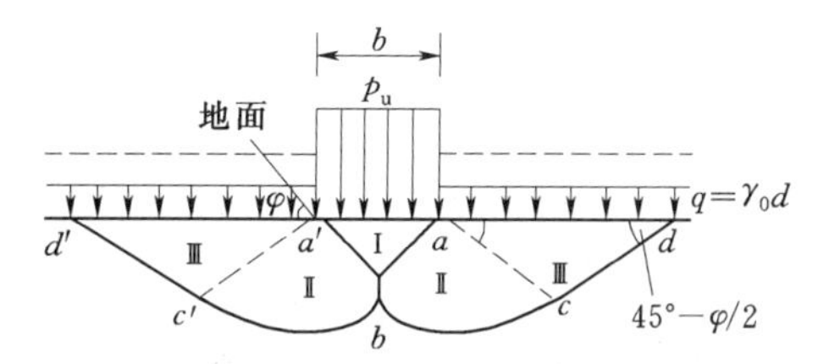

图 5-19　太沙基公式假定的滑动面

滑动土体共分为三区。Ⅰ区为弹性楔体区，由于粗糙基底与土的摩擦力作用，该区的土在荷载作用下被压密，处于弹性平衡状态，弹性楔体区的边界与基底的夹角为 φ。Ⅱ区为过渡区，滑动面 bc 按对数螺旋线变化，b 点处螺线的切线垂直地面，c 点处螺线的切线与水平线成 $45°-\varphi/2$ 角。Ⅲ区为被动朗肯区，滑动面 cd 是平面，与水平面的夹角为 $45°-\varphi/2$。

不考虑基底以上基础两侧土体抗剪强度的影响，以均布荷载 $q=\gamma_0 d$ 来代替基础埋深

范围内的土体自重。根据弹性楔体的静力平衡条件，求得太沙基极限承载力

$$p_u=\frac{1}{2}\gamma bN_\gamma+qN_q+cN_c \tag{5-25}$$

其中 $q=\gamma_0 d$

式中 q——基底面以上基础两侧均布荷载，kPa，其值为基础埋深范围土的自重应力；

b——条形基础底宽，m；

c——基底下土的黏聚力，kPa；

d——基础埋深，m；

N_γ、N_q、N_c——承载力系数，与基底下土的内摩擦角有关，可由表5-3查取。

表5-3 太沙基承载力系数

φ/(°)	N_γ	N_q	N_c	φ/(°)	N_γ	N_q	N_c
5	0.5	1.6	7.3	25	9.7	12.7	25.1
10	1.2	2.7	9.6	30	19.7	22.5	37.2
15	2.5	4.4	12.9	35	42.4	41.4	57.8
20	5.0	7.4	17.7	40	100.4	81.3	95.7

太沙基承载力公式（5-25）是在整体剪切破坏的条件下得到的，对于局部剪切破坏的承载力，太沙基建议先将强度指标 c 和 $\tan\varphi$ 进行折减，即

$$c'=\frac{2}{3}c \tag{5-26}$$

$$\tan\varphi'=\frac{2}{3}\tan\varphi \tag{5-27}$$

再用修正后的 c' 和 $\tan\varphi'$ 计算软土地基局部剪切破坏时的极限承载力，即

$$p_u=\frac{1}{2}\gamma bN'_\gamma+qN'_q+c'N'_c \tag{5-28}$$

式中 N'_γ、N'_q、N'_c——修正后的承载力系数，由修正后的内摩擦角 φ' 查表5-3得到。

太沙基承载力式（5-26）和式（5-28）适用于条形基础，对于方形或圆形基础均布荷载整体剪切破坏情况，太沙基建议采用修正公式计算地基承载力，即：

方形基础 $$p_u=0.4\gamma bN_\gamma+qN_q+1.2cN_c \tag{5-29}$$

圆形基础 $$p_u=0.6\gamma b'N_\gamma+qN_q+1.2cN_c \tag{5-30}$$

式中 b'——圆形基础半径，m；

其余符号同前。

【例5-5】 有一均布荷载条形基础，底宽 $b=2$m，埋置深度 $d=1.2$m。基底以上土的重度 $\gamma_0=18.0$kN/m³，黏聚力 $c=8$kPa，内摩擦角 $\varphi=25°$，基底以下土的重度 $\gamma=18.5$kN/m³，黏聚力 $c=10$kPa，内摩擦角 $\varphi=20°$，试按太沙基公式计算该地基的极限荷载与地基承载力，取安全系数 $K=3$。

解：（1）由 $\varphi=20°$ 查表5-3得：$N_\gamma=5.0$，$N_q=7.4$，$N_c=17.7$，代入式(5-25)得

$$p_u=\frac{1}{2}\gamma bN_\gamma+qN_q+cN_c=\frac{1}{2}\gamma bN_\gamma+\gamma_0 dN_q+cN_c$$

$$=\frac{1}{2}\times18.5\times2\times5.0+18\times1.2\times7.4+10\times17.7$$

$$=429.3(\text{kPa})$$

（2）安全系数 $K=3$，地基承载力为

$$f=\frac{p_u}{K}=\frac{429.3}{3}=143.1(\text{kPa})$$

二、汉森公式

对于均质地基、基础底面完全光滑，在倾斜荷载作用下，汉森建议按式（5-31）计算竖向承载力。汉森公式是一个半经验公式，常用于水利、港口工程承载力的计算，其主要的特点是适用于倾斜荷载作用，其普遍形式为

$$p_u=\frac{1}{2}\gamma b'N_\gamma i_\gamma S_\gamma d_\gamma+qN_q i_q S_q d_q+cN_c i_c S_c d_c \tag{5-31}$$

其中

$$b'=b-2e_b$$

$$q=\gamma_0 d$$

式中　γ——基底以下土的重度，地下水位以下用浮重度；

b'——基础的有效宽度，m；

e_b——合力作用点的偏心距，m；

b——基础宽度，m；

q——基础底面以上的边荷载，kPa；

γ_0——基底面以上土的重度；

d——埋置深度，m；

N_γ、N_q、N_c——承载力系数，与基底下的内摩擦角 φ 有关，可由表 5-4 查取；

S_γ、S_q、S_c——与基础形状有关的系数，可由表 5-5 查取；

d_γ、d_q、d_c——与基础埋深有关的系数：$d_\gamma=1$，$d_q\approx d_c\approx1+0.35d/b'$，适用于 $d/b'<1$ 的情况；当 d/b' 很小时，可不考虑此系数；

i_γ、i_q、i_c——与荷载倾角有关的荷载倾斜系数。按土的内摩擦角 φ 与荷载倾角 δ（荷载作用线与铅直线的夹角），可由表 5-6 查取。

表 5-4　汉森承载力系数

φ/(°)	N_γ	N_q	N_c	φ/(°)	N_γ	N_q	N_c
0	0	1.00	5.14	24	6.90	9.61	19.33
2	0.01	1.20	5.69	26	9.53	11.83	22.25
4	0.05	1.43	6.17	28	13.13	14.71	25.80
6	0.14	1.72	6.82	30	18.09	18.40	30.15
8	0.27	2.06	7.52	32	24.95	23.18	35.50
10	0.47	2.47	8.35	34	34.54	29.45	42.18
12	0.76	2.97	9.29	36	48.08	37.77	50.61
14	1.16	3.58	10.37	38	67.43	48.92	61.36
16	1.72	4.34	11.62	40	95.51	64.23	75.36
18	2.49	5.25	13.09	42	136.72	85.36	93.69
20	3.54	6.40	14.83	44	198.77	115.35	118.41
22	4.96	7.82	16.89	45	240.95	134.86	133.86

表 5-5 基础形状系数

基础形状	形状系数	
	S_c，S_q	S_γ
条形	1.0	1.0
矩形	$1+0.3b'/l$	$1-0.4b'/l$
方形及圆形	1.2	0.6

【例 5-6】 一条形水闸基础，地基土的饱和重度 $\gamma_{sat}=20kN/m^3$，湿重度 $\gamma=19kN/m^3$，内摩擦角 $\varphi=18°$，黏聚力 $c=10kPa$，地下水位与基底齐平，基础宽度 $b=20m$，基础埋深 $d=1.8m$，闸前后地面水平。在水闸蓄水至设计水位时，垂直总荷载 $P_v=1600kN/m$，偏心距 $e_b=0.75m$。总水平荷载为 $P_h=320kN/m$。试按汉森公式确定地基承载力，并验算该水闸是否安全。

表 5-6 汉森倾斜系数 i_γ、i_q、i_c

φ/(°)	tanδ											
	0.1			0.2			0.3			0.4		
	i_γ	i_q	i_c	i_γ	i_q	i_c	i_γ	i_q	i_c	i_γ	i_q	i_c
6	0.64	0.8	0.53									
10	0.72	0.85	0.75									
12	0.73	0.85	0.78	0.4	0.63	0.44						
16	0.73	0.85	0.81	0.46	0.68	0.58						
18	0.73	0.85	0.82	0.47	0.69	0.61	0.23	0.48	0.36			
20	0.72	0.85	0.82	0.47	0.69	0.63	0.26	0.51	0.42			
22	0.72	0.85	0.82	0.47	0.69	0.64	0.27	0.52	0.45	0.10	0.32	0.22
26	0.70	0.84	0.82	0.46	0.68	0.65	0.28	0.53	0.48	0.15	0.38	0.32
28	0.69	0.83	0.82	0.45	0.67	0.65	0.27	0.52	0.49	0.15	0.39	0.34
30	0.69	0.83	0.82	0.44	0.67	0.65	0.27	0.52	0.49	0.15	0.39	0.35
32	0.68	0.82	0.81	0.43	0.66	0.64	0.26	0.51	0.49	0.15	0.38	0.36
34	0.67	0.82	0.81	0.42	0.65	0.64	0.25	0.50	0.49	0.14	0.38	0.36
36	0.66	0.81	0.81	0.41	0.64	0.63	0.25	0.50	0.48	0.14	0.37	0.36
38	0.65	0.80	0.80	0.40	0.63	0.62	0.24	0.49	0.47	0.13	0.37	0.35
40	0.64	0.80	0.79	0.39	0.62	0.62	0.23	0.48	0.47	0.13	0.36	0.35
44	0.61	0.78	0.78	0.36	0.60	0.59	0.20	0.45	0.44	0.11	0.33	0.32
45	0.61	0.78	0.78	0.35	0.60	0.59	0.19	0.44	0.44	0.11	0.33	0.32

解： 由 $\varphi=18°$，查表 5-4 得 $N_\gamma=2.49$，$N_q=5.25$，$N_c=14.83$。按题意作偏心荷载及水平荷载修正。因 $e_b=0.75m$，故 $b'=b-2e_b=20-2\times0.75=17.0$（m）。而 $\tan\delta=\frac{P_h}{P_v}=\frac{320}{1600}=0.2$，查表 5-6 得 $i_\gamma=0.47$，$i_q=0.69$，$i_c=0.61$。由于 d/b'很小，在此不作深度修正即 $d_\gamma\approx d_q\approx d_c\approx1$。对条形基础，$S_\gamma=S_q=S_c=1.0$ 则

$$p_u=\frac{1}{2}\gamma b'N_\gamma i_\gamma S_\gamma d_\gamma+qN_q i_q S_q d_q+cN_c i_c S_c d_c$$

$$=\frac{1}{2}\times(20-10)\times17.0\times2.49\times0.47+19\times1.8\times5.25\times0.69+10\times14.83\times0.61$$

$=255.1(\mathrm{kPa})$

取安全系数 $K=2$，则地基承载力为

$$f=\frac{p_u}{K}=\frac{255.1}{2}=127.6(\mathrm{kPa})$$

地基所受的最大基底压力为

$$p_{max}=\frac{P}{b}(1+\frac{6e_b}{b})=\frac{1600}{20}\times(1+\frac{6\times0.75}{20})=98(\mathrm{kPa})$$

因 $f>p_{max}$，故水闸安全。

三、斯肯普顿（Skempton）公式

对饱和软土地基，内摩擦角 $\varphi=0$，太沙基公式难以应用。斯肯普顿专门研究了饱和软土地基的极限荷载计算，对条形均布荷载作用于地基表面，其地基中滑动面的形状如图 5-20 所示。Ⅰ区和Ⅲ区分别为主动朗肯区和被动朗肯区，Ⅱ区底面为圆弧面。根据脱离体 $obce$ 的静力平衡条件得到

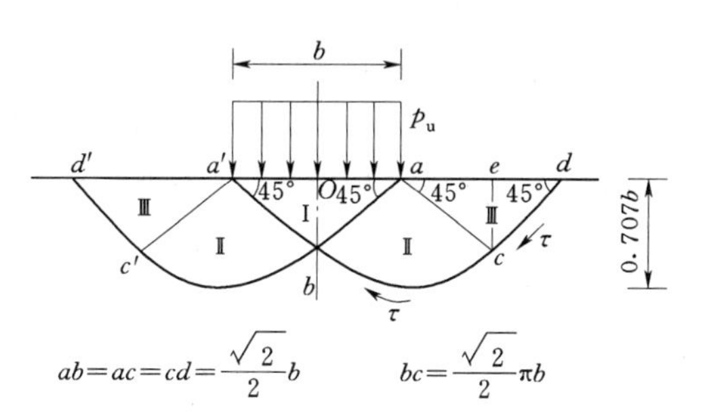

图 5-20　斯肯普顿公式假定的滑动面

$$p_u=c_u(2+\pi)=5.14c_u \tag{5-32}$$

对埋深为 d 的矩形基础，提出了极限荷载的半经验公式，即

$$p_u=5c_u(1+0.2\frac{b}{l})(1+0.2\frac{d}{b})+\gamma_0 d \tag{5-33}$$

式中　b、l——基础的宽度和长度，m；

d——基础的埋深，m；

γ_0——埋深范围内土的重度，$\mathrm{kN/m^3}$；

c_u——地基土的不排水强度，取基础底面以下 $0.7b$ 深度范围内的平均值，kPa。

应用斯肯普顿公式进行基础设计时，地基承载力为

$$f=\frac{p_u}{K} \tag{5-34}$$

式中　K——斯肯普顿公式安全系数，可取 $K=1.1\sim1.5$。

思　考　题

5-1　何谓土的抗剪强度？黏性土和砂土的抗剪强度各有什么特点？

5-2　为什么说土的抗剪强度不是一个定值？影响抗剪强度的因素有哪些？

5-3　土体发生剪切破坏的平面是不是剪应力最大的平面？破裂面与大主应力作用面成什么角度？

5-4　什么是土的极限平衡状态？如何表达？

5-5　剪切试验成果整理中总应力法和有效应力法有何不同？为什么说排水剪成果就相当于有效应力法成果？

5-6 试比较直剪试验和三轴剪切试验的优点和缺点。

5-7 地基的破坏模式有哪几种？

5-8 临塑荷载和界限荷载的含义是什么？

5-9 试说明本章所介绍的三种地基极限荷载公式的适用条件？

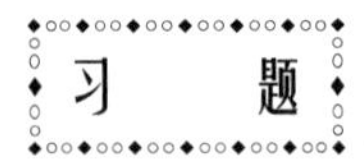

习 题

5-1 已知一组土样的直剪试验结果，法向应力 σ 为 100kPa、200kPa、300kPa、400kPa 时，测得的抗剪强度 τ_f 分别为 52kPa、83kPa、115kPa、145kPa。试作图确定该土样的抗剪强度指标 c 和 φ。若该土样中某平面上作用的法向应力和剪应力分别为 260kPa 和 92kPa，试问该面是否会剪切破坏？（答案：21kPa，18°；不会破坏）

5-2 设地基内某点的大主应力为 450kPa，小主应力为 200kPa，土的内摩擦角为 20°，黏聚力为 50kPa，问该点处在什么状态？（答案：稳定状态）

5-3 某地基为饱和黏性土，进行三轴固结不排水剪切试验，测得 3 个试样剪破时的大、小主应力和孔隙水压力，其数值如表 5-7 所示。试用作图法确定土的总应力和有效应力强度指标 c_{cu}、φ_{cu} 和 c'、φ'。（答案：22kPa，23°；28kPa，26.5°）

表 5-7 试验实测值

σ_3	σ_1	u_f
100	300	35
200	520	70
300	760	75

5-4 某条形基础，基底宽度 $b=3.00$m，基础埋深 $d=2.00$m，地下水位接近地面。地基为砂土，饱和重度 $\gamma_{sat}=21.1$kN/m^3，内摩擦角 $\varphi=30°$，荷载为中心荷载。求：(1) 地基的界限荷载 $p_{1/4}$。(2) 若基础埋深 d 不变，基底宽度 b 加大一倍，求地基的界限荷载 $p_{1/4}$。(3) 若基底宽度 b 不变，基础埋深 d 加大一倍，求地基的界限荷载 $p_{1/4}$。(4) 由上述三种情况计算结果，可以说明什么问题？[答案：(1) 141kPa，(2) 179kPa，(3) 243kPa]

5-5 某条形基础基底宽度 $b=3$m，基础埋深 $d=1.5$m，土的湿重度 $\gamma=18.5$kN/m^3，土的饱和重度 $\gamma_{sat}=20.0$kN/m^3，地下水位与基底齐平，土的内摩擦角 $\varphi=12°$，$c=20$kPa，试按太沙基公式计算极限荷载，并确定地基的承载力特征值。取安全系数 $K=2.5$。（答案：$p_u=338$kPa；$f=135.2$kPa）

5-6 某水闸基础宽度 $b=10$m，埋置深度 $d=1.5$m，土的饱和重度 $\gamma_{sat}=19$kN/m^3，内摩擦角 $\varphi=18°$，黏聚力 $c=10$kPa。在设计水位时，承受偏心荷载 $F_v=1200$kN/m，偏心距 $e_b=0.3$m。水平荷载 $F_h=240$kN/m。试按汉森公式计算地基承载力，安全系数 $K=2.0$。（答案：$f=94.5$kPa）

第六章　挡土结构物上的土压力

在水利、电力、港口、航道、公路以及房屋建筑中常见的挡土结构物（或称挡土墙），如图 6-1 所示，其作用都是用来挡住墙后的填土并承受来自填土的压力，所以在设计挡土墙的断面尺寸和计算其稳定性时，必须计算出作用在墙上的土压力。

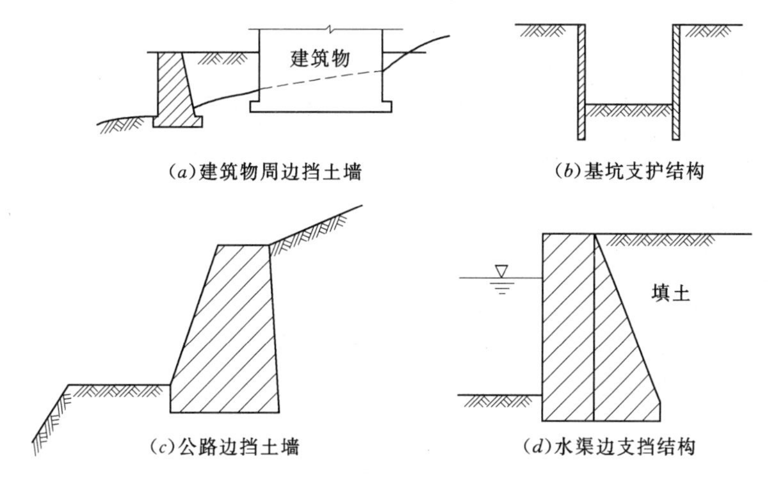

图 6-1　常见挡土结构

由于土压力的大小与分布形式与诸多因素有关，准确计算是相当困难的，所以应该将以下几节介绍的若干种土压力计算方法均视为不同条件下的近似方法，并注意到各种方法的适用范围。

第一节　土压力的种类及静止土压力计算

一、土压力类型

作用在挡土结构物上的土压力，按结构的位移情况和墙后土体所处的应力状态，分为三种。

1. 静止土压力

挡土墙在土压力作用下不发生任何变形和位移（移动或转动），墙后填土处于弹性平衡状态时，作用在挡土墙墙背的土压力称为静止土压力，用 E_0 表示，如图 6-2（a）所示。

2. 主动土压力

挡土墙在墙后填土压力作用下向前（背离填土方向）移动或转动，土压力随之减小，当墙体位移达到某一数值，土体达到极限平衡状态（或破坏），此时作用在墙上的土压力

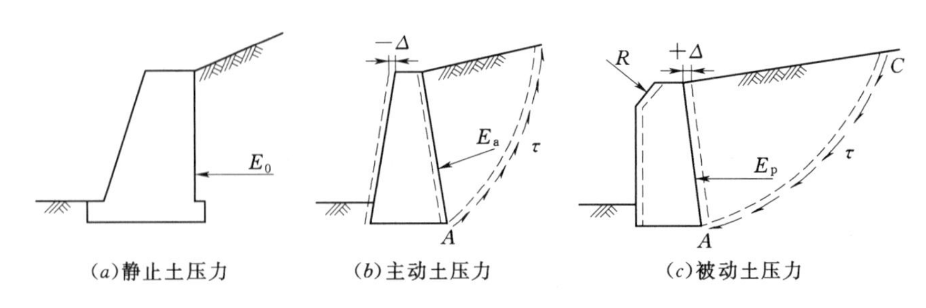

(a)静止土压力　(b)主动土压力　(c)被动土压力

图 6-2　三种土压力

称为主动土压力。它是三种土压力中的最小值，用 E_a表示，如图 6-2（b）所示。

3. 被动土压力

挡土墙在外力作用下推挤土体向填土方向移动，土压力随之增加，当墙体位移达到某一数值，土体达到极限平衡状态（或破坏），此时作用在墙上的土压力称为被动土压力。它是三种土压力中的最大值，用 E_p表示，如图 6-2（c）所示。

二、静止土压力的计算

作用在挡土结构背面的静止土压力可视为天然土层自重应力的水平分力。如图 6-3 所示，假设填土水平，天然重度为 γ，在墙后填土中任意深度 z 处取一微小单元体，则作用于单元体水平面上的应力为该点的静止土压力，即侧压力强度，其计算如下

$$p_0 = K_0 \gamma z \tag{6-1}$$

式中　p_0——计算点的静止土压力强度；

K_0——土的侧压力系数，即静止土压力系数；

γ——墙后填土重度，kN/m^3；

z——计算点在填土面下的深度，m。

静止土压力系数的确定方法有如下几种：

（1）通过侧限条件下的试验测定，一般认为这是最可靠的方法。

（2）采用经验公式计算，即 $K_0 = 1 - \sin\varphi'$，式中 φ'为土的有效内摩擦角，较适合于砂土计算。

（3）按表 6-1 提供的静止压力系数 K_0 的经验值酌定。

表 6-1　静止土压力系数 K_0的经验值

土类	坚硬土	硬—可塑黏性土、粉质黏土、砂土	软—可塑黏性土	软塑黏性土	流塑黏性土
K_0	0.2～0.4	0.4～0.5	0.5～0.6	0.6～0.75	0.75～0.8

由式（6-1）可知，静止土压力强度沿墙高为三角形分布，如图 6-3 所示。墙背上每一点都存在土压力，如果取单位墙长计算，作用在墙背的静止土压力的合力在数值上等于土压力强度分布图面积之和（可通过数学积分求得），所以，在图 6-3 所示的情形下，作用在墙上的静止土压力为

$$E_0=\frac{1}{2}\gamma h^2 K_0 \tag{6-2}$$

式中　E_0——单位墙长的静止土压力，kN/m；

h——挡土墙高度，m。

E_0的作用点在距墙底 $h/3$ 处。

静止土压力系数 K_0 值随土体密实度、固结程度的增加而增加，当土层处于超压密状态时，K_0 值的增大尤为显著。

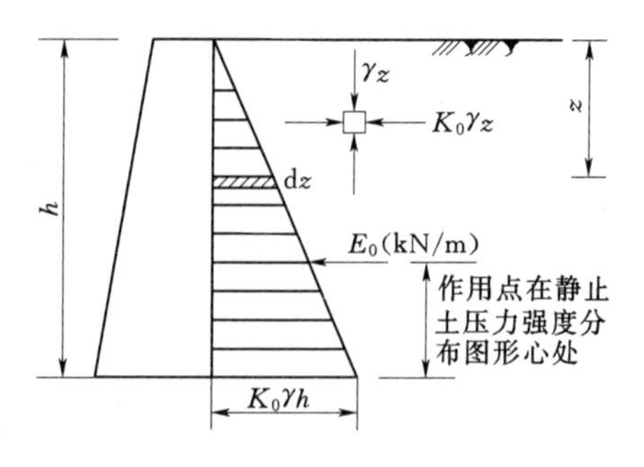

图 6-3　静止土压力强度分布

三、静止土压力的应用

如果挡土墙直接浇筑在岩基上，且墙的刚度很大，墙体几乎无法产生位移，此时可近似按静止土压力计算。还有诸如地下室侧墙、水闸、船闸边墙（与闸底板连成整体）也可认为作用在墙上的是静止土压力。

第二节　朗肯土压力理论

朗肯土压力理论应用的前提是：墙体竖直、光滑，墙后填土水平。由于墙体垂直光滑，保证了垂直面内无摩擦力，即无剪应力。根据剪应力互等定理，水平面上剪应力亦为零。这样，水平填土体中的应力状态才与半空间土体中的应力状态一致，墙背可假想为半无限土体内部的一个铅直平面，在水平面与垂直面上的正应力正好分别为大小主应力。朗肯土压力是根据半无限土体内的应力状态和土的极限平衡理论得出的土压力计算方法。

一、主动土压力

如图 6-4（*a*）所示，在半无限土体中取一竖直切面 AB，沿 AB 面深度 z 处取一单元土体，若土的重度为 γ，则作用在单元体顶面的应力为 $\sigma_1=\sigma_z=\gamma z$，作用在单元体侧面的应力为 $\sigma_3=\sigma_x=K_0\sigma_z$，此时土体应力状态如图 6-4（*b*）中莫尔应力圆Ⅰ，该圆与土的抗剪强度线不相切，表明该点处于弹性平衡状态。

假设用刚性的、墙背竖直光滑的挡土墙代替 AB 面左侧土体，见 6-4（*c*），并使挡土墙离开土体向外移动，使右侧土体在水平方向有均匀伸张趋势，则 $\sigma_z=\gamma z$ 不变，而 σ_x 逐渐减小。当挡土墙位移达到一定限值时，墙后土体达到主动极限平衡状态，如图 6-4（*b*）中的应力圆Ⅱ，该圆与土的抗剪强度线相切。此时，墙面法向应力 σ_x 已降至最小限值 p_a（即主动压力值）。土体滑动面（破坏面）与 σ_z 作用面（即水平面）成 $\alpha=45°+\varphi/2$。

根据土体强度理论，土中某点达极限平衡状态时，大、小主应力 σ_1 和 σ_3 有如下关系式

$$\sigma_1=\sigma_3\tan^2\left(45°+\frac{\varphi}{2}\right)+2c\tan\left(45°+\frac{\varphi}{2}\right) \tag{6-3}$$

$$\sigma_3=\sigma_1\tan^2\left(45°-\frac{\varphi}{2}\right)-2c\tan\left(45°-\frac{\varphi}{2}\right) \tag{6-4}$$

由前述可知，作用在墙背 z 深度处的主动土压力强度值为

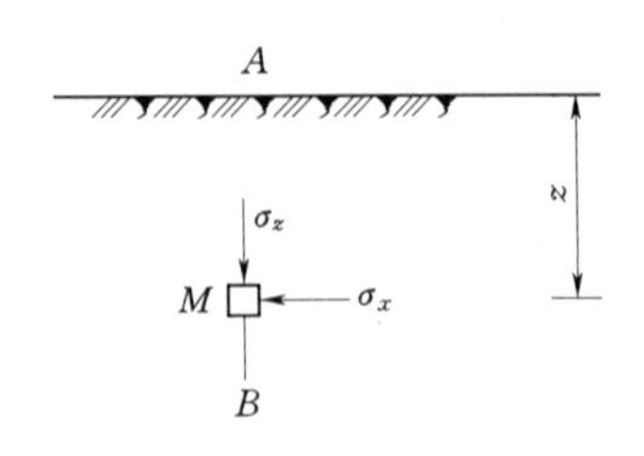

(a)半空间体中一点的应力

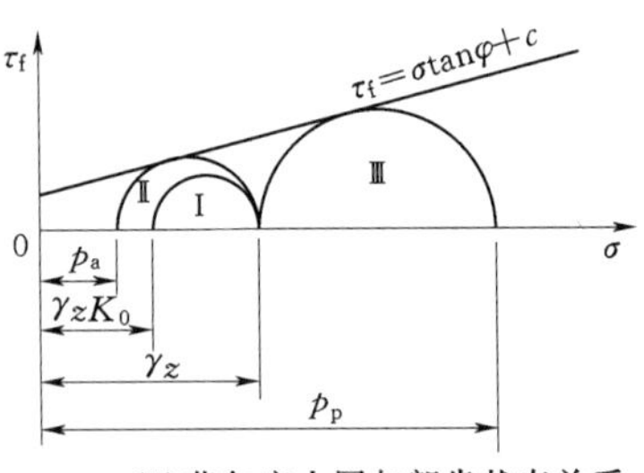

(b)莫尔应力圆与朗肯状态关系

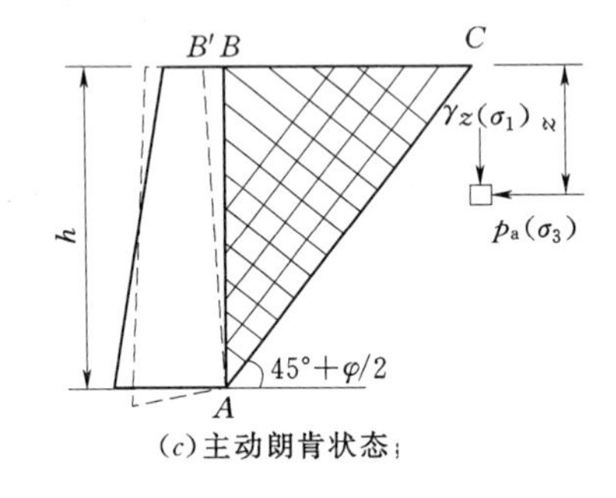

(c)主动朗肯状态;

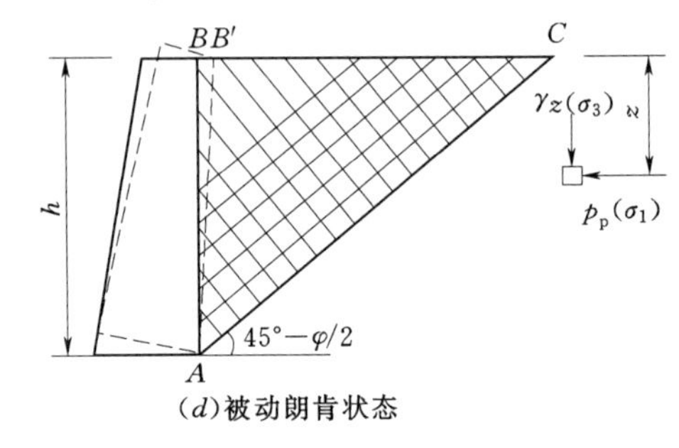

(d)被动朗肯状态

图 6-4 半空间体的极限平衡状

$$p_a=\sigma_z \tan^2\left(45°-\frac{\varphi}{2}\right)-2c\tan\left(45°-\frac{\varphi}{2}\right) \tag{6-5}$$

令 $K_a=\tan^2\left(45°-\frac{\varphi}{2}\right)$，有

$$p_a=\sigma_z K_a-2c\sqrt{K_a}=\gamma z K_a-2c\sqrt{K_a} \tag{6-6}$$

式（6-6）适合于墙背填土为黏性土的情况，对于无黏性土，由于 $c=0$，则有

$$p_a=\sigma_z K_a=\gamma z K_a \tag{6-7}$$

式中 p_a——墙背 z 深度处主动土压力强度，kPa；

K_a——主动土压力系数；

σ_z——竖向自重应力；

γ——墙后填土重度，kN/m^3；

c——填土的黏聚力，kPa；

φ——填土的内摩擦角；

z——计算点离填土表面的距离，m。

式（6-6）表明，黏性土的主动土压力强度由土自重引起的对墙的土压力 $\gamma z K_a$，另一部分是由黏聚力 c 引起的土压力 $2c\sqrt{K_a}$，为负值，即为“拉”力。由于结构物与土之间的抗拉强度很低，在拉力作用下极易开裂，在设计挡土墙时不应计算，故在图中示以虚线。这样，当墙背填土为黏性土时，作用于墙背的土压力只是图 6-5（c）所示 abc 部分。

土压力图形顶点 a 在填土面下的深度称临界深度，记为 z_0。令式（6-6）中 $p_a=0$ 即可确定 z_0 为

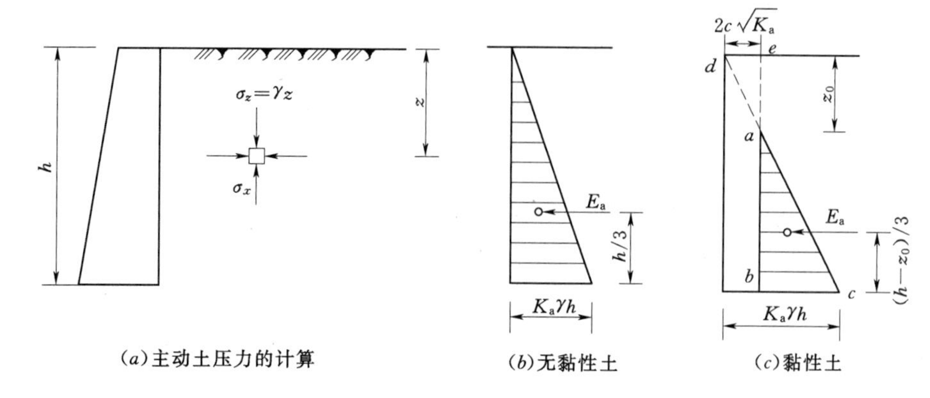

图 6-5　主动土压力强度分布图

$$z_0=\frac{2c}{\gamma\sqrt{K_a}} \tag{6-8}$$

作用在单位墙长上的主动土压力即主动土压力合力 E_a（kN/m），在数值上等于 p_a分布图面积之和，作用点在 p_a分布图形心处，即 E_a的作用点距墙底为（$h-z_0$）/3，E_a方向水平。

$$E_a=\frac{1}{2}(K_a\gamma h-2c\sqrt{K_a})(h-z_0) \tag{6-9}$$

式（6-7）表明，无黏性土的主动土压力强度与 z 成正比，与前面所述的静止土压力分布形式相同，即沿强高呈三角形分布，如图 6-5（b）所示。作用在单位墙长上的主动土压力 E_a（kN/m）为

$$E_a=\frac{1}{2}K_a\gamma h^2 \tag{6-10}$$

式中　h——挡土墙的高度，m。

E_a的作用点距墙底为 $h/3$，E_a方向水平。

二、被动土压力

如图 6-4（d）所示，若挡土墙在外力作用下由静止状态发生向土体方向的位移，则 σ_x随位移增大而增大，应力圆圆心逐渐右移，由于竖向应力 σ_z不变，当 $\sigma_x>\sigma_z$后而成为第一主应力，即 $\sigma_1=\sigma_x$，$\sigma_3=\sigma_z$。随着 σ_x的增大，当达到一定值时，应力圆与库仑直线相切，如图 6-4（b）中圆Ⅲ所示，墙后填土达到被动极限平衡状态，同时产生两组滑裂面，均与水平面成 $45°-\varphi/2$ 的夹角，而此时作用在挡土墙背上的土压力即为被动土压力 $p_p=\sigma_x=\sigma_1$。墙背任一点土压力强度为

黏性土
$$p_p=\gamma zK_p+2c\sqrt{K_p} \tag{6-11}$$

无黏性土
$$p_p=\gamma zK_p \tag{6-12}$$

其分布图形如图 6-6 所示。

单位墙长的被动土压力 E_p的计算公式为

无黏性土
$$E_p=\frac{1}{2}\gamma h^2 K_p \tag{6-13}$$

黏性土
$$E_p=\frac{1}{2}\gamma h^2 K_p+2ch\sqrt{K_p} \tag{6-14}$$

式中 p_p——被动土压力强度，kPa；

E_p——单位墙长的土压力值，kN/m；

K_p——被动土压力系数，$K_p=\tan^2(45°+\varphi/2)$。

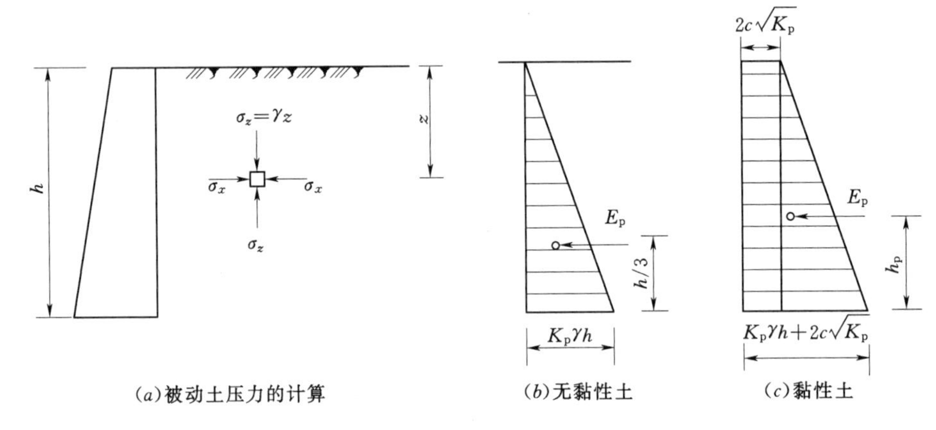

图 6-6 被动土压力强度分布图

计算朗肯被动土压力，无论任何情况，首先按式（6-11）计算出各土层上、下层面处的被动土压力强度 p_p，绘出被动土压力强度分布图。进而求出被动土压力 E_P（kN/m)，及其作用点。无黏性土的被动土压力 E_p合力作用于距墙底 $h/3$ 处。黏性土的被动土压力合力作用点与墙底距离［图 6-6（c)］由下式计算

$$h_p=\frac{2ch\sqrt{K_p}\frac{h}{2}+\frac{1}{2}\gamma h^2 K_p\frac{h}{3}}{E_p} \tag{6-15}$$

式中 h_p——黏性土产生的被动土压力合力距墙底距离，m。

三、主动土压力和被动土压力在工程中的应用

实验研究表明，如果挡土墙在墙后填土自重等作用下产生离开填土方向的位移，且位移达到墙高的 0.19%～0.3%时，填土就可能发生主动破坏，因此一般的挡土墙的土压力可按主动土压力计算。

如果挡土墙在外力作用下产生向着填土方向挤压的位移，可按被动土压力计算。但实验表明，欲使填土发生被动破坏，挡土墙位移另需达到墙高的 2%～5%，而实际工程中往往不允许产生这么大的位移。所以被动土压力不足以全发挥。当发生被动情况时，一般采用被动土压力的 1/3 作为挡土墙的外荷载。

【例 6-1】 有一挡土墙，高 5m，墙背直立、光滑，墙后填土面水平。填土为黏性土，其重度 $\gamma=17\text{kN/m}^3$，内摩擦角 $\varphi=18°$，内聚力 $c=6\text{kPa}$，试求主动土压力及其作用

点，并绘出主动土压力分布图。

解：墙底处的土压力强度为

$$p_a=\gamma h\tan^2(45°-\varphi/2)-2c\tan(45°-\varphi/2)$$
$$=17\times5\times\tan^2(45°-18°/2)-2\times6\times\tan(45°-18°/2)=36.1(\text{kPa})$$

临界深度为

$$z_0=\frac{2c}{\gamma\sqrt{K_a}}=\frac{2\times6}{17\times\tan(45°-18°/2)}$$
$$=0.97(\text{m})$$

主动土压力为

$$E_a=\frac{1}{2}\times(5-0.97)\times36.1=72.7(\text{kN/m})$$

主动土压力距墙底的距离为

$$\frac{h-z_0}{3}=\frac{5-0.97}{3}=1.34(\text{m})$$

主动土压力分布图如图 6-7 所示。

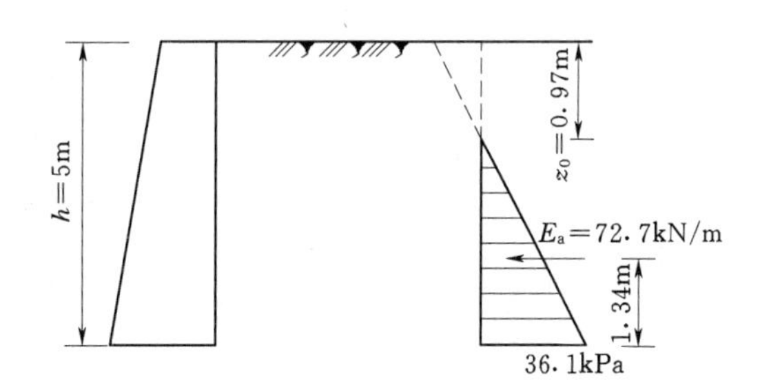

图 6-7 ［例 6-1］土压力强度分布图

第三节 几种常见情况的土压力

下面应用朗肯土压力理论计算几种常见情况的土压力。

一、填土表面作用无限均布荷载

当填土表面作用均布荷载 q（kPa）时，如图 6-8 所示，利用式（6-6）和式(6-7)，将 q 视作虚构填土的自重产生，其土压力强度为：

黏性土 $$p_a=(q+\gamma z)K_a-2c\sqrt{K_a} \quad (6-16)$$

无黏性土 $$p_a=(q+\gamma z)K_a \quad (6-17)$$

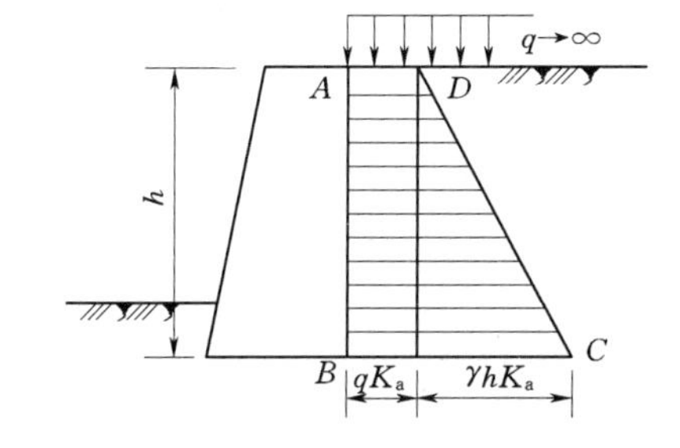

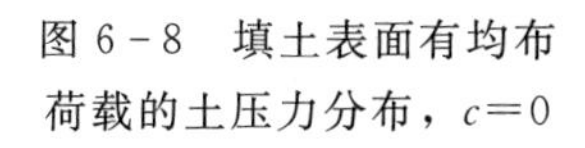

图 6-8 填土表面有均布荷载的土压力分布，$c=0$

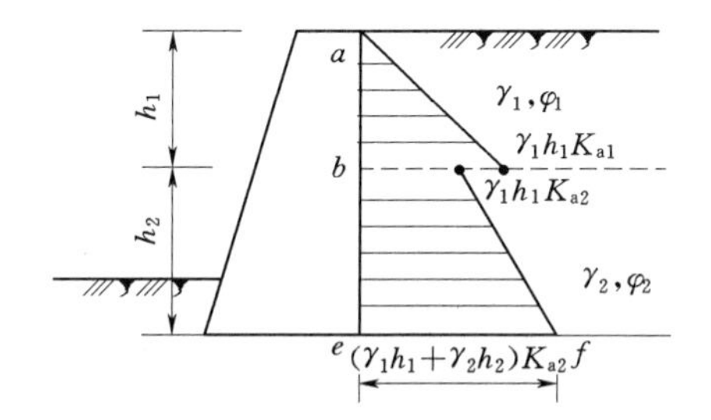

图 6-9 分层填土的土压力分布，$c=0$

二、墙后填土分层

若挡土墙后填土有几种不同性质的水平土层，此时计算也可利用式（6-6）和式（6

-7)，由于不同土层性质不同，所以在分层面上土压力有突变。如图 6-9 所示，对无黏性土层，计算如下：

第一层底面处 $p_a=\gamma_1 h_1 K_{a1}$

第二层顶面处 $p_a=\gamma_1 h_1 K_{a2}$

第二层底面处 $p_a=(\gamma_1 h_1+\gamma_2 h_2)K_{a2}$

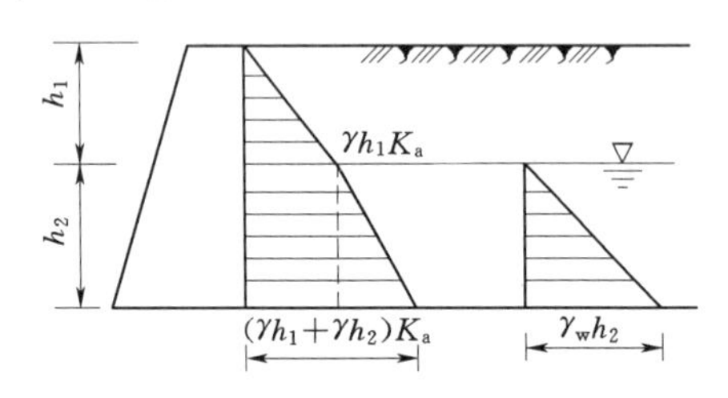

图 6-10 填土中有地下水时土压力强度和水压力强度分布，$c=0$

三、填土中有地下水

当挡土墙后填土中有地下水时，应将土压力和水压力分别进行计算，如图 6-10 所示。注意，在地下水下部分用浮重度 γ' 计算。计算如下：

地下水位处 $p_a=\gamma h_1 K_a$

底面处土压力强度 $p_a=(\gamma h_1+\gamma' h_2)K_a$

底面处水压力强度 $p_a=\gamma_w h_2$

土压力计算小结：在应用朗肯土压力理论计算几种常见情况下土压力时，仍可使用式（6-6）或式（6-7），要注意：①将式中 σ_z（γz）换为计算点的自重应力加填土表面均布荷载，即 $q+\sum\gamma_i h_i$；②采用计算点所在土层的抗剪强度指标 φ、c 值进行计算。这样，在层面交界处应分别计算该点以上土层和该点以下土层的土压力。

【例 6-2】 求图 6-11 所示的挡土墙的总侧向压力。填土表面水平，其上作用有均布荷载 $q=10\text{kPa}$，墙后地下水位高出墙底 2m，填土为砂土，重度 $\gamma=18\text{kN/m}^3$，饱和重度 $\gamma_{sat}=20\text{kN/m}^3$，内摩擦角 $\varphi=30°$。

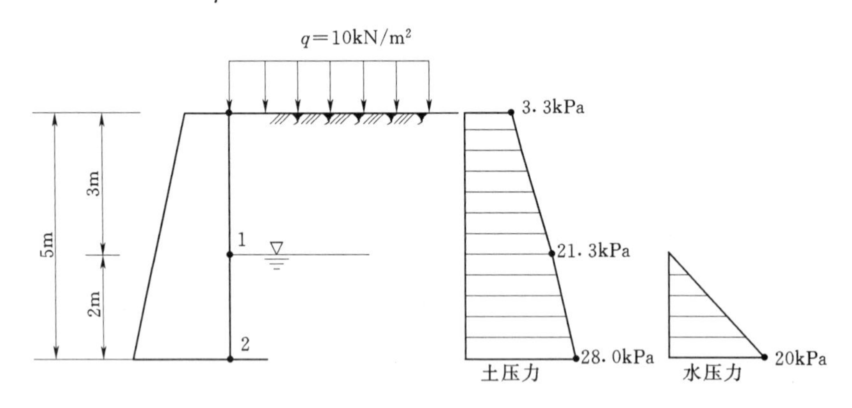

图 6-11 ［例 6-2］土压力分布图

解： 各层面的土压力强度为

$$p_{a0}=qK_a=10\times\tan^2(45°-30°/2)=3.3(\text{kPa})$$

$$p_{a1}=\gamma h_1 K_a+qK_a=18\times3\times\tan^2(45°-30°/2)+3.3=21.3(\text{kPa})$$

$$p_{a2}=(\gamma h_1+\gamma' h_1)K_a+qK_a=21.3+(20-10)\times2\times\tan^2(45°-30°/2)=28.0(\text{kPa})$$

主动土压力 $$E_a=\frac{1}{2}\times(3.3+21.3)\times3+\frac{1}{2}\times(21.3+28.0)\times2$$

$=86.2(\mathrm{kN/m})$

静水压力强度　　$\sigma_w=\gamma_w h_2=10\times2=20(\mathrm{kPa})$

静水压力　　$E_w=\frac{1}{2}\times20\times2=20(\mathrm{kN/m})$

总侧向压力　　$E=E_a+E_w=86.2+20=106.2(\mathrm{kN/m})$

【例 6-3】 朗肯土压力：有一挡土墙，高 6m，墙背直立、光滑，墙后填土面水平，共分两层。各层的物理力学性质指标如图 6-12 所示。试求主动土压力，并绘出主动土压力分布图。

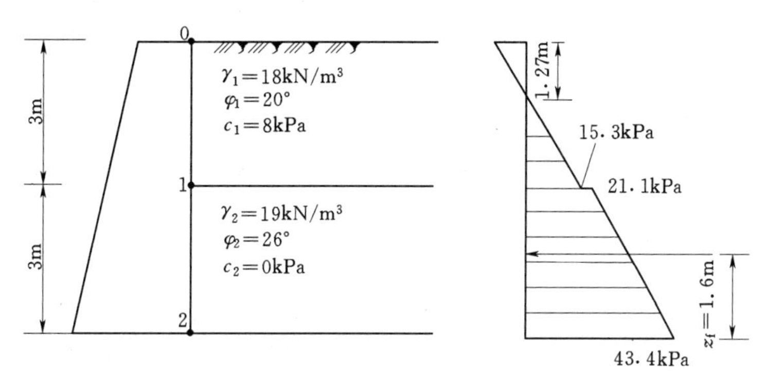

图 6-12　[例 6-3] 土压力分布图

解： 计算第一层土的土压力强度，即

$$p_{a1上}=\gamma h_1 K_{a1}-2c_1\sqrt{K_{a1}}$$

$$=18\times3\times\tan^2(45^\circ-20^\circ/2)-2\times8\times\tan(45^\circ-20^\circ/2)=15.3(\mathrm{kPa})$$

临界深度为

$$z_0=\frac{2c_1}{\gamma_1\sqrt{K_{a1}}}=\frac{2\times8}{18\times\tan(45^\circ-20^\circ/2)}=1.27(\mathrm{m})$$

计算第二层土的土压力强度，即

$$p_{a1下}=\gamma_1 h_1 K_{a2}=18\times3\times\tan^2(45^\circ-26^\circ/2)=21.1(\mathrm{kPa})$$

$$p_{a2}=(\gamma_1 h_1+\gamma_2 h_2)K_{a2}=21.1+19\times3\times\tan^2(45^\circ-26^\circ/2)=43.4(\mathrm{kPa})$$

主动土压力 E_a 为

$$E_a=\frac{1}{2}\times15.3\times(3-1.27)+\frac{1}{2}\times(21.1+43.4)\times3=110.0(\mathrm{kN/m})$$

主动土压力作用点的位置距墙底的距离 z_f 为

$$z_f=\frac{\frac{1}{2}\times15.3\times(3-1.27)\times\left[(3-1.27)\times\frac{1}{3}+3\right]+21.1\times3\times\frac{1}{2}\times3+(43.4-21.1)\times3\times\frac{1}{2}\times\frac{3}{3}}{110.0}$$

$$=1.6(\mathrm{m})$$

主动土压力分布图如图 6-12 所示。

第四节 库仑土压力理论

一、基本原理

朗肯土压力理论是以单元体的极限平衡条件来建立主动和被动土压力计算公式的，库仑土压力理论则是以整个滑动体上力的平衡条件来确定土压力。

如果以墙后填土为干的无黏性土进行挡土墙模型试验，可以发现，当墙突然移去时，填土将沿一个平面滑动。1776 年，库仑（Coulomb）针对填土为干的无黏性土的情况，在假定滑动面为通过墙踵的平面、滑动体为刚性体的前提下，建立了主动土压力和被动土压力的计算公式，后来人们又对此进行推广，发展到黏性土和有水的情况。库仑土压力理论的关键是破坏面的形状和位置如何确定。本节只讨论库仑主动土压力理论。

二、库仑主动土压力

如图 6－13 所示一墙背倾斜的挡土墙，墙背面 AB 与竖直线的夹角为 α，填土表面 BC 是一平面，与水平面夹角为 β，设墙背与填土之间的摩擦角为 δ。如果墙在填土压力作用下离开填土向前移动，当墙后土体达到极限平衡状态时（主动状态），土体产生两个通过墙脚 A 的滑动面 AB 和 AC。若滑动面 AC 与水平面夹角为 θ，取单位长度挡墙，把滑动土体 ABC 作为脱离体，考虑其静力平衡条件，作用在滑动土体 ABC 上的作用力有：

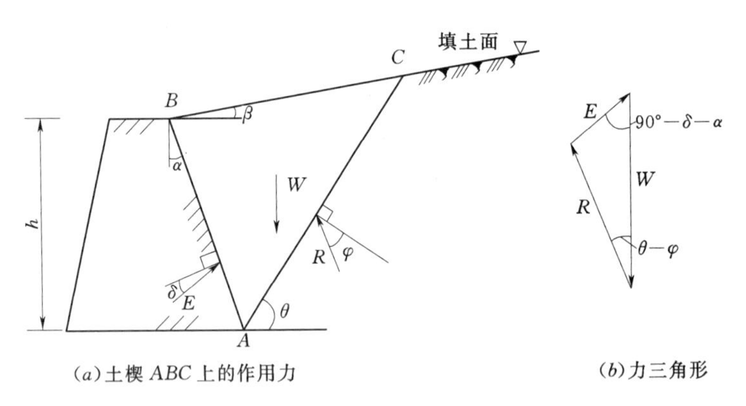

(a)土楔 ABC 上的作用力　　(b)力三角形

图 6－13　库仑主动土压力计算图示

（1）滑动土体 ABC 的重量 W，若 θ 已知，则 W 的大小、方向及作用点位置均已知。

（2）土体作用在破坏面 AC 上的反力 R，R 是 AC 面上摩擦力和法向反力的合力。R 的方向与破坏面法线的夹角等于土的内摩擦角 φ。由于滑动土体 ABC 相对于滑动面 AC 右边的土体是向下移动，故摩擦力的方向向上。R 的作用方向已知，R 的大小未知。

（3）墙背面 AB 对滑动土体的反力 E（大小等于土压力），E 是 AB 面上摩擦力和法向反力的合力，E 的方向与墙背面的法线夹角为 δ，由于滑动土体 ABC 相对于墙背是面下滑动，故墙背在 AB 面产生的摩擦力的方向向上。E 的作用方向已知，大小未知。

根据静力平衡条件，W、R、E 应相交于一点，就可得到作用在墙背上的总库仑主动土压力计算公式，即

$$E_a=\frac{1}{2}\gamma h^2 K_a \tag{6-18}$$

$$K_a=\frac{\cos^2(\varphi-\alpha)}{\cos^2\alpha\cos(\alpha+\delta)\left[1+\sqrt{\dfrac{\sin(\varphi+\delta)\sin(\varphi-\beta)}{\cos(\alpha+\delta)\cos(\alpha+\beta)}}\right]^2} \tag{6-19}$$

式中　γ、φ——墙后填土的重度和内摩擦角；

h——挡土墙的高度，m；

α——墙背与竖直线间夹角，墙背仰斜时为正（图 6-13），反之墙背俯斜时为负值；

β——填土表面与水平面间的倾角，在水平面以上为正（图 6-13），在水平面以下为负；

δ——墙背与填土间的摩擦角，决定于墙背面粗糙程度和土的排水条件，可查表 6-2 确定。

表 6-2　土对挡土墙墙背的摩擦角

挡土墙情况	摩擦角 δ	挡土墙情况	摩擦角 δ
墙背平滑，排水不良	$(0\sim0.33)\ \varphi_k$	墙背很粗糙，排水良好	$(0.50\sim0.67)\ \varphi_k$
墙背粗糙，排水良好	$(0.33\sim0.50)\ \varphi_k$	墙背与填土间不可能滑动	$(0.67\sim1.00)\ \varphi_k$

注：φ_k为墙背填土的内摩擦角标准值。

式（6-19）中的 K_a就称为库仑理论中的主动土压力系数，决定于 α、β、φ、δ，具体数值可参见有关设计手册。

由式（6-18）可以看出，主动土压力 E_a的大小与墙高 H 的平方成正比，因此可以推定主动土压力强度沿墙高按直线规律分布，沿墙高的强度分布为 $\gamma z K_a$，如图 6-14 所示，其方向与墙背法线成 δ 角，与水平面成（$\alpha+\delta$）角，总的主动土压力的大小等于压力分布的面积，其方向与墙背面法线成 δ 角，其作用点在距墙底的 $1/3H$ 处。

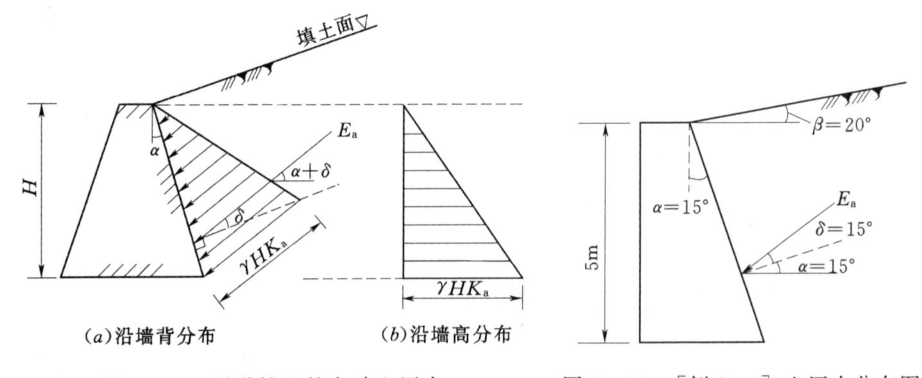

图 6-14　无黏性土的主动土压力　　图 6-15　[例 6-4] 土压力分布图

由于库仑土压力理论是根据滑动土体上力的平衡条件来确定土压力，所以与朗肯土压

力理论相比，其优点是可以考虑填土面为倾斜，墙背为粗糙、倾斜的情况。如果假设填土面水平，墙背竖直、光滑，即 $\alpha=0$，$\beta=0$，$\delta=0$，则由式（6-19）可得 $K_a=\tan^2(45°-\varphi/2)$，与无黏性土朗肯土压力式（6-10）相比，两者完全相同。由此可见，特定条件下，朗肯土压力理论是库仑土压力理论的一个特例。

【例 6-4】 某挡土墙高 5m，墙背倾斜角 $\alpha=15°$（俯斜），填土坡脚 $\beta=20°$，填土为砂土，$\gamma=19kN/m^3$，$\varphi=30°$，填土与墙背的摩擦角 $\delta=15°$，如图 6-15 所示。试用库仑土压力理论求主动土压力及作用点。

解： 求主动土压力系数。

$$K_a=\frac{\cos^2(\varphi-\alpha)}{\cos^2\alpha\cos(\alpha+\delta)\left[1+\sqrt{\frac{\sin(\varphi+\delta)\sin(\varphi-\beta)}{\cos(\alpha+\delta)\cos(\alpha-\beta)}}\right]^2}$$

$$=\frac{\cos^2(30°-15°)}{\cos^2 15°\cos(15°+15°)\left[1+\sqrt{\frac{\sin(30°+15°)\sin(30°-20°)}{\cos(15°+15°)\cos(15°-20°)}}\right]^2}=0.608$$

主动土压力为

$$E_a=\frac{1}{2}\gamma h^2 K_a=\frac{1}{2}\times19\times5^2\times0.608=144.5(kN/m)$$

土压力作用点在距墙底 $h/3=5/3=1.67$m 处。

三、黏性土应用库仑土压力公式

挡土墙墙背倾斜、粗糙，填土表面倾斜的情况下，不符合朗肯土压力理论，应采用库仑土压力理论。若填土为黏性土，工程中常采用等值内摩擦角法。根据抗剪强度相等原理，有：

黏性土的抗剪强度
$$\tau_f=\sigma\tan\varphi+c \tag{6-20}$$

等值抗剪强度
$$\tau_f=\sigma\tan\varphi_D \tag{6-21}$$

式中 φ_D——等值内摩擦角，(°)，将黏性土 c 折算在内。

由式（6-20）和式（6-21）相等可得

$$\sigma\tan\varphi_D=\sigma\tan\varphi+c$$

即
$$\tan\varphi_D=\tan\varphi+\frac{c}{\sigma}$$

所以
$$\varphi_D=\arctan\left(\tan\varphi+\frac{c}{\sigma}\right) \tag{6-22}$$

式（6-22）中的 σ 应为平均法向应力。从式（6-22）可以看出，黏性土的主动土压力应用库仑土压力公式计算，若不计黏聚力，则计算的结果偏于安全。

四、朗肯土压力和库仑土压力的比较

前面分别介绍了朗肯和库仑两种最基本、最常用的土压力理论，这两种理论都是在一定的假定条件下得到的。这些假定与工程实际会有一定的出入，因此在应用这两种理论解决工程问题时，必须对它们存在的问题和误差情况做到心中有数。

朗肯理论基于半空间应力状态和土的应力极限平衡条件来建立，概念明确，公式简单，对黏性土、粉土和无黏性土都可以直接计算，在工程中得到了广泛应用。但朗肯理论采用的假定是墙背竖直、光滑、填土面为水平，而实际墙背不是光滑的，所以采用朗肯理论计算出的土压力值与实际情况相比，有一定的误差，主动土压力偏大，被动土压力偏小，结果偏于保守。

库仑理论基于滑动块体的静力平衡条件来建立，采用的假定是破坏面为平面。库仑理论从假定上看对墙背要求不如朗肯理论严格，似乎适用性要广一些，但当墙背与填土间的摩擦角较大时，在土体中产生的滑动面往往不是一个平面而是一个曲面，此时必然会产生较大的误差。实践证明，如果墙背倾斜角度不大（$\alpha<15°$），墙背与土体之间的摩擦角较小（$\delta<15°$），那么墙后填土达到主动破坏时，产生的破坏面可近似于一个平面，所以采用库仑理论计算主动土压力产生的误差往往是可以接受的，通常在2%～10%以内。当计算被动土压力时，破坏面接近于一个对数螺旋面，计算结果误差很大，有时可达2～3倍，甚至更大。为了简单起见，被动土压力的计算，常采用朗肯理论。

在工程中，为增加挡土墙的稳定性，墙背常见有一定的倾斜度，甚至有时倾角做得比较大，如坦墙，（坦墙指的是墙背较平缓的墙）如图6－16所示，土体不是沿墙背即$\overline{AC}$面滑动，而是沿$\overline{BC}$面滑动，即在填土中出现了第二滑裂面。工程设计中常采用朗肯理论计算，此时假定土压力的作用面是$\overline{DC}$，计算作用在$\overline{DC}$面的土压力E_a'后，再将土压力E_a'与△BDC内土体的重力G'合成为E_a后，作为作用在$\overline{BC}$面上的主动土压力。

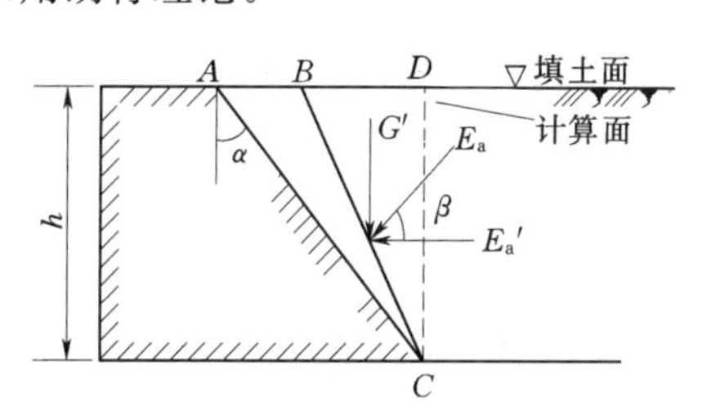

图6－16　坦墙的土压力计算

第五节　重力式挡土墙设计

一、挡土墙的类型

普通挡土墙的结构类型有重力式、悬臂式和扶臂式三种，如图6－17所示。

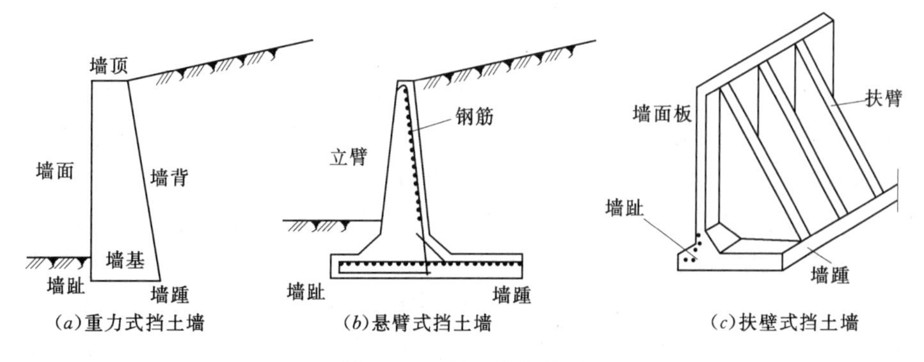

图6－17　挡土墙的类型

重力式挡土墙是靠自身的重力与地基产生足够的摩擦力来维持墙体稳定，因而墙身截面尺寸一般较大，通常由砖、块石或素混凝土砌筑而成。这类挡土墙适用于高度不大、地层稳定的情况，具有结构简单、施工方便、易于就地取材等优点，在工程中得到广泛应用。

悬臂式挡土墙用钢筋混凝土建造，一般由三个悬臂板组成，即立臂、墙址悬臂和墙踵悬臂。其稳定性靠墙踵悬臂上的土重维持。这类挡土墙的优点是能充分发挥墙内钢筋抗拉能力强的特点，墙体截面尺寸较小，在市政工程及厂矿贮库中较常用。

扶臂式挡土墙比悬臂式挡土墙增加了扶臂，大大提高了抗弯能力，墙体稳定主要靠扶臂间土重维持。适用于墙身较高的情况，但成本较高。

另外，一些新型挡土结构如锚定板挡土墙、土钉墙、加筋挡土墙等也得到广泛应用，如图 6－18～图 6－20 所示。锚定板挡土墙、土钉墙常见于基坑临时支护工程，加筋挡土墙常用于堤坝、路基工程。

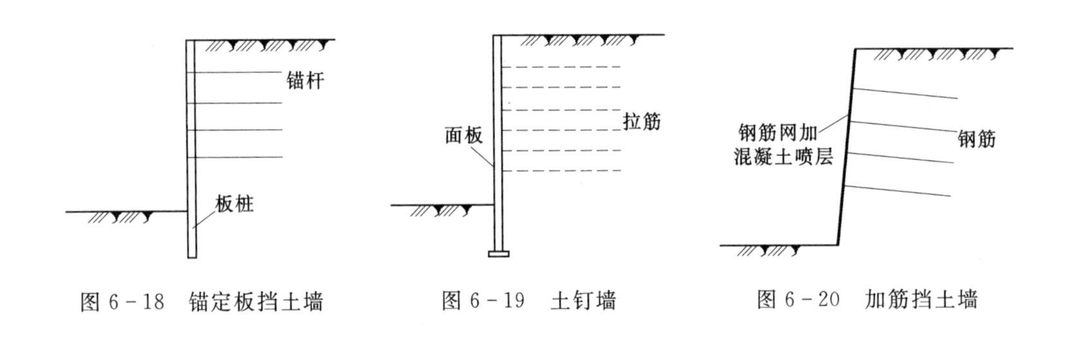

图 6－18 锚定板挡土墙　　图 6－19 土钉墙　　图 6－20 加筋挡土墙

二、重力式挡土墙设计

挡土墙是用来支挡边坡的构筑物。工程中采用的结构类型很多，设计挡土墙时应根据当地地形、地质条件，综合考虑经济和安全等因素，合理选择挡土墙类型。以下简要介绍重力式挡土墙设计要点，其他类型此处从略。

（一）挡土墙设计内容

（1）根据挡土墙所处条件（工程地质条件、施工条件、荷载等）初步拟定墙体断面尺寸。

（2）墙身强度验算。墙身强度验算应执行《混凝土结构设计规范》（GB 50010—2010）和《砌体结构设计规范》（GB 50003—2011）等标准的相应规定，当强度不满足要求时可采取增加截面尺寸或改用高强度材料等措施。

（3）进行稳定性验算。挡土墙的稳定性验算包括挡土墙抗滑移稳定性验算、挡土墙抗倾覆稳定性验算、地基承载力验算、整体稳定性验算（必要时进行该项验算）。下面仅介绍挡土墙抗滑移稳定性和挡土墙抗倾覆稳定性验算，地基承载力验算方法见第九章，整体稳定性验算见第七章。如稳定性验算不能满足要求时可采取修改墙底面尺寸、增加底面与地基的摩擦力等措施。

（二）重力式挡土墙设计步骤

1. 挡土墙初定尺寸和基础埋置深度的确定

（1）挡土墙的高度。重力式挡土墙适用于高度小于6m、地层稳定、开挖土石方时不会危及相邻建筑物安全的地段，通常挡土墙的具体高度由任务要求确定。有时，对长度很大的挡土墙，也可使墙顶低于填土顶面，而用斜坡连接，以节省工程量。

（2）挡土墙的顶宽。块石挡土墙顶宽不宜小于0.4m，混凝土墙不宜小于0.2m。

（3）挡土墙的底宽。重力式挡土墙基础底宽为墙高的1/3～1/2，挡土墙底面为卵石、碎石时取小值；墙底为黏性土时取高值。

（4）挡土墙基础埋置深度。在土质地基中，基础埋置深度不宜小于0.5m；在软质岩地基中，基础埋置深度不宜小于0.2m。

2. 作用在挡土墙上的力

（1）墙身自重。墙身自重 W 竖直向下，作用在墙体的重心。挡土墙材料及尺寸初定后，W 确定。若经过验算后，尺寸修改，则 W 需重新计算。

（2）土压力。一般只考虑墙后填土对墙体产生的主动土压力。墙趾处产生的被动土压力因墙基开挖松动面忽略不计，使结果偏于安全。

（3）基底反力。若墙的排水不良，填土积水需计算水压力，地震区还应计入相应的荷载。

3. 抗滑移稳定性验算

在土压力作用下，挡土墙有可能沿基础底面发生滑动（图6-21）。

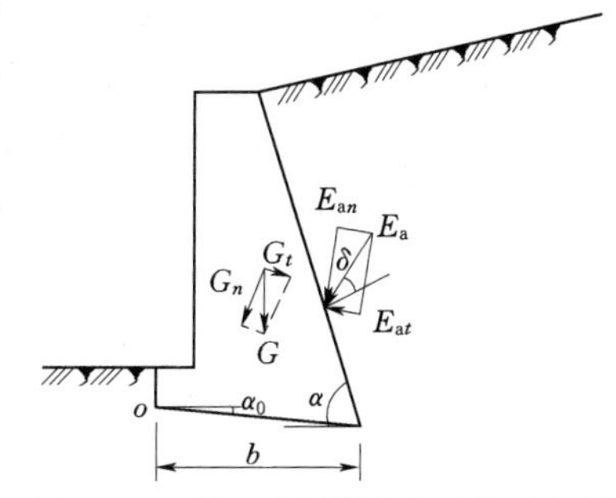

图6-21　挡土墙抗滑稳定验算示意图

验算时将 G 和 E_a 分别分解为垂直和平行于基底的分力，总抗滑力与总滑动力之比称为抗滑安全系数。抗滑安全系数 K_s 应符合式（6-23）要求，即

$$K_s=\frac{\text{抗滑力}}{\text{滑动力}}=\frac{(G_n+E_{an})\mu}{E_{at}-G_t}\geqslant 1.3 \tag{6-23}$$

$$G_n=G\cos\alpha_0$$

$$G_t=G\sin\alpha_0$$

$$E_{at}=E_a\sin(\alpha-\alpha_0-\delta)$$

$$E_{an}=E_a\cos(\alpha-\alpha_0-\delta)$$

式中　K_s——抗滑稳定安全系数；

α_0——挡土墙基底的倾角；

α——挡土墙墙背的倾角；

δ——土对挡土墙墙背的摩擦角，由试验确定，也可查表6-1选用；

μ——基底摩擦系数，按表6-3确定。

若验算结果不满足式（6-23），可修改挡土墙截面尺寸，增加底面与地基的摩擦力。

表 6-3 挡土墙基底对地基的摩擦系数 μ 值

土的类别		摩擦系数
黏性土	可塑	0.25～0.30
	硬塑	0.30～0.35
	坚塑	0.35～0.45
粉土	$S_\gamma \leqslant 0.5$	0.30～0.40
中砂、粗砂、砾砂		0.40～0.50
碎石土		0.40～0.60
软质岩石		0.40～0.60
表面粗糙的硬质岩石		0.65～0.75

注：对于易风化的软质岩石及 $I_P>22$ 的黏性土，μ 值应通过试验确定。

4. 抗倾覆稳定性验算

图 6-22 所示挡土墙，在主动土压力作用下还可能绕墙趾 O 点向外倾覆，抗倾覆力矩与倾覆力矩之比称为抗倾覆安全系数 K_t，应满足式（6-24）要求，即

$$K_t=\frac{\text{抗倾覆力矩}}{\text{倾覆力矩}}=\frac{Gx_0+E_{az}x_f}{E_{ax}z_f}\geqslant 1.6 \quad (6-24)$$

$$E_{ax}=E_a\sin(\alpha-\delta)$$

$$E_{az}=E_a\cos(\alpha-\delta)$$

$$x_f=b-z\cot\alpha$$

$$z_f=z-b\tan\alpha_0$$

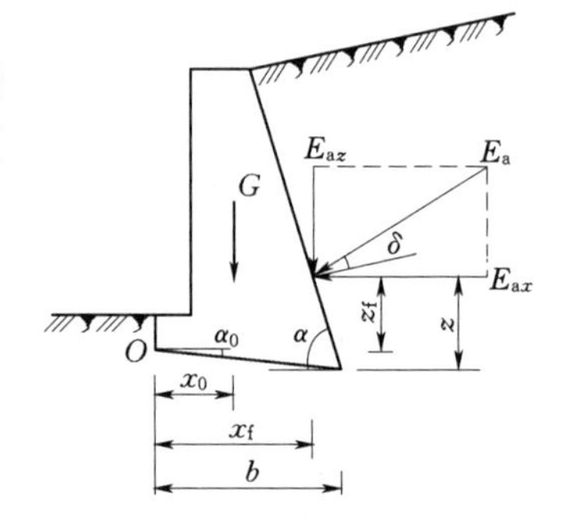

图 6-22 挡土墙抗倾覆稳定验算示意图

式中 K_t——抗倾覆稳定安全系数；

z——土压力作用点离墙踵的距离；

x_0——挡土墙重心离墙趾的水平距离；

b——基底的水平投影宽度。

若验算结果不满足式（6-24）要求，可采取增大墙身自重、伸长墙前趾等措施来解决。

对软弱地基，墙趾可能陷入土中，产生稳定力矩的力臂将减小，抗倾覆安全系数就会降低，因此在进行抗倾覆稳定验算时应注意地基土的压缩性。

三、减小主动土压力的措施

（一）选择合适的回填土

墙后填土宜选择透水性较强的填料，如卵石、砾石、粗砂、中砂等，其内摩擦角 φ 大，抗剪强度较稳定，相应主动土压力系数 $K_a=\tan^2(45-\varphi/2)$ 小，选择这类填料时可显著降低主动土压力，并利于挡土墙排水。当采用黏性土作为填料时，宜掺入适量的块石。不应选用淤泥、耕植土、膨胀性黏土作为填料。在季节性冻土地区，墙后填土应选用非冻胀性填料（如矿渣、碎石、粗砂等）。此外，墙后填土还应分层夯实。

（二）设置减压平台

在墙背做卸荷台，如图 6-23 所示。卸荷台以上的土压力，不能传到卸荷台以下。土压力呈两个小三角形，因而减小了总的土压力。

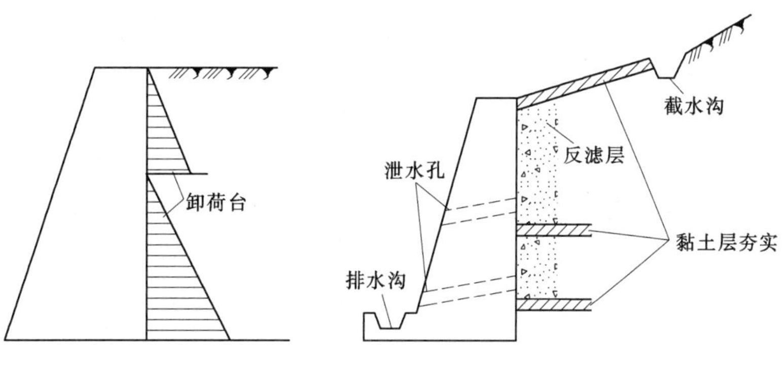

图 6-23　减压平台　　　　图 6-24　挡土墙排水措施

（三）设置墙后排水措施

挡土墙常因雨水下渗而又排水不良，地表水渗入墙后填土，使填土的抗剪强度降低，土压力增大，这对挡土墙稳定不利。若墙后积水，则要产生水压力。积水自墙面渗出，还要产生渗流压力。因此，挡土墙应沿横、纵两向设泄水孔。墙后应设置滤水层和必要的排水暗沟，在墙顶背后的地面宜铺设防水层。当墙后有山坡时，还应在坡上设置截水沟，如图 6-24 所示。对不能向坡外排水的边坡应在墙背填土体中设置足够的排水暗沟。

（四）减小地面堆载

减小地面荷载，可使土压力减小，增加挡土墙的稳定性。因此，工程中对挡土墙上部的土坡进行削坡，做成台阶状利于边坡的稳定；施工中将基坑弃土、施工用材料以及设备等临时荷载远离边坡堆放，以便减小作用于基坑支护结构上的土压力，也利于基坑边坡的稳定。

【例 6-5】 如图 6-25 所示，已知某挡土墙墙高 $H=6.0\text{m}$，墙背倾斜 $\alpha=80°$，填土表面倾斜 $\beta=10°$，墙背摩擦角 $\delta=20°$，墙后填土为中砂，内摩擦角 $\varphi=30°$，重度 $\gamma=18.5\text{kN/m}^3$。中砂地基承载力 $f_a=180\text{kPa}$。设计挡土墙尺寸。

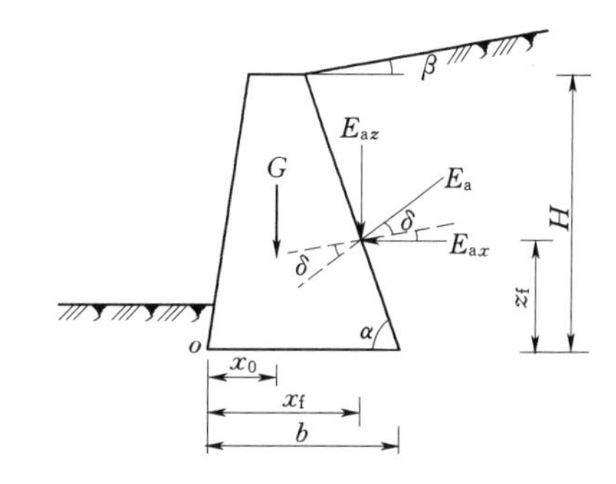

图 6-25　［例 6-5］挡土墙设计计算示意图

解： 1. 初定挡土墙断面尺寸

设计挡土墙顶宽 1.0m，底宽 5.0m。墙自重为

$$G=\frac{(1.0+5.0)\times H\gamma_{混}}{2}=3\times6\times24$$

$$=432(\text{kN/m})$$

2. 土压力计算

根据题意应用库仑土压力理论，计算作用于墙上的主动土压力将 $\varphi=30°$，$\delta=20°$，α

$=10°$，$\beta=10°$代入式（6－19）可得 $K_a=0.46$，则

$$E_a=\frac{1}{2}\gamma H^2 K_a=\frac{1}{2}\times 18.5\times 6^2\times 0.46=153(\text{kN/m})$$

土压力的竖向分力为

$$E_{az}=E_a\cos(\alpha-\delta)=E_a\cos 60°=153\times 0.5=76.5(\text{kN/m})$$

土压力的水平分力为

$$E_{ax}=E_a\sin(\alpha-\delta)=E_a\sin 60°=153\times 0.866=132.5(\text{kN/m})$$

3. 抗滑稳定验算

墙底对地基中砂的摩擦系数 μ，查表 6－2，$\mu=0.4$。应用式（6－23）得抗滑稳定安全系数为

$$K_s=\frac{(G+E_{an})\mu}{E_{at}}=\frac{(432+76.5)\times 0.4}{132.5}$$

$$=\frac{508.5\times 0.4}{132.5}=\frac{203.4}{132.5}=1.54>1.3(\text{安全})$$

因安全系数偏大，为节省工程另修改挡土墙尺寸，将墙底宽 5.0 改为 4.0m，则挡土墙自重为

$$G'=\frac{(1.0+4.0)\times H\gamma_{\text{混}}}{2}=\frac{1}{2}\times 5\times 6\times 24=360(\text{kN/m})$$

修改尺寸后抗滑稳定安全系数为

$$K_s=\frac{(G'+E_{an})\mu}{E_{at}}=\frac{(360+76.5)\times 0.4}{132.5}=1.32>1.30(\text{正好})$$

4. 抗倾覆验算

求出作用在挡土墙上诸力对墙趾 O 点的力臂。

自重 G'的力臂 $x_0=2.17\text{m}$

E_{az}的力臂 $x_f=3.65\text{m}$

E_{ax}的力臂 $z_f=2.00\text{m}$

应用式（6－24）可得抗倾覆稳定安全系数为

$$K_t=\frac{G'x_0+E_{az}x_f}{E_{ax}z_f}=\frac{360\times 2.17+76.5\times 3.65}{132.5\times 2.00}$$

$$=\frac{781.2+279.2}{265.0}=\frac{1060.4}{265.0}=4.0>1.6(\text{安全})$$

由上可知，通常抗滑稳定满足要求时，抗倾覆稳定也满足要求。

5. 验算挡土墙地基承载力

该挡土墙初定尺寸顶宽 $l=1.0\text{m}$，底宽 $L=4.0\text{m}$。

(1)作用在基础底面上总的竖向力为

$$F_v=G'+E_{az}=360+76.5=436.5(\text{kN/m})$$

(2) 合力作用点与墙前趾 O 点距离为

$$x=\frac{G'x_0+E_{az}x_f-E_{ax}z_f}{F}$$

$$=\frac{360\times2.17+76.5\times3.65-132.5\times2.00}{436.5}$$

$$=\frac{781.2+279.2-265}{436.5}$$

$$=1.82\ (\mathrm{m})$$

（3）偏心距为

$$e=\frac{L}{2}-x=\frac{4.0}{2}-1.82=0.18<\frac{L}{6}$$

（4）基底最大基底压力为

$$p_{max}=\frac{F}{L}(1+\frac{6e}{L})=\frac{436.5}{4}\times(1+\frac{6\times0.18}{4})=138.6(\mathrm{kPa})$$

因 $p_{max}=138.6\mathrm{kPa}<1.2f_a=1.2\times180\mathrm{kPa}=216\mathrm{kPa}$，最大基底压力满足承载力要求。

思考题

6－1　试述主动、静止、被动土压力产生的条件，在同一挡土墙条件下，比较三者的大小。

6－2　对比朗肯土压力理论和库仑土压力理论的基本假定和适用条件。

6－3　挡土墙为什么要设置排水措施？

习题

6－1　已知某挡土墙高度 $H=4.0\mathrm{m}$，墙背竖直、光滑。墙后填土表面水平。填土为干砂，重度 $\gamma=18.0\mathrm{kN/m^3}$，内摩擦角 $\varphi=36°$。试计算静止土压力、主动土压力、被动土压力。（答案：59.04kN/m、37.4kN/m、554.7kN/m）

6－2　挡土墙高 5m，墙背竖直光滑，墙后填土为砂土，表面水平，$\varphi=30°$，地下水位距填土表面 2m，水上填土重度 $\gamma=18.0\mathrm{kN/m^3}$，水下土的重度 $\gamma_{sat}=21\mathrm{kN/m^3}$，试绘出主动土压力强度和静水压力分布图，并求出总侧压力的大小。（答案：109.5kN/m）

6－3　挡土墙高 6m，墙背竖直光滑，填土面水平，分布有均匀荷载 $q=10\mathrm{kPa}$。填土分两层，第一层填土厚 2m，$\gamma_1=18.5\mathrm{kN/m^3}$，$c_1=8\mathrm{kPa}$，$\varphi_1=18°$；第二层厚 4m，$\gamma_2=19\mathrm{kN/m^3}$，$c_2=0$，$\varphi_2=30°$。试绘出主动土压力分布图，并求出主动土压力大小。（答案：122kN/m）

6－4　已知某挡土墙高 $H=5.0\mathrm{m}$，墙的顶宽 $b=1.5\mathrm{m}$，墙底宽度 $B=2.5\mathrm{m}$。墙背摩擦角 $\delta=20°$。墙背直立，$\alpha=0°$，填土表面倾斜 $\beta=12°$，墙后填土为中砂，重度 $\gamma=17.0\mathrm{kN/m^3}$，内摩擦角 $\varphi=30°$。求作用在此挡土墙上的主动土压力 E_a 和 E_a 的水平分力与竖直分力。（答案：75.7kN/m、70.9kN/m、25.9kN/m）

6－5　已知上题挡土墙地基为砂土，墙底摩擦系数 $\mu=0.4$，墙体材料重度 $\overline{\gamma}=22.0\mathrm{kN/m^3}$。验算此挡土墙的抗滑及抗倾覆稳定安全系数是否满足要求。（答案：$K_s=1.1<1.3$，不满足要求；$K_t=2.0>1.5$，满足要求）

第七章 土坡稳定分析

土坡分为天然土坡和人工土坡。由于地质作用而自然形成的土坡，称为天然土坡，例如山坡、海滨、河岸、湖边等。人们在修建各种工程时，在天然土体中开挖或填筑而成的土坡，称为人工土坡，例如基坑开挖、路基、堤坝等。

土坡在土体自重及其他外力作用下，整个土体都有从高处向低处滑动的趋势。一部分土体在土体自重及外荷作用下，沿某个面发生剪切破坏并向坡下滑动的现象称为滑坡。分析土坡稳定时，一般沿长度方向取单位长度按平面问题来计算。在工程实践中，分析土坡稳定性的目的，在于验算土坡的断面是否稳定合理，或根据土坡预定高度、土的性质等已知条件，设计出合理的土坡断面。

本章主要介绍简单土坡的稳定分析，所谓简单土坡系指土坡的坡顶和底面都是水平面，并伸至无穷远，土坡由均质土组成。土坡及滑坡体的简单外形和各部位名称如图 7-1 所示。

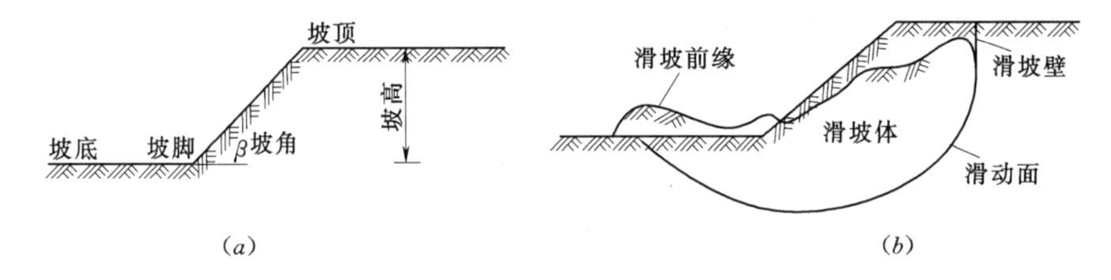

图 7-1 简单土坡及滑坡体各部位名称

第一节 无黏性土坡的稳定分析

一、重力作用时的无黏性土土坡

对于均质的无黏性土土坡，在干燥或完全浸水条件下，土粒间无黏结力，因此，只要位于坡面上的土单元体能够保持稳定，则整个坡面就是稳定的。图 7-2 所示一坡角为 β 的无黏性土土坡，斜坡上的土颗粒，其自重为 W，砂土的内摩擦角为 φ。W 垂直于坡面和平行于坡面的分力分别为 N 和 T，则

$$T=W\ \sin\beta$$

$$N=W\ \cos\beta$$

分力 T 将使土颗粒向下滑动，为滑动力。阻止土颗粒下滑的抗滑力则是由垂直于坡面上的分力 N 引起的最大静摩擦力 T'，即

$$T'=N\tan\varphi=W\cos\beta\ \tan\varphi$$

抗滑力与滑动力的比值称为稳定安全系数 K，即

$$K=\frac{T'}{T}=\frac{W\cos\beta\ \tan\varphi}{W\sin\beta}=\frac{\tan\varphi}{\tan\beta} \tag{7-1}$$

由式（7－1）可知，无黏性土土坡稳定的极限坡角 β 等于其内摩擦角，即：当 $\beta=\varphi$ 时，$K=1$，土坡处于极限平衡状态。故砂土的内摩擦角也称为自然休止角。由上述的平衡关系还可看出：无黏性土坡的稳定性与坡高无关，仅取决于坡角 β，只要 $\beta<\varphi$，即 $K>1$，土坡就是稳定的。为了保证土坡有足够的安全储备，可取 $K=1.3\sim1.5$。

上述分析只适用于无黏性土坡的最简单情况。即只有重力作用，且土的内摩擦角是常数。工程实际中只有均质土坡才完全符合这些条件。

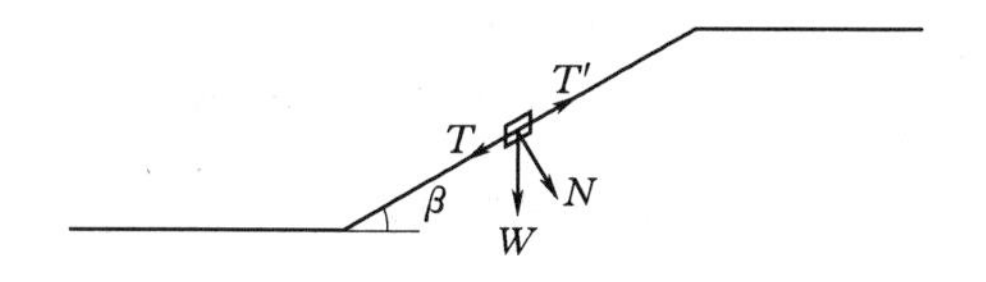

图 7－2　重力作用的无黏性土土坡

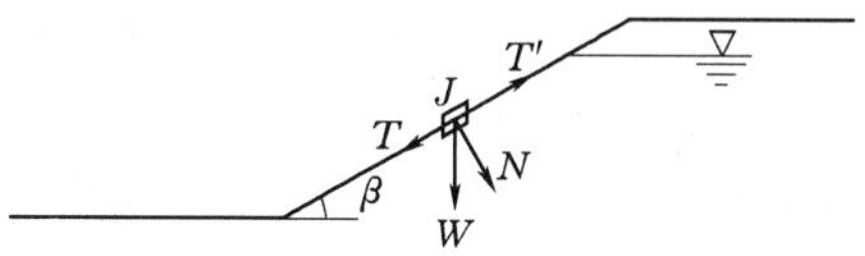

图 7－3　重力和渗流作用的无黏性土土坡

二、有渗流作用时的无黏性土土坡

当土坡中有渗流通过时（图 7－3），在坡面上渗流逸出处取一单元体，单元体除了本身重量外，还受到渗流力 J 的作用。若渗流为顺坡出流，则渗流方向与坡面平行，此时使土体下滑的剪切力为

$$T+J=W\sin\beta+J$$

而单元体所能发挥的最大抗剪力仍为 T_f，安全系数就为

$$F_s=\frac{T_f}{T+J}=\frac{W\cos\beta\tan\varphi}{W\sin\beta+J}$$

对单位土体来说，当直接用渗透力来考虑渗流影响时，土体自重 $W=\gamma'$，渗透力 $J=\gamma_w i$，因为是顺坡出流，根据水力学原理，水力坡降 $i=\sin\beta$，于是上式写成

$$F_s=\frac{\gamma'\cos\beta\ \tan\varphi}{\gamma'\sin\beta+\gamma_w\sin\beta}=\frac{\gamma'\tan\varphi}{\gamma_{sat}\tan\beta} \tag{7-2}$$

式（7－2）与没有渗流作用的公式相比，相差 γ'/γ_{sat} 倍，此值接近 1/2。因此，当坡面有顺坡渗流作用时，无黏性土土坡的稳定安全系数将近乎降低一半。

【例 7－1】　一均质无黏性土土坡，其饱和重度 $\gamma_{sat}=20.0\text{kN/m}^3$，内摩擦角 $\varphi=30°$，若要求该土坡的稳定安全系数为 1.20，试问在干坡或完全浸水情况下以及坡面有顺坡渗流时其坡角应为多少度？

解：在干坡或完全浸水情况时

$$\tan\beta=\frac{\tan\varphi}{F_s}=\frac{0.577}{1.20}=0.481$$

则

$$\beta=25.7°$$

有顺坡渗流时

$$\tan\beta=\frac{\gamma'\tan\varphi}{\gamma_{sat}F_s}=\frac{10\times0.577}{20\times1.2}=0.241$$

因此

$$\beta=13.5°$$

可见，有渗流作用的土坡稳定比无渗流作用的土坡稳定，坡角要小得多。

第二节 黏性土土坡的稳定分析

黏性土由于颗粒之间存在黏聚力，发生滑坡时是整块土体向下滑动，坡面上任一单元体的稳定条件不能代替整个土坡的稳定条件。土坡失稳前一般在坡顶产生拉张裂缝，继而沿着某一曲面产生整体滑动，同时伴随着变形。为了简化，在稳定分析中通常假定滑动面为圆弧面，如图 7－4 所示。黏性土土坡稳定分析由许多种方法，下面介绍目前工程上最常用的方法。

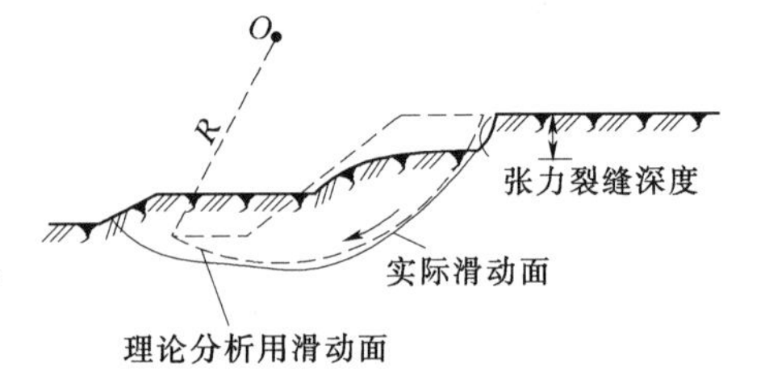

图 7－4 黏性土土坡的滑动面

一、瑞典圆弧法

对于均质黏性土土坡，假定滑动面为圆柱面，截面为圆弧，将滑动面以上土体看作刚体，并以它为脱离体，分析在极限平衡条件下其上各种作用力。如图 7－5（a）所示，AC 为假定的滑动面，圆心为 O，半径为 R。其安全系数 F_s 定义为滑动面上的最大抗滑力矩与滑动力矩之比。则

$$F_s=\frac{M_R}{M_S}=\frac{\tau_f \widehat{L} R}{\tau \widehat{L} R}=\frac{\tau_f \widehat{L} R}{Wd} \tag{7-3}$$

式中 M_R——滑动面上的最大抗滑力矩；

M_S——滑动力矩；

$\widehat{L}$——滑弧长度；

d——土体重心离滑弧圆心的水平距离。

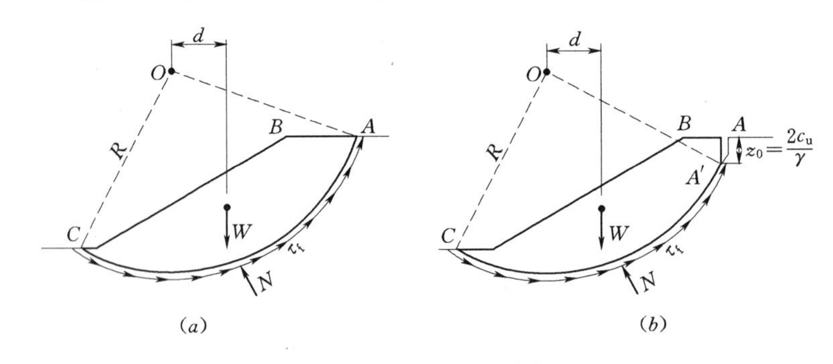

图 7－5 瑞典圆弧法计算图

对于饱和黏土来说，在不排水剪条件下，φ_u 等于零，τ_f 就等于 c_u。式（7－3）可写成

$$F_s=\frac{c_u \widehat{L} R}{Wd} \tag{7-4}$$

这时，滑动面上的抗剪强度为常数，利用式（7－4）可直接进行安全系数计算。这种稳定分析方法通常称为 φ_u 等于零分析法。

黏性土土坡在发生滑坡前，坡顶常出现竖向裂缝，如图 7-5（b）所示，其深度可近似采用第六章土压力临界深度计算方法，即 $z_0=2c/\gamma\sqrt{K_a}$。当 $\varphi_u=0$ 时，$K_a=1$，故 $z_0=2c/\gamma$。裂缝的出现将使滑弧长度由 AC 减小到 $A'C$，如果裂缝中积水，还要考虑静水压力对土坡稳定的不利影响。

上述方法首先由瑞典彼得森（Petterson）1915 年首先提出，故称瑞典圆弧法。此法目前在工程中仍广泛应用。

以上求出的 F_s 是任意假定某个滑动面的抗滑安全系数，而要求的是与最危险滑动面相对应的最小安全系数。为此，通常需要假定一系列滑动面，进行多次试算，计算工作量很大。

瑞典工程师费伦纽斯（Fellenius）通过大量计算确定出最危险滑动面圆心的经验计算方法：对于均质黏性土土坡，其最危险滑动面通过坡脚。当 $\varphi=0$ 时，其圆心位置可由图 7-6（a）中 AO 与 BO 两线的交点确定，图中 β_1 及 β_2 的值可根据坡脚 β 由表 7-1 查出。当 $\varphi>0$ 时，其圆心位置可能在图 7-6（b）中 EO 的延长线上。自 O 点向外取圆心 O_1、O_2、…，分别作滑弧，并求出相应的抗滑安全系数 F_{s1}、F_{s2}、…，然后找出最小值 F_{smin}，即为最危险滑动面圆心 O_m 和土坡稳定安全系数。

表 7-1　不同坡脚的 β_1、β_2 数值表

坡　比	坡脚 β/(°)	β_1/(°)	β_2/(°)	坡　比	坡脚 β/(°)	β_1/(°)	β_2/(°)
1 : 0.58	60	29	40	1 : 2	26.57	25	35
1 : 1	45	28	37	1 : 3	18.43	25	35
1 : 1.5	33.79	26	35	1 : 5	11.32	25	37

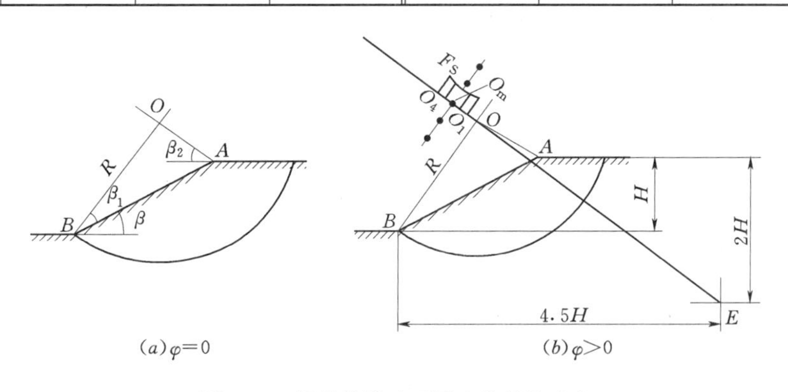

图 7-6　最危险滑动面圆心位置的确定

对于非均质土坡，或坡面形状及荷载情况都比较复杂，尚需自 O_m 作 OE 线的垂直线，在其上再取若干点作为圆心进行计算比较，找出最危险滑动面圆心和土坡稳定安全系数。

二、条分法

对于外形比较复杂，$\varphi>0$ 的黏性土土坡，特别是土由多层土组成时，要确定滑动土体的重量及其重心位置比较复杂，且滑弧上土的抗剪强度为非等值分布。故在土坡稳定分析中，常将滑动土体分为若干垂直土条，求各土条对滑弧圆心的抗滑力矩和滑动力矩，然后求该土坡的稳定安全系数，这就是常用的条分法。条分法的具体计算步骤如下：

(1) 按比例绘出土坡剖面［图 7-7 (*a*)］。

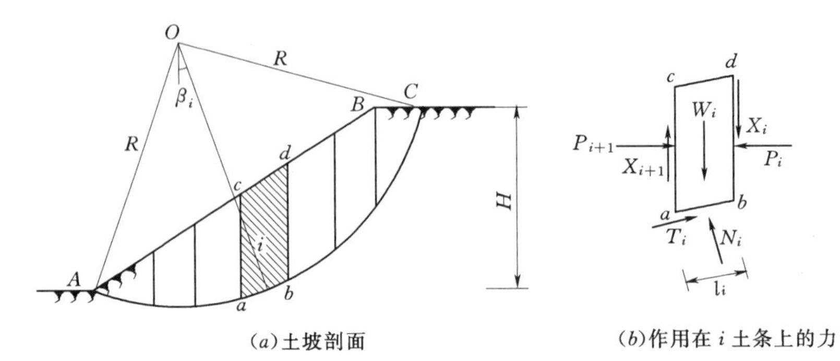

(*a*)土坡剖面　(*b*)作用在 *i* 土条上的力

图 7-7　土坡稳定分析的条分法

(2) 任选一圆心 O，选择圆心方法见上述费伦纽斯（Fellenius）法。以$\overline{OA}$为半径作圆弧，AC 为滑动面，将滑动面以上土体分成几个等宽（不等宽亦可）土条。

(3) 计算每个土条的力（以第 *i* 土条为例进行分析）。

第 *i* 条上作用力有（纵向取 1m）：

土条自重（包括土条顶面的荷载）W_i。

作用于滑动面 ab（简化为平面）上的法向反力 N_i 和剪切力 T_i。

作用于土条侧面 ac 和 bd 上的法向力 P_i、P_{i+1}和剪力 X_i、X_{i+1}。

这一力系是非静定力系。为简化计算，设 P_i、X_i 的合力与 P_{i+1}、X_{i+1}的合力相平衡，稳定分析时，不考虑其影响（产生误差 10%～15%）。这样简化后的结果偏于安全。根据土条静力平衡条件可列出

$$N_i = W_i \cos\beta_i$$

$$T_i = W_i \sin\beta_i$$

滑动面 ab 上应力分别为

$$\sigma_i = \frac{N_i}{l_i} = \frac{1}{l_i} W_i \cos\beta_i$$

$$\tau_i = \frac{T_i}{l_i} = \frac{1}{l_i} W_i \sin\beta_i$$

式中　l_i——ab 的长度。

此外构成抗滑力的还有黏聚力 c_i。

(4) 滑动面 AB 上的总滑动力矩（对滑动圆心）为

$$TR = R\sum T_i = R\sum W_i \sin\beta_i \tag{7-5}$$

(5) 滑动面 AB 上的总抗滑力矩（对滑动圆心）为

$$\begin{aligned} T'R &= R\sum \tau_{fi} l_i = R\sum(\sigma_i \tan\varphi_i + c_i) l_i \\ &= R\sum(W_i \cos\beta_i \tan\varphi_i + c_i l_i) \end{aligned} \tag{7-6}$$

(6) 确定安全系数 K。总抗滑力矩与总滑动力矩的比值称为稳定安全系数 K，即

$$K=\frac{T'R}{TR}=\frac{\sum(W_i\cos\beta_i\tan\varphi_i+c_il_i)}{\sum W_i\sin\beta_i} \tag{7-7}$$

当土坡由不同土层组成时，分层计算土条重量（地下水位以下用有效重度），然后叠加；土的黏聚力 c 和内摩擦角 φ 应按滑弧所通过的土层采取不同的指标。

同样，条分法也是一种试算法。还应选取不同圆心位置和不同半径进行计算，直至求得最小的安全系数，其方法与上述费伦纽斯法相同。由于这种计算的工作量大，目前一般由计算机来完成。即根据具体的边坡和土质，假设滑弧圆心和滑弧半径在坡体与地基内搜索最危险滑弧，同时确定最小安全系数。

三、有渗流作用的黏性土土坡稳定分析

当土坡坡体内发生渗流时，渗透水流给土体一个作用力，即渗透力 $j=\gamma_w i$，且渗透力的作用方向与渗流的流向相同，如图 7-8 (a) 所示。因此，渗流对土坡的稳定起着不利的影响，必须予以足够的重视。

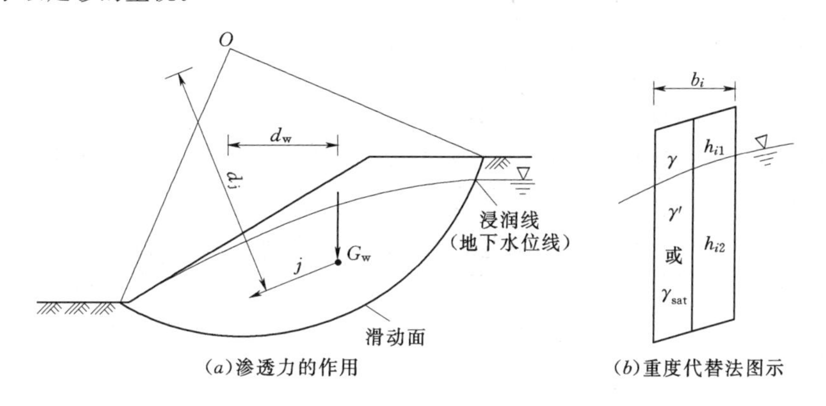

图 7-8 渗流对土坡稳定的影响

考虑渗流对土坡稳定不利的影响时，一般应从两方面着手：一是浸润线（或地下水位线）以下的土重一律采用浮重度 γ' 计算；二是在滑动力矩（即分母）中增加一项由于渗透力 j 对滑动圆心 O 产生的滑动力矩 $M_j=jd_j$。所以，在有渗流情况下土坡的安全系数应为

$$K=\frac{M_R}{M_S+M_j} \tag{7-8}$$

同时，可以证明，渗透力所产生的滑动力矩 M_j 等于滑动面以上、浸润线（或地下水位线）以下所包围的水体的重量 G_w 对 O 点的力矩，即 $M_j=G_wd_w$。于是，有渗流作用时土坡的安全系数最有可用下列近似公式来表示，即

$$K=\frac{\sum c_il_i+\sum(\gamma_ih_{i1}+\gamma_i'h_{i2})b_i\cos\beta_i\tan\varphi_i}{\sum(\gamma_ih_{i1}+\gamma_{sati}h_{i2})b_i\sin\beta_i} \tag{7-9}$$

式 (7-9) 即位考虑渗流作用时的“重度代替法”公式。此法说明：当有渗流作用时，在计算抗滑力矩（即分子）时，浸润线（或地下水位线）以上采用湿重度 γ，浸润线以下一律采用浮重度 γ'，而在计算滑动力矩（即分母）时，则浸润线以上采用湿重度 γ，浸润线以

下一律采用饱和重度 γ_{sat}，如图 7－8（b）所示。

【例 7－2】 某土坡如图 7－9 所示。已知土坡高度 $H=6$m，坡角 $\beta=55°$，土的重度 $\gamma=18.6$kN/m³，内摩擦角 $\varphi=12°$，黏聚力 $c=16.7$kPa。试用条分法验算土坡的稳定安全系数。

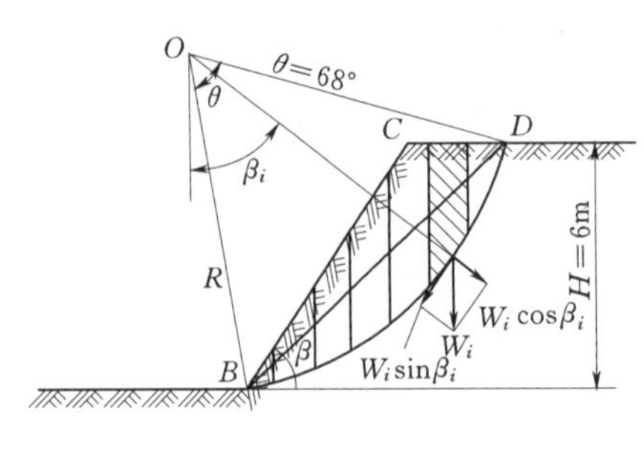

图 7－9 ［例 7－2］附图

解：（1）按比例绘出土坡，选择滑弧圆心，作出相应的滑动圆弧。如图 7－9 所示，在可能滑动范围内选取圆心 O_i，取半径 $R=8.35$m 得如图圆弧；计算相应滑弧长度为

$$\widehat{L}=\frac{\pi}{180}\theta R=\frac{\pi}{180}\times 68\times 8.35=9.91(\text{m})$$

（2）将滑动土体分成若干土条（本例题将该滑弧分成 7 个土条）并对土条编号。

（3）量出各土条中心高度 h_i、宽度 b_i，并列表计算 $\sin\beta_i$、$\cos\beta_i$ 以及土条重 W_i 等值，见表 7－2；计算该圆心和半径下的安全系数为

$$K=\frac{\tan\varphi\sum W_i\cos\beta_i+c\widehat{L}}{\sum W_i\sin\beta_i}=\frac{258.63\times\tan 12°+16.7\times 9.91}{186.60}=1.18$$

（4）对圆心 O 选不同半径，得到 O 对应的最小安全系数。

（5）在可能滑动范围内，选取其他圆心 O_1、O_2、O_3、…，重复上列计算，从而求出最小的安全系数，即为该土坡的稳定安全系数。

表 7－2 土条稳定计算结果（圆心编号：O；滑弧半径：8.35m）

土条编号	土条中心高 h_i/m	土条宽度 b_i/m	土条重 W_i/(kN·m⁻¹)	β_i /(°)	$W_i\sin\beta_i$ /(kN·m⁻¹)	$W_i\cos\beta_i$ /(kN·m⁻¹)
1	0.60	1	11.16	9.5	1.84	11.00
2	1.80	1	33.48	16.5	9.51	32.10
3	2.85	1	53.01	23.8	21.39	48.50
4	3.75	1	69.75	31.6	36.55	59.41
5	4.10	1	76.26	40.1	49.12	58.33
6	3.05	1	56.73	49.8	43.33	36.62
7	1.50	1.15	27.90	63.0	24.86	12.67
合计					186.60	258.63

四、泰勒图表法

上述的试算方法，工作量较大，下面介绍简化的图表法。土坡的稳定性与土体的抗剪强度指标 c 和 φ、土的重度 γ、土坡的尺寸坡角 β 和坡高 H 等 5 个参数有密切关系。这 5 个参数考虑到了均质黏性土土坡的所有物理力学特性，泰勒（Taylor，D. W，1937）用图表表达了其中的关系。为了简化，将 3 个参数 c、γ 和 H 合并为一个新的无量纲参数 N_s，称为稳定数。N_s 的定义为

$$N_s=\frac{\gamma H_{cr}}{c} \tag{7-10}$$

式中　H_{cr}——土坡的临界高度或极限高度。

按不同的 φ 绘出 β 与 N_s 的关系曲线，如图 7-10 所示。

对于 $\varphi=0$ 且 $\beta<53°$的饱和软黏土土坡，其稳定性与下卧硬层距土坡坡顶的距离 H_d 有关，计算时查图中的虚线，图中深度系数 $\eta_d=H_d/H$，H 为土坡高度。

采用泰勒图表法可以解决简单土坡稳定分析中的下述问题：

(1) 已知坡角 β 及土的性质指标 c、φ、γ，求稳定的坡高 H。

(2) 已知坡高 H 及土的性质指标 c、φ、γ，求稳定的坡角 β。

(3) 已知坡角 β、坡高 H 及土的性质指标 c、φ、γ，求稳定安全系数 K。

土坡稳定安全系数 K 的表达形式为

$$K=\frac{H_{cr}}{H} \tag{7-11}$$

泰勒图表法一般多用于计算均质的、坡高在 10m 以内的土坡，也可用于较复杂情况的初步估算。

【例 7-3】 一简单土坡的 $\varphi=15°$，$c=12.0$kPa，$\gamma=17.8$kN/m^3，若坡高为 5m，试确定安全系数为 1.2 时的稳定坡角。若坡角为 60°，试确定安全系数为 1.5 时的最大坡高。

解：(1) 在稳定坡角时的临界高度为

$$H_{cr}=KH=1.2\times5=6(\text{m})$$

稳定数为

$$N_s=\frac{\gamma H_{cr}}{c}=\frac{17.8\times6}{12.0}=8.9$$

由 $\varphi=15°$，$N_s=8.9$ 查图 7-10 得稳定坡角 $\beta=57°$。

(2) 由 $\beta=60°$，$\varphi=15°$查图 7-10 得泰勒稳定数 N_s 为 8.6，则

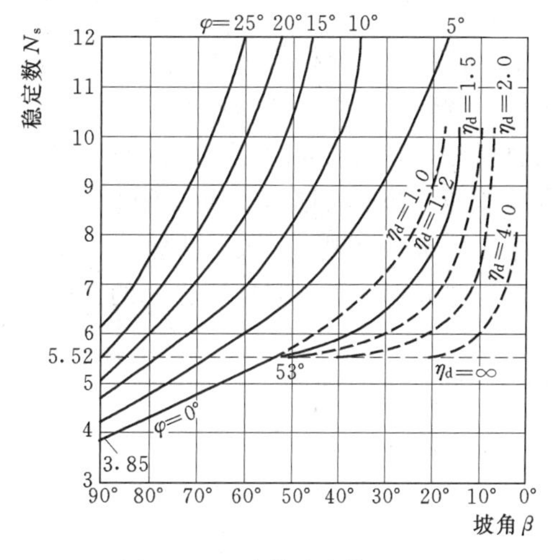

图 7-10　泰勒稳定数 N_s 图

$$N_s=\frac{\gamma H_{cr}}{c}=\frac{17.8\times H_{cr}}{12.0}=8.6$$

从上式求得坡高 $H_{cr}=5.80$m，相应与稳定安全系数为 1.5 时的最大坡高 H_{max} 为

$$H_{max}=\frac{5.80}{1.5}=3.87(\text{m})$$

*第三节　土坡稳定性分析中的一些问题

一、关于圆弧滑动条分法的讨论

对于复杂条件下的黏性土土坡进行稳定分析，简单而又实用的方法就是圆弧滑动条分法，圆弧滑动条分法在各国工程实践中积累了比较丰富的经验。该方法是在 1916 年由瑞

典人彼得森（Petterson）提出，以后经过费伦纽斯（Fellenius）、泰勒（Taylor）等人的不断改进。他们假定土坡稳定问题是个平面问题，滑裂面是个圆柱面，计算中不考虑土条之间的作用力，土坡稳定的安全系数是用滑裂面上全部抗滑力矩与滑动力矩之比来定义的。本章第二节介绍的条分法就是费伦纽斯条分法。

20 世纪 40 年代以后，随着土力学学科的不断发展，不少学者致力于圆弧滑动条分法的改进，其一是着重探索最危险滑弧位置的规律，制作数表、曲线，以减少计算工作量；其二是对基本假定作些补充和修改，提出新的计算方法，使之更加符合实际情况。其中毕肖普（Bishop）考虑了分条间的水平推力，目前在工程中应用较广泛，读者可参阅有关书籍。

由均质黏土组成的边坡，其真正最危险滑动面形状接近于圆弧，同时在最危险滑动面附近的滑弧，其安全系数变化很小，因而可以采用圆弧滑动条分法计算。但对于某些特殊条件下的非均质土，例边坡中存在明显的软弱夹层、或裂隙比较发育的岩土体，其滑动面将与圆柱面相差甚远，圆弧滑动条分法不再适用。要考虑非圆弧法进行计算。

二、土的抗剪强度指标值的选用

土的抗剪强度指标值选用是否合理，对土坡稳定性分析结果有密切关系。采用的指标值过高，就会有发生滑坡的可能。对任一种给定的土来说，强度指标变化幅度之大远超过不同静力计算方法之间的差别。因此，应尽可能结合边坡的实际加荷情况，填料的性质和排水条件等，合理的选用土的抗剪强度指标。若能准确知道土中孔隙水压力分布，则采用有效应力法比较合理。重要的工程应采用有效强度指标进行核算。对于控制土坡稳定的各个时期，应分别采用不同试验方法的强度指标，其指标选用见表 7－3。

表 7－3　土坡稳定计算时抗剪强度指标的选用

<table>
<tr><th>控制稳定的时期</th><th>强度计算方法</th><th colspan="2">土　类</th><th>采用仪器</th><th>试验方法</th><th>采用的强度指标</th></tr>
<tr><td rowspan="5">施工期</td><td rowspan="3">有效应力法</td><td colspan="2">无黏性土</td><td>剪轴</td><td>慢剪
排水剪</td><td rowspan="3">c'、φ'</td></tr>
<tr><td rowspan="2">黏性土</td><td>饱和度小于80％</td><td>剪轴</td><td>慢剪
不排水剪测孔隙压力</td></tr>
<tr><td>饱和度大于80％</td><td>剪轴</td><td>慢剪
固结不排水剪测孔隙压力</td></tr>
<tr><td rowspan="2">总应力法</td><td rowspan="2">黏性土</td><td>渗透系数小于10^{-7}cm/s</td><td>剪</td><td>快剪</td><td rowspan="2">c_u、φ_u</td></tr>
<tr><td>任何渗透系数</td><td>轴</td><td>不排水剪</td></tr>
<tr><td rowspan="2">稳定渗流期和水库水位降落期</td><td rowspan="2">有效应力法</td><td colspan="2">无黏性土</td><td>剪轴</td><td>慢剪
排水剪</td><td rowspan="2">c'、φ'</td></tr>
<tr><td colspan="2">黏性土</td><td>剪轴</td><td>慢剪
固结不排水剪测孔隙压力</td></tr>
<tr><td>水库水位降落期</td><td>总应力法</td><td colspan="2">黏性土</td><td>轴</td><td>固结不排水剪测孔隙压力</td><td>c_{cu}、φ_{cu}</td></tr>
</table>

三、安全系数的选用

从理论上讲，处于极限平衡状态时土坡的安全系数等于1，但在实际工程中，有些土坡的安全系数大于1，还是发生了滑坡，而有些土坡的安全系数小于1，却是稳定的。产生这些情况的主要原因，是影响安全系数的因素很多，如抗剪强度指标的选用，计算方法和计算条件的选择等。一般来说，工程等级越高，所需要的安全系数越大。目前，对于土坡稳定的安全系数，各个部门有不同的规定。表7-4列出了《碾压式土石坝设计规范》(SL 274—2001)中规定的土堤抗滑稳定最小安全系数，表7-5列出了《堤防工程设计规范》(GB 50286—98)中规定的抗滑稳定安全系数最小值。

表7-4 碾压式土石坝坝坡抗滑稳定最小安全系数

运行条件	工程等级			
	1	2	3	4、5
正常运行条件	1.30	1.25	1.20	1.15
非常运行条件Ⅰ	1.20	1.15	1.10	1.05
非常运行条件Ⅱ	1.10	1.05	1.05	1.00

注：非常运行条件Ⅰ指施工期、校核水位、水位非常降落；非常运行条件Ⅱ指正常运行情况（设计洪水除外）遇地震。

表7-5 土堤抗滑稳定安全系数

堤防工程的级别		1	2	3	4	5
安全系数	正常运行条件	1.30	1.25	1.20	1.15	1.10
	非常运行条件	1.20	1.15	1.10	1.05	1.05

同一边坡稳定分析，选用不同的试验方法、不同的稳定分析方法，会得到不同的安全系数。我国《港口工程技术规范》(JTJ 221—1987)第五篇地基中给出了抗滑稳定安全系数与土的强度指标配合应用的规定。我国《公路软土地基路堤设计与施工技术规范》(JTJ 017—1996)给出了安全系数与稳定分析方法及土的强度指标配合应用的规定。

四、查表法确定土质边坡的坡度

边坡的坡度允许值，应根据当地经验，参照同类土层的稳定坡度进行确定，一些规范和手册根据大量设计和运行经验规定了土坡坡度的允许值，我们可通过查表法确定土质边坡的坡度。《建筑地基基础设计规范》(GB 50007—2011)规定，当土质良好且均匀，无不良地质现象、地下水不丰富时，可按表7-6确定土质边坡坡度允许值；压实填土地基的边坡允许值应按表7-7确定。

表7-6 土质边坡坡度允许值

土的类别	密实度或状态	坡度允许值（高宽比）	
		坡高在5m以内	坡高为5～10m
碎石土	密实	1∶0.35～1∶0.5	1∶0.5～1∶0.75
	中密	1∶0.5～1∶0.75	1∶0.75～1∶1.00
	稍密	1∶0.75～1∶1.00	1∶1.00～1∶1.25

续表

土的类别	密实度或状态	坡度允许值（高宽比）	
		坡高在 5m 以内	坡高为 5～10m
黏性土	坚硬	1∶0.75～1∶1.00	1∶1.00～1∶1.25
	硬塑	1∶1.00～1∶1.25	1∶1.25～1∶1.50

注：1. 表中碎石土的充填物为坚硬或硬塑状态的黏性土。
2. 对于砂土或充填物为砂土的碎石土，其边坡坡度允许值均按自然休止角确定。

表 7-7 压实填土的边坡允许值

填 料 类 别	压实系数 λ_c	边坡允许值（高宽比）			
		$H\leqslant5$	$5<H\leqslant10$	$10<H\leqslant15$	$15<H\leqslant20$
碎石、卵石	0.94～0.97	1∶1.25	1∶1.50	1∶1.75	1∶2.00
砂夹石（其中碎石、卵石占全重 30%～50%）		1∶1.25	1∶1.50	1∶1.75	1∶2.00
土夹石（其中碎石、卵石占全重 30%～50%）		1∶1.25	1∶1.50	1∶1.75	1∶2.00
粉质黏土、黏粒含量 $\rho_c\geqslant10\%$ 的粉土		1∶1.50	1∶1.75	1∶2.00	1∶2.25

注：H 为填土厚度，m；当压实填土厚度大于 20m 时，可设计成台阶进行压实填土的施工。

思 考 题

7-1 砂性土土坡的稳定性只要坡角不超过其内摩擦角，坡高 H 可不受限制，而黏性土土坡的稳定性还同坡高有关，试分析其原因。

7-2 对无黏性土，有渗流作用的土坡稳定与无渗流作用的土坡稳定相比有何变化？

7-3 黏性土土坡稳定分析有哪些方法？各种分析方法的适用条件是什么？

7-4 土坡稳定分析圆弧法的最危险滑弧如何确定？

习 题

7-1 一砂砾土坡，其饱和重度 $\gamma_{sat}=19\text{kN/m}^3$，内摩擦角 $\varphi=32°$，坡度为 1∶3。试问在干坡或完全浸水时，其稳定安全系数为多少？当有顺坡向渗流时土坡还能保持稳定吗？（答案：1.9；不能）

7-2 一简单土坡 $c=20\text{kPa}$，$\varphi=20°$，$\gamma=18\text{kN/m}^3$。①若坡角 β 为 60°，安全系数 K 为 1.5，试用泰勒图表法确定最大稳定坡高 H；②若坡高 H 为 8.5m，安全系数仍为 1.5，试确定最大稳定坡角 β；③若坡高 H 为 8m，坡角 β 为 70°，试确定稳定安全系数 K。（答案：7.48m；55°；1.14）

7-3 某地基土的天然重度 $\gamma=18.6\text{kN/m}^3$，内摩擦角 $\varphi=10°$，黏聚力 $c=12\text{kPa}$，当采用坡度 1∶1 开挖基坑时，其最大开挖深度可为多少？（答案：6.00m）

第八章　天然地基上浅基础设计

地基基础设计是整个建筑设计的一个重要组成部分，它与建筑物的安全和正常使用有着密切的关系。设计时，必须根据建筑场地的工程地质条件、建筑物上部结构、建筑材料和施工技术等因素，并结合施工工期、工程造价综合考虑，合理地确定地基基础方案，使基础工程做到安全可靠、经济合理、技术先进和便于施工。

第一节　浅基础设计的基本规定

一、地基基础设计等级

根据地基复杂程度、建筑物规模和功能特征以及由于地基问题可能造成建筑物破坏或影响正常使用的程度，《建筑地基基础设计规范》（GB 50007—2011）将地基基础设计分为三个设计等级，设计时应根据具体情况，按表 8－1 确定。

表 8－1　地基基础设计等级

设计等级	建筑和地基类型
甲级	重要的工业与民用建筑物； 30 层以上的高层建筑； 体型复杂，层数相差超过 10 层的高低层连成一体的建筑物； 大面积的多层地下建筑物（如地下车库、商场、运动场等）； 对地基变形有特殊要求的建筑物； 复杂地质条件下的坡上建筑物（包括高边坡）； 对原有工程影响较大的新建建筑物； 场地和地基条件复杂的一般建筑物； 位于复杂地质条件及软土地区的二层及二层以上地下室的基坑工程
乙级	除甲级、丙级以外的工业与民用建筑物
丙级	场地和地基条件简单、荷载分布均匀的七层及七层以下民用建筑及一般工业建筑；次要的轻型建筑物

二、地基基础设计的一般要求

根据建筑物地基基础设计等级及长期荷载作用下地基变形对上部结构的影响程度，地基基础设计应符合下列规定：

（1）所有建筑物的地基计算均应满足承载力计算的有关规定。

（2）设计等级为甲级、乙级的建筑物均应按地基变形设计。

（3）表 8－2 所列范围内设计等级为丙级的建筑物可不作变形验算，如有下列情况之一时，仍应作变形验算：

1）地基承载力特征值小于130kPa，且体型复杂的建筑物。

2）在基础上及其附近有地面堆载或相邻基础荷载差异较大，可能引起地基产生过大的不均匀沉降时。

3）软弱地基上的建筑物存在偏心荷载时。

4）相邻建筑物距离过近，可能发生倾斜时。

5）地基内有厚度较大或厚薄不匀的填土，其自重固结未完成时。

表8-2 可不做地基变形计算的丙级建筑物范围

地基主要受力层情况	地基承载力特征值 f_{ak}/kPa			$60 \leqslant f_{ak} < 80$	$80 \leqslant f_{ak} < 100$	$100 \leqslant f_{ak} < 130$	$130 \leqslant f_{ak} < 160$	$160 \leqslant f_{ak} < 200$	$200 \leqslant f_{ak} < 300$
	各土层坡度/%			≤5	≤5	≤10	≤10	≤10	≤10
建筑物类型	砌体承重结构、框架结构（层数）			≤5	≤5	≤5	≤6	≤6	≤7
	单层排架结构(6m柱距)	单跨	吊车额定起重量/t	5～10	10～15	15～20	20～30	30～50	50～100
			厂房跨度/m	≤12	≤18	≤24	≤30	≤30	≤30
		多跨	吊车额定起重量/t	3～5	5～10	10～15	15～20	20～30	30～75
			厂房跨度/m	≤12	≤18	≤24	≤30	≤30	≤30
	烟囱		高度/m	≤30	≤40	≤50	≤75		≤100
	水塔		高度/m	≤15	≤20	≤30	≤30		≤30
			容积/m^3	≤50	50～100	100～200	200～300	300～500	500～1000

注：1. 地基主要受力层系指条形基础底面下深度为$3b$（b为基础底面宽度），独立基础下为$1.5b$，且厚度均不小于5m的范围（二层以下一般的民用建筑除外）。
2. 地基主要受力层中如有承载力特征值小于130kPa的土层时，表中砌体承重结构的设计，应符合《地基规范》第七章的有关要求。
3. 表中砌体承重结构和框架结构均指民用建筑，对于工业建筑可按厂房高度、荷载情况折合成与其相当的民用建筑层数。
4. 表中吊车额定起重量、烟囱高度和水塔容积的数值系指最大值。

（4）对经常受水平荷载作用的高层建筑、高耸结构和挡土墙等，以及建造在斜坡上或边坡附近的建筑物和构筑物，尚应验算其稳定性。

（5）基坑工程应进行稳定性验算。

（6）当地下水埋藏较浅，建筑物地下室或地下构筑物存在上浮问题时，尚应进行抗浮验算。

三、荷载取值

地基基础设计时，所采用的荷载效应最不利组合与相应的抗力限值应按下列规定采用：

（1）按地基承载力确定基础底面积及埋深或按单桩承载力确定桩数时，传至基础或承台底面上的荷载效应应按正常使用极限状态下荷载效应的标准组合 S_k。相应的抗力应采用地基承载力特征值或单桩承载力特征值。当需要验算基础裂缝宽度时，也采用这一荷载组合。

（2）计算地基变形时，传至基础底面上的荷载效应应按正常使用极限状态下荷载效应的准永久组合，不应计入风荷载和地震作用。相应的限值应为地基变形允许值。

（3）计算挡土墙土压力、地基和斜坡的稳定及滑坡推力时，荷载效应应按承载能力极限状态下荷载效应的基本组合 S，但其荷载分项系数均取 1.0。

（4）在确定基础高度、支挡结构截面、计算基础或支挡结构内力、确定配筋和验算材料强度时，上部结构传来的荷载效应组合和相应的基底反力，应按承载能力极限状态下荷载效应的基本组合，采用相应的分项系数。

（5）基础安全等级、结构设计使用年限、结构重要性系数应按有关规范的规定采用，但结构重要性系数 r_0 不应小于 1.0。

（6）由永久荷载效应控制的基本组合值可取标准组合值的 1.35 倍，即 $S=1.35S_k$。

四、设计内容与一般设计步骤

天然地基上浅基础设计的内容与一般步骤如下：

（1）选择基础的材料和类型。

（2）确定基础的埋置深度。

（3）计算地基承载力特征值 f_{ak}，并进行深度和宽度修正，确定修正后的地基承载力特征值 f_a。

（4）根据作用在基础顶面的荷载 F 和地基承载力特征值 f_a，计算基础底面尺寸。

（5）若地基持力层下部存在软弱土层，则需验算软弱下卧层的承载力。

（6）进行必要的地基验算（包括变形和稳定性验算）。

（7）计算基础高度并确定基础剖面形状。

（8）进行基础细部结构和构造设计。

（9）绘制基础施工图。

第二节　浅基础的类型

一、按材料分类

根据基础所用材料的性能，浅基础可分为无筋扩展基础和扩展基础。

（一）无筋扩展基础

无筋扩展基础又称刚性基础，系指由砖、毛石、混凝土或毛石混凝土、灰土和三合土等材料建造的墙下条形基础或柱下独立基础（图 8-1）。无筋扩展基础的材料都具有比较好的抗压强度，但抗拉、抗剪性能都很差，为了保证无筋扩展基础不因受拉或受剪而破坏，要求基础台阶的宽度和高度之比不超过相应材料要求的允许值（详见本章第五节相关内容），因此，当建筑物荷载较大而地基又比较软弱时，无筋扩展基础所需要的基础宽度就很宽，相应的高度也比较高，若基础埋置深度不容许过深，则应改用扩展基础。

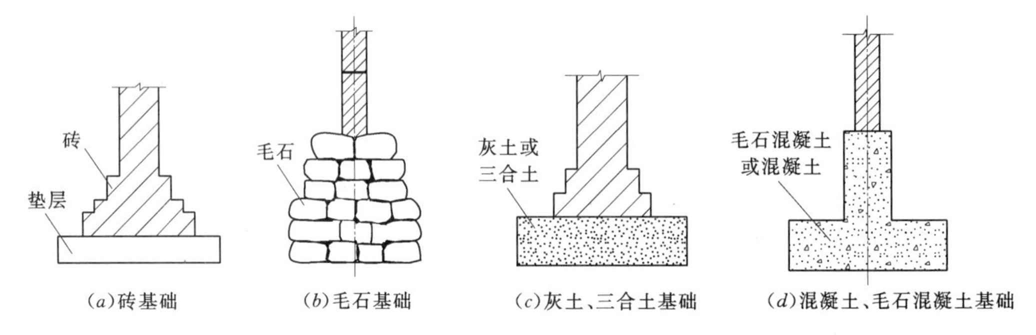

图 8-1 无筋扩展基础

无筋扩展基础适用于多层民用建筑和轻型厂房。由于无筋扩展基础技术简单、材料充足、造价低廉、施工方便，故多层建筑应优先采用这种型式。

（二）扩展基础

扩展基础又称柔性基础，系指由钢筋混凝土建造的墙下钢筋混凝土条形基础和柱下钢筋混凝土独立基础（图 8-2、图 8-3）。这类基础具有比较好的抗弯和抗剪能力，可在竖向荷载较大、地基承载力较小以及承受水平力和力矩荷载等情况下使用。与无筋扩展基础相比，其基础高度较小，因此更适宜在基础埋置深度较小的情况下使用。

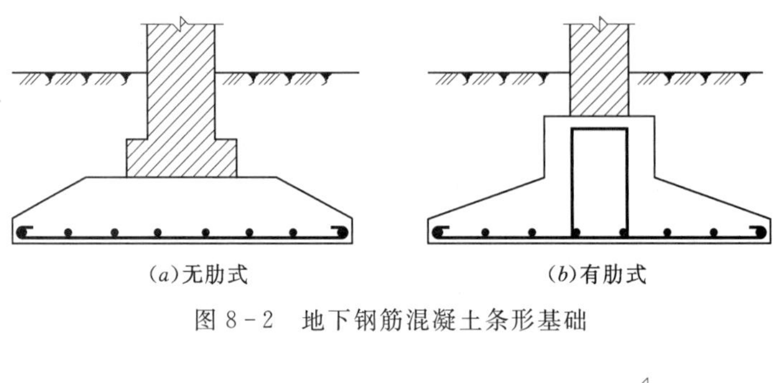

图 8-2 地下钢筋混凝土条形基础

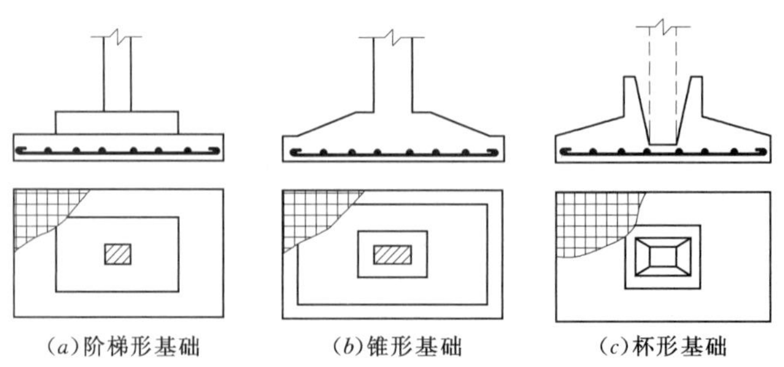

图 8-3 柱下钢筋混凝土单独基础

二、按结构型式分类

根据基础的结构型式，浅基础可分为独立基础、条形基础、十字交叉基础、筏板基础和箱形基础等类型。

（一）独立基础

独立基础是柱子基础的主要类型，也用于一般的高耸构筑物，如水塔、烟囱等。它所用的材料有砖、石、混凝土和钢筋混凝土等。按支承的上部结构形式，可分为柱下独立基础和墙下独立基础。

1. 柱下独立基础

现浇柱下钢筋混凝土独立基础的截面可做成阶梯形［图 8－3（*a*）］或锥形［图 8－3（*b*）］，预制柱下的基础一般做成杯形，等柱子插入杯口后，将柱子临时支撑，然后用强度等级 C20 的细石混凝土将柱周围的缝隙填实［图 8－3（*c*）］。

2. 墙下独立基础

墙下独立基础是当上层土质松散，而在不深处有较好的土层时，为了节约基础材料和减少开挖土方量而采用的一种基础形式，如图 8－4 所示。砖墙砌在独立基础上边的钢筋混凝土过梁上，过梁的跨度一般为 3～5m。

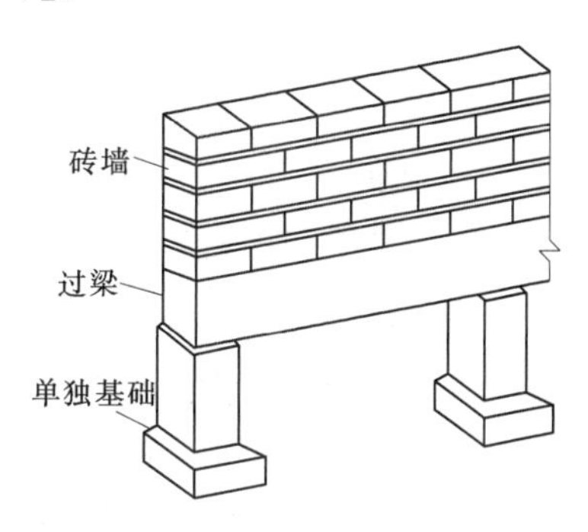

图 8－4　墙下独立基础

（二）条形基础

条形基础是指基础长度不小于 10 倍基础宽度的一种基础形式。通常砖混结构的墙基、挡土墙基础都是条形基础。按上部结构形式，可分为墙下条形基础和柱下条形基础。

1. 墙下条形基础

条形基础是承重墙基础的主要形式，常用砖、毛石、三合土或灰土建造。当上部结构荷载较大而土质较差时，可采用混凝土或钢筋混凝土建造，墙下钢筋混凝土条形基础一般做成无肋式，如图 8－2（*a*）所示；如地基在水平方向上压缩性不均匀，为了增加基础的整体性，减少不均匀沉降，也可做成有肋式的条形基础，如图 8－2（*b*）所示。

2. 柱下条形基础

当地基软弱而荷载较大时，若采用柱下独立基础，基底面积必然很大，因而互相接近。为了增强基础的整体性及便于施工，可将同一排的柱基础连通做成钢筋混凝土条形基础，如图 8－5 所示。

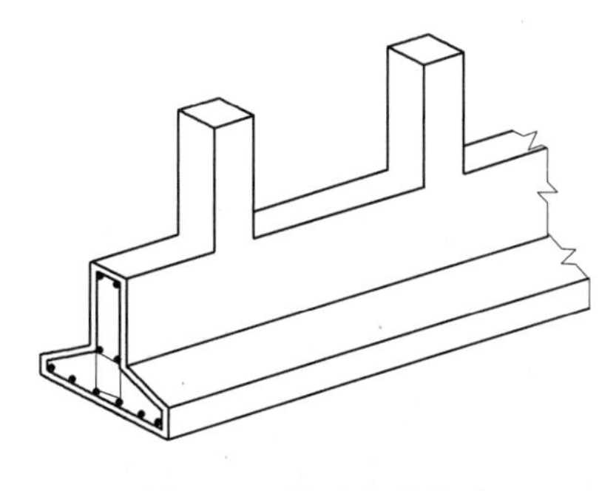
图 8－5　柱下条形基础

（三）十字交叉基础

荷载较大的高层建筑，如地基较弱且不均匀，为了增强基础的整体刚度，减少不均匀沉降，可在柱网下沿纵横两个方向设置钢筋混凝土条形基础，形成如

图 8-6 所示的柱下十字交叉基础。

如果条形基础的底面积已能满足地基承载力的要求，有时为了减少基础之间的沉降差，可在另一方向设连梁，组成如图 8-7 所示的连梁式交叉基础。

(四) 筏板基础

如地基软弱而上部结构荷载又很大，采用十字交叉基础仍不能满足地基承载力的要求或建筑物在使用上有要求时，可把基础底板做成一个整体的钢筋混凝土连续板，称为筏板基础（俗称满堂基础），如图 8-8 所示。按构造不同筏板基础可分为平板式和梁板式两类。平板式是在地基上做一块钢筋混凝土底板，柱子直接支承在底板上［图 8-8（*a*）］。梁板式按梁板的位置不同又可分为上梁式和下梁式，前者是在底板上做梁，柱子支承在梁上［图 8-8（*b*）］，而后者则是将梁置于底板的下方，底板上面平整，可作建筑物底层底面［图 8-8（*c*）］。

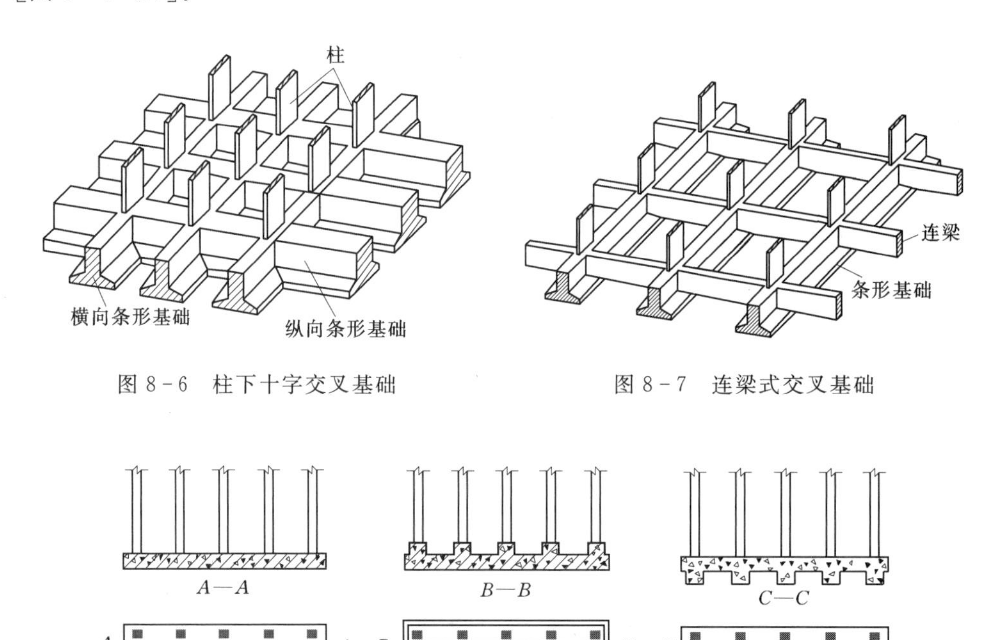

图 8-6　柱下十字交叉基础　　图 8-7　连梁式交叉基础

图 8-8　筏板基础

筏板基础由于其底面积大，故可减少基底压力，同时也可提高地基土的承载力，并能更有效地增强基础的整体性，调整不均匀沉降。此外，筏板基础还具有前述各类基础所不完全具备的良好功能，例如，能跨越地下浅层小洞穴和局部软弱层；提供比较宽敞的地下使用空间；作为地下室、水池、油库等的防渗底板；增强建筑物的整体抗震性能；满足自动化程度较高的工艺设备对不允许有差异沉降的要求，以及工艺连续作业和设备重新布置的要求等。

（五）箱形基础

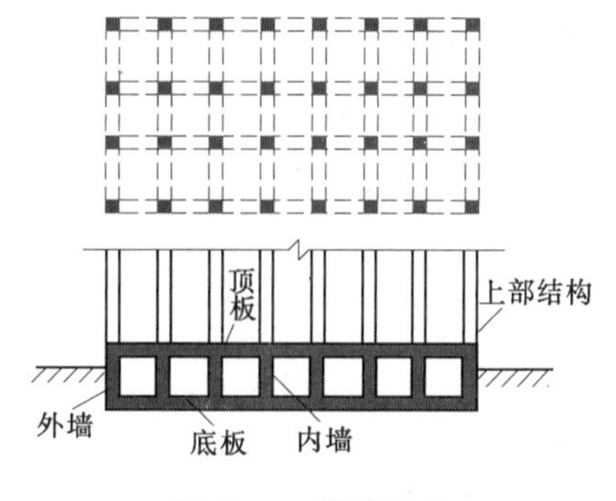

图 8-9　箱形基础

箱形基础是由现浇的钢筋混凝土底板、顶板、外墙和内隔墙组成的有一定高度的整体空间结构（图 8-9），适用于软弱地基上的高层、重型或对不均匀沉降有严格要求的建筑物。与筏板基础相比，箱形基础具有更大的抗弯刚度，只能产生大致均匀的沉降或整体倾斜，从而基本上消除了因地基变形而开裂的可能性。箱形基础埋深较大，基础中空，从而使开挖卸去的土重部分抵偿了上部传来的荷载（补偿效应），因此，与一般实体基础相比，它能显著减小基底压力、降低基础沉降量。此外，箱形基础的抗震性能较好。

高层建筑的箱形基础往往与地下室结合考虑，其地下空间可作人防、设备间、库房、商店以及污水处理等。但由于内墙分隔，箱形基础的用途不如筏板基础地下室广泛，例如不能用作地下停车场等。

箱形基础的钢筋水泥用量很大，造价高、工期长，施工技术比较复杂，在进行深基坑开挖时，还需考虑降低地下水位、坑壁支护及对周边环境的影响等问题。因此，箱形基础的采用与否，应在与其他可能的地基基础方案做技术经济比较之后再确定。

第三节　基础埋置深度的选择

基础埋置深度（简称埋深）是指基础底面至设计地面的距离。选择基础的埋置深度是基础设计工作的重要一环，因为它关系到地基基础方案的优劣、施工的难易和造价的高低。其总的原则是在满足地基稳定和变形要求的前提下，基础宜浅埋。但除岩石地基外，埋深不宜小于 0.5m，并应使基础顶面低于设计地面 0.1m 以上，避免基础外露，遭受外界破坏。

影响基础埋置深度的因素很多，其中最主要的有下述五个方面。

一、建筑物类型及基础形式

如建筑物对不均匀沉降很敏感，应将基础埋置在较好的土层上（即使较好的土层埋藏较深）。当有地下室、地下管道和设备基础时，则往往要求建筑物基础局部加深或整体加深。基础形式有时也决定基础埋深，如采用无筋扩展基础，由于要满足基础台阶宽高比的构造要求，因而要求基础必须具有足够的高度，从而决定了基础要有较大的埋深。

二、基础上荷载大小及性质

同一土层，对于荷载小的基础，可能是很好的持力层，而对荷载大的基础，则可能不适宜作为持力层。荷载的性质对基础埋置深度的影响也很明显。承受较大水平荷载的基础，应有足够的埋置深度以保证基础的稳定性；对于承受上拔力的基础（如输电塔基础），往往要求有较大的埋深以满足抗拔要求；对于承受动荷载的基础，则不宜选择饱和松散的粉细砂作为持力层，以免这些土层由于振动液化而丧失承载力，造成基础失稳。

三、工程地质及水文地质条件

工程地质状况往往在很大程度上决定基础的埋置深度，一般当上层土的承载力大于下层土时，应选择上层土作为持力层。若持力层下土层软弱时，则应验算软弱下卧层的承载力是否满足要求。当上层土的承载力低于下层土时，若取上层土作为持力层，埋深较小，但所需的基础底面积较大；若取下层土作为持力层，情况恰好相反。哪一种方案较好，需要从施工难易和材料用量等方面作方案比较后才能确定。在选择基础埋深时，还要从减少地基不均匀沉降的角度来考虑，例如当土层的分布明显不均匀或各部位荷载轻重差别很大时，同一建筑物的基础可采用不同的埋深来调整不均匀沉降量。

对于存在地下水的场地，基础应尽量埋置在地下水位以上，以避免地下水对基坑开挖、基础施工和使用期间的影响。若必须置于地下水位以下，则应考虑施工期间的基坑降水、坑壁围护和是否可能产生流砂、涌土等问题，并采取保护地基土不受扰动的措施。当地下水具有侵蚀性时，应采用相应的抗侵蚀措施［详见《岩土工程勘察规范》（GB 50021—2009）有关内容］。

当持力层下埋藏有承压含水层时，为防止坑底土被承压水冲破，要求开挖时应保持足够的坑底安全厚度 h_0（图 8－10）。安全厚度可按下式估算

$$h_0 > \frac{\gamma_w}{\gamma} h \tag{8-1}$$

式中 γ——隔水层土的重度，kN/m^3；

γ_w——水的重度，取 $10kN/m^3$；

h——承压水的上升高度（从隔水层底面起算），m；

h_0——隔水层剩余厚度（坑底安全厚度），m。

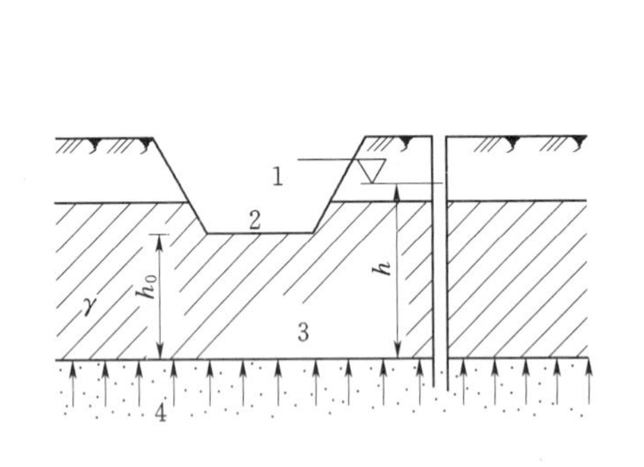

图 8－10 有承压水时坑底土层的受力状况
1—承压水位；2—基槽；3—黏土层（隔水层）；4—砂卵石层（透水层）

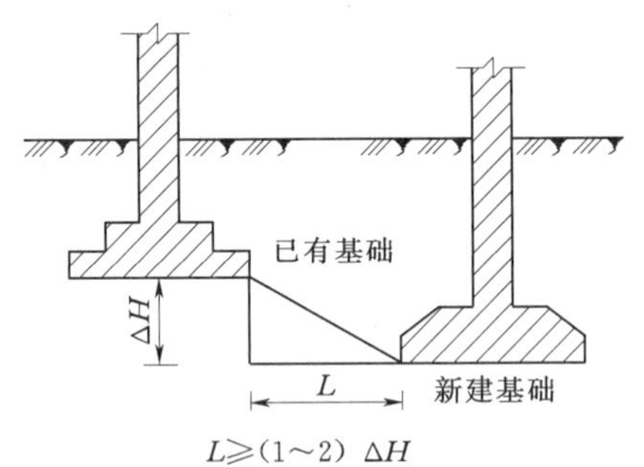

图 8－11 相邻基础的埋深

四、相邻建筑物基础埋深的影响

当存在相邻建筑物时，新建建筑物的基础埋深不宜大于原有建筑物基础埋深。当必须大于原有建筑物基础埋深时，为不影响原有建筑物的安全，两基础之间应保持一定的净

距。根据建筑物荷载大小、基础形式和地基土质情况，这个距离应不小于它们底面高差的1～2倍，即$L \geqslant (1\sim2)\Delta H$，如图8-11所示。如不能满足这一要求时，必须采取相应的施工措施（如采取分段施工、设置临时加固支撑、打板桩、采用地下连续墙等措施）或加固原有建筑地基。

五、季节性冻土的影响

当地基土的温度低于摄氏零度时，土中部分孔隙水将冻结而形成冻土。冻土可分成季节性冻土和多年冻土两类。多年冻土是指连续保持冻结状态3年以上的土层；季节性冻土则为每年都有冻融交替的土层，且冻层下的土常年处于正温状态。季节性冻土在我国分布面积很广，东北、西北、华北都有，且有些地方其厚度可达3m。

土冻结后体积增大的现象称为冻胀，冻土融化后产生沉陷的现象则称为融陷。若冻胀力大于基底压力，基础就有被抬起的可能，而冻土融化后，土体软化，强度降低，将产生很大的附加沉降，故季节性冻土在冻融过程中所产生的冻胀或融陷，对置于冻土上的建筑物有不良影响，因此在设计时必须考虑地基冻胀和融陷对基础埋置深度的影响。

季节性冻土的融陷性大小与它的冻胀性大小有关，故通常以冻胀性来代表融陷性。土的冻胀量大小，取决于当地气温、土的类别、冻前含水率与地下水位等因素。《建筑地基基础设计规范》（GB 50007—2011）按冻胀量及对建筑物的危害程度将土的冻胀性分为不冻胀、弱冻胀、冻胀、强冻胀和特强冻胀五类（详见《建筑地基基础设计规范》（GB 50007—2011）附录G）。

在选择基础的埋置深度时，对不冻胀土不考虑冻结深度的影响；对于弱冻胀土、冻胀土、强冻胀土和特强冻胀土，基础的最小埋深d_{min}可由下式确定：

$$d_{min} = Z_d - h_{max} \tag{8-2}$$

其中Z_d（设计冻深）和h_{max}（基底下允许残留冻土层的最大厚度）可按《建筑地基基础设计规范》（GB 50007—2011）的有关规定确定。对于冻胀、强冻胀和特强冻胀地基上的建筑物，尚应采取相应的防冻害措施。

第四节　地基基础计算

一、地基承载力特征值的确定

《地基规范》把地基承载力特征值定义为：“由载荷试验测定的地基土压力变形曲线线性变形段内规定的变形所对应的压力值，其最大值为比例界限值”，以f_{ak}表示（经深度和宽度修正的地基承载力特征值以f_a表示）。地基承载力特征值的确定在设计中是一个非常重要而复杂的问题，它不仅与土的物理力学性质有关，而且还与基础的底面宽度和埋置深度等有关。

地基承载力特征值可由载荷试验或其他原位测试、公式计算并结合工程实践经验等方法综合确定。

（一）按载荷试验确定地基承载力特征值 f_{ak}

目前确定地基承载力最可靠的方法，是现场对地基土进行直接测试，一般称为原位测试方法。其中最直接可信的方法是在设计位置的地基上进行载荷试验，这相当于在原位进行地基基础的模型试验。对重要的建筑物，必须进行载荷试验，以确定地基承载力特征值。

根据载荷试验可得到压力与沉降关系曲线，即 p—S 曲线（图 8－12）。根据载荷试验 p—S 曲线确定地基承载力特征值的方法如下。

对于密实砂土、硬塑黏性土等低压塑性土，其 p—S 曲线通常有比较明显的比例界限[图 8－12（a）]，《建筑地基基础设计规范》（GB 50007—2011）规定：取比例界限所对应的荷载 p_0 作为地基承载力特征值 f_{ak}；当极限荷载 p_u 小于比例界限荷载 p_0 的 2 倍时，取极限荷载 p_u 的一半作为地基承载力特征值 f_{ak}。

对于松砂、软可塑黏性土等中、高压缩性土，其 p—S 曲线往往无明显的转折点[图 8－12（b）]，不能按上述方法确定地基承载力特征值 f_{ak}，可按限制沉降量取值。《建筑地基基础设计规范》（GB 50007—2011）规定：当承压板面积为 0.25～0.50m^2 时，可取沉降量 S=(0.01～0.015) b（b 为承压板宽度或直径）所对应的荷载值作为地基承载力特征值 f_{ak}，但其值不应大于最大载入量的一半。

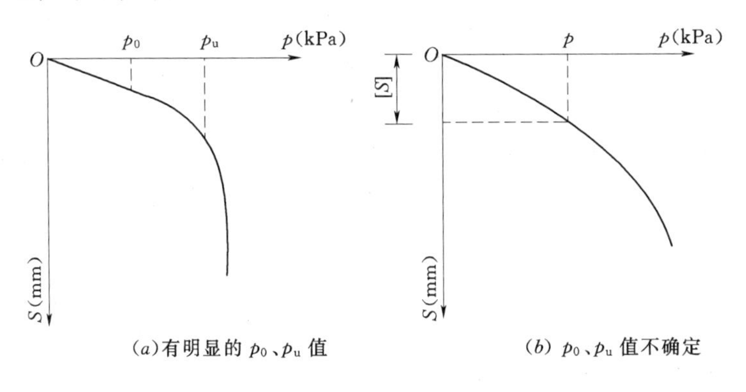

图 8－12 按静载荷试验 p—S 曲线确定地基承载力

同一土层参加统计的试验点不应少于 3 点，当试验实测值的极差（最大值与最小值之差）不超过其平均值的 30%时，取其平均值作为该土层的地基承载力特征值 f_{ak}。

利用载荷试验 p—S 曲线确定岩石地基的承载力特征值时，可按下述要点进行：对应于载荷试验 p—S 曲线上起始直线段的终点为比例界限，符合终止加载条件的前一级荷载为极限荷载，将极限荷载除以安全系数 3，所得值与比例界限的荷载相比较，取小值；每个场地载荷试验的数量不应少于 3 个，取最小值作为岩石地基承载力特征值。对岩石地基承载力特征值不需进行深宽度修正。

（二）按地基土的抗剪强度指标确定地基承载力特征值 f_a

第五章中介绍的地基临塑荷载 p_{cr}、极限荷载 p_u 以及 $p_{1/4}$ 均可用来衡量地基土体强度方面的承载能力。对于给定的基础，地基从开始出现塑性区到整体剪切破坏，相应的基础荷载有一个相当大的变化范围。实践证明，地基中出现小范围的塑性区域，对安全并无妨碍，

而且与极限荷载 p_u 相比，一般仍有足够的安全度。因此，《建筑地基基础设计规范》（GB 50007—2011）采用以 $p_{1/4}$ 为理论公式结合经验给出计算地基承载力特征值的公式，即

$$f_a = M_b \gamma b + M_d \gamma_0 d + M_c c_k \tag{8-3}$$

式中　f_a——由土的抗剪强度指标确定的地基承载力特征值，kPa；

M_b、M_d、M_c——承载力系数，据基底下一倍短边宽深度内土的内摩擦角标准值 φ_k 按表 8-3 确定；

b——基础底面宽度，m。大于 6m 时按 6m 取值，对于砂土，小于 3m 时按 3m 取值；

γ——基底以下土的重度，kN/m^3，地下水位以下取有效重度；

γ_0——基础底面以上土的加权平均重度，kN/m^3，地下水位以下取有效重度；

d——基础埋置深度，m；

c_k——基底下一倍短边宽深度内土的黏聚力标准值，kPa。

d 一般自室外地面标高算起。在填方整平地区，可自填土地面标高算起，但填土在上部结构施工后完成时，应从天然地面标高算起。对于地下室，采用箱形基础或筏板基础时，基础埋置深度自室外地面标高算起；采用独立基础或条形基础时，应从室内地面标高算起。

表 8-3　承载力系数 M_b、M_d、M_c

土的内摩擦角标准值 φ_k/(°)	M_b	M_d	M_c	土的内摩擦角标准值 φ_k/(°)	M_b	M_d	M_c
0	0	1.00	3.14	22	0.61	3.44	6.04
2	0.03	1.12	3.32	24	0.80	3.87	6.45
4	0.06	1.25	3.51	26	1.10	4.37	6.90
6	0.10	1.39	3.71	28	1.40	4.93	7.40
8	0.14	1.55	3.93	30	1.90	5.59	7.95
10	0.18	1.73	4.17	32	2.60	6.35	8.55
12	0.23	1.94	4.42	34	3.40	7.21	9.22
14	0.29	2.17	4.69	36	4.20	8.25	9.97
16	0.36	2.43	5.00	38	5.00	9.44	10.80
18	0.43	2.72	5.31	40	5.80	10.84	11.73
20	0.51	3.06	5.66				

关于式（8-3）的几点说明：

（1）该式仅适用于荷载偏心距 $e \leqslant 0.033b$ 的情况。

（2）按该公式确定的地基承载力特征值没有考虑建筑物对地基变形的要求，因此在基础底面尺寸确定后，还应进行地基变形计算。

（3）按该公式计算地基承载力特征值时，对计算结果影响最大的是抗剪强度指标的取值。一般应采取质量好的原状土样以三轴压缩试验测定，且每层土的试验数量不得少于 6 组。

（4）内摩擦角标准值 φ_k 和黏聚力标准值 c_k 可按下列方法计算：

1）将 n 组试验所得的 φ_i 和 c_i 代入式（8-4）式（8-6），分别计算出某一土性指标的

平均值 μ_φ、μ_c，标准差 σ_φ、σ_c 和变异系数 δ_φ、δ_c。

$$\mu=\frac{\sum_{i=1}^{n}\mu_i}{n} \tag{8-4}$$

$$\sigma=\sqrt{\frac{\sum_{i=1}^{n}\mu_i^2-n\mu^2}{n-1}} \tag{8-5}$$

$$\delta=\frac{\sigma}{\mu} \tag{8-6}$$

式中 μ——某一土性指标试验平均值；

σ——标准差；

δ——变异系数。

2）按下列两式计算 n 组试验的内摩擦角和黏聚力的统计修正系数 ψ_φ、ψ_c

$$\psi_\varphi=1-\left(\frac{1.704}{\sqrt{n}}+\frac{4.678}{n^2}\right)\delta_\varphi \tag{8-7}$$

$$\psi_c=1-\left(\frac{1.704}{\sqrt{n}}+\frac{4.678}{n^2}\right)\delta_c \tag{8-8}$$

式中 ψ_φ——内摩擦角的统计修正系数；

ψ_c——黏聚力的统计修正系数；

δ_φ——内摩擦角的变异系数；

δ_c——黏聚力的变异系数。

3）按下列两式计算抗剪强度指标标准值 φ_k 和 c_k

$$\varphi_k=\psi_\varphi\mu_\varphi \tag{8-9}$$

$$c_k=\psi_c\mu_c \tag{8-10}$$

式中 μ_φ——内摩擦角的试验平均值；

μ_c——黏聚力的试验平均值。

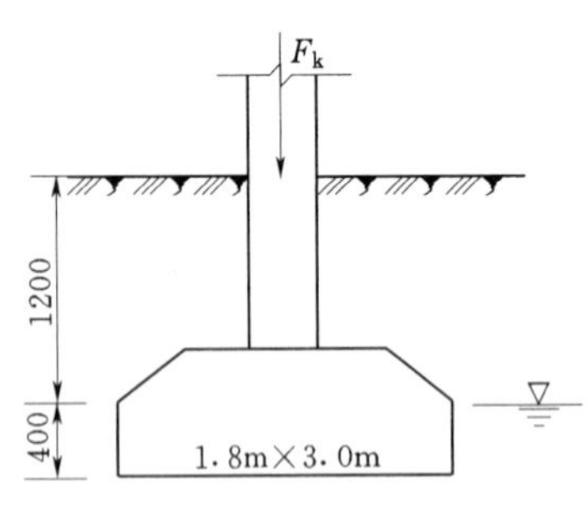

图 8-13 ［例 8-1］图

【例 8-1】 某粉土地基，地下水位以上土的重度 $\gamma=17.8\text{kN/m}^3$，地下水位以下土的重度 $\gamma_{sat}=20.6\text{kN/m}^3$。土的内摩擦角 $\varphi_k=26°$，黏聚力 $c_k=1.5\text{kPa}$，基础埋深及底面尺寸如图 8-13 所示。试计算地基承载力特征值。

解： 由 $\varphi_k=26°$，查表 8-3，得 $M_b=1.10$，$M_d=4.37$，$M_c=6.90$。

基底以上土的加权平均重度为

$$\gamma_0=\frac{17.8\times1.2+(20.6-10)\times0.4}{1.6}=16.0(\text{kN/m}^3)$$

由式（8-3），得

$$\begin{aligned}f_a&=M_b\gamma b+M_d\gamma_0 d+M_c c_k\\&=1.10\times(20.6-10)\times1.8+4.37\times16.0\times1.6+6.90\times1.5\\&=143.2(\text{kPa})\end{aligned}$$

（三）根据经验方法确定地基承载力特征值 f_{ak}

经验方法是指在大量总结前人理论和试验研究的基础上提出的一些确定地基承载力的实用方法，一般作为初步设计和次要工程设计的依据，并作为几种方法综合确定承载力的依据之一，列入国家、行业或地方规范中。

1. 用静力触探等原位测试方法确定

在原位测试的方法中，除用上述载荷试验 p—S 曲线确定地基承载力特征值外，尚有采用静力触探、动力触探、十字板强度试验和旁压试验等方法，通过建立与载荷试验所确定的地基承载力特征值的相关关系来确定地基承载力。由于这些方法比较经济、简便快速，能在较短的时间内获得大量承载力数据，因而在工程建设中得到大力推广。各地区和各部门在进行上述试验的过程中积累了很多地区性或行业性的经验，建立了许多地基承载力和原位测试指标之间的经验公式，部分经验公式见表 8-4，表中 p_s 为静力触探试验的比贯入阻力，$N_{63.5}$ 为标准贯入试验击数，N_{10} 为轻便触探试验击数。

表 8-4　确定地基承载力特征值的经验公式

经验公式/kPa	适用地区和土类	公式来源
$0.083p_s+54.6$	淤泥质土、一般黏性土	武汉联合试验组
$5.25\sqrt{p_s}-103$	中砂、粗砂	
$0.02p_s+59.5$	粉砂、细砂	
$5.8\sqrt{p_s}-46$	$I_p>10$ 的一般黏性土	《动力触探技术规定》（TBJ 18—1987）
$0.89p_s^{0.63}+14.4$	$I_p\leqslant10$ 的一般黏性土	
$0.112p_s+5$	软土	
$1.482p_s^{0.6}$	$I_p>10$ 的新近沉积土	
$0.999p_s^{0.63}$	$I_p\leqslant10$ 的新近沉积土	
$0.070p_s+37$	上海淤泥质黏性土	同济大学等
$0.075p_s+38$	上海灰色黏性土	
$0.055p_s+45$	上海粉土	
$115\mathrm{tg}p_s-220$	新近沉积黏性土	北京勘察院
$\dfrac{p_s}{5.7+0.004p_s}$	黄河下游新近沉积黏性土	铁道部第一设计院
$2.3\sqrt{p_s}+30$	粉细砂	
$0.05p_s+73$	一般黏性土	建设部综勘院
$72+9.5N_{63.5}^{0.3}$	粉土	铁道部第三设计院
$222+9.5N_{63.5}^{0.1}-212$	粉砂、细砂	
$850N_{63.5}^{12}-803$	中砂、粗砂	
$5.65+38.38N_{63.5}$	中砂、粗砂、砾砂	铁道部第二设计院
$24+4.5N_{10}$	新近沉积黏性土	广东省建筑设计院

注： 计算时静力触探比贯入阻力 p_s 以 kPa 代入。

经验公式都是根据一定地区或特定土类的试验资料统计得到的，均有一定的适用范围，因此，在没有工程经验的地区或土类，选用经验公式时需要通过一定数量的试验加以检验。

2. 根据地基承载力表确定

为了确定地基承载力，一些设计规范和勘察规范中常给出一些根据土的物理性质指针或现场测试资料确定地基承载力的表格。

承载力表使用方便是其主要优点。承载力表一般是根据我国各地不同地基上已有建筑物的观测数据和载荷试验数据统计分析得到的，但我国幅员广大，土质条件各异，用几个表格很难概括全国的规律。因此，在使用承载力表确定承载力时，应注意这些表格的局限性。

（四）地基承载力特征值 f_{ak} 的深宽度修正

由荷载试验或其他原位测试、工程实践经验等方法确定的地基承载力特征值 f_{ak} 没有体现一个具体实际基础的尺寸和埋深对地基承载力的影响，将其所得结果直接用于工程实际是偏小的。因此，《建筑地基基础设计规范》（GB 50007—2011）规定：当基础宽度大于 3m 或埋置深度大于 0.5m 时，除岩石地基外，应按下式对地基承载力特征值 f_{ak} 进行宽、深度修正，即

$$f_a = f_{ak} + \eta_b \gamma (b-3) + \eta_d \gamma_0 (d-0.5) \tag{8-11}$$

式中 f_a——经修正后的地基承载力特征值，kPa；

f_{ak}——地基承载力特征值，kPa；

η_b、η_d——基础宽度和埋深的地基承载力修正系数，按基底下土类查表 8-5 取值；

γ——基底以下土的重度，kN/m^3，地下水位以下取有效重度；

γ_0——基础底面以上土的加权平均重度，kN/m^3，地下水位以下取有效重度；

b——基础底面宽度，m。小于 3m 时按 3m 取值；大于 6m 时按 6m 取值；

d——基础埋置深度，m，取值方法与式（8-3）同。

表 8-5 地基承载力修正系数

土的类别		η_b	η_d
淤泥和淤泥质土		0.00	1.0
人工填土 e 或 I_L 大于等于 0.85 的黏性土		0.00	1.0
红黏土	含水比 $\alpha_w > 0.8$	0.00	1.2
	含水比 $\alpha_w \leqslant 0.8$	0.15	1.4
大面积压实填土	压实系数大于 0.95、黏粒含量 $\rho_c \geqslant 10\%$ 的粉土	0.00	1.5
	最大干密度大于 $2.1t/m^3$ 的级配砂石	0.00	2.0
粉土	黏粒含量 $\rho_c \geqslant 10\%$ 的粉土	0.30	1.5
	黏粒含量 $\rho_c \leqslant 10\%$ 的粉土	0.50	2.0
e 和 I_L 均小于 0.85 的黏性土		0.30	1.6
粉砂、细砂（不包括很湿与饱和时的稍密状态）		2.00	3.0
中砂、粗砂、砾砂和碎石土		3.00	4.4

二、基础底面尺寸确定

在基础类型和埋置深度初步确定后，就可以根据基础上作用的荷载、基础埋深和地基承载力特征值进行基础底面尺寸的计算。如果地基下卧层承载力明显低于持力层承载力，尚须对软弱下卧层进行承载力验算。此外，必要时还应对地基变形或稳定性进行验算。

（一）按地基持力层承载力计算基底尺寸

除烟囱等圆形结构物常采用圆形（或环形）基础外，一般柱、墙的基础通常为矩形基础或条形基础，且采用对称布置。按荷载对基底形心的偏心情况，上部结构作用在基础顶面处的荷载可以分为轴心荷载和偏心荷载两种。

1. 轴心荷载作用下基底尺寸的确定

轴心荷载即荷载合力作用线与基底形心位于同一垂直线（图 8-14）。在轴心荷载作用下，按地基持力层承载力计算基底尺寸时，基础底面压力应满足下式要求

$$p_k \leqslant f_a \tag{8-12}$$

其中

$$p_k = \frac{F_k + G_k}{A} \tag{8-13}$$

$$G_k = \gamma_G A \bar{d}$$

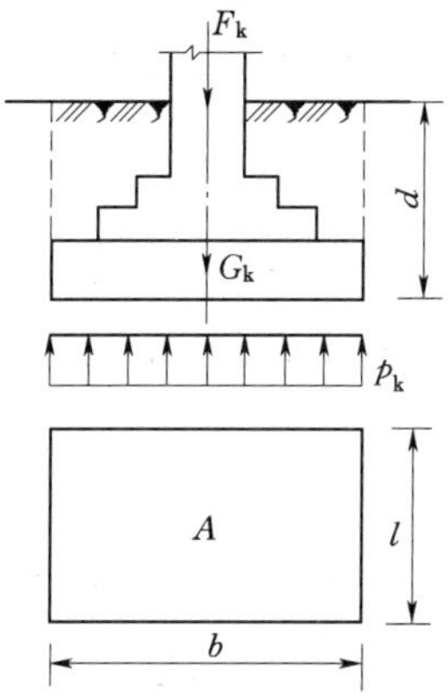

图 8-14　轴心荷载作用下的基础

式中　f_a——修正后的地基承载力特征值，kPa；

p_k——基底压力标准值，kPa；

A——基础底面面积，m^2；

F_k——上部结构传至基础顶面的竖向力标准值，kN；

G_k——基础及其上回填土重，kN；

γ_G——基础及其上回填土的平均重度，实体基础一般可近似取 $\gamma_G = 20kN/m^3$，在地下水位以下部分应扣除水的浮力；

$\bar{d}$——基础平均埋深。

将式（8-13）和 $G_k = \gamma_G A \bar{d}$ 代入式（8-12），得基础底面积的计算公式为

$$A \geqslant \frac{F_k}{f_a - \gamma_G \bar{d}} \tag{8-14}$$

（1）对于方形基础，有

$$b = \sqrt{A} \geqslant \sqrt{\frac{F_k}{f_a - \gamma_G \bar{d}}} \tag{8-15}$$

式中　b——方形基础的边长，m。

（2）对于矩形基础，有

$$bl = A \geqslant \frac{F_k}{f_a - \gamma_G \bar{d}} \tag{8-16}$$

按式（8-16）计算出 A 后，先选定 b 或 l，再计算出另一边长。一般取 $l/b \leqslant 2$。

（3）对于条形基础，沿基础长度方向，取 1m 作为计算单元，故基底宽度为

$$b \geqslant \frac{F_k}{f_a - \gamma_G \bar{d}} \tag{8-17}$$

式中 F_k——沿长度方向1m范围内上部结构作用在基础顶面处的荷载，kN/m；

b——条形基础宽度，m。

在上面的计算中，一般先要对地基承载力特征值进行深度修正，然后按计算得到的基底宽度 b，考虑是否需要对 f_{ak} 进行宽度修正。如需要，修正后重新计算基底宽度，如此反复一两次即可。最后确定的基底尺寸 b 和 l 均应为100mm的倍数。

【例8-2】 某地基为均质黏土层，重度 $\gamma=18.7\text{kN/m}^3$，孔隙比 $e=0.66$，液性指数 $I_L=0.42$，地基承载力特征值 $f_{ak}=240\text{kPa}$。现修建一外柱独立基础，基础埋深从室外地面起算为1.2m，室内地面高出室外地面0.3m。已知作用在基础顶面的轴心荷载 $F_k=1020\text{kN}$，试确定方形基础的底面边长。

解： 先进行地基承载力深度修正。自室外地面起算的基础埋深 $d=1.2\text{m}$，据 $e=0.66$ 和 $I_L=0.42$ 查表8-5，得 $\eta_d=1.6$，由式（8-11）得深度修正后的地基承载力特征值为

$$\begin{aligned} f_a &= f_{ak}+\eta_d\gamma_0(d-0.5) \\ &= 240+1.6\times18.7\times(1.2-0.5)=261(\text{kPa}) \end{aligned}$$

计算基础及其上回填土重 G_k 的基础埋深采用室内外平均埋深 $\overline{d}$，即 $\overline{d}=1.2+0.3/2=1.35\text{m}$。由式（8-15）可得

$$b\geqslant\sqrt{\frac{F_k}{f_a-\gamma_G\overline{d}}}=\sqrt{\frac{1020}{261-20\times1.35}}=\sqrt{4.36}=2.09(\text{m})$$

取 $b=2.1\text{m}$。因 $b<3\text{m}$，不必进行地基承载力宽度修正。

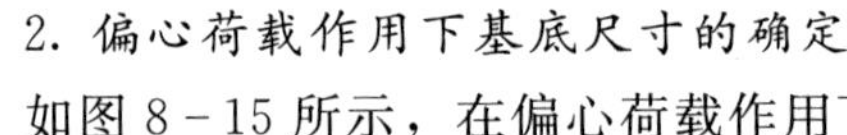

2. 偏心荷载作用下基底尺寸的确定

如图8-15所示，在偏心荷载作用下，当荷载偏心距 $e\leqslant l/6$ 时，基础边缘压力为

$$\left.\begin{matrix}p_{kmax}\\p_{kmin}\end{matrix}\right\}=\frac{F_k+G_k}{A}\pm\frac{M_k}{W} \tag{8-18}$$

式中 M_k——作用于基础底面的力矩标准值，kN·m；

W——基础底面的抵抗矩，m^3；

p_{kmax}——基础底面边缘的最大压力标准值，kPa；

p_{kmin}——基础底面边缘的最小压力标准值，kPa。

对于矩形基础，有

$$\left.\begin{matrix}p_{kmax}\\p_{kmin}\end{matrix}\right\}=\frac{F_k+G_k}{bl}\left(1\pm\frac{6e}{l}\right) \tag{8-19}$$

$$e=\frac{M_k}{F_k+G_k}$$

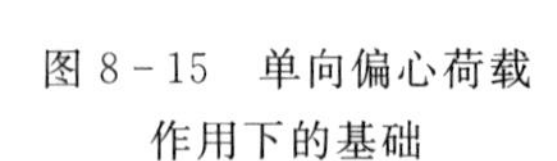

图8-15 单向偏心荷载作用下的基础

式中 e——偏心距，m；

l——基础底面偏心方向边长，m。

基础受偏心荷载时，基底压力应满足以下两个要求

$$\left.\begin{aligned} p_k&\leqslant f_a \\ p_{kmax}&\leqslant1.2f_a \end{aligned}\right\} \tag{8-20}$$

偏心荷载作用下基础底面尺寸，通常用试算法确定。即先不考虑偏心力矩，按轴心荷

载作用的公式计算出所需的基础底面积，然后视偏心大小将其增大10%～40%；并据此初步选定基底尺寸。初步拟定基底尺寸后，根据实际受荷情况及合力偏心距的大小计算出p_{kmax}，并用式（8-20）验算。如不满足要求，可增大基底面积，然后再进行验算；如试算后发现基底面积太大，则需相应减少基底尺寸，如此反复一两次，便可定出比较合适的基础底面尺寸。

在确定基底长度l时，应注意荷载对基底的偏心不宜太大，以保证基础不发生过分的倾斜。一般认为，在中、高压缩性土上的基础，或有吊车的工业厂房柱基础，偏心距e不宜大于$l/6$；但在个别情况下，例如对低压缩性地基上的基础，当考虑短暂作用的荷载（如地震荷载）时，可以放宽至$e=l/4$。

【例8-3】 同例8-2，但作用在基础顶面处的荷载还有力矩280kN·m和水平荷载25kN（图8-16），试确定矩形基础底面尺寸。

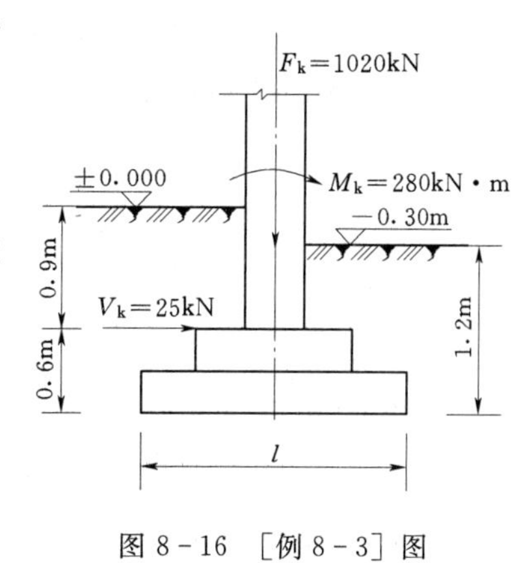

图8-16 ［例8-3］图

解：（1）初步确定基础底面尺寸。考虑荷载偏心，将按轴心荷载作用的公式计算出的基底面积增大20%，即

$$A=1.2\times\frac{F_k}{f_a-\gamma_G\bar{d}}=1.2\times4.36=5.23(\text{m}^2)$$

取基底长短边之比$n=l/b=2$，于是

$$b=\sqrt{\frac{A}{n}}=\sqrt{\frac{5.23}{2}}=1.6(\text{m})$$

$$l=nb=2\times1.6=3.2(\text{m})$$

因$b<3\text{m}$，故f_a无需做宽度修正。

（2）验算荷载偏心距e。基底处的总竖向力为

$$F_k+G_k=1020+20\times1.6\times3.2\times1.35=1138(\text{kN})$$

基底处的总力矩为

$$M_k=280+25\times0.6=295(\text{kN}\cdot\text{m})$$

偏心距为

$$e=\frac{M_k}{F_k+G_k}=\frac{295}{1138}=0.259(\text{m})<l/6=0.53(\text{m})（满足）$$

（3）验算基底最大压力p_{kmax}，即

$$p_{kmax}=\frac{F_k+G_k}{bl}\left(1+\frac{6e}{l}\right)=\frac{1138}{1.6\times3.2}\left(1+\frac{6\times0.259}{3.2}\right)$$

$$=330.2(\text{kPa})>1.2f_a=313.2(\text{kPa})（不满足）$$

（4）调整基底尺寸再验算。取$b=1.7\text{m}$，$l=3.4\text{m}$，则

$$F_k+G_k=1020+20\times1.7\times3.4\times1.35=1176(\text{kN})$$

$$e=\frac{295}{1176}=0.251(\text{m})<l/6=0.57(\text{m})（满足）$$

$$p_{kmax}=\frac{1176}{1.7\times3.4}\left(1\pm\frac{6\times0.251}{3.4}\right)=293.4(kPa)<1.2f_a=313.2(kPa)(满足)$$

所以基底尺寸确定为 1.7m×3.4m。

（二）地基软弱下卧层承载力验算

基础底面尺寸按上述方法初步确定后，如地基变形计算深度范围内存在软弱下卧层时，还应对软弱下卧层的承载力进行验算，要求作用在软弱下卧层顶面处的附加应力与自重应力之和不超过它的承载力特征值。即

$$\sigma_z+\sigma_{cz}\leqslant f_{az} \tag{8-21}$$

式中 σ_z——软弱下卧层顶面处的附加应力值，kPa；

σ_{cz}——软弱下卧层顶面处土的自重应力值，kPa；

f_{az}——软弱下卧层顶面处经深度修正后的地基承载力特征值，kPa。

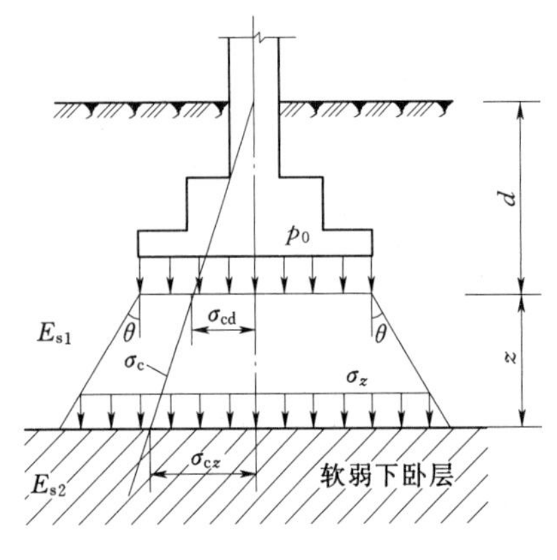

图 8-17 软弱下卧层承载力计算简图

关于附加应力 σ_z 的计算，《建筑地基基础设计规范》（GB 50007—2011）提出以下简化计算方法：当上层与软弱下卧层土的压缩模量比值 $E_{s1}/E_{s2}\geqslant3$ 时，对条形和矩形基础，式（8-21）中的 σ_z 可按压力扩散角的原理计算。如图 8-17 所示，假设基底附加应力 p_0 往下传递时，按某一角度 θ（扩散角）向外扩散至软弱下卧层表面，根据基底与扩散面积上的总附加应力相等的条件，可得附加应力 σ_z 的计算公式如下：

条形基础
$$\sigma_z=\frac{b(p_k-\sigma_{cd})}{b+2z\tan\theta} \tag{8-22}$$

矩形基础
$$\sigma_z=\frac{bl(p_k-\sigma_{cd})}{(l+2z\tan\theta)(b+2z\tan\theta)} \tag{8-23}$$

式中 b——条形基础或矩形基础的底面宽度，m；

l——矩形基础底面长度，m；

p_k——基底压力平均值，kPa；

σ_{cd}——基底处土的自重应力值，kPa；

z——基底至软弱下卧层顶面的距离，m；

θ——地基压力扩散角，可根据表 8-6 确定。

表 8-6 地基压力扩散角 θ

E_{s1}/E_{s2}	$Z=0.25b$	$Z\geqslant0.50b$	E_{s1}/E_{s2}	$Z=0.25b$	$Z\geqslant0.50b$
3	6°	23°	10	20°	30°
5	10°	25°			

注： 1. E_{s1} 为上层土压缩模量；E_{s2} 为下层土压缩模量。

2. 当 $Z<0.25b$ 时，一般取 $\theta=0°$，必要时由试验确定。

由式（8-23）可知，如要减少作用于软弱下卧层表面的附加应力 σ_z，可以采取加大基底面积（使扩散面积加大）或减小基础埋深（使 z 值加大）的措施。如果采取上述措

施，仍不能满足式（8－21）要求时，则应考虑另拟地基基础方案。

【例8－4】 如图8－18所示柱下矩形基础，底面尺寸为5.6m×2.8m，试根据图中各项资料验算持力层和软弱下卧层的承载力是否满足要求。

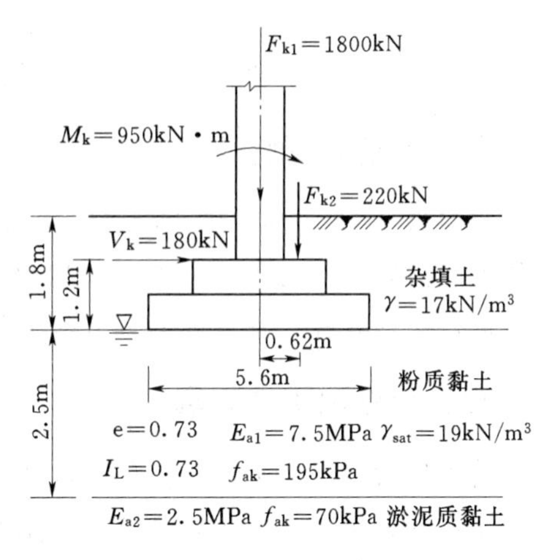

图8－18 ［例8－4］图

解：（1）持力层承载力验算。因$b=2.6\text{m}<3\text{m}$，只需对持力层承载力特征值进行深度修正。据$e=0.73$和$I_L=0.75$查表8－5，得$\eta_d=1.6$，由式（8－11）得

$$f_a=f_{ak}+\eta_d\gamma_0(d-0.5)=195+1.6\times17\times(1.8-0.5)=230.4(\text{kPa})$$

基底处得总竖向力为

$$F_k+G_k=1800+220+20\times2.8\times5.6\times1.8=2584(\text{kN})$$

基底处的总力矩为

$$M_k=950+220\times0.62+180\times1.2=1302(\text{kN}\cdot\text{m})$$

基底平均压力为

$$p_k=\frac{F_k+G_k}{A}=\frac{2584}{2.8\times5.6}=164.8(\text{kPa})$$

偏心距为

$$e=\frac{M_k}{F_k+G_k}=\frac{1302}{2584}=0.504(\text{m})<l/6=0.93(\text{m})(\text{满足})$$

基底最大压力为

$$p_{k\max}=p_k\left(1+\frac{6e}{l}\right)=164.8\times\left(1+\frac{6\times0.504}{5.6}\right)=253.8(\text{kPa})<1.2f_a=276.5(\text{kPa})\ (\text{满足})$$

（2）软弱下卧层承载力验算。由$E_{s1}/E_{s2}=7.5/2.5=3$，$Z=2.5(\text{m})>0.50b=0.50\times2.8=1.4\text{m}$，查表8－6得$\theta=23°$。

下卧层顶面处的附加应力为

$$\sigma_z=\frac{lb(p_k-\sigma_{cd})}{(l+2z\tan\theta)(b+2z\tan\theta)}=\frac{5.6\times2.8\times(164.8-17\times1.8)}{(5.6+2\times2.5\times\tan23°)(2.8+2\times2.5\times\tan23°)}=55.4(\text{kPa})$$

下卧层顶面处的自重应力为

$$\sigma_{cz}=17\times1.8+(19-10)\times2.5=53.1(\text{kPa})$$

软弱下卧层顶层处的承载力特征值修正：

由淤泥质黏土查表9－5得$\eta_d=1.0$，而$\gamma_0=\frac{\sigma_{cz}}{d+z}=\frac{53.1}{1.8+2.5}=12.3$（kN/m^3），则

$$f_{az}=70+1.0\times12.3\times(1.8+2.5-0.5)=116.7(\text{kPa})$$

$$\sigma_z+\sigma_{cz}=55.4+53.1=108.5(\text{kPa})<f_{az}=116.7(\text{kPa})(\text{满足})$$

经验算，持力层和软弱下卧层的承载力均满足要求。

三、地基变形验算

对于表 8-2 所列范围内的丙级建筑物，按地基承载力计算已满足地基变形要求，不必作沉降计算。但对于甲、乙设计等级的建筑物和表 8-2 所列范围以外的丙级建筑物，尚应进行变形验算。其具体验算方法见第四章有关内容。

四、地基稳定性验算

对于经常承受水平荷载作用的高层建筑物、高耸结构物以及建造在斜坡上或边坡附近的建筑物和构筑物，应对地基进行稳定性验算。

在水平荷载和竖向荷载的共同作用下，基础可能和深部土层一起发生整体滑动破坏。这种地基破坏通常采用圆弧滑动面法进行验算，要求最危险的滑动面上诸力对滑动中心所产生的抗滑力矩 M_R 与滑动力矩 M_S 应符合下式要求

$$K=\frac{M_R}{M_S}\geqslant 1.2 \tag{8-24}$$

式中 K——地基稳定安全系数。

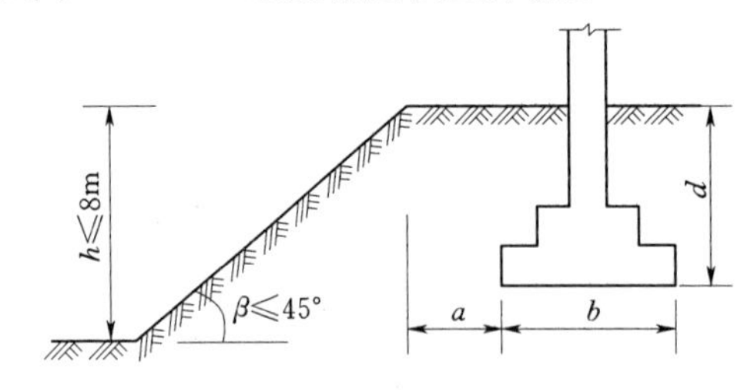

图 8-19 基础底面外缘至坡顶的水平距离示意图

对于建于坡高和坡角不太大（$\beta\leqslant 45°$）的稳定土坡坡顶的基础（图 8-19），当垂直于坡顶边缘线的基础底面边长 $b\leqslant 3\text{m}$ 时，其基础底面外缘至坡顶边缘的水平距离 a 应符合下式要求，但不得小于 2.5m：

条形基础
$$a\geqslant 3.5b-\frac{d}{\tan\beta} \tag{8-25}$$

矩形基础
$$a\geqslant 2.5b-\frac{d}{\tan\beta} \tag{8-26}$$

式中 b——垂直于坡顶边缘线的基础底面边长，m；

d——基础埋置深度，m；

β——边坡坡角，(°)。

当不能满足式（8-25）、式（8-26）的要求时，可以根据基底平均压力按式（8-24）进行土坡稳定验算，以确定基础底面外缘距坡顶边缘的水平距离和基础埋深。

当边坡坡角大于 45°、坡高大于 8m 时，尚应按式（8-24）验算坡体稳定性。

第五节 无筋扩展基础设计

无筋扩展基础一般用砖、毛石、混凝土、毛石混凝土、灰土和三合土等材料建造，如前所述，这种基础抗压性好，但抗拉、抗剪性能很差。因此必须控制基础内的拉应力和剪应力。设计时，可以通过控制材料强度等级和台阶宽高比来确定基础的截面尺寸，而无需进行内力分析和截面计算。

一、构造要求

图8-20所示为无筋扩展基础构造示意图，为保证无筋扩展基础不因受拉或受剪而破坏，要求基础台阶的宽度和高度之比不超过相应材料要求的允许值。为此，《地基规范》规定，基础高度 H_0 应满足下列条件

$$H_0 \geqslant \frac{b-b_0}{2\tan\alpha} \tag{8-27}$$

式中　H_0——基础高度，m；

b——基础底面宽度，m；

b_0——基础顶面的墙体宽度或柱脚宽度，m；

$\tan\alpha$——基础台阶宽高比 $b_2:H_0$，其允许值可按表8-7选用；

b_2——基础台阶宽度，m。

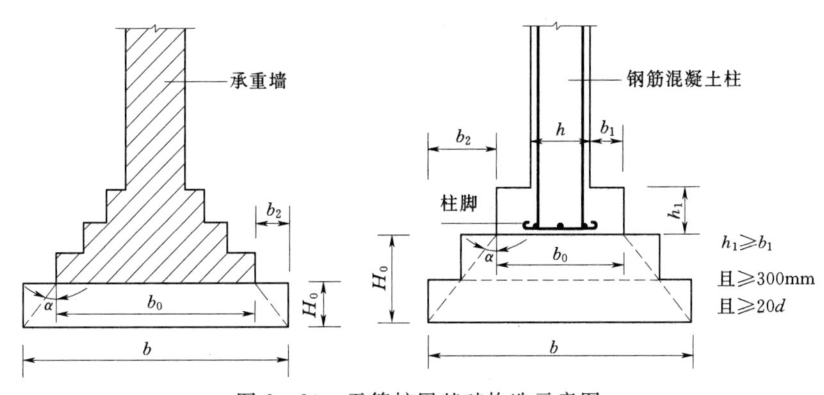

图8-20　无筋扩展基础构造示意图

d—柱中纵向钢筋直径

表8-7　无筋扩展基础台阶宽高比的允许值（$\tan\alpha$）

基础材料	质　量　要　求	台阶宽高比的允许值		
		$p_k \leqslant 100$	$100 < p_k \leqslant 200$	$200 < p_k \leqslant 300$
混凝土基础	C15混凝土	1∶1.00	1∶1.00	1∶1.25
毛石混凝土基础	C15混凝土	1∶1.00	1∶1.25	1∶1.50
砖基础	砖不低于MU10、砂浆不低于M5	1∶1.50	1∶1.50	1∶1.50
毛石基础	砂浆不低于M5	1∶1.25	1∶1.50	—
灰土基础	体积比为3∶7或2∶8的灰土 其最小干密度：粉土1.55 t/m³ 粉质黏土1.50 t/m³ 黏土1.45t/m³	1∶1.25	1∶1.50	—
三合土基础	体积比为1∶2∶4～1∶3∶6 （石灰∶砂∶骨料），每层约虚铺220mm， 夯至150mm	1∶1.50	1∶2.00	—

注：1. p_k 为荷载效应标准组合时基础底面处的平均压力，kPa。
2. 阶梯形毛石基础的每阶梯伸出宽度，不宜大于200mm。
3. 当基础由不同材料叠合组成时，应对接触部分作抗压验算。
4. 基础底面处的平均压力超过300kPa的混凝土基础，尚应进行抗剪验算。

由于台阶宽高比的限制，无筋扩展基础的高度一般都较大，如基础埋深较浅，可选择刚性角 α 较大的基础类型（如混凝土基础），如仍不满足，则应采用扩展基础。

二、基础材料要求与适用范围

（一）砖基础

砖基础所用的砖必须是黏土砖或蒸压灰砂砖，轻质砖不得用于基础。砖的强度等级不得低于 MU10（严寒地区饱和地基，砖的最低标号为 MU20），砂浆不低于 M5。地下水位以下或地基土潮湿时应采用水泥砂浆砌筑。

砖基础各部分的尺寸应符合砖的模数。砖基础一般做成阶梯形，俗称“大放脚”，其砌筑方式有两种（图 8－21）：一是“两皮一收”，即每层为两皮砖，高度为 120(mm)，收进 1/4 砖长（即 60mm）；另一是“二、一间隔收”，即从底层开始，先砌两皮砖，收进 1/4 砖长，再砖一皮砖，收进 1/4 砖长，如此反复。

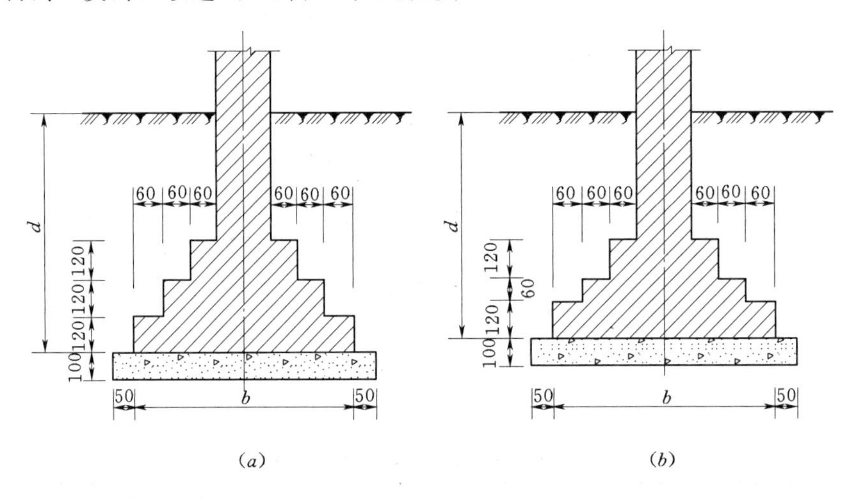

图 8－21 砖基础剖面图（单位：mm）
（a）“两皮一收”砌法；（b）“二、一间隔收”砌法

为了保证砖基础的砌筑质量，砖基础底面以下常设垫层。垫层材料可选择灰土、三合土或素混凝土。垫层每边伸出基础底面 50mm，厚度不宜小于 100mm。

砖基础由于具有取材容易、价格便宜、施工简便的特点，因而广泛应用于 6 层及 6 层以下的民用建筑和墙承重厂房。

（二）毛石基础

毛石是指未经加工的石材。毛石基础应选用未经风化的硬质岩石以砂浆砌筑，一般采用混合砂浆或水泥砂浆。当基底压力较小，且基础位于地下水位以上时，也可用白灰砂浆。

毛石基础一般砌筑成阶梯形（图 8－22）。毛石的形状不规整，不易砌平，为了保证毛石基础的整体刚性传力均匀，每一台阶宜砌三排或三排以上毛石（视石块大小和规整情况定），每阶收进宽度应小于 200mm，每阶高度不小于 400mm。

由于毛石之间空隙较大，如果砂浆黏结的性能较差，则不能用于层数较多的建筑物。

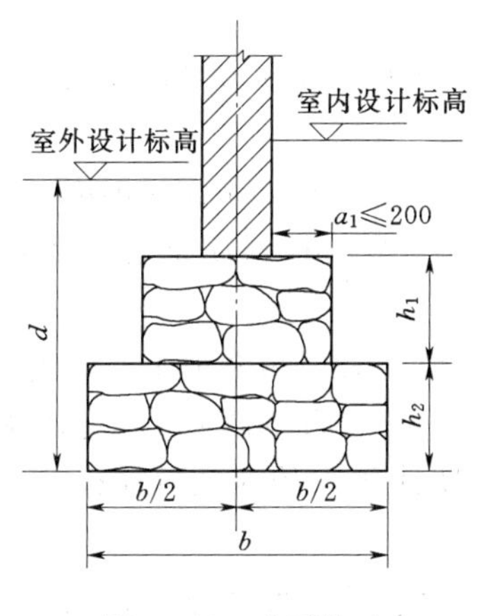

图 8-22　毛石基础

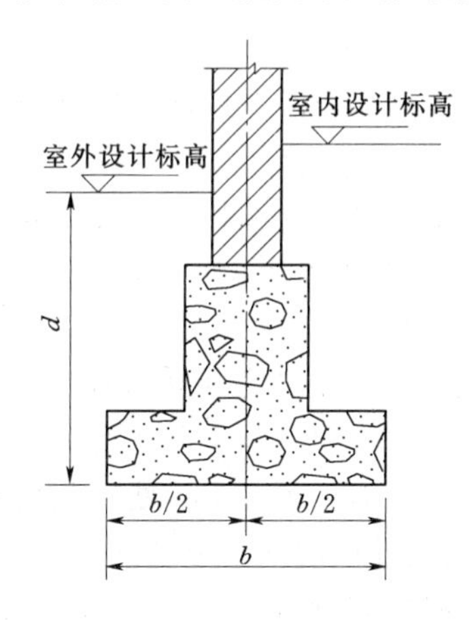

图 8-23　毛石混凝土基础

（三）混凝土或毛石混凝土基础

混凝土基础的混凝土强度等级，一般采用 C15。基础的剖面形式有阶梯形和锥形等，按基础的尺寸大小和施工条件确定。混凝土的强度、耐久性与抗冻性都优于砖，且刚度大，便于机械化施工。因此，当荷载较大，采用其他基础材料不能满足刚性角要求或位于地下水位以下时，常采用混凝土基础。但混凝土基础的水泥用量大，造价稍高。如基础体积较大，为了节约水泥用量，可以掺入 20%～30%毛石做成毛石混凝土基础（图 8-23）。掺入的毛石强度等级不低于 MU20，其尺寸不宜大于 300mm，使用前须冲洗干净。

毛石混凝土基础施工时，应先浇灌 100～500mm 厚的混凝土层，再铺砌毛石，毛石插入混凝土约一半后，再灌注混凝土，填满所有空隙，再逐层铺设毛石或灌注混凝土。

（四）灰土基础

灰土是用石灰和土料配制而成的。所用石灰以块状生石灰为宜，在使用前加水，闷成熟石灰粉末，并需过 5mm 筛子。土料宜就地取材，以粉质黏土为好，应过 15mm 筛。石灰和土料的体积比为 3∶7 或 2∶8。

灰土基础施工方法：每层虚铺灰土 200～250mm，夯实后为 150mm，称为“一步灰土”。根据工程的需要，可铺设二步灰土或三步灰土，即厚度为 300mm 或 450mm。施工时，基坑应保持干燥，防止灰土早期浸水，灰土拌和要均匀，湿度要适当，含水率过大或过小不易夯实。因此，最好实地量测其最优含水率，使在一定夯击能量下，达到最大干密度（夯实后最小干密度应满足：粉土 1.55t/m^3，粉质黏土 1.50t/m^3，黏土 1.45t/m^3）。

合格灰土的承载力可达 250～300kPa。灰土的缺点是早期强度低、抗水性差，尤其在水中硬化很慢。因此，灰土基础通常只适用于地下水位以上。在我国的华北和西北地区，广泛用于 5 层及 5 层以下的民用房屋和墙承重的轻型厂房。

（五）三合土基础

三合土是由石灰、砂和骨料（碎石、碎砖或矿渣等），按体积比 1∶2∶4 或 1∶3∶6 配制而成，经加适量水拌和后，均匀铺入基槽，每层虚铺厚度约 220mm，夯至 150mm。

三合土的强度与骨料有关；矿渣最好，因其具有水硬性；碎砖次之，碎石因不易夯实质量较差。

三合土基础在我国南方地区使用较多，一般用于地下水位较低的4层及4层以下的民用建筑工程中。

无筋扩展基础可由不同材料叠合组成，如上层用砖砌体，下层用混凝土。这时下层混凝土的高度须大于或等于200mm，并应符合表8-7的材料质量要求和台阶宽高比的要求。

【例8-5】 某4层住宅承重墙厚240mm，场地土表层为杂填土，厚度0.65m，重度17.3kN/m³。其下为粉质黏土，重度18.3 kN/m³，承载力特征值 f_{ak} 为160kPa，孔隙比0.86。地下水位在地表下0.8m处。若已知上部墙体传来的荷载效应标准组合竖向值为176 kN/m，试设计该墙下条形基础。

解：(1) 确定基础宽度 b。为了便于施工，基础宜置于地下水位以上，初选基础埋深 $d=0.8$m，则粉质黏土层为持力层，先对持力层承载力进行宽度修正，由 $e=0.86$ 查表8-5得承载力修正系数 $\eta_d=1.0$。

$$\gamma_0=\frac{17.3\times0.65+18.3\times0.15}{0.8}=17.5(\text{kN/m}^3)$$

则持力层的承载力特征值初定为

$$f_a=f_{ak}+\eta_d\gamma_0(d-0.5)=160+17.5\times1.0\times(0.8-0.5)=165(\text{kPa})$$

条形基础宽度为

$$b\geqslant\frac{F_k}{f_a-\gamma_G d}=\frac{176}{165-20\times0.8}=1.18(\text{m})$$

取基础宽度 $b=1200$mm，因 $b<3$m，故承载力特征值不需进行宽度修正。

(2) 选择基础材料，并确定基础剖面尺寸。

方案Ⅰ 采用MU10砖和M5砂浆砌“二、一间隔收”砖基础，基底下做100mm厚C10素混凝土垫层。砖基础所需台阶数为

$$n\geqslant\frac{b-b_0}{2b_1}=\frac{1}{2}\times\frac{1200-240}{60}=8$$

基础高度 $$H_0=120\times4+60\times4=720(\text{mm})$$

基础高720mm，垫层厚100mm，基础顶面低于设计地面至少100mm，基坑最小开挖深度 $D_{min}=720+100+100=920$ (mm)，已深入地下水位下，必然给施工带来困难。且此时基础埋深 $d=820$mm 已超过初选时的深度800mm，可见方案Ⅰ不合理。

方案Ⅱ 基础下层采用300mm厚的C15素混凝土基础（混凝土基础刚性角较大，可降低基础设计高度），其上采用“二、一间隔收”砖基础。

混凝土基础设计如下：

基底压力 $$p_k=\frac{F_k+G_k}{A}=\frac{176+20\times0.8\times1.0\times1.2}{1.2\times1.0}=163(\text{kPa})$$

由表 8-7 查得 C15 混凝土基础的宽高比允许值 $\tan\alpha=1.0$，所以混凝土基础收进 300mm。

砖基础所需台阶数为

$$n \geqslant \frac{1}{2} \times \frac{1200-240-2\times300}{60}=3$$

基础高度

$$H_0=120\times2+60\times1+300=600(\text{mm})$$

基础顶面至地表的距离假定为 200mm，则基础埋深 $d=0.8$m，与初选基础埋深吻合，可见方案Ⅱ合理。

（3）绘制基础剖面图，如图 8-24 所示。

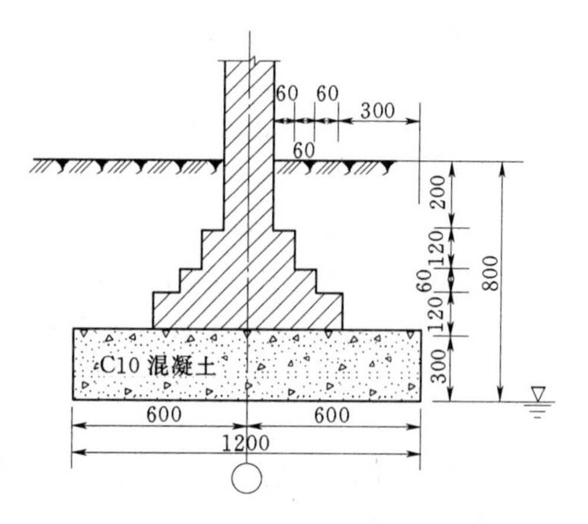

图 8-24　［例 8-5］无筋扩展基础剖面（单位：mm）

第六节　扩 展 基 础 设 计

如前所述，扩展基础是指墙下钢筋混凝土条形基础和柱下钢筋混凝土独立基础，具有良好的抗弯和抗剪能力，因而适用于上部结构荷载较大以及承受偏心荷载、水平荷载的建筑物基础。在地基表层土质较好、下层土质软弱的情况，利用表层好土层设计浅埋基础，最适宜采用扩展基础。

一、构造要求

（一）一般构造要求

扩展基础的构造，应符合下列要求：

（1）扩展基础通常在底板下浇筑一层素混凝土垫层。垫层厚度不宜小于 70mm，每边伸出底板 50～100mm，混凝土强度等级应为 C10。

（2）锥形基础的边缘高度不宜小于 200mm，顶部每边应沿柱（或墙）边放出 50mm，如图 8-25（a）所示，基础高度 $h\leqslant250$mm 时，可做成等厚度板；阶梯形基础的每阶高度宜为 300～500mm，如图 8-25（b）所示。

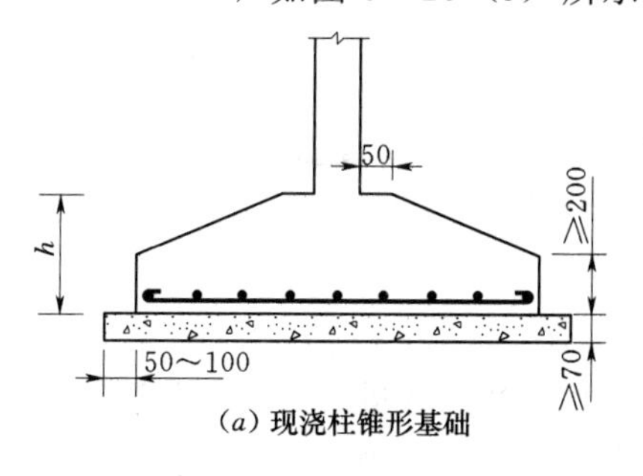

（a）现浇柱锥形基础

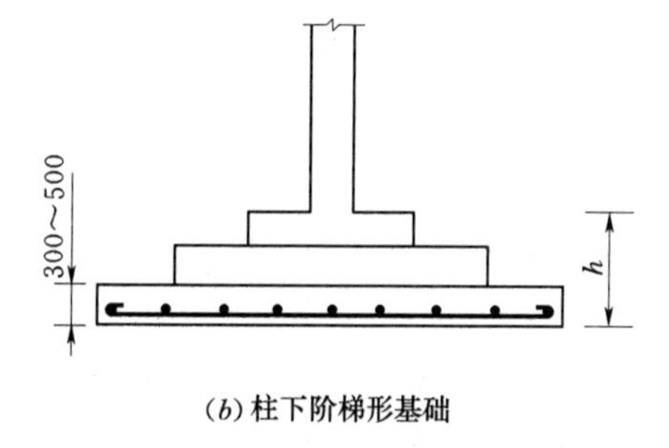

（b）柱下阶梯形基础

图 8-25　柱下独立基础

(3) 底板受力钢筋的最小直径不宜小于 10mm，间距不宜大于 200mm，也不宜小于 100mm。

墙下钢筋混凝土条形基础纵向分布钢筋的直径不小于 8mm，间距不大于 300mm，每延米分布钢筋的面积应不小于受力钢筋面积的 1/10。底板钢筋的保护层厚度当设垫层时不宜小于 40mm，无垫层时不宜小于 70mm。

(4) 混凝土强度等级不宜低于 C20。

(5) 当柱下钢筋混凝土独立基础的边长和墙下钢筋混凝土条形基础的宽度不小于 2.5m 时，底板受力钢筋的长度可取边长或宽度的 0.9 倍，并宜交错布置，如图 8-26 (*a*) 所示。

(6) 钢筋混凝土条形基础底板在 T 形及十字形交接处，底板横向受力钢筋仅沿一个主要受力方向通长布置，另一方向的横向受力钢筋可布置到主要受力方向底板宽度 1/4 处，图 8-26 (*b*) 所示。在拐角处底板横向受力钢筋应沿两个方向布置，如图 8-26 (*c*) 所示。

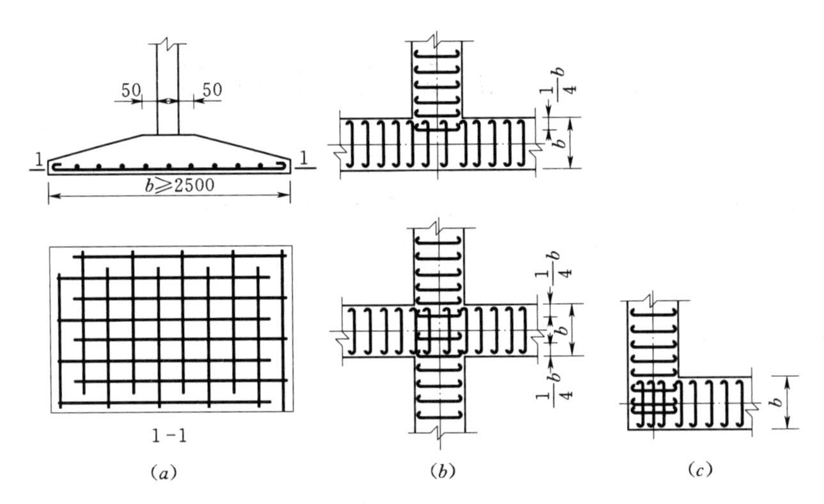

图 8-26 扩展基础底板受力钢筋布置示意图

(二) 现浇柱 (墙) 基础的构造要求

(1) 钢筋混凝土柱和墙纵向受力钢筋在基础内的锚固长度 l_a 应根据现行《混凝土结构设计规范》(GB 50010—2010) 有关规定确定：

1) 轴心受压及小偏心受压时 $l_a \geqslant 15d$，大偏心受压时 $l_a \geqslant 25d$ (d 为纵向受力钢筋的直径)。

2) 有抗震设防要求时，纵向受力钢筋的最小锚固长度 l_{aE} 应按下式计算：

$$\left.\begin{array}{ll}\text{一、二级抗震等级} & l_{aE}=1.15l_a \\ \text{三级抗震等级} & l_{aE}=1.05l_a \\ \text{四级抗震等级} & l_{aE}=l_a\end{array}\right\} \qquad (8-28)$$

(2) 柱的纵向钢筋可通过插筋锚入基础中。其插筋的数量、直径以及钢筋种类应与柱内纵向钢筋相同。插入基础的钢筋，上下至少应有两道箍筋固定。插筋的锚固长度应满足上述要求。插筋与柱的纵向受力钢筋的连接方法，应符合《混凝土结构设计规范》(GB

50010—2010）的规定。插筋的下端宜做成直钩放在基础底板钢筋网上。当符合下列条件之一时，可仅将四角的插筋伸至底板钢筋网上，其余插筋锚固在基础顶面下 l_a 或 l_{aE}（有抗震设防要求时）处（图 8-27）：

1）柱为轴心受压或小偏心受压，基础高度不小于 1200mm。

2）柱为大偏心受压，基础高度不小于 1400mm。

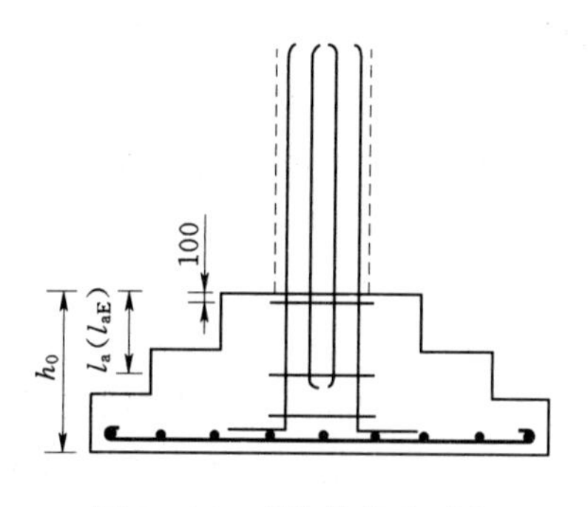

图 8-27　现浇柱的基础中插筋构造示意图

（三）预制柱基础的构造要求

预制钢筋混凝土柱与杯口、高杯口基础的连接及构造要求详见《建筑地基基础设计规范》（GB 50007—2011）第 8.2.5 条和 8.2.6 条有关规定。

二、墙下钢筋混凝土条形基础计算

墙下钢筋混凝土条形基础的截面设计包括确定基底高度和基础底板配筋。在这些计算中，一般不考虑基础自重和基础上方回填土重所引起的反力，而只考虑由上部结构设计荷载 F 在基底产生的地基反力 p_j（称为地基净反力）。计算时，沿墙的长度方向取 1m 作为计算单元。

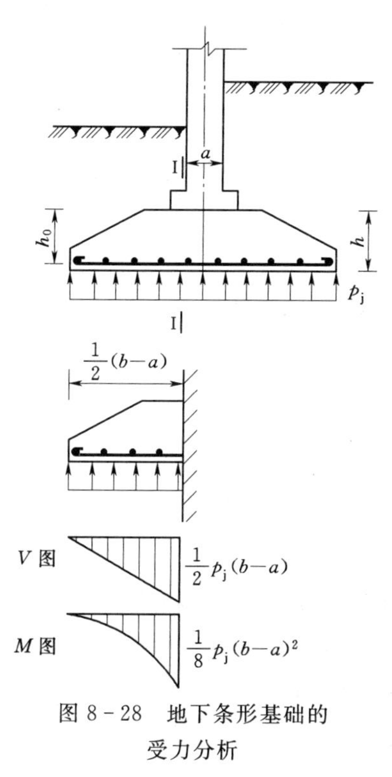

图 8-28　地下条形基础的受力分析

（一）轴心荷载作用

如图 8-28 所示，墙下钢筋混凝土条形基础在轴心荷载 F 作用下的受力情况如同一倒置的悬臂梁。在地基净反力 p_j 的作用下，基础底板内将产生弯矩 M 和剪力 V，其值在Ⅰ—Ⅰ截面（底板支座）处最大

$$V=\frac{1}{2}p_j(b-a) \tag{8-29}$$

$$M=\frac{1}{8}p_j(b-a)^2 \tag{8-30}$$

其中

$$p_j=\frac{F}{b} \tag{8-31}$$

式中　V——基础底板支座处的剪力设计值，kN/m；

M——基础底板支座处的弯矩设计值，kN·m/m；

p_j——地基净反力设计值，kPa；

F——相应于荷载效应基本组合时上部结构传至基础顶面的竖向力值，kN/m；

b——基底宽度，m；

a——墙体厚度，m。

为了防止因 V、M 作用而使基础底板发生强度破坏，基础底板应有足够的高度和按计算配筋。

1. 基础高度的确定

基础内不配箍筋和弯筋，故基础高度由混凝土的受剪承载力确定：

$$V \leqslant 0.7 f_t h_0 \tag{8-32a}$$

或

$$h_0 \geqslant \frac{V}{0.7 f_t} \tag{8-32b}$$

式中 f_t——混凝土轴心抗拉强度设计值，kPa；

h_0——基础有效高度，mm。

基础有效高度为基础高度 h 减去钢筋保护层厚度和 1/2 受力钢筋直径 ϕ，即：

有垫层时

$$h_0 = h - 40 - \frac{\phi}{2} \tag{8-33a}$$

无垫层时

$$h_0 = h - 70 - \frac{\phi}{2} \tag{8-33b}$$

根据经验，条形基础的高度，一般约为基础宽度 b 的 1/6～1/8，初步拟定基础高度后，再根据剪力值按式（8-32a）进行抗剪强度验算。一般情况下，条形基础的抗剪强度均能满足要求。

2. 基础底板配筋的计算

基础底板每米长的受力钢筋面积按下式确定

$$A_s = \frac{M}{0.9 h_0 f_y} \tag{8-34}$$

式中 A_s——条形基础底板每延米受力钢筋截面积，mm^2/m；

f_y——钢筋抗拉强度设计值，N/mm^2。

注意，实际计算时，将各数值代入式（8-34）的单位应统一，弯矩 M 单位为 N·mm/m，h_0 单位为 mm。

（二）偏心荷载作用

在偏心荷载作用下，基础边缘处的最大和最小净反力设计值为

$$\begin{matrix} p_{jmax} \\ p_{jmin} \end{matrix} = \frac{F}{b} \pm \frac{6M}{b^2} \tag{8-35a}$$

或

$$\begin{matrix} p_{jmax} \\ p_{jmin} \end{matrix} = \frac{F}{b}\left(1 \pm \frac{6e_{j0}}{b}\right) \tag{8-35b}$$

式中 e_{j0}——荷载的净偏心距，$e_{j0} = M/F$，m；

M——相应于荷载效应基本组合时作用于基础底面的力矩值，kN·m/m；

F——相应于荷载效应基本组合时上部结构传至基础顶面的竖向力值，kN/m。

基础底板支座处，即Ⅰ—Ⅰ截面（图 8-29）的地基净反力为

$$p_{jⅠ} = p_{jmin} + \frac{b+a}{2b}(p_{jmax} - p_{jmin}) \tag{8-36}$$

基础高度和配筋仍按式（8-32）和式（8-34）计算，但式中的剪力和弯矩设计值应该按下列公式计算为

$$V=\frac{1}{4}(p_{jmax}+p_{jI})(b-a) \qquad (8-37)$$

$$M=\frac{1}{16}(p_{jmax}+p_{jI})(b-a)^2 \qquad (8-38)$$

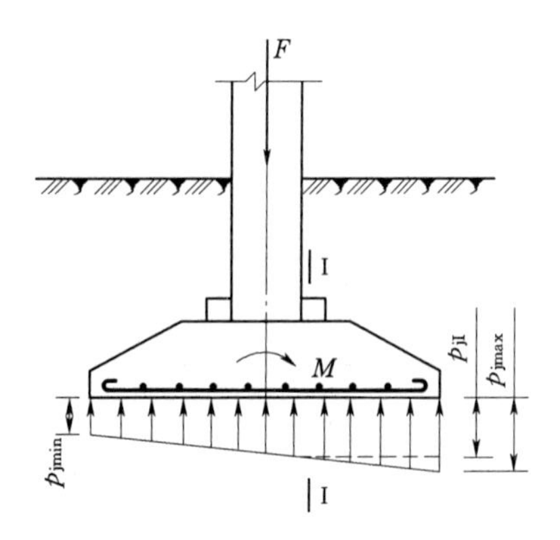

图 8-29　偏心受压条形基础的计算

【例 8-6】 某墙下钢筋混凝土条形基础，墙厚 240mm，上部结构传至基础顶面的轴心荷载 $F=440kN/m$，弯矩 $M=40kN\cdot m/m$。条形基础的底面宽度由地基承力条件确定为 2m，基础采用 C20 混凝土，HPB235 级钢筋，底板下设 100 厚 C10 混凝土垫层。试设计此基础剖面尺寸并进行底板配筋。

解：(1) 确定基础高度。基础边缘处的最大和最小净反力为

$$\frac{p_{jmax}}{p_{jmin}}=\frac{F}{b}\pm\frac{6M}{b^2}=\frac{440}{2}\pm\frac{6\times40}{2^2}=\frac{280}{160}(kPa)$$

计算Ⅰ—Ⅰ截面的地基净反力，即

$$p_{jI}=p_{jmin}+\frac{b+a}{2b}(p_{jmax}-p_{jmin})$$

$$=160+\frac{2+0.24}{2\times2}\times(280-160)=227.2(kPa)$$

计算Ⅰ—Ⅰ截面的剪力设计值，即

$$V_I=\frac{1}{4}(p_{jmax}+p_{jI})(b-a)$$

$$=\frac{1}{4}\times(280+227.2)\times(2-0.24)=223.2(kN/m)$$

计算基础所需的有效高度（因基础采用 C20 混凝土，查表得 $f_t=1.1N/mm^2$）为

$$h_0\geqslant\frac{V_I}{0.7f_t}=\frac{223.2\times10^3}{0.7\times1.1\times10^3}=290(mm)$$

基础边缘高度取 200mm，基础高度取 350mm，则基础实际有效高度

$$h_0=350-40-\frac{20}{2}=300(mm)>290mm(满足)$$

(2) 底板配筋计算。计算Ⅰ—Ⅰ截面的弯矩设计值为

$$M_I=\frac{1}{16}(p_{jmax}+p_{jI})(b-a)^2=\frac{1}{16}\times(280+227.2)\times(2-0.24)^2$$

$$=98.2(kN\cdot m/m)$$

计算基础底板每延米受力钢筋面积（查表得 HPB235 级钢筋的抗拉强度 $f_y=210N/mm^2$）为

$$A_s=\frac{M_I}{0.9h_0f_y}=\frac{98.2\times10^6}{0.9\times300\times210}=1732(mm^2)$$

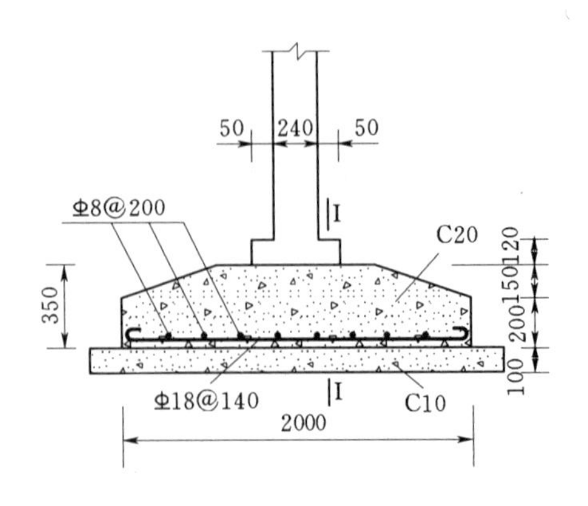

图 8-30 [例 8-6] 墙下钢筋混凝土条形基础剖面（单位：mm）

选配Φ 18@140（实配 $A_s=1817\text{mm}^2>1732\text{mm}^2$），沿垂直于砖墙长度方向配置。纵向分布筋取Φ 8@200。

三、柱下钢筋混凝土独立基础计算

（一）轴心荷载作用

1. 基础高度的确定

基础高度由混凝土受冲切承载力确定。在柱轴心荷载作用下，如果基础高度（或阶梯高度）不足，则将沿柱周边（或阶梯高度变化处）产生冲切破坏，形成 45°斜裂面的锥体（图 8-31）。因此，由冲切破坏锥体以外的地基净反力所产生的冲切力应小于冲切面处混凝土的抗冲切能力。对于矩形基础，往往柱短边一侧冲切破坏较柱长边一侧危险，所以只需根据短边一侧的冲切破坏条件确定基础高度。

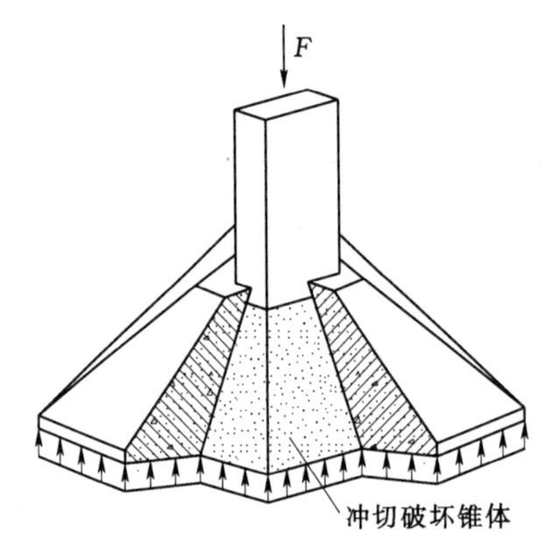

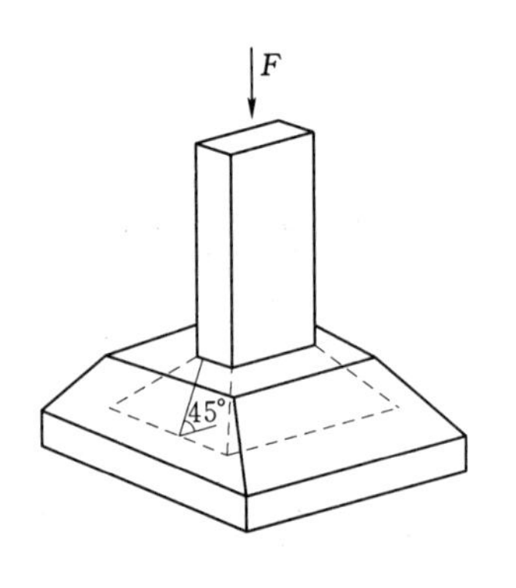

图 8-31 基础冲切破坏

对矩形截面柱的矩形基础，应验算柱与基础交接处以及基础变阶处的受冲切承载力。受冲切承载力应按下列公式验算

$$F_l \leqslant 0.7\beta_{hp} f_t b_m h_0 \tag{8-39a}$$

$$F_l = p_j A_l \tag{8-39b}$$

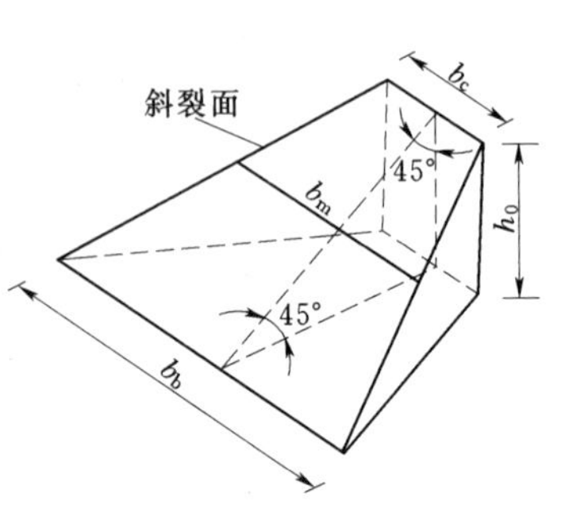

图 8-32 冲切斜裂面上、下边长

式中 F_l——相应于荷载效应基本组合时作用在冲切破坏锥体斜裂面以外面积 A_l 上的地基净反力产生的冲切力设计值，kN；

β_{hp}——受冲切承载力截面高度影响系数，当基础高度 $h\leqslant 800\text{mm}$ 时，β_{hp} 取 1.0；当 $h\geqslant 2000\text{mm}$ 时，β_{hp} 取 0.9，其间按线性内插法取值；

f_t——混凝土轴心抗拉强度设计值，kPa；

b_m——冲切破坏锥体最不利一侧的计算长度，取冲切破坏锥体斜截面上、下（顶、底）边长 b_c、b_b 的平均值（图 8-32）；

h_0——基础冲切破坏锥体的有效高度，m；

p_j——相应于荷载效应基本组合的地基净反力，对偏心受压基础取基础边缘处最大地基净反力，kPa；

A_l——冲切验算时取用的受地基净反力作用的基底面积（图 8-33 和图 8-34 中的阴影面积）。

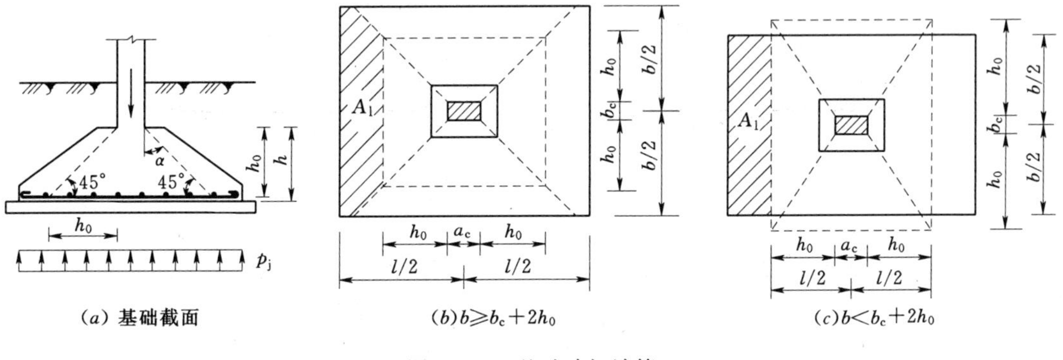

图 8-33　基础冲切计算

A_l 验算时分以下两种情况：

（1）当 $b \geqslant b_c + 2h_0$ 时，冲切破坏锥体的底面落在基础底面范围之内［图 8-33（b）和图 8-34］：

$$A_l = \left(\frac{l}{2} - \frac{a_c}{2} - h_0\right)b - \left(\frac{b}{2} - \frac{b_c}{2} - h_0\right)^2$$

$$b_m = b_c + h_0$$

将 A_l 和 b_m 代入式（8-39），得柱与基础交接处冲切力验算公式

$$p_j\left[\left(\frac{l}{2} - \frac{a_c}{2} - h_0\right)b - \left(\frac{b}{2} - \frac{b_c}{2} - h_0\right)^2\right] \leqslant 0.7\beta_{hp} f_t (b_c + h_0) h_0 \tag{8-40}$$

式中　a_c、b_c——柱长边、短边长度；

其余符号同前。

（2）当 $b < b_c + 2h_0$ 时，冲切破坏锥体的底面在 b 方向落在基础底面以外［图 8-33（c）］：

$$A_l = \left(\frac{l}{2} - \frac{a_c}{2} - h_0\right)b$$

$$b_m h_0 = (b_c + h_0)h_0 - \left(\frac{b_c}{2} + h_0 - \frac{b}{2}\right)^2$$

则验算柱与基础交接处冲切强度时，冲切力按下式计算

$$p_j\left(\frac{l}{2} - \frac{a_c}{2} - h_0\right)b \leqslant 0.7\beta_{hp} f_t\left[(b_c + h_0)h_0 - \left(\frac{b_c}{2} + h_0 - \frac{b}{2}\right)^2\right] \tag{8-41}$$

如果冲切破坏锥体的底面全部落在基础底面以外，则不会产生冲切破坏，不必作冲切验算。

设计时一般先按经验确定基础高度，得出 h_0，再代入式（8-40）或式（8-41）进行验算，直至抗冲切力（公式右边）稍大于冲切力（公式左边）为止。

对于阶梯形基础，除了对柱边进行冲切验算外，还应对上一阶底边变阶处进行下阶的冲切验算，验算方法与上述柱边冲切验算相同，只是在使用式（8-40）和式（8-41）时，a_c、b_c 分别换为上阶的长边 a_1 和短边 b_1，h_0 换为下阶的有效高度 h_{01}［图 8-34（b）］便可。

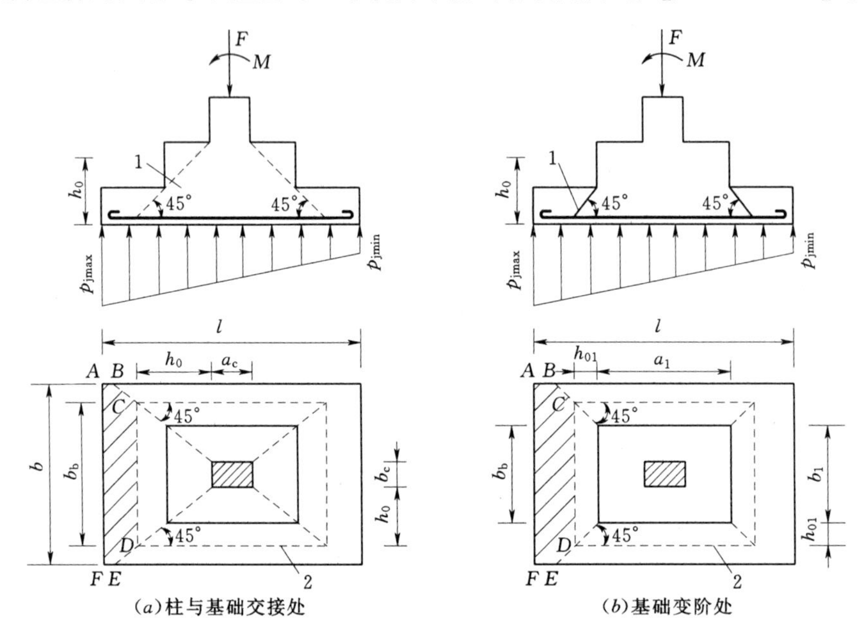

图 8-34　阶梯形基础冲切计算

1—冲切破坏锥体最不利一侧的斜截面；2—冲切破坏锥体的底面线

2. 基础底板配筋计算

独立基础底板在地基净反力作用下，在两个方向均发生弯曲，故两个方向均需配受力钢筋，钢筋面积按两个方向的最大弯矩分别计算。最大弯矩产生在沿柱边Ⅰ—Ⅰ截面和Ⅱ—Ⅱ截面处［图 8-35（a）］，其弯矩 M_{I}、M_{II} 和钢筋面积 $A_{s\mathrm{I}}$、$A_{s\mathrm{II}}$ 按式（8-42）～式（8-45）进行计算。

Ⅰ—Ⅰ截面

$$M_{\mathrm{I}}=\frac{1}{24}p_j(l-a_c)^2(2b+b_c) \tag{8-42}$$

$$A_{s\mathrm{I}}=\frac{M_{\mathrm{I}}}{0.9h_0f_y} \tag{8-43}$$

Ⅱ—Ⅱ截面

$$M_{\mathrm{II}}=\frac{1}{24}p_j(b-b_c)^2(2l+a_c) \tag{8-44}$$

$$A_{s\mathrm{II}}=\frac{M_{\mathrm{II}}}{0.9h_0f_y} \tag{8-45}$$

阶梯形基础在变阶处也是抗弯的危险截面，因此还应分别计算变阶处Ⅲ—Ⅲ和Ⅳ—Ⅳ截面［图 8-35（b）］的弯矩 M_{III}、M_{IV} 和钢筋面积 $A_{s\mathrm{III}}$、$A_{s\mathrm{IV}}$，计算时只需把式（8-42）～式（8-45）中的 a_c、b_c 换为上阶的长边 a_1 和短边 b_1，把 h_0 换为下阶的有效高度 h_{01} 便可，即

Ⅲ—Ⅲ截面
$$M_{\text{Ⅲ}}=\frac{1}{24}p_{j}(l-a_{1})^{2}(2b+b_{1}) \quad (8-46)$$

$$A_{s\text{Ⅲ}}=\frac{M_{\text{Ⅲ}}}{0.9h_{01}f_{y}} \quad (8-47)$$

Ⅳ—Ⅳ截面
$$M_{\text{Ⅳ}}=\frac{1}{24}p_{j}(b-b_{1})^{2}(2l+a_{1}) \quad (8-48)$$

$$A_{s\text{Ⅳ}}=\frac{M_{\text{Ⅳ}}}{0.9h_{01}f_{y}} \quad (8-49)$$

配筋时，按 $A_{s\text{Ⅰ}}$ 和 $A_{s\text{Ⅲ}}$ 中的大值配置平行于 l 边方向的钢筋，并放置在下面；按 $A_{s\text{Ⅱ}}$ 和 $A_{s\text{Ⅳ}}$ 中的大值配置平行于 b 边方向的钢筋，并放置于 l 边方向钢筋之上。

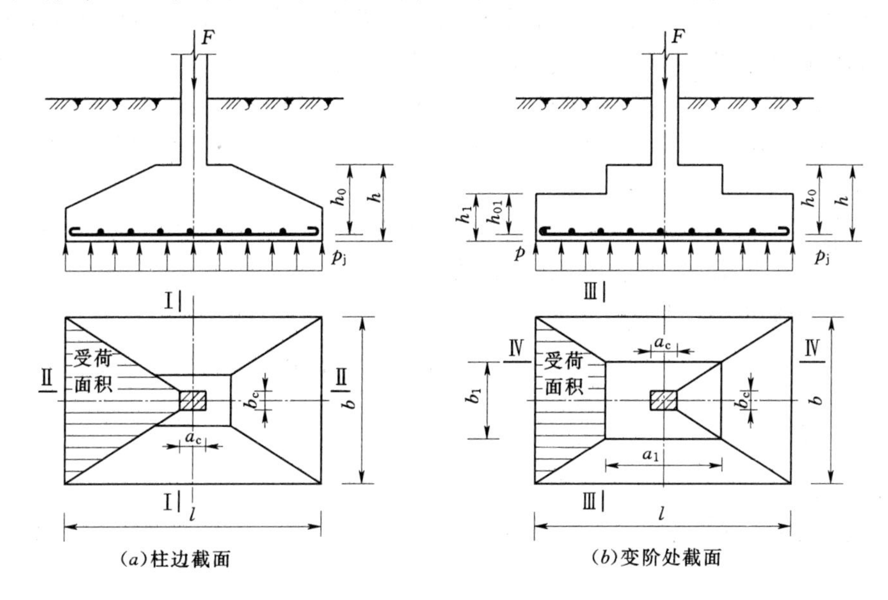

图 8-35　中心受压柱基础底板配筋计算

当基底和柱截面均为正方形时，$M_{\text{Ⅰ}}=M_{\text{Ⅱ}}$、$M_{\text{Ⅲ}}=M_{\text{Ⅳ}}$，这时只需计算一个方向即可。

(二) 偏心荷载作用

在单向偏心荷载作用下，当荷载偏心距 $e\leqslant l/6$ 时，地基最大净反力设计值为

$$p_{j\max}=\frac{F}{lb}+\frac{6M}{bl^{2}} \quad (8-50)$$

或

$$p_{j\max}=\frac{F}{lb}\left(1+\frac{6e_{j0}}{l}\right) \quad (8-51)$$

式中　l——基础底面长边，m；

　　b——基础底面短边，m；

其余符号同式 (8-35)。

1. 基础高度的确定

可按式（8－40）或式（8－41）计算，但应以 p_{jmax} 代替式中的 p_j。

2. 基础底板配筋计算

仍可按式（8－43）、式（8－45）、式（8－47）和式（8－49）计算钢筋面积，但式（8－43）中的 M_{I} 和式（8－47）中的 M_{III} 应按下列两式计算

$$M_{\text{I}}=\frac{1}{48}[(p_{jmax}+p_j)(2b+b_c)+(p_{jmax}-p_j)b](l-a_c)^2 \tag{8-52}$$

$$M_{\text{III}}=\frac{1}{48}[(p_{jmax}+p_j)(2b+b_1)+(p_{jmax}-p_j)b](l-a_1)^2 \tag{8-53}$$

式中 p_j——地基平均净反力设计值，$p_j=F/lb$。

符合构造要求的杯口基础，在与预制柱结合形成整体后，其性能与现浇柱基础相同，故其高度和底板配筋仍按柱边和变阶处的截面进行计算。

【例 8－7】 设计图 8－36 所示的柱下独立基础。已知相应于荷载效应基本组合时的柱荷载 $F=910\text{kN}$，$M=163\text{kN}\cdot\text{m}$，柱截面尺寸为 300mm×400mm，基础底面尺寸为 1.8m×2.7m。

解： 采用 C20 混凝土，HPB235 级钢筋，查表得 $f_t=1.10\text{N/mm}^2=1100\text{kPa}$，$f_y=210\text{N/mm}^2$。基底下设 100 厚 C10 混凝土垫层。

（1）计算地基净反力设计值，即

$$p_j=\frac{F}{bl}=\frac{910}{1.8\times2.7}=187.2(\text{kPa})$$

净偏心距为

$$e_{j0}=\frac{M}{F}=\frac{163}{910}=0.179(\text{m})$$

地基最大净反力设计值为

$$\begin{aligned}p_{jmax}&=\frac{F}{bl}\left(1+\frac{6e_{j0}}{l}\right)\\&=187.2\times\left(1+\frac{6\times0.179}{2.7}\right)\\&=261.7(\text{kPa})\end{aligned}$$

（2）基础高度确定。初步选择基础高度 $h=600\text{mm}$，有效高度 $h_0=550\text{mm}$，基础分二阶，下阶 $h_1=300\text{mm}$，$h_{01}=250\text{mm}$；取 $a_1=1.4\text{m}$，$b_1=1.0\text{m}$。

1）柱边截面抗冲切验算。因为 $b_c+2h_0=0.3+2\times0.55=1.4$（m）$<b=1.8\text{m}$，所以利用式（8－40）进行验算，因偏心受压，按该式计算时 p_j 取 p_{jmax}。

冲切力为

$$p_{jmax}\left[\left(\frac{l}{2}-\frac{a_c}{2}-h_0\right)b-\left(\frac{b}{2}-\frac{b_c}{2}-h_0\right)^2\right]$$

$$=261.7\times\left[\left(\frac{2.7}{2}-\frac{0.4}{2}-0.55\right)\times1.8-\left(\frac{1.8}{2}-\frac{0.3}{2}-0.55\right)^2\right]=272.2(\text{kN})$$

抗冲切力为

$$0.7\beta_{hp}f_t(b_c+h_0)h_0=0.7\times1.0\times1100\times(0.3+0.55)\times0.55$$

$$=360(kN)>272.2kN(满足)$$

2）变阶处截面抗冲切验算，即

$$b_1+2h_{01}=1.0+2\times0.25=1.5(m)<b=1.8(m)$$

冲切力为

$$p_{jmax}\left[\left(\frac{l}{2}-\frac{a_1}{2}-h_{01}\right)b-\left(\frac{b}{2}-\frac{b_1}{2}-h_{01}\right)^2\right]$$

$$=261.7\times\left[\left(\frac{2.7}{2}-\frac{1.4}{2}-0.25\right)\times1.8-\left(\frac{1.8}{2}-\frac{1.0}{2}-0.25\right)^2\right]=206.1(kN)$$

抗冲切力为

$$0.7\beta_{hp}f_t(b_1+h_{01})h_{01}=0.7\times1.0\times1100\times(1.0+0.25)\times0.25$$

$$=240.6(kN)>206.1kN(满足)$$

（3）基础底板配筋计算。

1）基础长边方向。

对于Ⅰ—Ⅰ截面，有

$$M_Ⅰ=\frac{1}{48}[(p_{jmax}+p_j)(2b+b_c)+(p_{jmax}-p_j)b](l-a_c)^2$$

$$=\frac{1}{48}[(261.7+187.2)(2\times1.8+0.3)+(261.7-187.2)\times1.8](2.7-0.4)^2$$

$$=207.7(kN\cdot m)$$

$$A_{sⅠ}=\frac{M_Ⅰ}{0.9h_0f_y}=\frac{207.7\times10^6}{0.9\times550\times210}=1998(mm^2)$$

对于Ⅲ—Ⅲ截面，有

$$M_Ⅲ=\frac{1}{48}[(p_{jmax}+p_j)(2b+b_1)+(p_{jmax}-p_j)b](l-a_1)^2$$

$$=\frac{1}{48}[(261.7+187.2)(2\times1.8+1.0)+(261.7-187.2)\times1.8](2.7-1.4)^2$$

$$=77.4(kN\cdot m)$$

$$A_{sⅢ}=\frac{M_Ⅰ}{0.9h_0f_y}=\frac{77.4\times10^6}{0.9\times210\times250}=1638(mm^2)$$

比较 $A_{sⅠ}$ 和 $A_{sⅢ}$，应按 $A_{sⅠ}$ 配筋，现于1.8m宽度范围内配11ϕ14实配 $A_s=1693mm^2$。

2）基础短边方向。

Ⅱ—Ⅱ截面：

$$M_Ⅱ=\frac{1}{24}p_j(b-b_0)^2(2l+a_c)=\frac{1}{24}\times187.2\times(1.8-0.3)^2\times(2\times2.7+0.4)$$

$$=101.8(kN\cdot m)$$

$$A_{sⅡ}=\frac{M_Ⅱ}{0.9h_0f_y}=\frac{101.8\times10^6}{0.9\times550\times210}=979\ (mm^2)$$

Ⅳ—Ⅳ截面：

$$M_Ⅳ=\frac{1}{24}p_j(b-b_1)^2(2l+a_1)=\frac{1}{24}\times187.2\times(1.8-1.0)^2\times(2\times2.7+1.4)$$

$$=33.9(kN\cdot m)$$

$$A_{s\mathrm{IV}}=\frac{M_{\mathrm{IV}}}{0.9h_{01}f_y}=\frac{33.9\times10^6}{0.9\times250\times210}=717(\mathrm{mm}^2)$$

比较 $A_{s\mathrm{II}}$ 和 $A_{s\mathrm{IV}}$，应按 $A_{s\mathrm{II}}$ 配筋，根据构造要求实配 14ϕ10，$A_s=1099\mathrm{mm}^2$。基础配筋见图 8－36。

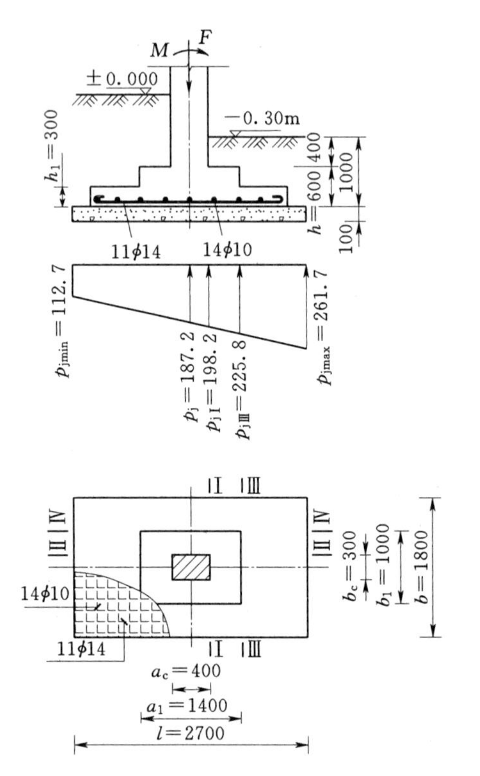

图 8－36 ［例 8－7］柱下独立基础（单位：mm）

第七节 梁板式基础设计

柱下条形基础、十字交叉基础、筏板基础和箱形基础属于梁板式基础。当上部结构荷载较大，地基土软弱或不均匀时，采用一般的基础形式往往不能满足地基变形和强度要求，为增加基础的刚度，防止由于过大的不均匀沉降引起上部结构的开裂和损坏，常采用梁板式基础。

梁板式基础一般可看成是地基梁上的受弯构件——梁或板。它们的挠曲特征、地基反力和截面内力分析都与地基、基础以及上部结构的相对刚度特征有关。因此，应该从共同作用的观点出发，采用适当的方法进行地基上梁或板的分析与设计。然而，这一“适当”的方法无疑是相当复杂的，它一直是国内外的一项重要研究课题。研究表明，在地基、基础与上部结构三者共同作用中起主导作用的是地基，其次是基础，而上部结构则是在压缩性地基上基础整体刚度有限时起重要作用的因素。

目前，梁板式基础的计算，还不能普遍考虑地基、基础与上部结构的相互作用，但应认识到，是否考虑地基、基础与上部结构三者的共同作用，其求解结果是有差别的。本节仅介绍柱下条形基础和筏板基础的简化计算方法。

一、柱下条形基础的简化设计

（一）构造要求

柱下钢筋混凝土条形基础由肋梁及其横向外伸的翼板组成，其断面一般呈倒 T 形。其构造除了满足一般扩展基础的构造要求外，尚应符合下列要求：

（1）基础肋梁的高度宜为柱距的 1/4～1/8，肋宽 b_1 应比该方向的柱或墙截面稍大些，翼板宽度 b 应按地基承载力计算确定。翼板厚度 h 不宜小于 200mm，当 h 为 200～250mm 时，翼板做成等厚度，当 $h>250$mm 时，可做成坡度 $i\leqslant 1:3$ 的变厚度翼板，当柱荷载较大时，可在柱两侧局部增高（加腋），如图 8-37（a）～（c）所示。

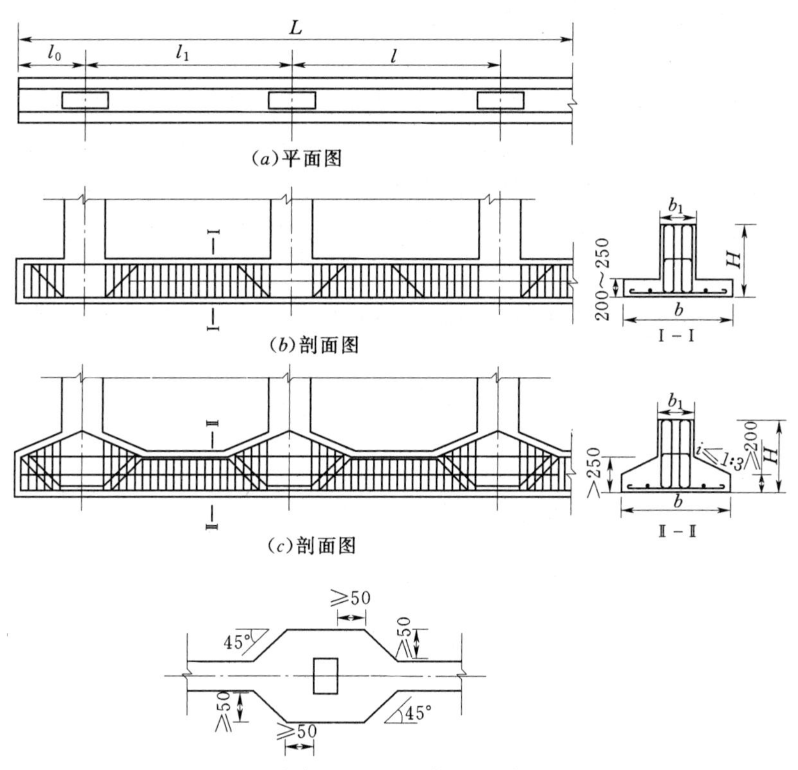

图 8-37　柱下条形基础的构造

（2）为了调整基础底面形心的位置，条形基础两端宜向外伸出，其长度 l_0 宜为 $0.25l_1$（l_1 为边跨柱距）。当荷载不对称时，两端伸出长度可不相等。

（3）一般柱下条形基础沿纵向取等截面。当柱截面边长不小于肋宽时，可仅在柱位处将肋部加宽。现浇柱与条形基础梁交接处的平面尺寸不应小于图 8-37（d）的规定。

（4）条形基础肋梁的纵向受力钢筋应按计算确定，顶面钢筋全部贯通，底面通长钢筋不应少于底面受力钢筋截面总面积的 1/3。箍筋直径 6～8mm，在距支座轴线 $0.25l$～$0.30l$（l 为柱距）范围内箍筋应加密布置。当肋宽 $b_1\leqslant 350$mm 时用双肢筋；当 $350<b_1\leqslant$

800mm 时用四肢筋；当 $b_1>800$mm 时用六肢筋。翼板横向受力钢筋按计算确定，直径不宜小于 10mm，间距为 100～200mm。纵向分布钢筋可用直径 8～10mm 的钢筋，间距不大于 300mm。

（5）柱下条形基础的混凝土强度等级不应低于 C20。

（二）简化计算法

柱下条形基础的计算方法有简化计算法和弹性地基梁法两种，下面仅介绍在一般中小型工程中经常采用的简化计算法，至于弹性地基梁的理论解答可参考其他有关书籍。

根据上部结构刚度的大小，简化计算法可分为倒梁法和静定分析法（静定梁法）两种。这两种方法均假设地基反力为直线分布。为了满足这一假定，要求条形基础具有足够的相对刚度，且条形基础梁的高度应不小于 1/6 柱距。

柱下条形基础的简化计算法计算步骤如下。

1. 确定基础底面尺寸

将条形基础看作长度为 l 宽度为 b 的狭长矩形基础，按地基承载力特征值确定基础底面尺寸。其长度 l 主要按构造要求决定（只要决定伸出边柱的长度），并尽量使荷载的合力作用点与基础底面形心相重合。然后根据地基承载力特征值计算所需的宽度 b，如果荷载的合力是偏心的，则可像对待偏心荷载下的矩形基础那样，先初步选定宽度，再用边缘最大压力验算地基。

当荷载的合力作用点与基底形心相重合时，地基反力为均匀分布［图 8-38（a）］，并要求

$$p_k=\frac{\sum F_k+G_k}{bl}\leqslant f_a \tag{8-54}$$

式中 p_k——均布地基反力标准值，kPa；

$\sum F_k$——上部结构传至基础顶面的竖向力标准值之和，kN；

G_k——基础及其上回填土重，kN；

b、l——基础的宽度和长度，m；

f_a——修正后的地基承载力特征值，kPa。

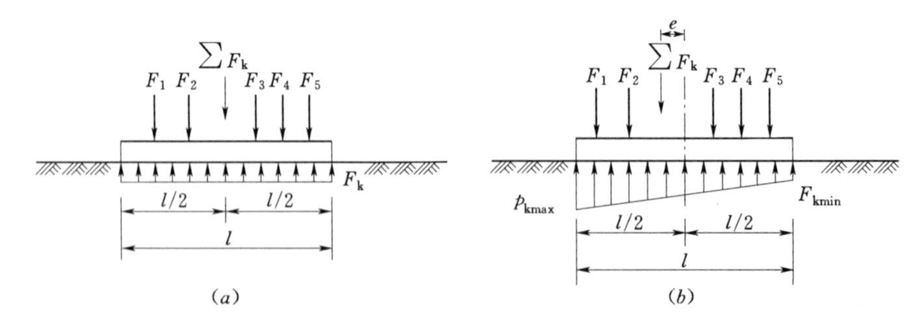

图 8-38 简化计算法的地基反力分布

如果荷载合力作用与基底形心不重合，则地基反力按梯形分布［图 8-38（b）］，并按下式计算

$$p_{\mathrm{kmax}} \atop p_{\mathrm{kmin}} = \frac{\sum F_{\mathrm{k}}+G_{\mathrm{k}}}{lb}\left(1\pm\frac{6e}{l}\right) \tag{8-55}$$

式中　p_{kmax}、p_{kmin}——地基反力的最大值和最小值的标准值，kPa；

e——荷载合力在长度方向的偏心距，m。

除满足式（8-54）外，还要求

$$p_{\mathrm{kmax}}\leqslant 1.2f_{\mathrm{a}} \tag{8-56}$$

2. 基础底板计算

柱下条形基础底板的计算方法与墙下条形基础相同。在计算地基净反力设计值时，荷载沿纵向和横向的偏心都要予以考虑。当各跨的净反力相差较大时，可依次对各跨底板进行计算，净反力可取本跨内的最大值。

3. 基础梁内力计算

（1）计算地基净反力设计值。沿基础纵向分布的基底梁边缘处最大和最小线性净反力设计值可按下式计算

$$p_{\mathrm{jmax}} \atop p_{\mathrm{jmin}} = \frac{\sum F}{l}\pm\frac{6\sum M}{l^2} \tag{8-57}$$

式中　$\sum F$——各柱传来的竖向力设计值之和；

$\sum M$——各荷载对基础梁中点的力矩设计值代数和；

l——条形基础的长度。

当 p_{jmax} 与 p_{jmin} 相差不大时，可近似地取其平均值作为梁下均布的地基反力，这样计算时将更为方便。

（2）内力计算。当上部结构刚度较大时，可按倒梁法计算；若上部结构刚度很小，则按静定分析法计算。

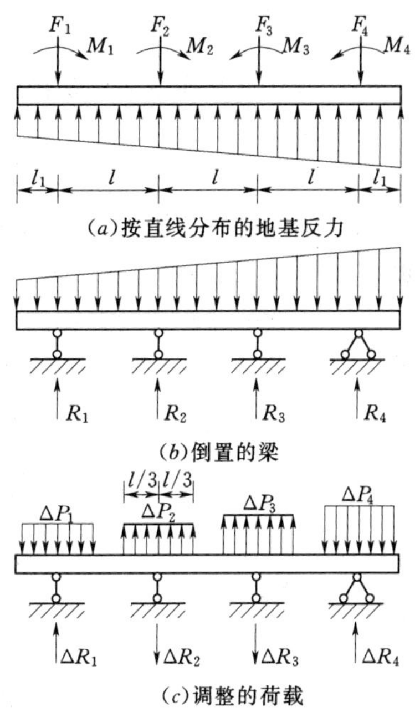

图 8-39　倒置梁法计算图

倒梁法将地基反力视为作用在基础梁上的荷载，将柱子视为基础梁的支座，这样就可将基础梁按一倒置的连续梁进行计算，故称为倒梁法，如图 8-39 所示。

由于未考虑基础梁挠度与地基变形协调条件，且采用了地基反力直线分布假定，即反力不平衡。为此，需要进行反力调整，即将柱荷 F_{i} 和相应支座反力 R_{i} 的差值均匀地分配在该支座两侧各 1/3 跨度范围内。重复上述步骤，直至满意为止。一般经过 1～2 调整，就能满足设计精度要求（不平衡力不超过荷载的 20%）。

倒梁法把柱子看作基础梁的不动支座，即认为上部结构是绝对刚性的。由于计算中不涉及变形，不能满足变形协调条件，因此，计算结果存在一定的误差。经验表明，倒梁法较适合于地基比较均匀，上部结构刚度较好，荷载分布较均匀，且条形基础梁的高度大于 1/6 柱距的情况。由于实际建筑物多半发生盆形沉降，导致柱荷载和地基反力重新分布，研究表明，端柱和端部地基反力均会增大，为此，宜在端跨适当增加受力钢筋，并且上下均匀配筋。

【例 8-8】 试用倒梁法分析图 8-40 所示柱下条形基础的内力。基础长 20m，宽 2.5m，高 1.1m。

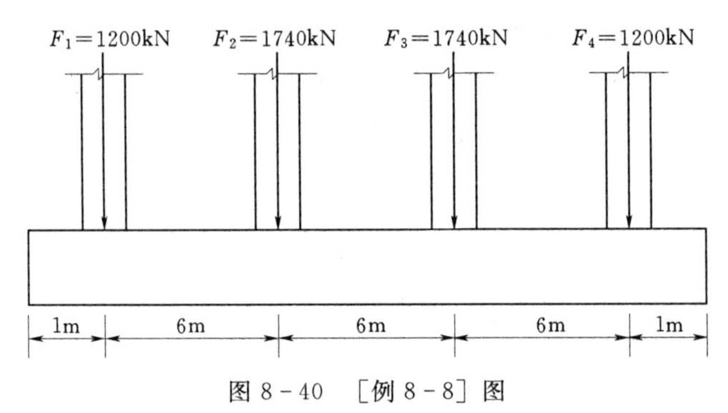

图 8-40 ［例 8-8］图

解：（1）计算柱下条形基础地基净反力。因荷载和结构均对称，则基础地基反力为均匀反力，即

$$p_j=\sum F/l=(1200+1740)\times 2/20=294(\text{kN/m})$$

用倒梁法视基础梁为在地基净反力 p_j 作用下，以柱脚为支座的三跨连续梁，计算简图如图 8-41（*a*）所示（按正梁画的示意图）。

（2）用弯矩分配法计算得内力和支座反力，如图 8-41（*b*）～（*d*）所示。

弯矩
$$M_A^0=M_D^0=-147\text{kN}\cdot\text{m}$$
$$M_{AB}^{0中}=734.5\text{kN}\cdot\text{m}=M_{CD}^{0中}$$
$$M_B^0=M_C^0=-1029\text{kN}\cdot\text{m}$$
$$M_{BC}^{0中}=294\text{kN}\cdot\text{m}$$

剪力
$$Q_{C左}^0=-Q_{B右}^0=-882\text{kN}$$
$$Q_{D左}^0=-Q_{A右}^0=-735\text{kN}$$
$$Q_{C右}^0=-Q_{B左}^0=1029\text{kN}$$
$$Q_{D右}^0=-Q_{A左}^0=294\text{kN}$$

支座反力
$$R_A^0=294+735=1029\ (\text{kN})\ =R_D^0$$
$$R_B^0=1029+882=1911\ (\text{kN})\ =R_C^0$$

（3）由于支座反力与原柱荷载不相等，需进行调整，将差值折算成分布荷载，分布在支座两侧 1/3 跨内，如图 8-41（*e*）所示。

$$p_1=(1200-1029)/(1+6/3)$$
$$=57.0(\text{kN/m})(\downarrow)$$
$$p_2=(1740-1911)/(6/3+6/3)$$
$$=-42.8(\text{kN/m})(\uparrow)$$
$$p_3=-42.8\text{kN/m}\ (\uparrow)$$
$$p_4=57.0\text{kN/m}\ (\downarrow)$$

（4）计算图 8-41（*e*）的内力和支座反力，仍用弯矩分配法。得：

弯矩
$$M_A^1=M_D^1=-28.5\text{kN}\cdot\text{m}$$
$$M_B^1=M_C^1=43.5\text{kN}\cdot\text{m}$$

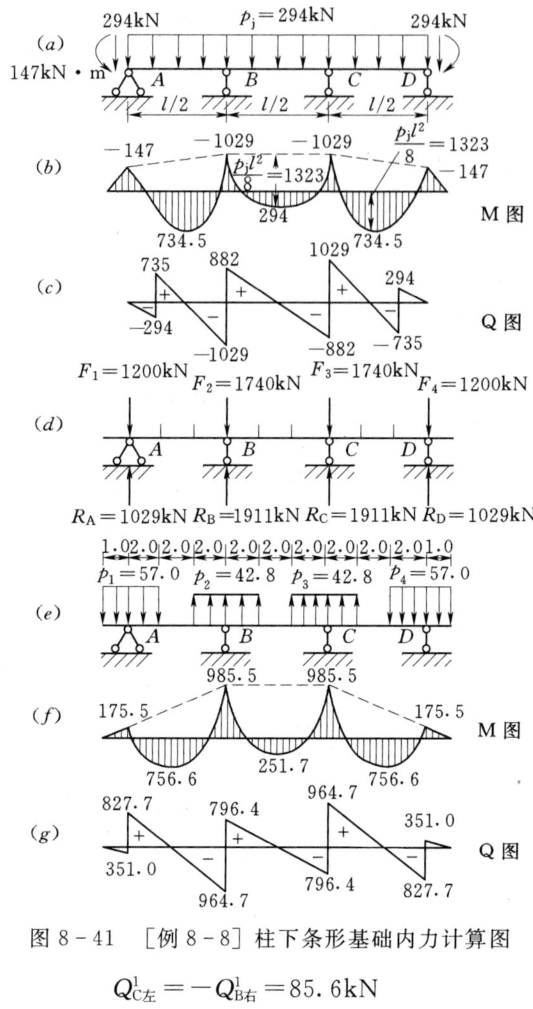

图 8-41　[例 8-8] 柱下条形基础内力计算图

剪力
$$Q^1_{C左}=-Q^1_{B右}=85.6\text{kN}$$
$$Q^1_{C右}=-Q^1_{B左}=-64.3\text{kN}$$
$$Q^1_{D左}=-Q^1_{A右}=-92.7\text{kN}$$
$$Q^1_{D右}=-Q^1_{A左}=57.0\text{kN}$$

支座反力
$$R^1_A=57.0+92.7=149.7(\text{kN})(\uparrow)$$
$$R^1_B=-64.3-85.6=-149.9(\text{kN})(\downarrow)$$
$$R^1_C=-149.9\text{kN}(\downarrow)$$
$$R^1_D=149.7\text{kN}(\uparrow)$$

两次计算结果叠加得

$$R_A=R^0_A+R^1_A=1029+149.7=1178.7(\text{kN})(\uparrow)$$
$$R_B=R^0_B+R^1_B=1911-149.9=1761.1(\text{kN})(\uparrow)$$
$$R_C=R^0_C+R^1_C=1761.1\text{kN}(\uparrow)$$
$$R_D=R^0_D+R^1_D=1178.7\text{kN}(\uparrow)$$

与柱荷载比较，误差小于2%，故不需要再作调整。

（5）梁内弯矩和剪力亦为上述二次计算的叠加，即：

弯矩
$$M_A=-147-28.5=-175.5(kN\cdot m)=M_D$$
$$M_B=-1029+43.5=-985.5\ (kN\cdot m)\ =M_C$$

剪力
$$Q_{A左}=Q^0_{A左}+Q^1_{A左}=-294-57.0=-351.0(kN)=-Q_{D右}$$
$$Q_{A右}=Q^0_{A右}+Q^1_{A右}=735+92.7=827.7(kN)=-Q_{D左}$$
$$Q_{B左}=Q^0_{B左}+Q^1_{B左}=-1029+64.3=-964.7(kN)=-Q_{C右}$$
$$Q_{B右}=Q^0_{B右}+Q^1_{B右}=882-85.6=796.4(kN)=-Q_{C左}$$

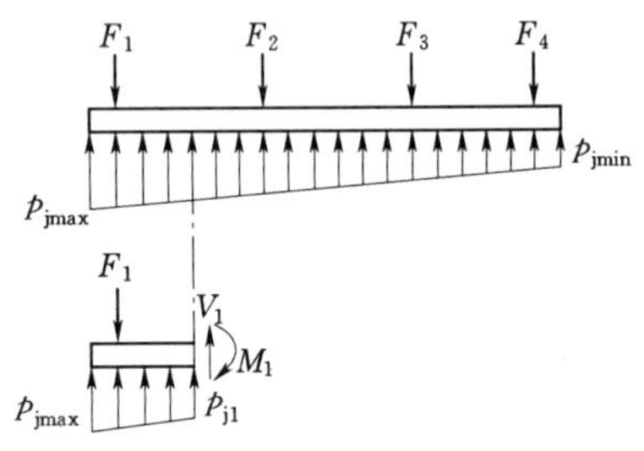

图8-42 按静力平衡条件计算条形基础的内力

最终的弯矩和剪力图如图8-41（f）、（g）所示。

若上部结构的刚度很小（如单层排架结构）时，宜采用静定分析法。计算时先按直线分布假定用式（8-57）求出地基净反力，然后将柱荷载直接作用在基础梁上。这样基础梁上所有的作用力都已确定，故可按静力平衡条件计算出任一截面 i 上的弯矩 M_i 和剪力 V_i，如图8-42所示，选取若干截面进行计算，然后绘制弯矩、剪力图。由于此法假定上部结构为柔性结构，即不考虑上部结构刚度的有利影响，所以在荷载作用下基础梁将产生整体弯曲。与其他方法比较，这样计算所得的基础不利截面上的弯矩绝对值往往偏大很多。

【例8-9】 某框架结构采用柱下条形基础，其荷载和柱距如图8-43（a）所示，基础埋深 $d=1.5$m，持力层土经修正后的承载力特征值 $f_a=127$kPa。试确定基础底面尺寸并用静力平衡法计算基础内力。

解：（1）确定基础底面尺寸。各柱轴向力的合力离图中 A 点的距离为

$$x=\frac{\sum F_i x_i}{\sum F_i}=\frac{1800\times4.5+1850\times10.5+1000\times15.3}{600+1800+1850+1000}=\frac{42825}{5252}=8.16(m)$$

为了荷载的合力与基础底形心重合，条形基础左端伸出的悬臂为0.5m，则右端伸出的长度为

$$l_0=(8.16+0.5)\times2-(15.3+0.5)=1.5(m)$$

故基础总长度为

$$L=15.3+0.5+1.5=17.3(m)$$

基底面积为

$$A=\frac{\sum F_k}{f_a-\gamma_G d}=\frac{5250\div1.35}{1127-20\times1.5}=40(m^2)$$

于是条形基础宽度为

$$b=\frac{40}{17.3}=2.3(m)$$

（2）基础梁内力的计算。地基纵向静反力设计值为

$$p_j=\frac{\sum F}{L}=\frac{5250}{17.3}=303.5(kN/m)$$

根据静力平衡条件计算各截面内力，即

$$M_A=\frac{1}{2}\times303.5\times0.5^2=37.9(\text{kN}\cdot\text{m})$$

$$V_A^{左}=303.5\times0.5=151.8(\text{kN})$$

$$V_A^{右}=151.8-600=-448.3(\text{kN})$$

AB 跨内最大负弯矩的截面 1 距 A 点的距离为

$$x_1=\frac{600}{303.5}-0.5=1.48(\text{m})$$

$$M_1=\frac{1}{2}\times303.5\times1.98^2-600\times1.48=-293.1(\text{kN}\cdot\text{m})$$

$$M_B=\frac{1}{2}\times303.5\times5^2-600\times4.5=1093.8(\text{kN}\cdot\text{m})$$

$$V_B^{左}=303.5\times5-600=917.5(\text{kN})$$

$$V_B^{右}=917.5-1800=-882.5(\text{kN})$$

BC 跨内最大负弯矩的截面 2 离 B 点的距离为

$$x_2=\frac{600+1800}{303.5}-5.0=2.91(\text{m})$$

$$M_2=\frac{1}{2}\times303.5\times7.91^2-600\times7.41-1800\times2.91=-189.3(\text{kN}\cdot\text{m})$$

$$M_C=\frac{1}{2}\times303.5\times11^2-600\times10.5-1800\times6=1261.8(\text{kN}\cdot\text{m})$$

$$V_C^{左}=303.5\times11-600-1800=938.5(\text{kN})$$

$$V_C^{右}=938.5-1850=-911.5(\text{kN})$$

CD 跨内最大负弯矩的截面 3 离 D 点的距离为

$$x_3=\frac{1000}{303.5}-1.5=2.3(\text{m})$$

$$M_3=\frac{1}{2}\times303.5\times3.8^2-1000\times2.3=-108.7(\text{kN}\cdot\text{m})$$

$$M_D=\frac{1}{2}\times303.5\times1.5^2=341.4(\text{kN}\cdot\text{m})$$

$$V_D^{右}=-303.5\times1.5=-455.3(\text{kN})$$

$$V_D^{左}=-455.3+1000=544.8(\text{kN})$$

弯矩和剪力图如图 8－43（*b*）、（*c*）所示。

二、筏板基础的简化计算

（一）构造要求

1. 筏基底板厚度

平板式筏基的板厚应满足受冲切承载力的要求，板的最小厚度不应小于 400mm；梁板式筏基底板除计算正截面受弯承载力外，其厚度尚应满足受冲切承载力、受剪承载力的要求，对 12 层以上建筑的梁板式筏基，其底板厚度与最大双向板格的短边净跨之比不应

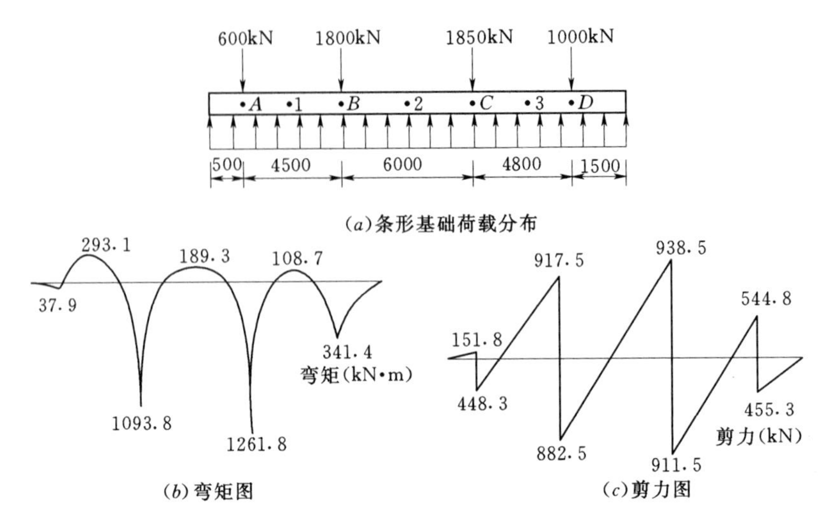

图 8-43 [例 8-9] 图（尺寸单位：mm）

小于 1/14，且板厚不应小于 400mm。

底板受冲切、受剪承载力计算详见《建筑地基基础设计规范》（GB 50007—2011）第八章第四节的有关规定。

2. 地下室底层柱和剪力墙

地下室底层柱、剪力墙与梁板式筏基的基础梁连接的构造应符合下列要求，即柱、墙的边缘至基础梁边缘的距离不应小于 50mm（图 8-44）：当交叉基础梁的宽度小于柱截面的边长时，交叉基础梁连接处应设置八字角，柱角与八字角之间的净距不宜小于 50mm [8-44（*a*）]；单向基础梁与柱的连接，可按图 8-44（*b*）、（*c*）采用；基础梁与剪力墙的连接可按图 8-44（*d*）采用。

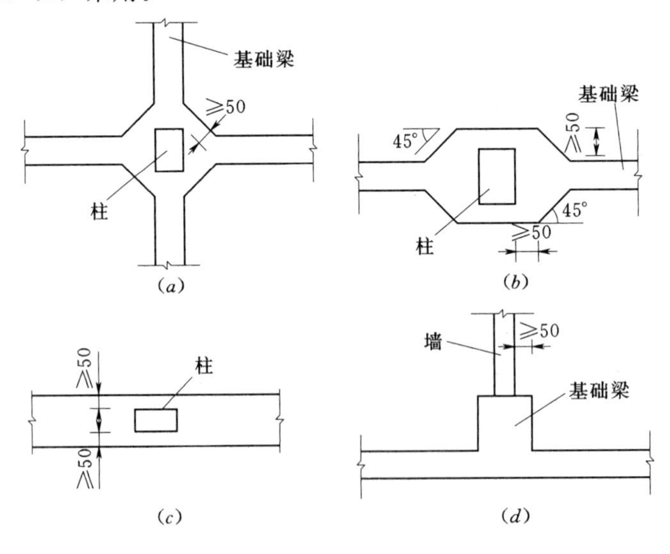

图 8-44 地下室底层柱、剪力墙与基础梁连接的构造要求
（单位：mm）

3. 筏板配筋

筏板配筋由计算确定，按双向配筋，并考虑下述原则：

(1) 平板式筏基，按柱上板带和跨中板带分别计算配筋，以柱上板带的正弯矩计算下筋，用跨中板带的负弯矩计算上筋，用柱上和跨中板带正弯矩的平均值计算跨中板带的下筋。

(2) 梁板式筏基，在用四边嵌固双向板计算跨中和支座弯矩时，应适当予以折减。肋梁按T形梁计算，肋板也应适当的挑出1/6～1/3柱距。

配筋除满足上述计算要求，纵横方向的底部钢筋尚应有1/3～1/2贯通全跨，且其配筋率不应小于0.15%，顶部钢筋按实际配筋全部连通。

筏板边缘的外伸部分应上下配置钢筋。对无外伸肋梁的双向外伸部分，应在板底配置内锚长度为l_r（l_r大于板的外伸长度l_1及l_2）的放射状附加钢筋（图8-45），其直径与边跨板的受力钢筋相同，外端间距不大于200mm。

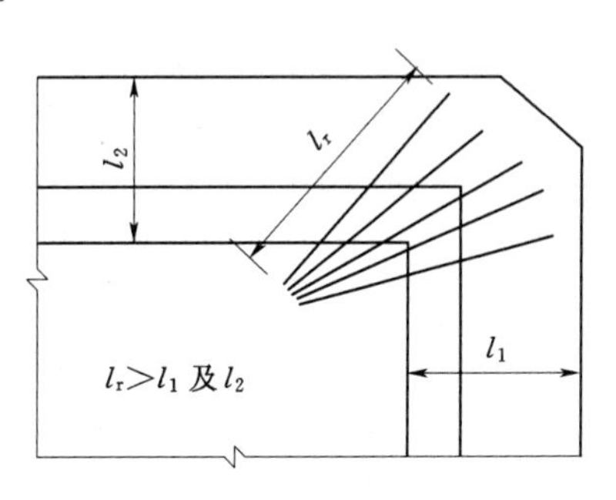

图8-45　筏板双向外伸部分的放射状附加钢筋

当筏板的厚度大于2000mm时，宜在板厚中间部位设置直径不小于12mm、间距不大于300mm的双向钢筋网。

4. 混凝土的强度等级

高层建筑筏板基础的混凝土强度等级不应低于C30。对于设置架空层或地下室的筏基底板、肋梁及侧壁，其所用混凝土的抗渗等级不应小于0.6MPa。

5. 墙体

采用筏板基础的地下室，应沿地下室四周布置钢筋混凝土外墙，外墙厚度不应小于250mm，内墙厚度不应小于200mm。墙的截面设计除满足承载力要求外，尚应考虑变形、抗裂及防渗等要求。墙体内应设置双面钢筋，竖向和水平钢筋的直径均不应小于12mm，间距不应大于300mm。

(二) 基础底面尺寸的确定

筏板基础的底面尺寸应根据地基土的承载力、上部结构的布置及荷载分布等因素确定。

(1) 应满足基础持力层的地基承载力要求。如果将坐标原点置于筏基底板形心处，则地基反力可按下式计算

$$p_k(x,y)=\frac{\sum F_k+G_k}{A}\pm\frac{M_{xk}}{I_x}y\pm\frac{M_{yk}}{I_y}x \qquad (8-58)$$

式中　$\sum F_k$——相应于荷载效应标准组合时，筏板基础上竖向荷载总和，kN；

G_k——筏板基础自重，kN；

A——筏板基础底面积，m^2；

M_{xk}、M_{yk}——相应于荷载效应标准组合时，分别为竖向荷载对通过筏基底面形心的x轴和y轴的力矩标准值，kN·m；

I_x、I_y——筏基底面积对x、y轴的惯性矩，m^4；

x、y——计算点的 x 轴和 y 轴的坐标，m。

利用式（8-58）计算地基净反力时，式中各值应采用荷载效应基本组合时的设计值。

地基反力应满足下式要求：

$$\left.\begin{array}{l}p_{k}\leqslant f_{a}\\ p_{kmax}\leqslant 1.2f_{a}\end{array}\right\} \tag{8-59}$$

式中 p_k、p_{kmax}——地基平均反力和最大反力标准值，kPa；

f_a——基础持力层土的地基承载力特征值，kPa。

（2）对单幢建筑物，在均匀地基的条件下，基础底面形心宜与结构竖向荷载重心重合。当不能重合时，在荷载效应准永久组合下，偏心距宜符合下式要求

$$e\leqslant 0.1\frac{W}{A} \tag{8-60}$$

式中 W——与偏心距方向一致的基础底面边缘抵抗矩，m^3；

A——基础底面积，m^2。

如果偏心较大，或者不能满足式（8-59）中第二式的要求，为减小偏心距和扩大基底面积，可将筏板外伸悬挑，对于肋梁不外伸的悬挑筏板，挑出长度不宜大于 2m，如做成坡度，其边缘厚度应不小于 200mm。

（3）如有软弱下卧层，应验算下卧层强度，验算方法与天然地基上浅基础相同。

※（三）内力的简化计算

1. 刚性条带法

如果上部结构和基础的刚度足够大，就可将基础看作绝对刚性，假设地基反力呈直线分布，按式（8-58）计算地基反力。基础的内力计算，可以将筏基在 x、y 方向从跨中到跨中分成若干条带，如图 8-46（a）所示，取出每一条带按独立的条形基础计算基础内力。值得注意的是按上述方法计算时，由于没有考虑条带之间的剪力，因此每一条带柱荷载的总和与地基净反力总和不平衡，因而必需进行调整。

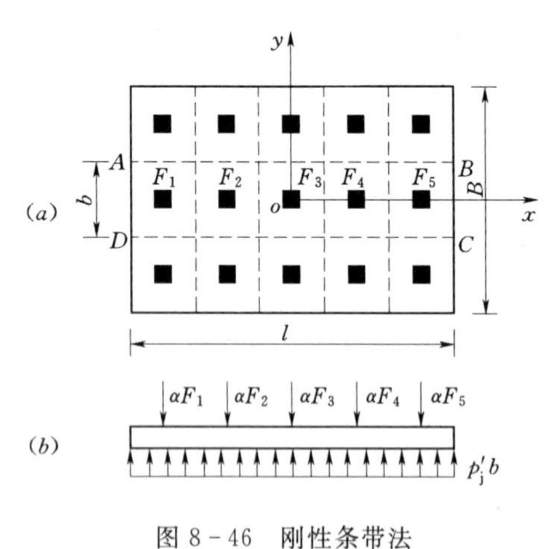

图 8-46 刚性条带法

以图 8-46（a）中的 $ABCD$ 条带为例，柱荷载总和为

$$\sum F=F_1+F_2+F_3+F_4+F_5 \tag{8-61}$$

地基净反力的平均值为

$$\overline{p_j}=\frac{1}{2}(p_{jA}+p_{jB}) \tag{8-62}$$

式中 p_{jA}、p_{jB}——A 点和 B 点的地基净反力。

如果该条带的宽度为 b，则地基净反力的总和为 $\overline{p_j}bl$，其值不等于柱荷载总和 $\sum F$，两者的平均值为

$$\overline{F}=\frac{1}{2}(\sum F+\overline{p_j}bl) \tag{8-63}$$

柱荷载和地基净反力都按其平均值 $\overline{F}$ 进行修正，柱荷载的修正系数为

$$\alpha=\frac{\overline{F}}{\sum F} \tag{8-64}$$

则各柱荷载的修正值分别为 αF_1、αF_2、αF_3、αF_4、αF_5。修正的地基平均净反力可按下式计算：

$$\overline{p}_j'=\frac{\overline{F}}{bl} \tag{8-65}$$

计算简图如图 8-46（b）所示。

【例 8-10】 筏板基础平面尺寸为 16.5m×21.5m，板厚 0.8m，柱距和柱荷载如图 8-47 所示，试计算基础内力。

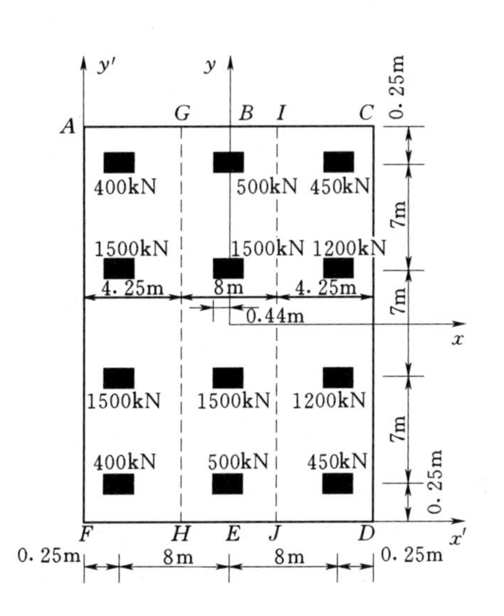

图 8-47　[例 8-10] 图

解： 将筏板基础在 y 轴方向从跨中到跨中划分三条板带 $AGHF$、$GIJH$ 和 $ICDJ$，分别计算其内力。

（1）地基净反力计算。由式（8-58），不计基础自重 G 得各点净反力见表 8-8。

地基净反力的总和为

$$\overline{p}_j bl=35.95\times4.25\times21.5=3285(\text{kN})$$

柱荷载总和为

$$\sum F=400+1500+1500+400=3800(\text{kN})$$

（2）计算条带 $AGHF$ 的内力。地基平均净反力为

$$\overline{p}_j=\frac{1}{2}(p_{jA}+p_{jF})=\frac{1}{2}\times(36.81+35.09)=35.95(\text{kPa})$$

表 8-8　计算点地基净反力　　单位：kPa

计算点	地基净反力	计算点	地基净反力
A	36.81	D	25.91
B	36.81	E	30.14
C	26.91	F	35.09

地基净反力与柱荷载的平均值为

$$\overline{F}=\frac{1}{2}(\sum F+\overline{p}_j bl)=\frac{1}{2}\times(3800+3285)=3542.5(\text{kN})$$

柱荷载修正系数为

$$\alpha=\frac{\overline{F}}{\sum F}=\frac{3542.5}{3800}=0.9322$$

各柱荷载的修正值如图 8-48（a）所示。

修正的地基净反力为

$$\overline{p}_j'=\frac{\overline{F}}{bl}=\frac{3542.5}{4.25\times21.5}=38.77(\text{kPa})$$

每单位长度地基平均净反力为

$$\overline{p_j}b=38.77\times4.25=164.76(kN/m)$$

最后，按柱下条形基础计算内力。本例按静力平衡法计算各截面的弯矩和剪力，如图8-48（b）、（c）所示。条带 $GIJH$ 和 $ICDJ$ 计算从略。

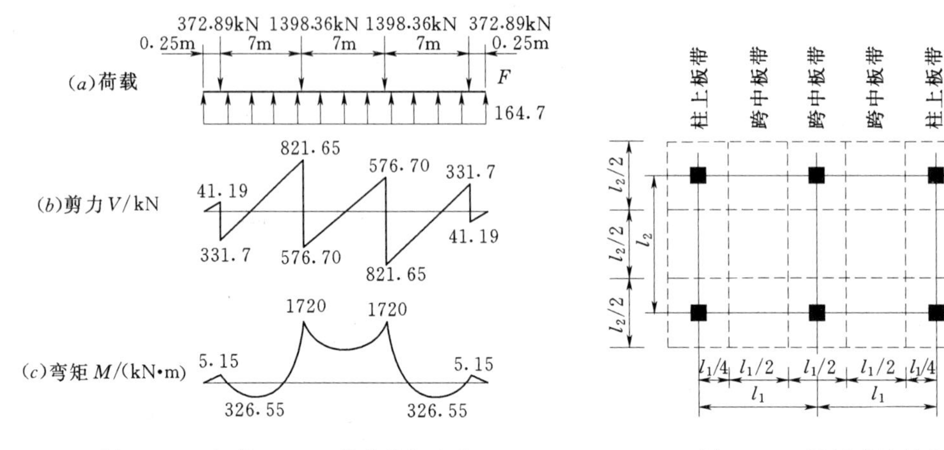

图8-48 条带 $AGHF$ 的荷载与内力

图8-49 平板式筏板基础

2. 倒楼盖法

当地基比较均匀、上部结构刚度较好、梁板式筏基梁的高跨比或平板式筏基的厚跨比不小于1/6，且相邻柱荷载及柱距的变化不超过20%时，筏板基础可仅考虑上部弯曲作用，按倒楼盖法进行计算。

（1）平板式筏板基础。假定地基反力均匀分布，按柱网分为双向板带，再分为柱上板带和跨中板带（图8-49），板带宽度取柱距的1/2；若不等跨时，取相邻两跨间平均值的1/2，然后按无梁楼盖计算。

（2）梁板式筏板基础。对于梁板式筏基，底板按连续双向板（或单向板）计算；肋梁按连续梁分析，并宜将边跨跨中弯矩以及第一内支座的弯矩值乘以1.2的系数。

第八节 减轻非均匀沉降的措施

建造在地基土上的建筑物，总会产生一定的沉降和不均匀沉降。均匀沉降对建筑物不致带来大的危害，但过大的沉降会影响建筑物的正常使用，而不均匀沉降往往导致建筑物开裂、破坏或严重影响使用。特别是软弱地基上的建筑物，沉降往往很大且不均匀，沉降稳定历时很长，如果处理不好，很容易造成工程事故。因此，如何采取必要的建筑、结构以及施工方面的措施来减轻非均匀沉降的危害，是地基基础设计中应考虑的主要内容。

一、建筑措施

（一）建筑物体型应力求简单

建筑物的体型可通过立面和平面表示。平面形状复杂的建筑物，如L形、T形、H形和E形等以及有凹凸部位的建筑物，由于纵横单元交叉处基础密集，地基中应力叠加，必然出现比别处大的沉降，从而引起相邻部位不均匀沉降。加之这类形状的建筑物整体刚度差，刚度不对称，更容易遭受地基不均匀沉降的危害。建筑物若在立面上高低（或轻重）变化太大，地基各部分承受的荷载轻重不同，也会引起过量的不均匀沉降。显然，复杂的体型往往是削弱建筑物整体刚度和加剧地基不均匀沉降的主要原因。因此，在满足使用功能和其他要求的前提下，建筑体型应力求简单。

（二）控制建筑物的长高比

建筑物长高比是指它的长度与其高度之比，反映了结构整体刚度。过长的建筑物，整体刚度差，纵墙很容易因挠曲过度而开裂。建筑物长高比越小，其整体刚度越大，调整和适应地基不均匀沉降的能力就越强。对三层或以上的建筑物，长高比宜不大于2.5；对于体型简单，横墙间隔较小，荷载较小的建筑物可适当放宽至3.0；当建筑物的预估最大沉降量不大于120mm时，砌体结构的长高比一般不受限制。

（三）设置沉降缝

沉降缝是把建筑物从基础底面直到屋面分开成各自独立单元的建筑措施。当地基极不均匀，建筑物平面形状复杂和立面高低悬殊等情况时，在建筑物特定部位设置沉降缝，可以有效地防止或减轻不均匀沉降造成的危害。沉降缝一般设置在建筑物的下列部位：

（1）建筑物平面的转折部位。

（2）建筑物高度或荷载差异很大处。

（3）长高比过大的砌体承重结构或钢筋混凝土框架结构的适当部位。

（4）地基土的压缩性有显著差异处。

（5）建筑结构或基础类型不同处。

（6）分期建造房屋的交界处。

沉降缝应有足够的宽度，缝内一般不填充材料，以保证沉降缝上端不因相邻单元互倾而顶住。沉降缝的宽度与建筑物的层数有关，可按表8-9采用。

表8-9　房屋沉降缝的宽度

建筑物层数	沉降缝宽度/mm	建筑物层数	沉降缝宽度/mm
2～3	50～80	5层以上	≥120
4～5	80～120		

（四）控制相邻建筑物基础间的净距

建筑物施加在地基上的荷载不仅使建筑物下面的土层受到压缩，而且在它以外一定范围内的土层，由于受到基底压力扩散的影响，也将产生压缩变形，这种影响随距离的增加而减小。相邻建筑物的影响表现为裂缝或倾斜。产生相邻影响的情况有以下几种：同时建造的重、高建筑物对轻、低建筑物的影响；同时建造的荷载相近的建筑物的相互影响；重、高建筑物建成后不久，在其邻近建造轻、低建筑物时，前者对后者的影响；旧建筑物受到新的重、高建筑物的影响等。

为了减少相邻建筑物的相互影响，应使建筑物基础之间保持一定净距。其值应根据地基的压缩性、影响建筑的荷载大小与面积，以及被影响建筑的刚度等因素确定。这些因素可归纳为影响建筑物的沉降量和被影响建筑物的长高比两个综合指标。相邻建筑物基础间的净距见表 8-10。

表 8-10 相邻建筑物基础间的净距

影响建筑物的预估平均沉降量/mm	被影响建筑物的长高比	
	$2.0\leqslant L/H_f<3.0$	$3.0\leqslant L/H_f<5.0$
70～150	2～3	5～6
160～250	3～6	6～9
260～400	6～9	9～12
＞400	9～12	≥12

注：1. 表中 L 为建筑物长度或沉降缝分隔的单元长度，m；H_f 为自基础底面起算的建筑物高度，m。
2. 当被影响建筑物的长高比为 $1.5<L/H_f<2.0$ 时，其间隔净距离可适当缩小。
3. 对于相邻高耸结构（或对倾斜要求严格的建筑物）的外墙间隔距离，应根据倾斜允许值计算确定。

（五）调整和控制建筑物各部分标高

建筑物基础的沉降，会使其各部分的标高发生变化，从而影响其功能和正常使用。因此应根据可能产生的不均匀沉降，采取如下相应措施：

（1）应根据预估沉降量适当提高室内地坪和地下设施的标高。

（2）对建筑物中结构或设备之间的联结部分，可适当提高沉降较大部分的标高。

（3）在结构物与设备之间，应预留足够的净空。

（4）有管道穿过建筑物时，应预留足够尺寸的孔洞或采用柔性管道接头。

二、结构措施

（一）减轻建筑物自重

建筑物自重在基底压力中占有很大比例，工业建筑估计有 40%～50%，民用建筑中可高达 60%～75%，因而减小沉降量常可从减轻建筑物的自重着手。其减重的主要方法有如下几种：

（1）采用轻质墙体材料：如采用混凝土板墙、多孔砖墙或其他轻质墙等。

（2）选用轻型结构：如采用预应力钢筋混凝土结构、轻钢结构以及各种轻型空间结构。

（3）减轻基础及其上回填土的重量：选用自重较轻、覆土较少的基础形式，如浅埋的宽基础和有地下室、半地下室的基础，或室内地面采用架空地坪。

（二）设置圈梁

设置圈梁可以提高砌体结构抵抗弯曲的能力，增强建筑物的整体刚度。它是防止砖墙出现裂缝和阻止裂缝开展的一项有效措施。由钢筋混凝土或钢筋砖组成的圈梁，一般设置在房屋的基础和顶层各一道，其他各层可隔层设置，也可每层都设置。对于工业厂房，可结合基础梁、连系梁、门窗过梁等酌情布置。圈梁截面一般按构造要求考虑，如采用钢筋混凝土圈梁时，混凝土等级宜用 C20，宽度与墙厚相同，高度不小于 120mm，上下各配 3

根 $\phi8$ 以上纵筋。如采用钢筋砖圈梁时，位于圈梁处的 4～6 皮砖，用 M5 砂浆砌筑，上下各含 3 根 $\phi6$ 钢筋。

圈梁应考虑布置在建筑物外墙、内纵墙和主要内横墙上，并在同一平面上联成闭合系统。

（三）减小或调整基底附加应力

在建筑物不同部位，如作用荷载不同，可以通过调整基底尺寸，达到调整基底附加应力，减小不均匀沉降的目的。此外，按补偿性基础的概念，采用中空封闭型基础（如带地下室的筏板基础或箱形基础）或通过加大浅基础埋深等方法，也可以减小基底附加应力，从而减小建筑物的沉降或不均匀沉降。

（四）加强基础刚度

增强基础刚度，可有效提高其抗弯能力，减少基础的不均匀沉降。条形基础、筏板基础以及箱形基础的刚度都较大，起着扩大基础面积、增加整体刚度、调整不均匀沉降的作用。当基础各部位埋深变化较大时，可以做成台阶形基础，必要时内部配置钢筋，以达到提高基础整体刚度，增强适应不均匀沉降能力的目的。

（五）采用适应不均匀沉降的结构型式

砌体承重结构、钢筋混凝土框架结构对不均匀沉降很敏感，而排架、三铰拱（架）等铰接结构则对不均匀沉降有很大的顺从性，支座发生相对位移时不会引起很大的附加应力，故可以避免不均匀沉降的危害。但铰接结构这类结构型式通常只适用于单层的工业厂房、仓库和某些公共建筑。

油罐、水池等的基础常采用柔性底板，以便更好地顺从、适应不均匀沉降。

三、施工措施

在软弱地基上进行工程建设时，采用合理的施工顺序和施工方法至关重要，这是减小或调整不均匀沉降的有效措施之一。

（一）合理安排施工顺序

当拟建的相邻建筑物之间轻（低）重（高）悬殊时，一般应按照先重后轻的顺序进行施工，必要时还应在重的建筑物竣工后间歇一段时间，再建造轻的邻近建筑物；先施工主体建筑，后施工附属建筑。这样安排可减小或调整部分不均匀沉降。

（二）避免在基础四周大量堆载

在已建成的轻型建筑物周围，不宜堆放大量的建筑材料和土方等重物，以免地面堆载引起建筑物产生附加沉降。

（三）保护基底土少受扰动

基坑开挖时，对基底软弱土层（灵敏度高的软土）应注意保护，尽量避免或减少扰动。大面积开挖基坑时应保留 20cm 厚的原土层，待修筑垫层时才予以挖除，如地基土已被扰动，可选铺一层中粗砂，再铺卵石或块石压实处理。对于易风化的岩石地基，不应暴露过久，应及时覆盖以避免进一步风化。应防止雨水或地面水流入和浸泡基坑。

思 考 题

8-1 地基基础的设计有哪些要求和基本规定？

8-2 天然地基上浅基础的设计包括哪些内容与步骤？

8-3 按结构型式浅基础分为哪些类型？各具有什么特点？

8-4 选择基础的埋置深度要考虑哪些因素？

8-5 地基承载力特征值有哪几种确定方法？为何要对地基承载力特征值进行宽度和深度修正？

8-6 基底面积如何计算？轴心荷载和偏心荷载作用下，基底面积计算有何不同？

8-7 在何种情况下，应进行地基软弱下卧层验算？

8-8 无筋扩展基础与钢筋混凝土扩展基础的基础截面尺寸的确定方法有什么不同？

8-9 墙下钢筋混凝土条形基础与柱下条形基础在内力计算上有哪些区别？

8-10 筏板基础有哪些构造要求？

8-11 如何理解地基、基础与上部结构的共同作用问题？

8-12 减轻非均匀沉降的措施有哪些？

习 题

8-1 已知某条形基础底面宽度 $b=3\text{m}$，埋深 $d=1.5\text{m}$，荷载偏心距 $e=0.03b$，地基为粉质黏土，黏聚力 $c_k=10\text{kPa}$，内摩擦角 $\varphi_k=30°$，地下水位距地表为 1.0m，地下水位以上土的重度 $\gamma=18.0\text{kN/m}^3$，地下水位以下土的重度 $\gamma_{sat}=19.5\ \text{kN/m}^3$。试确定该地基土的承载力特征值。（答案：261.1kPa）

8-2 某建筑柱下独立基础如图 8-50 所示。试确定该基础底面尺寸。（本题取 $A=1.2A_0$，$l:b=2:1$）。（答案：$l=3.6\text{m}$，$b=1.8\text{m}$）

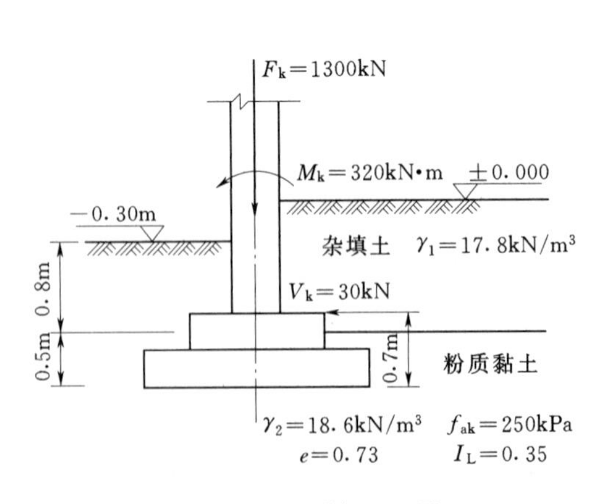

图 8-50 习题 8-2 图

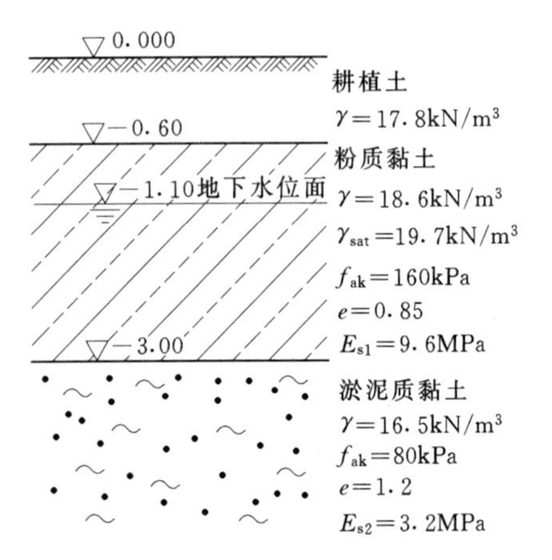

图 8-51 习题 8-3 图

8－3　某住宅为4层混合结构，底层承重墙厚370mm，每米长度承重墙传至±0.000处的竖向荷载 F_k＝200kN/m，地质剖面及土的工程性质指标如图8－51所示。试确定基础的埋深、构造类型和基底尺寸，并对软弱下卧层进行承载力验算。（参考答案：砖基础，d＝1.0m，b＝1.4m，下卧层承载力满足要求）

8－4　某民用建筑外墙厚240mm，基础设计为墙下钢筋混凝土条形基础，采用C20混凝土，HRB335级钢筋（f_t＝1.1N/mm^2，f_y＝300N/mm^2）。地基为均质黏土，γ＝18.2kN/m^3，e＝0.71，I_L＝0.74，f_{ak}＝180kPa，传至基础顶面的轴心荷载 F_k＝420kN/m。设室内外高差为0.5m，基础埋深0.8m（以室外地面起算）。试设计该基础。（参考答案：b＝2.5m，h＝400mm，受力钢筋Φ16@120，分布钢筋Φ8@250）

8－5　某框架结构柱荷载设计值 F＝900kN，M＝100kN·m，柱截面尺寸为300mm×400mm。拟采用柱下锥形基础（采用C25混凝土和HPB235级钢筋，f_t＝1.27N/mm^2，f_y＝210N/mm^2），埋深1.0m。根据持力层的地基承载力，基础底面尺寸确定为1.6m×2.4m。试设计此基础。（参考答案：h＝500mm；基础长边方向钢筋10Φ16，短边方向钢筋13Φ10）

第九章　桩基础与其他深基础

第一节　概　　述

一、深基础的定义

一般把基础埋深较大（>5m），且需借助特殊的方法施工，才能将建筑物荷载传递到地表以下较深土（岩）层的基础称为深基础。深基础的种类很多，包括桩基础、墩基、沉井、沉箱、地下连续墙等。

当建筑场地条件较差、地基存在承载力低、压缩性大等工程问题时，对多层以上的建筑采用天然地基、浅基础一般不能满足地基承载力和变形要求，可采用地基处理或改变上部结构的设计等办法解决。若上部建筑物荷载较大，持力层埋藏较深，采用地基处理仍不能解决问题或耗费巨大时，常采用深基础。

二、桩基础及其应用

深基础中，桩基础在工程中应用最为广泛。桩是一种人为在地基中设置的柱形构件，单根桩或数根桩与连接桩顶的承台一起构成了桩基础，其作用主要是将上部结构的荷载由软弱的土层或易压缩层传给深层性质较好、强度高、压缩性小的坚硬土层或岩层。

随着近代科学技术的发展，高层建筑、重型厂房和精密设备对地基基础的要求日益严格，桩基础的种类、型式、施工工艺和成桩设备以及桩基理论和设计方法有了很大的发展并日趋完善，使桩基础广泛应用于建筑、水利、交通、港口以及采油平台等工程。桩基础一般具有适应性强、承载力高、沉降量小、能承受一定水平荷载、抗拉拔能力强、稳定性好、能提高建筑物的抗震能力、提高地基基础刚度、减小机器基础的振幅对结构的不利影响、便于机械化施工等优点。

通常在以下几种情况下可考虑采用桩基础：

（1）荷载大而集中或对地基变形有严格要求的高层建筑或其他重要建筑。

（2）重型工业厂房和地面堆载很大的建筑物，如仓库、料仓等。

（3）高耸建筑物或结构物，作用很大倾覆力矩，而又不允许出现较大的倾斜，如烟囱、电视塔、输电线塔等。

（4）大型、精密机械的设备基础，如锻锤、汽轮机等设备由于动力作用，对基础的振动频率和振幅要有一定的限制；某些精密机床设备在安装和使用时对基础的沉降和沉降速率也有严格的控制。

（5）地震区结构物的基础。

（6）采用地基加固措施不合适的软弱地基或特殊土地基，如可液化层、膨胀土、季节性冻土、湿陷性黄土等地基。

（7）施工水位或地下水位很高或基础位于水中的建筑物，如桥梁、码头等。

（8）承受大荷载、动荷载、大偏心荷载的建筑物。

（9）意义重大或需永久（长期）保存的建筑物。

但是，桩基础并不适用于所有工程，有些情况采用桩基础会对工程产生不利影响，如：①上层土比下层土硬得多；②土层中有障碍物而又无法排除；③只能采用打入或振入法施工，而附近有重要的或对振动强烈敏感的建筑物。

因此，工程中是否需采用桩基础要综合考虑以上情况。按建筑物的规模和功能以及由于地基基础问题造成建筑物的破坏程度，将建筑桩基分为三个安全等级，见表9-1。

表9-1　建筑桩基安全等级

安全等级	破坏后果	建筑物类型
一级	很严重	重要的工业与民用建筑物；对桩基变形有特殊要求的工业建筑物
二级	严重	一般的工业与民用建筑物
三级	不严重	次要的建筑物

三、桩的分类

（一）按承载性状分类

根据桩土相互作用的特点，按桩侧阻力与桩端阻力的发挥程度及各自对荷载的分担比例，可将桩分为以下几类。

1. 摩擦型桩

摩擦型桩是指在竖向极限荷载作用下，桩顶荷载全部或主要由桩侧阻力承受的桩。根据桩侧阻力分担荷载的大小，摩擦型桩又分为摩擦桩和端承摩擦桩两类。

（1）摩擦桩。是指在极限承载力状态下，桩顶荷载绝大部分由桩侧阻力承受，桩端阻力可忽略不计的桩。如在深厚的软弱土层中桩端无较坚实土层作持力层时的桩基。

（2）端承摩擦桩。是指在极限承载力状态下，桩顶荷载主要由桩侧阻力承受，桩端阻力占少量比例，但不能忽略不计的桩。如桩身穿越软塑状态黏性土，桩端置于硬、可塑状态黏性土的长桩。

2. 端承型桩

端承型桩是指在竖向极限荷载作用下，桩顶荷载全部或主要由桩端阻力承受，桩侧阻力相对桩端阻力而言较小，或可忽略不计的桩。根据桩端阻力发挥的程度和分担荷载的比例，端承型桩又可分为端承桩和摩擦端承桩两类。

（1）端承桩。在极限承载力状态下，桩顶荷载由桩端阻力承受，桩侧阻力可忽略不计的桩。如桩的长径比较小（一般小于10），桩身通过极软弱的土层，桩端置于坚硬土层或岩石上的桩基。

（2）摩擦端承桩。在极限承载力状态下，桩顶荷载主要由桩端阻力承受，桩侧阻力占的比例较小，但不能忽略不计的桩。如桩身穿过软弱土层、桩端置于较坚硬的土层上的桩基。

（二）按桩的使用功能分类

1. 竖向抗压桩（抗压桩）

竖向抗压桩是以承受竖向荷载为主的桩，大多数建筑桩基在正常工作条件下都属于此种类型桩。

2. 竖向抗拔桩（抗拔桩）

竖向抗拔桩是主要承受竖向上拔荷载的桩，如高压输电塔和微波发射塔的桩基、水下抗浮力的锚桩等，都属于此类桩。

3. 水平受荷桩

水平受荷桩是主要承受水平荷载的桩，如深基坑护坡桩、坡体抗滑桩、港口工程的板桩等。

4. 复合受荷桩

复合受荷桩是承受竖向荷载与水平荷载均较大的桩。如上海宝钢运输矿石的长江栈桥的桩基础，同时承受矿石的竖向荷载和长江风浪的水平荷载。

（三）按桩身材料分类

按桩身材料可将桩分为木桩、混凝土桩、钢桩、组合材料桩等。

1. 木桩

木桩桩径一般为150～250mm，桩长4～6m。木桩具有韧性好、重量轻，加工、运输、施工方便、造价低廉等优点，但由于桩径小、桩长短承载力较低。木桩所用木材须坚韧耐久，如杉木、松木等。木桩在水下是耐久的，故桩顶应打入地下水位以下0.5m左右，应避免在干湿交替环境或地下水位以上使用，以免腐烂。施工时桩顶锯平并设铁箍，以防打裂，桩尖削成锥形，有时还带铁制桩靴。木桩的适用范围是盛产木材的地区、小型工程和临时工程、古建筑的基础。

2. 混凝土桩

混凝土桩是目前使用最广泛的桩。具有承载力高、不受地下水位限制、便于机械化施工等优点。按施工方法的不同，可将混凝土桩分为预制桩和灌注桩。

（1）预制桩。是指在工厂或施工现场预先将桩身制作好，待就位后用一定的沉桩方法将桩送入土中。预制桩的截面主要有方形和圆形、实心和空心等形式。预制桩分段长度一般为8～12m。沉桩时再焊接或用钢制法兰盘螺栓连接到所需桩长。预制桩的沉桩深度一般由桩端设计标高或桩的最后贯入度控制。

（2）灌注桩。是指用机械或人工在施工现场开孔，就地放置钢筋笼、浇注混凝土而形成的桩，截面一般呈圆形。灌注桩大体可分为沉管灌注桩和成孔灌注桩两类。

1）沉管灌注桩。是指用锤击、振动或振动冲击带有预制桩尖或活瓣桩尖的钢管，使其沉入土中至设计标高，然后在钢管内放入（或不放）钢筋笼，再一边灌注和振捣混凝土，一边拔管所形成的桩。

2）成孔灌注桩。是指采用成孔机械或其他方法在桩位处排土成孔，然后在桩孔中放入（或不放）钢筋笼，再灌注混凝土，边灌边捣实所形成的桩。按成孔方法又分为以下几类：

a. 钻孔灌注桩。采用各种钻孔机具成孔，桩的直径和长度随使用钻孔机具而异，是目前广泛使用的一种桩型。

b. 冲孔灌注桩。采用冲击、振冲或冲抓锥等成孔机成孔，可克服其他方法在漂石、卵石或含有大块石的土层中钻进的困难。

c. 爆孔灌注桩。采用炸药串爆炸成孔，适用于地下水位以上的一般黏性土、密实的砂土、碎石和风化岩。若爆炸扩大孔底，形成似球状的扩大体，称为爆扩桩。

d. 挖孔灌注桩。采用人工或机械挖掘成孔，其桩径不宜小于 1m，深度超过 15m 时，桩径应在 1.2～1.4m 以上。其优点是可直接观察地层情况，桩身质量容易得到保证。宜在无地下水或其水量较小的情况下采用。

和钢筋混凝土预制桩与钢桩相比，灌注桩具有适应性强、承载力大、节省钢材、造价低、噪音低、振动低等优点。当持力层顶面起伏不平时比预制桩容易处理，不需截桩，避免浪费。缺点是灌注桩容易产生缩颈、断桩、局部夹土和混凝土离析等质量事故，施工时应采取必要的措施，防止事故，保证质量。

3. 钢桩

钢桩主要有钢管桩、H 型钢桩和钢板桩。钢桩常用于临时支护、永久性码头工程、少数重点工程中。

钢桩的主要特点是：穿透力强、承载能力大且能承受较大的水平力，材料强度均匀可靠，起吊运输和沉桩接桩都较方便，便于装卸运输，用作护坡桩可多次使用。但钢桩耗钢量大、造价高、易锈蚀，可采用外表涂防腐层，钢管桩内壁与外界隔绝以减轻或免除腐蚀。

4. 组合材料桩

组合材料桩是指用两种或两种以上不同材料组合的桩，例如，钢管桩内填充混凝土或其他材料，或上部桩身为钢管桩，下部桩身为混凝土等型式的组合桩。

(四) 按桩的设置效应分类

根据成桩过程中的挤土效应可将桩分为挤土桩、部分挤土桩和非挤土桩三类。

1. 挤土桩

挤土桩指采用锤击、振动、静压等沉桩方法把桩挤入土中的桩，成桩时桩位处的土被挤开。如实心预制桩、下端封闭的管桩、木桩、沉管灌注桩等。

2. 部分挤土桩

部分挤土桩指沉桩时对桩周土体有部分排挤作用，但土的强度和变形性质改变不大的桩。如打入式敞口桩、H 型钢桩、预钻孔打入式预制桩、部分挤土灌注桩等。成桩过程中桩周土仅受到轻微的扰动，设计时仍可用原状土的指标进行计算。

3. 非挤土桩

非挤土桩指采用钻或挖的方法，在桩的成孔过程中清除了孔中土体，桩周土不受设桩时的排挤作用的桩，如挖孔灌注桩、钻孔灌注桩等。

(五) 按桩径大小分类

1. 小桩

小桩指桩身直径 $d \leqslant 250$mm 的桩，一般用于基础加固和复合地基。

2. 中等直径桩

中等直径桩指桩径 d 为 250mm$<d<$800mm 的桩，在建筑桩基中应用较多。

3. 大直径桩

大直径桩指桩径 $d \geqslant 800\text{mm}$ 的桩，一般用于单桩基础，单桩承载力较高。

此外，按桩的倾斜程度，还可将桩分为竖直桩和斜桩；按桩的横截面形状，可以分为方桩、圆桩、八角形桩、空心管桩、H 形桩等；按承台高低可分为低承台桩基、高承台桩基等。

桩型及工艺选择应根据建筑结构类型、荷载性质、桩的使用功能、穿越土层、桩端持力层土类、承载力要求、施工环境、施工经验、施工设备、制桩材料供应条件、地下水位和经济条件等，选择安全适用、经济合理的桩型和成桩工艺。

四、本章规范引用说明

本章主要依据《建筑地基基础设计规范》（GB 50007—2011）并参考《建筑桩基技术规范》（JGJ 94—2008）的有关内容介绍桩基础。在基础设计时，首先服从国家标准，在国家标准没有相关内容的情况下引用行业标准。由于两个规范有些术语、符号不同，计算表达式有差异，故使用时还需加以协调。

第二节　单桩竖向承载力

一、单桩竖向抗压承载力

单桩竖向抗压承载力分为单桩竖向极限承载力和单桩竖向承载力特征值。单桩竖向极限承载力指单桩在竖向荷载作用下达到破坏状态前或出现不适于继续承载的变形时所对应的最大荷载；单桩竖向极限承载力标准值除以安全系数后的承载力值即为单桩竖向承载力特征值。

单桩的竖向承载力包括桩身结构的承载力和地基土对桩的支撑力两重含义，它们分别由不同途径确定，前者由结构计算确定，后者由静载荷试验、经验公式、动力分析法等确定。设计时应分别按桩的自身材料强度和地基土对桩的支承阻力确定承载力后取其中的小值作为单桩承载力。

根据《建筑地基基础设计规范》（GB 50007—2011）的规定，单桩竖向承载力特征值 Ra 的确定应符合下列规定：

（1）单桩竖向承载力特征值应通过单桩竖向静载荷试验确定，当桩端持力层为密实砂卵石或其他承载力类似的土层时，对单桩承载力很高的大直径端承型桩，可采用深层平板载荷试验确定桩端土的承载力特征值。

（2）地基基础设计等级为丙级的建筑物，可采用静力触探及标贯试验参数确定单桩竖向承载力特征值。

（3）初步设计时单桩竖向承载力特征值可利用承载力经验公式估算。

（4）嵌岩灌注桩当桩端无沉渣时，桩端岩石承载力特征值应根据岩石饱和单轴抗压强度标准值按《建筑地基基础设计规范》（GB 50007—2011）5.2.6 条确定，或按该规范附录 H 用岩基载荷试验确定。

（一）静载荷试验确定单桩竖向承载力特征值

桩的静载荷试验是采用接近于竖向抗压桩的实际工作条件在施工现场进行试验，确定单桩竖向抗压极限承载力，作为设计依据或对工程桩的承载力进行抽样检验和评价，试验数据较为直观可靠，是评价单桩承载力可靠性较高的方法。《建筑地基基础设计规范》（GB 50007—2011）规定，在同一条件下的试桩数量不宜少于总桩数的1%，且不应小于3根。

单桩竖向极限承载力一般应根据试验结果绘出的荷载—桩顶沉降（Q—s）曲线（图9-1）以及其他辅助分析所需曲线，按下列方法综合分析确定：

（1）根据沉降与荷载变化的规律来判定，对陡降型 Q—s 曲线取曲线上相应于陡降段起点的荷载值，如图9-1（a）所示。

（2）根据沉降量确定，对缓变型 Q—s 曲线可取桩顶总沉降量 $s=40$mm 所对应的荷载值，如图9-1（b）所示。当桩长大于40m时，宜考虑桩身的弹性压缩。

（3）当出现终止加载的情况，取前一级荷载值。

（4）按上述方法判断有困难时，可结合其他辅助分析方法综合判定。对桩基沉降有特殊要求者，应根据具体情况选取。

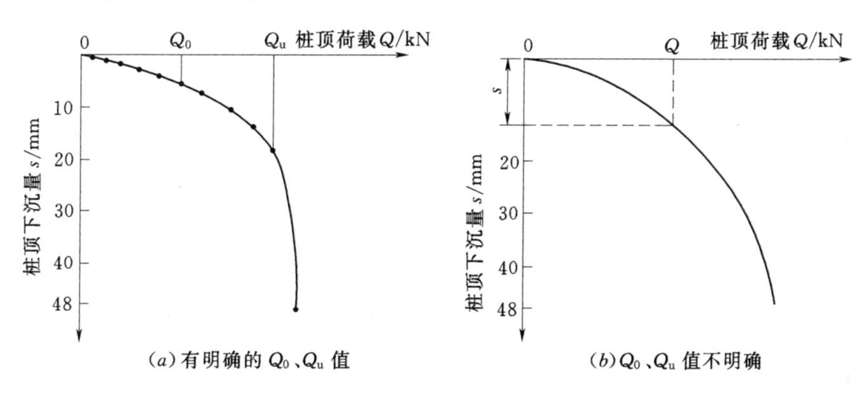

图9-1　单桩荷载—桩顶沉降（Q—s）曲线

（5）参加统计的试桩，当满足其极差（试验桩中极限荷载的最大值和最小值之差）不超过平均值的30%时，可取其平均值为单桩竖向极限承载力。极差超过平均值的30%时，宜增加试桩数量并分析离差过大的原因，结合工程具体情况确定极限承载力。对桩数为3根及3根以下的柱下桩台，取最小值。

（6）将单桩竖向极限承载力除以安全系数2，即得单桩竖向承载力特征值 R_a。

（二）初步设计时按经验公式估算单桩竖向承载力特征值

地基土是通过桩周摩阻力和桩端阻力支承桩顶荷载的，而实际的桩周摩阻力和桩端阻力的分布又很复杂。为使问题简化，在大量工程实践资料的基础上，得出了不同地基土的物理指标与承载力参数之间的经验关系，利用这些经验关系公式确定单桩竖向承载力的方法称为经验公式法，也称经验参数法。利用经验公式确定单桩承载力的方法是一种沿用多年的传统方法，适用于各种类型的桩。

《建筑地基基础设计规范》（GB 50007—2011）给出了初步设计时单桩竖向承载力特征值估算方法

$$R_a=q_{pa}A_p+u_p\sum q_{sia}l_i \tag{9-1}$$

式中 R_a——单桩竖向承载力特征值；

q_{pa}、q_{sia}——桩端端阻力、第 i 层土的桩侧阻力特征值，由当地静载荷试验结果统计分析算得；

A_p——桩底端横截面面积；

u_p——桩身周边长度；

l_i——第 i 层岩土的厚度。

当桩端嵌入完整及较完整的硬质岩中时，可按式（9-2）估算单桩竖向承载力特征值

$$R_a = q_{pa} A_p \tag{9-2}$$

式中 q_{pa}——桩端岩石承载力特征值。

表 9-2 桩的极限侧阻力标准值 q_{sik}

土的名称	土的状态		混凝土预制桩/kPa	泥浆护壁钻（冲）孔桩/kPa	干作业钻孔桩/kPa
填土	—		22～30	20～28	20～28
淤泥	—		14～20	12～18	12～18
淤泥质土	—		22～30	20～28	20～28
黏性土	流塑	$I_L>1$	24～40	21～38	21～38
	软塑	$0.75<I_L\leqslant 1$	40～55	38～53	38～53
	可塑	$0.50<I_L\leqslant 0.75$	55～70	53～68	53～66
	硬可塑	$0.25<I_L\leqslant 0.50$	70～86	68～84	66～82
	硬塑	$0<I_L\leqslant 0.25$	86～98	84～96	82～94
	坚硬	$I_L\leqslant 0$	98～105	96～102	94～104
红黏土	$0.7<\alpha_w\leqslant 1$		13～32	12～30	12～30
	$0.5<\alpha_w\leqslant 0.7$		32～74	30～70	30～70
粉土	稍密	$e>0.9$	26～46	24～42	24～42
	中密	$0.75\leqslant e\leqslant 0.9$	46～66	42～62	42～62
	密实	$e<0.75$	66～88	62～82	62～82
粉细砂	稍密	$10<N\leqslant 15$	24～48	22～46	22～46
	中密	$15<N\leqslant 30$	48～66	46～64	46～64
	密实	$N>30$	66～88	64～86	64～86
中砂	中密	$15<N\leqslant 30$	54～74	53～72	53～72
	密实	$N>30$	74～95	72～94	72～94
粗砂	中密	$15<N\leqslant 30$	74～95	74～95	76～98
	密实	$N>30$	95～116	95～116	98～120
砾砂	稍密	$5<N_{63.5}\leqslant 15$	70～110	50～90	60～100
	中密（密实）	$N_{63.5}>15$	116～138	116～130	112～130
圆砾、角砾	中密、密实	$N_{63.5}>10$	160～200	135～150	135～150
碎石、卵石	中密、密实	$N_{63.5}>10$	200～300	140～170	150～170
全风化软质岩	—	$30<N\leqslant 50$	100～120	80～100	80～100
全风化硬质岩	—	$30<N\leqslant 50$	140～160	120～140	120～150
强风化软质岩	—	$N_{63.5}>10$	160～240	140～200	140～220
强风化硬质岩	—	$N_{63.5}>10$	220～300	160～240	160～260

注： 1. 对于尚未完成自重固结的填土和以生活垃圾为主的杂填土，不计算其侧阻力。

2. α_w 为含水比，$\alpha_w=\omega/\omega_L$，ω 为土的天然含水率，ω_L 为土的液限。

3. N 为标准贯入击数，$N_{63.5}$ 为重型圆锥动力触探击数。

4. 全风化、强风化软质岩和全风化、强风化硬质岩系指其母岩分别为 $f_{rk}\leqslant 15$MPa、$f_{rk}>30$MPa 的岩石。

表 9-3　桩的极限端阻力标准值 q_{pk}

单位：kPa

土名称			混凝土预制桩桩长 l/m				泥浆护壁钻（冲）孔桩桩长 l/m				干作业钻孔桩桩长 l/m		
			$l\leqslant9$	$9<l\leqslant16$	$16<l\leqslant30$	$l>30$	$5\leqslant l<10$	$10\leqslant l<15$	$15\leqslant l<30$	$l\geqslant30$	$5\leqslant l<10$	$10\leqslant l<15$	$l\geqslant15$
黏性土	软塑	$0.75<I_L\leqslant1$	210～850	650～1400	1200～1800	1300～1900	150～250	250～300	300～450	300～450	200～400	400～700	700～950
	可塑	$0.50<I_L\leqslant0.75$	850～1700	1400～2200	1900～2800	2300～3600	350～450	450～600	600～750	750～800	500～700	800～1100	1000～1600
	硬可塑	$0.25<I_L\leqslant0.50$	1500～2300	2300～3300	2700～3600	3600～4400	800～900	900～1000	1000～1200	1200～1400	850～1100	1500～1700	1700～1900
	硬塑	$0<I_L\leqslant0.25$	2500～3800	3800～5500	5500～6000	6000～6800	1100～1200	1200～1400	1400～1600	1600～1800	1600～1800	2200～2400	2600～2800
粉土	中密	$0.75\leqslant e\leqslant0.9$	950～1700	1400～2100	1900～2700	2500～3400	300～500	500～650	650～750	750～850	800～1200	1200～1400	1400～1600
	密实	$e<0.75$	1500～2600	2100～3000	2700～3600	3600～4400	650～900	750～950	900～1100	1100～1200	1200～1700	1400～1900	1600～2100
粉砂	稍密	$10<N\leqslant15$	1000～1600	1500～2300	1900～2700	2100～3000	350～500	450～600	600～700	650～750	500～950	1300～1600	1500～1700
	中密、密实	$N>15$	1400～2200	2100～3000	3000～4500	3800～5500	600～750	750～900	900～1100	1100～1200	900～1000	1700～1900	1700～1900
细砂	中密、密实	$N>15$	2500～4000	3600～5000	4400～6000	5300～7000	650～850	900～1200	1200～1500	1500～1800	1200～1600	2000～2400	2400～2700
中砂			4000～6000	5500～7000	6500～8000	7500～9000	850～1050	1100～1500	1500～1900	1900～2100	1800～2400	2800～3800	3600～4400
粗砂			5700～7500	7500～8500	8500～10000	9500～11000	1500～1800	2100～2400	2400～2600	2600～2800	2900～3600	4000～4600	4600～5200
砾砂	中密、密实	$N>15$	6000～9500		9000～10500		1400～2000		2000～3200		3500～5000		
角砾、圆砾		$N_{63.5}>10$	7000～10000		9500～11500		1800～2200		2200～3600		4000～5500		
碎石、卵石		$N_{63.5}>10$	8000～11000		10500～13000		2000～3000		3000～4000		4500～6500		
全风化软质岩		$30<N\leqslant50$	4000～6000				1000～1600				1200～2000		
全风化硬质岩		$30<N\leqslant50$	5000～8000				1200～2000				1400～2400		
强风化软质岩		$N_{63.5}>10$	6000～9000				1400～2200				1600～2600		
强风化硬质岩		$N_{63.5}>10$	7000～11000				1800～2800				2000～3000		

注：1. 砂土和碎石类土中桩的极限端阻力取值，要综合考虑土的密实度、桩端进入持力层的深度比 h_b/d；土越密实，h_b/d 越大，取值越高。

2. 预制桩的岩石极限端阻力指桩端支承于中、微风化基岩表面或进入强风化岩、软质岩一定深度条件下极限端阻力。

3. 全风化、强风软质岩和全风化、强风化硬质岩指其母岩分别为 $f_{rk}\leqslant15$MPa、$f_{rk}>30$MPa 的岩石。

《建筑桩基技术规范》(JGJ 94—2008) 中给出了初步设计时根据土的物理指标和承载力参数之间的经验关系估算单桩竖向极限承载力标准值的公式，即

$$Q_{uk}=u\sum q_{sik}l_i+q_{pk}A_p \tag{9-3}$$

式中 Q_{uk}——单桩竖向极限承载力标准值；

q_{sik}——桩侧第 i 层土的极限侧阻力标准值，如无当地经验时，可按表 9-2 取值；

q_{pk}——极限端阻力标准值，如无当地经验时，可按表 9-3 取值。

由于《建筑桩基技术规范》(JGJ 94—2008) 提供的参数是极限标准值，而《建筑地基基础设计规范》(GB 50007—2011) 要求计算的是与荷载标准组合匹配的承载力特征值，故在引用前应确定两种参数 (q_{pk}、q_{sik} 与 q_{pa}、q_{sia}) 之间的换算关系。《建筑桩基技术规范》(JGJ 94—2008) 规定单桩竖向极限承载力标准值与单桩竖向承载力特征值之间的关系如下

$$R_a=\frac{1}{K}Q_{uk} \tag{9-4}$$

式中 K——安全系数，取 $K=2$。

用经验公式法确定单桩竖向承载力要比用静载荷试验法简便得多，但按土的物理特征查用各土层的侧阻力和端阻力，不一定能如实提供各项阻力值，因此，通常只用于初步设计时估算或等级较低的建筑物桩基设计中。

另外，《建筑地基基础设计规范》(GB 50007—2011) 规定：地基基础设计为丙级的建筑物，可采用静力触探及标准贯入试验参数确定 R_a 值。根据静力触探试验资料确定混凝土预制桩单桩竖向极限承载力标准值的方法见《建筑桩基技术规范》(JGJ 94—2008) 5.3.3 和 5.3.4 条规定。

二、桩的负摩阻力

前面讨论的是一般情况下在桩顶荷载作用下，桩相对周围土体产生向下的位移，因而土对桩侧产生向上的摩擦力，称之为正摩阻力。但若桩周土由于某些原因发生压缩，且变形量大于相应深度处桩的下沉量，则土体对桩产生向下的摩擦力，这种摩擦力相当于在桩上施加下拉荷载，称之为负摩阻力。若不计桩身材料的压缩性，桩的沉降沿桩身基本上可视为常量。而土的沉降往往是由上而下逐渐减小的。所以在某处将出现桩、土相对位移为 0 的点，称为中性点。该点摩阻力为 0，该点以上桩段作用着负摩阻力，以下桩段作用着正摩阻力。负摩阻力的存在降低了桩的承载力，并可导致桩发生过量的沉降，设计和施工时应引起足够的重视。当土层不均匀或建筑物对不均匀沉降较敏感时，应将负摩阻力引起的下拉荷载计入附加荷载验算桩基沉降。

(1) 符合下列条件之一的桩基，当桩周土层产生的沉降超过桩的沉降时，应考虑桩侧负摩阻力：

1) 桩穿越较厚松散填土、自重湿陷性黄土、欠固结土层进入相对较硬土层时，桩周土在自重作用下随时间而逐渐固结。

2) 桩周存在软弱土层，邻近桩侧地面承受局部较大的长期荷载，或地面大面积堆载

（包括填土）时。

3）由于降低地下水位（如抽取地下水），使桩周土中有效应力增大，并产生显著压缩沉降时。

桩周土沉降可能引起桩侧负摩阻力时，应根据工程具体情况考虑负摩阻力对桩基承载力和沉降的影响。参见《建筑桩基技术规范》（JGJ 94—2008）有关规定。

（2）对可能出现负摩阻力的桩基，可采取以下措施：

1）对填土的建筑场地，先填土并保证填土的密实度，待填土地面沉降基本稳定后成桩。

2）对地面大面积堆载的建筑物，采取预压等处理措施，减少堆载引起的地面沉降。

3）对自重湿陷性黄土地基，采用强夯、挤密土桩等先行处理，消除上部或全部土层的自重湿陷性。

4）在沉降量大的土层内，在桩周设置保护套，这段桩的周围摩阻力就被消除，防止了下拉作用。

5）在桩身上涂敷一层具有适当黏度的沥青滑动层等。

6）如在饱和软土地区，可适当增加桩距，选择合理的打桩流程，控制沉桩速率，打桩后休止一段时间再施工基础及上部结构等。

7）对位于中性点以上的桩身进行处理，以减少负摩阻力。

8）采用其他有效而合理的措施。

三、桩基抗拔承载力

对高耸结构物、高压输电塔、电视塔、承受较大地下水浮力的地下结构物（如地下室、地下油罐、取水泵房等）以及承受较大水平荷载的结构物（如挡土墙、桥台等），其中基础中桩侧部分或全部承受上拔力，此时尚应考虑桩基抗拔承载力。

桩基抗拔承载力主要取决于桩侧摩阻力、桩体自重以及桩身材料强度，一般由抗拔静载荷试验确定。对次要工程或无条件进行抗拔试验的，可按经验公式估算，见《建筑桩基技术规范》（JGJ 94—2008）。

第三节　复合基桩竖向承载力

一、承台效应

实际工程的桩基础，除少量大直径桩是用单桩基础外，一般都是由若干根桩和承台联结而成的群桩基础，群桩中的每根桩称为基桩。承台效应（又被称为群桩效应）指群桩受竖向荷载后，由于承台、桩、土的相互作用形成共同作用的整体，各桩的承载力和变形相互影响、相互制约，使其桩侧阻力、桩端阻力、沉降等性状发生变化而与单桩明显不同，承载力往往不等于各单桩承载力之和，设计时应予综合考虑。承台效应受土性、桩距、桩数、桩的长径比、桩长与承台宽度比、成桩方法等多种因素的影响。

二、考虑承台效应的复合基桩竖向承载力特征值

考虑承台效应后，可适当提高基桩竖向承载力特征值。《建筑桩基技术规范》（JGJ 94—2008）规定：

（1）对于端承型桩基、桩数少于4根的摩擦型柱下独立桩基，或由于地层土性、使用条件等因素不宜考虑承台效应时，基桩竖向承载力特征值应取单桩竖向承载力特征值。

（2）对于符合下列条件之一的摩擦型桩基，宜考虑承台效应确定其复合基桩的竖向承载力特征值：

1）上部结构整体刚度较好、体型简单的建（构）筑物。

2）对差异沉降适应性较强的排架结构和柔性构筑物。

3）按变刚度调平原则设计的桩基刚度相对弱化区。

4）软土地基的减沉复合疏桩基础。

考虑承台效应的复合基桩竖向承载力特征值可按下列公式确定：

不考虑地震作用时

$$R=R_a+\eta_c f_{ak} A_c \tag{9-5}$$

考虑地震作用时

$$R=R_a+\frac{\zeta_a}{1.25}\eta_c f_{ak} A_c \tag{9-6}$$

$$A_c=(A-nA_{ps})/n \tag{9-7}$$

式中 η_c——承台效应系数，可按表9-4取值；

f_{ak}——承台下1/2承台宽度且不超过5m深度范围内各层土的地基承载力特征值按厚度加权的平均值；

A_c——计算桩基所对应的承台底净面积；

A_{ps}——桩身截面面积；

表9-4 承台效应系数 η_c

S_a/d B_c/l	3	4	5	6	>6
≤0.4	0.06～0.08	0.14～0.17	0.22～0.26	0.32～0.38	0.5～0.8
0.4～0.8	0.08～0.10	0.17～0.20	0.26～0.30	0.38～0.44	
>0.8	0.10～0.12	0.20～0.25	0.30～0.34	0.44～0.50	
单排桩 条形承台	0.15～0.18	0.25～0.30	0.38～0.45	0.50～0.60	

注：1. 表中 S_a/d 为桩中心距与桩径比；B_c/l 为承台宽度与桩长之比。当计算基桩为非正方形排列时，$S_a=\sqrt{A/n}$，A 为承台计算域面积，n 为总桩数。

2. 对于桩布置于墙下的箱、筏承台，η_c 可按单排桩条形承台取值。

3. 对于单排桩条形承台，当承台宽度小于1.5d 时，η_c 按非条形承台取值。

4. 对于采用后注浆灌注桩的承台，η_c 宜取低值。

5. 对于饱和黏性土中的挤土桩基、软土地基上的桩基承台，η_c 宜取低值的0.8倍。

A——承台计算域面积，对于柱下独立桩基，A 为承台总面积；对于桩筏基础，A 为柱、墙筏板的 1/2 跨距和悬臂边 2.5 倍筏板厚度所围成的面积；桩集中布置于单片墙下的桩筏基础，取墙两边各 1/2 跨距围成的面积，按条形承台计算 η_c；

ζ_a——地基抗震承载力调整系数，应按现行国家标准《建筑抗震设计规范》（GB 50011—2010）采用。

当承台底为可液化土、湿陷性土、高灵敏度软土、欠固结土、新填土时，沉桩引起超孔隙水压力和土体隆起时，不考虑承台效应，取 $\eta_c=0$。

第四节　单桩水平承载力

作用在桩基上的水平荷载有长期作用的水平荷载（如地下室外墙、挡土结构物以及水工结构物上土和水的侧压力，拱的推力），还有反复作用的水平荷载（如风荷载、波浪、潮水产生的水平力和弯矩，吊车、火车、汽车的制动荷载以及地震水平荷载等）。当水平荷载和竖向荷载合力与竖直线的夹角不超过 5°（相当于水平荷载为竖向荷载的 1/12～1/10）时，竖直桩的水平承载力可以满足设计要求。

桩的水平承载力是指与桩轴线垂直方向的承载力，不仅取决于地基土对桩的阻力，还决定于桩身材料的强度。对抗弯性能差的桩，如低配筋率的灌注桩，其水平承载力可能由桩身强度控制；对抗弯性能好的桩，如钢筋混凝土预制桩，则通常由桩周土所能提供的水平抗力控制。

目前确定单桩水平承载力的方法主要有两种，即现场水平静载荷试验和理论计算。《建筑地基基础设计规范》（GB 50007—2011）对单桩水平承载力确定方法只进行了一般论述，没有专项规定，故在下述单桩水平承载力确定中主要引用《建筑桩基技术规范》（JGJ 94—2008）有关这方面的内容。

一、单桩水平承载力计算的一般规定［《建筑地基基础设计规范》（GB 50007—2011）］

单桩水平承载力特征值取决于桩的材料强度、截面刚度、入土深度、土质条件、桩顶水平位移允许值和桩顶嵌固情况等因素，应通过现场水平载荷试验确定。必要时可进行带承台桩的载荷试验，试验宜采用慢速维持荷载法。有条件时，可模拟实际荷载情况，进行桩顶同时施加轴向压力的水平静载试验。

对承受水平荷载为主的桩，应根据使用要求对桩顶变位的限制，对桩基的水平承载力进行验算。当外力作用面的桩距较大时，桩基的水平承载力可视为各单桩的水平承载力的总和。当承台侧面的土未经扰动或回填密实时，应计算土抗力的作用。当水平推力较大时，可考虑采用斜桩来承担水平荷载。

对群桩承台，作用于承台底面的水平力按承台桩数均分给各个基桩，即

$$H_{ik}=\frac{H_k}{n} \tag{9-8}$$

式中 H_{ik}——相应于荷载效应标准组合时，作用于任一单桩的水平力，kN；

H_k——相应于荷载效应标准组合时，作用于承台底面的水平力，kN；

n——承台桩数。

桩基中单桩水平承载力按下式验算

$$H_{ik} \leqslant R_{Ha} \tag{9-9}$$

式中 R_{Ha}——单桩水平承载力特征值，kN。

二、单桩水平承载力特征值的确定［《建筑桩基技术规范》(JGJ 94—2008)］

(一) 水平载荷试验确定单桩水平承载力

(1) 对于受水平荷载较大的设计等级为甲级、乙级的建筑桩基，单桩水平承载力特征值应通过单桩水平静载试验确定，试验方法可按现行行业标准《建筑基桩检测技术规范》(JGJ 106—2003) 执行。

(2) 对于钢筋混凝土预制桩、钢桩、桩身配筋率不小于0.65%的灌注桩，可根据静载试验结果取地面处水平位移为10mm（对于水平位移敏感的建筑物取水平位移6mm）所对应的荷载的75%为单桩水平承载力特征值。

(3) 对于桩身配筋率小于0.65%的灌注桩，可取单桩水平静载试验的临界荷载的75%为单桩水平承载力特征值。

(二) 公式估算单桩水平承载力特征值

当缺少单桩水平静载试验资料时，可按式 (9-10) 估算桩身配筋率小于0.65%的灌注桩的单桩水平承载力特征值；对于混凝土护壁的挖孔桩，计算单桩水平承载力时，其设计桩径取护壁内直径。

$$R_{ha}=\frac{0.75\alpha\gamma_m f_t W_0}{v_m}(1.25+22\rho_g)\left(1\pm\frac{\zeta_N N_k}{\gamma_m f_t A_n}\right) \tag{9-10}$$

圆形截面 $$W_0=\frac{\pi d}{32}[d^2+2(\alpha_E-1)\rho_g d_0^2]$$

方形截面 $$W_0=\frac{b}{6}[b^2+2(\alpha_E-1)\rho_g b_0^2]$$

圆形截面 $$A_n=\frac{\pi d^2}{4}[1+(\alpha_E-1)\rho_g]$$

方形截面 $$A_n=b^2[1+(\alpha_E-1)\rho_g]$$

式中 α——桩的水平变形系数，取值方法详见《建筑桩基技术规范》(JGJ 94—2008)；

R_{ha}——单桩水平承载力特征值，±号根据桩顶竖向力性质确定，压力取“+”，拉力取“-”；

γ_m——桩截面模量塑性系数，圆形截面 $\gamma_m=2$，矩形截面 $\gamma_m=1.75$；

f_t——桩身混凝土抗拉强度设计值；

W_0——桩身换算截面受拉边缘的截面模量；

d——桩直径；

d_0——扣除保护层厚度的桩直径；

b——方形截面边长；

b_0——扣除保护层厚度的桩截面宽度；

α_E——钢筋弹性模量与混凝土弹性模量的比值；

v_m——桩身最大弯矩系数，按表 9－5 取值，当单桩基础和单排桩基纵向轴线与水平力方向相垂直时，按桩顶铰接考虑；

ρ_g——桩身配筋率；

A_n——桩身换算截面积；

ζ_N——桩顶竖向力影响系数，竖向压力取 0.5，竖向拉力取 1.0；

N_k——在荷载效应标准组合下桩顶的竖向力，kN。

表 9－5　桩顶（身）最大弯矩系数 v_m 和桩顶水平位移系数 v_x

桩顶约束情况	桩的换算埋深 αh	v_m	v_x
铰接、自由	4.0	0.768	2.441
	3.5	0.750	2.502
	3.0	0.703	2.727
	2.8	0.675	2.905
	2.6	0.639	3.163
	2.4	0.601	3.526
刚接	4.0	0.926	0.940
	3.5	0.934	0.970
	3.0	0.967	1.028
	2.8	0.990	1.055
	2.6	1.018	1.079
	2.4	1.045	1.095

注：1. 铰接（自由）的 v_m 系桩身的最大弯矩系数，固接的 v_m 系桩顶的最大弯矩系数。
2. 当 $\alpha h>4$ 时取 $\alpha h=4.0$。

当桩的水平承载力由水平位移控制，且缺少单桩水平静载试验资料时，可按下式估算预制桩、钢桩、桩身配筋率不小于 0.65%的灌注桩单桩水平承载力特征值

$$R_{ha}=0.75\frac{\alpha^3 EI}{v_x}x_{0a} \tag{9-11}$$

式中　EI——桩身抗弯刚度，对于钢筋混凝土桩，$EI=0.85E_cI_0$；其中 E_c 为混凝土弹性模量，I_0 为桩身换算截面惯性矩：圆形截面为 $I_0=W_0d_0/2$；矩形截面为 $I_0=W_0b_0/2$；

x_{0a}——桩顶允许水平位移；

v_x——桩顶水平位移系数，取值见表 9－5，取值方法同 v_m。

验算永久荷载控制的桩基的水平承载力和验算地震作用桩基的水平承载力时，应将按上述方法确定的单桩水平承载力特征值分别乘以调整系数 0.80 和 1.25。

第五节　桩基础设计

桩基础的设计与浅基础一样，应力求做到安全可靠、经济合理。为确保桩基础的安全，桩和承台应有足够的强度、刚度和耐久性，地基应有足够的强度和不产生过大的变

形。应按有关规范的规定考虑特殊土对桩基的影响，抗震设防区的桩基按现行《建筑抗震设计规范》(GB 50011—2010) 有关规定执行。软土地区的桩基应考虑桩周土自重固结、蠕变、大面积堆载及施工中挤土对桩基的影响。在深厚软土中不宜采用大片密集有挤土效应的桩基。位于坡地岸边的桩基应进行桩基稳定性验算。

桩基础设计一般按下述步骤进行：

(1) 调查研究，收集相关的桩基设计资料。

(2) 确定桩的类型、截面尺寸和桩长，初步选择承台底面的标高。

(3) 确定单桩承载力。

(4) 估算桩数并确定其在平面上的布置。

(5) 桩基础受力计算。

(6) 桩身结构设计。

(7) 承台设计。

(8) 绘制桩基础施工详图。

一、桩型和桩的几何尺寸确定

(一) 桩型

桩型应根据各种桩型的特点，就工程地质条件、荷载性质、建筑结构特点、工期要求、施工设备、施工环境、施工经验、制桩材料供应条件等进行综合分析比较后，按因地制宜、经济合理的原则确定。

确定桩型一般应经过三个步骤：

(1) 根据上部结构的荷载水平与场地土层分布列出可用的桩型。

(2) 根据设备条件和环境因素决定许用的桩型。

(3) 根据经济比较决定采用的桩型。

(二) 桩的截面尺寸和桩长

桩的截面尺寸通常由桩型、成桩设备、地质条件及上部结构的荷载分布和大小等因素确定，还应与桩长相适应。

确定桩长的关键，在于桩端持力层的选定，坚实土层或岩层最适宜作为桩端持力层。在施工条件容许的深度内没有坚实土层或岩层存在时，对于10层以下的建筑，可考虑选择中等强度的土层作为持力层。对抗震设防区，持力层应选择液化层以下的稳定土层。软土中的桩基宜选择中、低压缩性的黏性土、粉土、中密和密实的砂类土以及碎石类土作为桩端持力层。对于一级建筑桩基，不宜采用桩端置于软弱土层上的摩擦桩。

为了提高桩的承载力和减少桩的沉降，对桩端全断面进入持力层的深度有一定的要求。对于黏性土、粉土，不宜小于$2d$(d为桩身直径)，砂土不宜小于$1.5d$，碎石类土不宜小于$1d$。当存在软弱下卧层时，为保证端阻力顺利发挥，桩端以下硬持力层厚度不宜小于$3d$。

对于嵌岩桩，嵌岩深度应综合荷载、上覆土层、基岩、桩径、桩长诸因素确定；对于嵌入倾斜的完整和较完整岩的全断面深度不宜小于$0.4d$且不小于0.5m，倾斜度大于

30%的中风化岩，宜根据倾斜度及岩石完整性适当加大嵌岩深度；对于嵌入平整、完整的坚硬岩和较硬岩的深度不宜小于0.2d，且不应小于0.2m。嵌岩灌注桩桩端以下3d范围内应无软弱夹层、洞穴、断裂破碎带分布，在柱底应力扩散范围内，应无岩体临空面存在。嵌岩灌注桩周边嵌入完整和较完整的未风化、微风化、中风化硬质岩体的最小深度，不应小于0.5m。

二、桩数与桩的平面布置

（一）桩的根数

初步估算桩数时，先不考虑群桩效应，当桩基为轴心受压时，桩的根数按下式估算

$$n \geqslant \frac{F_k + G_k}{R_a} \tag{9-12}$$

式中　n——桩的根数；

F_k——相应于荷载效应标准组合时，作用于桩基承台顶面的竖向力，kN；

G_k——桩基承台及承台上填土自重标准值，kN；

R_a——单桩竖向承载力特征值，kN。

偏心受压时，对偏心距固定的桩基，若桩的布置使群桩横截面的重心与荷载合力作用点重合，仍可按式（9-12）估算桩数，否则，桩数应增加10%～20%。对桩数超过3根的非端承群桩基础，应求得基桩承载力设计值后重新估算桩数，如有必要，还要通过桩基软弱下卧层承载力和桩基沉降验算才能最终确定。承受水平荷载的桩基，在确定桩数时，还应满足对桩的水平承载力的要求。

（二）桩的平面布置

桩在平面内的布置（即布桩），通常有以下几种排列方式：方形或矩形网格的排列式，三角形网格的梅花式，也可采用不等距的排列式，如图9-2和图9-3所示。

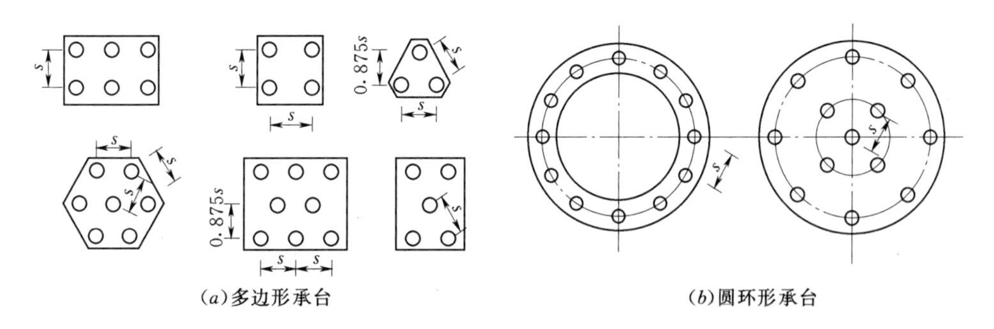

图9-2　独立承台桩基

桩的布置应尽量使桩群承载力合力作用点与长期荷载重心重合，并使桩基受水平力方向和力矩较大方向有较大的截面模量。柱下独立基础可呈梅花形布置，受力条件均匀；也可采用行列式布置，施工方便。条形基础通常布置成一字形，小型工程布置一排桩，大中型工程采用多排桩。烟囱、水塔基础通常为圆形，桩的平面布置成圆环形；桩箱基础宜将

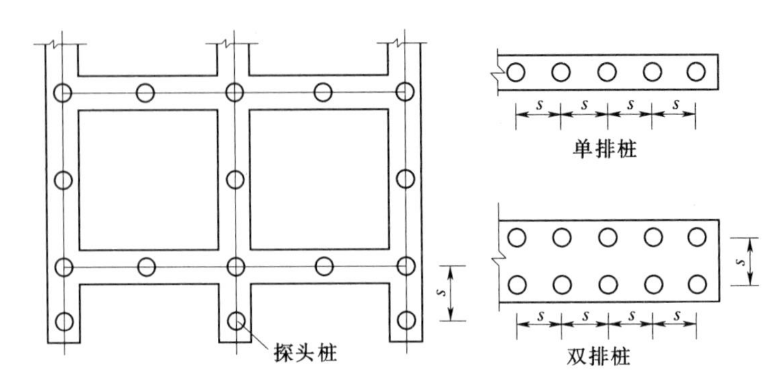

图 9-3 条形承台桩基

桩布置于墙下；在有门洞的墙下布桩时，应将桩设置在门洞的两侧；带梁（肋）桩筏基础宜将桩布置于梁（肋）下；大直径桩宜采用一柱一桩；同一结构单元宜避免采用不同类型的桩。对建筑基础采用角位置桩加密，边其次，内部疏排的布桩方式比较合理。桩数较少而桩长较大的摩擦型桩基，比桩数多而桩长小的桩基优越。

桩距指桩的间距，即桩的中心距，用 s 表示。桩的最小中心距应符合表 9-6 的规定，当施工中采用减小挤土效应的可靠措施时，可根据当地经验适当减小。

表 9-6 桩的最小中心距

土类与成桩工艺		排列不少于 3 排且桩数 $n\geqslant 9$ 根的摩擦型桩基	其他情况
非挤土灌注桩		$3.0d$	$3.0d$
部分挤土灌注桩	非饱和土、饱和非黏性土	$3.5d$	$3.0d$
	饱和黏性土	$4.0d$	$3.5d$
挤土桩	非饱和土、饱和非黏性土	$4.0d$	$3.5d$
	饱和黏性土	$4.5d$	$4.0d$
钻、挖孔扩底桩		$2D$ 或 $D+2.0$m（当 $D>2.0$m）	$1.5D$ 或 $D+1.5$m（当 $D>2.0$m）
打入式敞口管桩和 H 型钢桩		$3.5d$	$3.0d$
沉管夯扩、钻孔挤扩桩	非饱和土、饱和非黏性土	$2.2D$ 且 $4.0d$	$2.0D$ 且 $3.5d$
	饱和黏性土	$2.5D$ 且 $4.5d$	$2.2D$ 且 $4.0d$

注：1. d 为圆桩设计直径或方桩设计边长；D 为扩大端设计直径。
2. 当纵横桩距不相等时，其最小中心距应满足“其他情况”一栏的规定。
3. 当为端承桩时，非挤土灌注桩的“其他情况”一栏可减小至 $2.5d$。

三、桩基计算

（一）桩基竖向承载力验算

在初步确定桩数和桩的平面布置后，应验算桩基中各单桩所受的荷载是否超过单桩承载力（图 9-4）。单桩承载力计算应符合下列表达式。

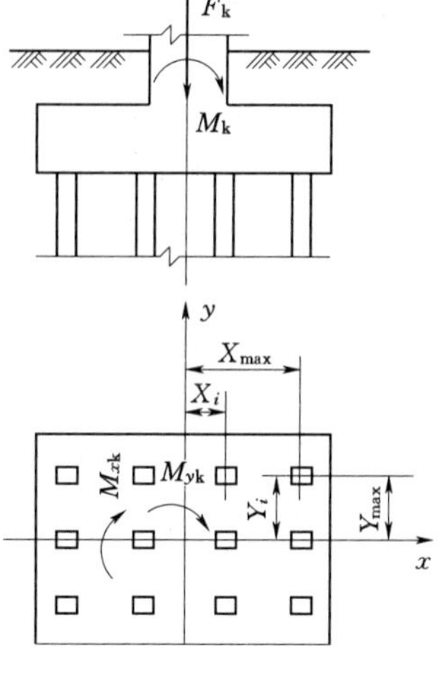

图 9-4　桩基受力验算

（1）轴心竖向力作用下

$$Q_k=\frac{F_k+G_k}{n}\leqslant R_a \tag{9-13}$$

（2）偏心竖向力作用下，除满足上式外，尚应满足下式的要求

$$Q_{kmax}=\frac{F_k+G_k}{n}+\frac{M_{xk}Y_{max}}{\sum Y_i^2}+\frac{M_{yk}X_{max}}{\sum X_i^2}\leqslant 1.2R_a \tag{9-14}$$

上两式中　F_k——相应于荷载效应标准组合时，作用于桩基承台顶面的竖向力，kN；

G_k——桩基承台及承台上填土自重标准值，kN；

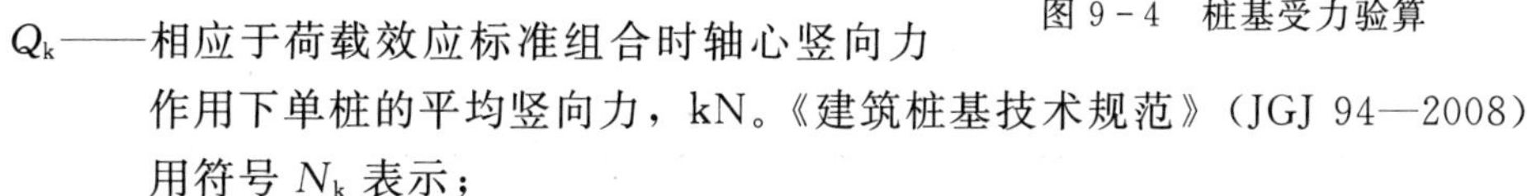

Q_k——相应于荷载效应标准组合时轴心竖向力作用下单桩的平均竖向力，kN。《建筑桩基技术规范》（JGJ 94—2008）用符号 N_k 表示；

n——桩基中的桩数；

Q_{kmax}——相应于荷载效应标准组合时偏心竖向力作用下受荷最大的单桩的竖向力，kN。《建筑桩基技术规范》（JGJ 94—2008）用符号 N_{kmax} 表示；

M_{xk}、M_{yk}——相应于荷载效应标准组合时作用于承台底面的偏心竖向力通过桩群形心的 x、y 轴的力矩（绝对值），kN·m；

X_i、Y_i——桩 i 至桩群形心的 y、x 轴的距离（绝对值），m；

X_{max}、Y_{max}——群桩中受力最大的桩到 y、x 轴的距离（绝对值），m。

（二）单桩水平承载力验算

当作用于桩基上的外力主要为水平力时，应根据使用要求对桩顶变位的限制，对桩基的水平承载力进行验算。根据《建筑地基基础设计规范》（GB 50007—2011），单桩水平承载力按式（9-9）验算。

（三）桩基软弱下卧层验算

群桩地基的持力层承载力一般不要求验算，但对于桩距不超过 $6d$ 的群桩基础，桩端持力层下存在承载力低于桩端持力层承载力 1/3 的软弱下卧层时，应考虑软弱下卧层发生强度破坏的可能性。《建筑桩基技术规范》（JGJ 94—2008）规定按下列公式验算软弱下卧层的承载力（图 9-5）

$$\sigma_z+\gamma_m z\leqslant f_{az} \tag{9-15}$$

$$\sigma_z=\frac{(F_k+G_k)-3/2(A_0+B_0)\sum q_{sik}l_i}{(A_0+2t\tan\theta)(B_0+t\tan\theta)} \tag{9-16}$$

式中　σ_z——作用于软弱下卧层顶面的附加应力；

γ_m——软弱下卧层顶面以上各土层重度（地下水位以下取浮重度）按土层厚度计算的加权平均值；

z——地面至软弱下卧层顶面的深度；

f_{az}——软弱下卧层经深度 z 修正的地基承载力特征值；

γ_q——地基承载力分项系数，取 $\gamma_q=1.65$；

A_0、B_0——桩群外缘矩形底面的长、短边边长；

q_{sik}——桩周第 i 层土的极限侧阻力标准值，无当地经验时，可根据成桩工艺按表 9-2 取值；

θ——桩端硬持力层压力扩散角，按表 9-7 取值。

表 9-7 桩端硬持力层压力扩散角 θ 单位：(°)

E_{s1}/E_{s2}	$t=0.25B_0$	$t\geqslant0.50B_0$
1	4	12
3	6	23
5	10	25
10	20	30

注：1. E_{s1}、E_{s2}为硬持力层、软弱下卧层的压缩模量。

2. 当 $t<0.25B_0$ 时，取 $\theta=0$，必要时，宜通过试验确定；当 $0.25B_0<t<0.50B_0$ 时，可内插取值。

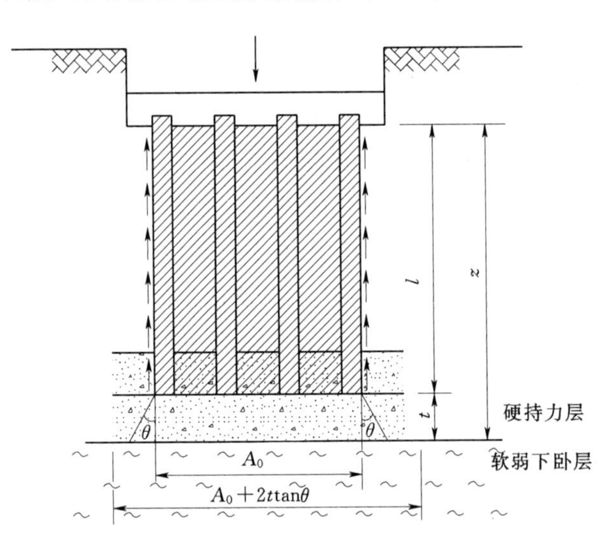

图 9-5 软弱下卧层承载力验算

（四）桩基沉降计算

《建筑地基基础设计规范》(GB 50007—2011) 规定，对以下建筑物的桩基础应进行沉降验算：

(1) 地基基础设计等级为甲级的建筑物桩基。

(2) 体型复杂、荷载不均匀或桩端以下存在软弱土层的设计等级为乙级的建筑物桩基。

(3) 摩擦型桩基。

嵌岩桩、设计等级为丙级的建筑物桩基、对沉降无特殊要求的条形基础下不超过两排桩的桩基、吊车工作级别 A5 及 A5 以下的单层工业厂房桩基（桩端下为密实土层），可不进行沉降验算。当有可靠地区经验时，对地质条件不复杂、荷载均匀、对沉降无特殊要求的端承型桩基也可不进行沉降验算。

桩基础的沉降不得超过《建筑地基基础设计规范》（GB 50007—2011）规定的建筑物的沉降允许值（见表 4－3）。

计算桩基础最终沉降量，按单向压缩分层总和法计算。对桩中心距不大于 6 倍桩径的桩基，采用实体深基础计算桩基础最终沉降量，即

$$s=\psi_{\mathrm{P}}\sum_{j=1}^{m}\sum_{i=1}^{n_j}\frac{\sigma_{j,i}\Delta h_{j,i}}{E_{sj,i}} \tag{9-17}$$

式中　s——桩基最终计算沉降量，mm；

m——桩端平面以下压缩层范围内土层总数；

$E_{sj,i}$——桩端平面下第 j 层土第 i 个分层在自重应力至自重应力加附加应力作用段的压缩模量，MPa；

n_j——桩端平面下第 j 层土的计算分层数；

$\Delta h_{j,i}$——桩端平面下第 j 层土的第 i 个分层厚度，m；

$\sigma_{j,i}$——桩端平面下第 j 层土第 i 个分层的竖向附加应力，kPa，可分别按规范规定计算；

ψ_{P}——桩基沉降计算经验系数，各地区应根据当地的工程实测资料统计对比确定。

式（9－17）单向压缩分层总和法计算步骤与浅基础的沉降计算相同，按《建筑地基基础设计规范》（GB 50007—2011）的“规范法”的有关公式计算。“规范法”中的附加压力为桩底平面处的附加压力，实体基础的支承面积可按图 9－6 确定。

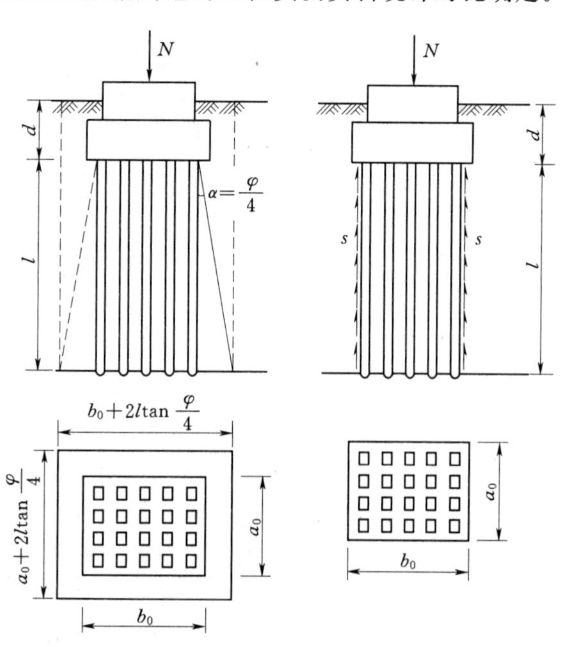

图 9－6　实体深基础的底面积

以控制沉降为目的的设置桩基时，应结合地区经验，并满足下列要求：

（1）桩身强度应按桩顶荷载设计值验算。

（2）桩、土荷载分配应按上部结构与地基共同作用分析确定。

（3）桩端进入较好的土层，桩端平面处土层应满足下卧层承载力设计要求。

（4）桩距可采用（4～6）d（d 为桩身直径）。

四、桩身结构设计

（一）桩身材料强度应满足桩的承载力设计要求

将桩视为插入土中的受压构件，按桩的类型和成桩工艺的不同，将混凝土的轴心抗压强度设计值乘以工作条件系数，单桩的桩身材料强度应满足下式

$$Q \leqslant \psi_c f_c A_p \tag{9-18}$$

式中 Q——相应于荷载效应基本组合时的单桩竖向力设计值；

ψ_c——工作条件系数（与桩的类型和成桩工艺有关），预制桩取 0.75，灌注桩取 0.6～0.7（水下灌注或长桩时用低值）；

f_c——混凝土轴心抗压强度设计值，按现行《混凝土结构设计规范》（GB 50010—2010）取值；

A_p——桩身截面面积。

（二）桩身构造要求

1. 混凝土预制桩

（1）截面边长。混凝土预制桩的截面边长不应小于 200mm，预应力混凝土预制桩的截面边长不宜小于 350mm，预应力混凝土离心管桩的外径不宜小于 300mm。

（2）配筋。混凝土预制桩在预制、起吊、运输、吊立和打桩等环节中对桩身结构强度有相应的要求，需作相应的设计计算。桩身配筋一般按吊运、打桩和桩在建筑物中受力等条件确定。预制桩的最小配筋率不宜小于 0.80%，如采用静压法沉桩时，其最小配筋率不宜小于 0.40%，纵向主筋不宜小于 ϕ14，打入桩顶（2～3）d 长度范围内箍筋应加密，并设置钢筋网片。箍筋 ϕ6～8，间距小于 200mm。

（3）混凝土强度。预制桩的混凝土强度等级不宜低于 C30，静压法沉桩时可适当降低，但不宜低于 C20，预应力混凝土桩不宜低于 C40，预制桩纵向钢筋的混凝土保护层厚度不宜小于 30mm。

（4）分节长度。预制桩的分节长度应根据施工条件和运输条件确定，接头不宜超过 2 个，预应力管桩接头数量不宜超过 4 个。

（5）桩尖。预制桩的桩尖可将主筋合拢焊在桩尖辅助钢筋上，在密实砂和碎石类土中施工时，可在桩尖处包钢板桩靴，加强桩尖。

（6）沉桩方法。预制桩的沉桩方法主要有静力压桩法和锤击法。静力压桩法在正常压桩过程中的桩身应力一般小于吊运过程和使用阶段的应力，故不必计算。锤击法沉桩使桩身受到锤击压应力和拉应力的反复作用，桩身上段或中部常产生环向裂缝，需要进行桩身结构的动应力计算。预应力混凝土桩的主筋常取决于锤击拉应力，锤击拉应力应小于桩身材料的抗拉强度设计值。对于一级建筑桩基、桩身有抗裂要求和处于腐蚀性土质中的打入式混凝土桩基，当无实测资料时，锤击压应力应小于桩材的轴心抗压强度设计值。为防止沉桩过程中出现冲击疲劳现象，应对沉桩总锤击数加以限制。

2. 混凝土灌注桩

（1）混凝土强度及混凝土保护层厚度要求。混凝土强度等级不得低于 C15，水下灌注

混凝土时不得低于C20，混凝土预制桩尖不得低于C30。主筋的混凝土保护层厚度不应小于35mm，水下灌注混凝土时不得小于50mm。

（2）桩身配筋的要求。在《建筑桩基技术规范》（JGJ 94—2008）中，根据桩顶轴向压力和桩顶水平力的条件给出了混凝土灌注桩身配筋的要求。

桩顶轴向压力条件为

$$\gamma_0 N \leqslant f_c A \tag{9-19}$$

式中　γ_0——建筑桩基重要性系数，按表9-1确定安全等级，对于一级、二级、三级分别取$\gamma_0=1.1$、1.0、0.9，对于柱下单桩按提高一级考虑，对于柱下单桩的一级建筑桩基取$\gamma_0=1.2$；

N——桩顶轴向压力设计值，kN；

f_c——混凝土轴心抗压强度设计值，kPa，对于灌注桩应按规范折减；

A——桩身截面面积，m^2。

桩顶水平力条件为

$$\gamma_0 H_1 \leqslant \alpha_h d^2 \left(1+\frac{0.5N_G}{\gamma_m f_t A}\right)\sqrt[5]{1.5d^2+0.5d} \tag{9-20}$$

式中　H_1——桩顶水平力设计值，kN；

α_h——综合系数，kN，按规范采用；

d——桩身设计直径，m；

N_G——按基本组合计算的桩顶永久荷载产生的轴向力设计值，kN；

f_t——混凝土轴心抗拉强度设计值，kPa；

γ_m——桩身截面模量的塑性系数，圆截面$\gamma_m=2$，矩形截面$\gamma_m=1.75$；

A——桩身截面面积，m^2。

当验算桩基受地震作用时，式（9-19）、式（9-20）中$\gamma_0=1$。

混凝土灌注桩的构造配筋要求根据桩顶轴向压力和桩顶水平力的条件分下面两种情况考虑。

1）桩顶轴向压力和桩顶水平力符合式（9-19）和式（9-20）的灌注桩，桩身构造配筋的要求如下：

（a）一级建筑桩基，应配置桩顶与承台的连接钢筋笼，其主筋采用6～10根ϕ12～14，配筋率不小于0.2%，锚入承台30倍主筋直径，伸入桩身长度不小于10倍桩身直径，且不小于承台下软弱土层层底深度。

（b）二级建筑桩基，根据桩径大小配置4～8根ϕ10～12的桩顶与承台连接钢筋，锚入承台至少30倍主筋直径且伸入桩身长度不小于$5d$，对于沉管灌注桩，配筋长度不应小于承台软弱土层层底深度。

（c）三级建筑桩基可不配构造钢筋。

2）桩顶轴向压力和桩顶水平力不符合式（9-19）和式（9-20）的灌注桩，应按下列规定配筋：

（a）配筋长度。

a）端承桩宜沿桩身通长配筋。

b）受水平荷载的摩擦型桩（包括受地震作用的桩基），钢筋可配至弯矩零点，配筋长度宜采用 $4/\alpha$（$\alpha=\sqrt[5]{mb_0/EI}$，为桩的特征系数，m 为桩侧土水平抗力系数的比例系数，b_0 为桩身计算宽度）。当近桩长 $4/\alpha$ 以下存在软弱下卧层时，宜将桩身钢筋适当加长伸入较坚实土层中；对特别重要的需地震设防的高、重建筑物，除桩长 $4/\alpha$ 范围内配置受力筋外，在下部宜配构造纵向钢筋；对于单桩竖向承载力较高的摩擦端承桩，宜沿深度分段变截面配通长或局部长度筋；对承受负摩阻力和位于坡地岸边的基桩应通长配筋；对高承台桩基，配筋长度要相应加长，加长部分为桩露出地面的长度。

c）专用抗拔桩应通长配筋；因地震作用、冻胀或膨胀力作用而受拔力的桩，按计算配置通长或局部长度的抗拉筋。

（b）主筋和箍筋及其配筋率。

a）对于受水平荷载的桩，主筋不宜小于 8ϕ10；对抗压桩和抗拔桩，主筋不应小于 6ϕ10。纵向主筋应沿桩身周边均匀布置，其净距不应小于 60mm，并尽量减少钢筋接头。

b）箍筋采用ϕ 6～8@200～300mm，宜采用螺旋式箍筋；当钢筋笼长度超过 4m 时，应每隔 2m 左右设一道 ϕ12～18 焊接加劲箍筋；受水平荷载较大的桩基和抗震桩基，桩顶（3～5）d 范围内箍筋应适当加密。

c）当桩身直径为 300～2000mm 时，灌注桩最小配筋率可取 0.20%～0.65%（小桩径取高值，大桩径取低值）；对受水平荷载特别大的桩、抗拔桩和嵌岩端承桩应根据计算确定配筋率。桩和柱的连接要求柱纵筋插入桩身的长度应满足锚固长度的要求。

五、承台设计

桩基承台的主要作用是把多根桩连接成整体，将上部结构荷载传递到各根桩的顶部。桩基承台的设计计算包括确定承台的材料、底面标高、平面形状及尺寸、承台的厚度及与桩的连接，进行承台正截面受弯、斜截面受剪、受冲切和局部受压承载力计算等，对承台进行配筋，并应符合构造要求，必要时还要对承台的抗裂性、变形进行验算。

平面形状及尺寸承台的平面形状及尺寸一般由上部结构和桩的数量及布置形式决定，常用类型有柱下独立承台、墙下或柱下条形承台、井格形（十字交叉条形）承台、筏式承台、箱形承台等。承台的剖面形状可做成锥形、台阶形或平板形。

承台的埋深应不小于 600mm，在满足要求前提下，承台应尽量浅埋，底面应埋置在地基土的冻结深度和水流冲刷深度以下，并在地下水位以上。在季节性冻土及膨胀土地区，承台埋深及处理措施，应按现行《建筑地基基础设计规范》（GB 50007—2011）和《膨胀土地区建筑技术规范》（GBJ 112—2013）等有关规定执行。下面根据《建筑地基基础设计规范》（GB 50007—2011）介绍柱下桩基独立承台的设计计算。

（一）构造要求

桩基承台的构造，除满足抗冲切、抗剪切、抗弯承载力和上部结构的要求外，尚应符合下列要求：

（1）承台尺寸。承台最小宽度不应小于 500mm，边桩中心至承台边缘的距离不宜小于桩的直径或边长，且桩的外边缘至承台边缘的距离不应小于 150mm。对于条形承台梁，桩的外边缘至承台梁边缘的距离不应小于 75mm；条形承台和柱下独立桩基承台的厚度不应小于 300mm。

（2）承台的配筋。承台梁的纵向主筋直径不宜小于 $\phi12$，架立筋直径不宜小于 $\phi10$，箍筋直径不宜小于 $\phi6$。柱下独立桩基承台的受力钢筋应通长配置。矩形承台板宜按双向均匀配筋，钢筋直径不宜小于 $\phi10$，间距应满足 100～200mm［图 9－7（*a*）］。对于三桩承台，应按三向板带均匀配筋，且最里面三根钢筋相交围成的三角形应位于柱截面范围以内［图 9－7（*b*）］。承台梁的主筋除满足计算要求外，尚应符合《混凝土结构设计规范》（GB 50010—2010）关于最小配筋率的规定：主筋直径不宜小于 12mm，架立筋不宜小于 10mm，箍筋直径不宜小于 6mm［图 9－7（c）］。

（3）承台混凝土强度。承台混凝土强度等级不应低于 C20。承台底面钢筋的混凝土保护层厚度不宜小于 70mm，当有素混凝土垫层时，不应小于 40mm。垫层厚度宜为 100mm，强度等级宜为 C7.5。

（4）桩与承台的连接。桩与承台的连接宜符合如下要求：桩顶嵌入承台的长度对于大直径桩，不宜小于 100mm；对于中等直径桩不宜小于 50mm。混凝土桩的桩顶主筋应伸入承台内，其锚固长度不宜小于 30 倍主筋直径，对于抗拔桩基不应小于 40 倍主筋直径。预应力混凝土桩可采用钢筋与桩头钢板焊接的连接方法。

（5）承台之间的连接。承台之间的连接宜符合下列要求：柱下单桩承台宜在桩顶两个互相垂直的方向上设置连系梁。当桩柱截面直径之比较大（一般大于 2）且桩底剪力和弯矩较小时可不设连系梁；两桩桩基的承台宜在其短向设置连系梁，当短向的柱底剪力和弯矩较小时可不设连系梁；有抗震要求的柱下独立桩基承台，宜在纵横方向设置连系梁；连系梁顶面宜与承台位于同一标高，连系梁宽度不宜小于 250mm，其高度可取承台中心距的 1/15～1/10；连系梁的主筋应按计算确定，上下纵向钢筋直径不宜小于 12mm，且不应少于 2 根，并应按受拉要求锚入承台。

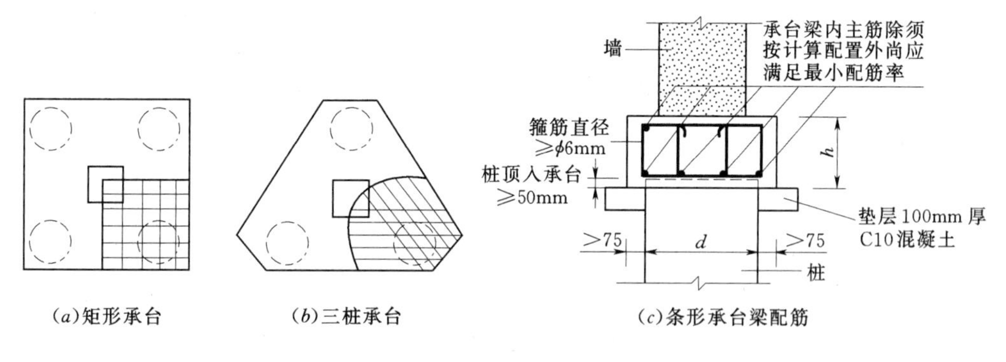

图 9－7　柱下独立桩基承台配筋

（二）承台的计算

桩承台的内力按简化计算方法确定，按《混凝土结构设计规范》（GB 50010—2010）进行受弯、受剪、受冲切、局部受压的强度计算，并进行配筋，防止桩承台破坏，保证工程的安全。

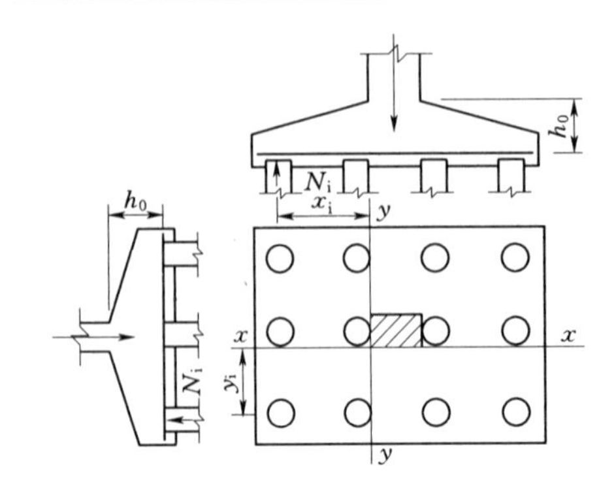

图 9-8 矩形承台弯矩计算

1. 受弯计算

受弯计算的实质是配筋计算，可根据承台截面最大弯矩按《混凝土结构设计规范》（GB 50010—2010）计算其正截面受弯承载力和配筋。柱下桩基承台的弯矩可按以下简化计算方法确定：

(1) 多桩矩形承台（图 9-8）弯矩计算截面取在柱边和承台高度变化处（杯口外侧或台阶边缘），按下式计算弯矩

$$M_x = \sum N_i y_i \tag{9-21}$$

$$M_y = \sum N_i x_i \tag{9-22}$$

式中 M_x、M_y——垂直 y 轴和 x 轴方向计算截面处的弯矩设计值；

x_i、y_i——垂直 y 轴和 x 轴方向自桩轴线到相应计算截面的距离；

N_i——扣除承台和其上填土自重后相应于荷载效应基本组合时的第 i 桩竖向力设计值。

(2) 三桩承台（图 9-9），计算承台弯矩的截面取在桩边，对等边三桩承台，按式 (9-23) 计算；对等腰三桩承台，按式 (9-24) 和式 (9-25) 计算。

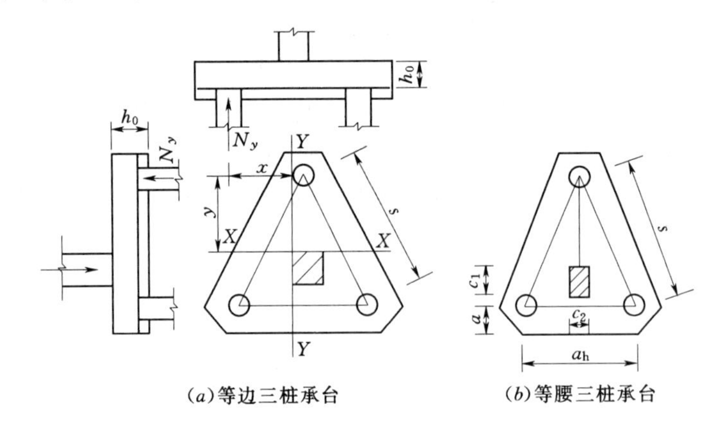

图 9-9 三桩三角形承台弯矩计算

$$M = \frac{N_{\max}}{3}\left(s - \frac{\sqrt{3}}{4}c\right) \tag{9-23}$$

$$M_1 = \frac{N_{\max}}{3}\left(s - \frac{0.75}{\sqrt{4-\alpha^2}}c_1\right) \tag{9-24}$$

$$M_2 = \frac{N_{\max}}{3}\left(s\alpha - \frac{0.75}{\sqrt{4-\alpha^2}}c_2\right) \tag{9-25}$$

式中 M——由承台形心至承台边缘距离范围内板带的弯矩设计值；

M_1、M_2——承台形心到承台两腰和底边的距离范围内板带的弯矩设计值；

$N_{\max}$——扣除承台和其上填土自重后的三桩中相应于荷载效应基本组合时的最大单桩竖向力设计值；

s——长向桩距；

α——短向桩距与长向桩距之比，当 $\alpha<0.5$ 时，应按变截面的二桩承台计算；

c——方柱边长，圆柱时 $c=0.866d$（d 为圆柱直径）；

c_1、c_2——垂直于、平行于承台底边的柱截面边长。

2. 受冲切计算

当桩基承台的有效高度不足时，承台将产生冲切破坏，主要有两种形式：一是由柱边或承台变阶处沿不小于45°斜面拉裂形成冲切锥体破坏（图9-10）；二是在角桩顶部对承台边缘形成不小于45°的冲切破坏锥体（图9-11）。承台的受冲切承载力与冲切锥角有关，采用冲跨比表示，表达式为

$$\lambda=\frac{a_0}{h_0} \tag{9-26}$$

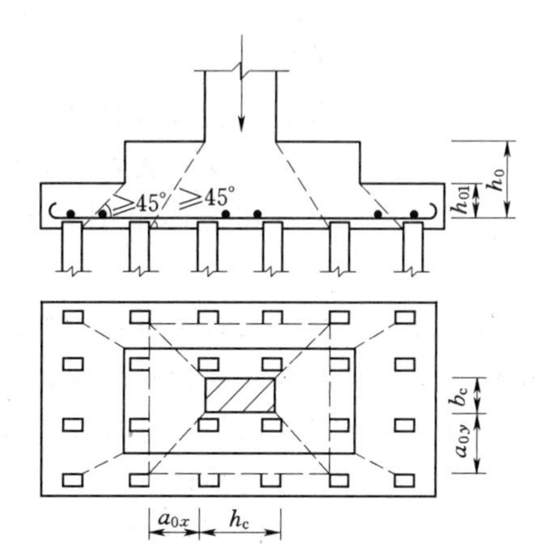

图9-10　柱对承台的冲切破坏

式中　λ——冲跨比，在0.2～1.0之间；

h_0——承台冲切破坏锥体的有效高度；

a_0——冲跨，即柱（墙）边或承台变阶处到桩边的水平距离，当 $a_0<0.2h_0$ 时，取 $a_0=0.2h_0$，当 $a_0>h_0$ 时取 $a_0=h_0$。

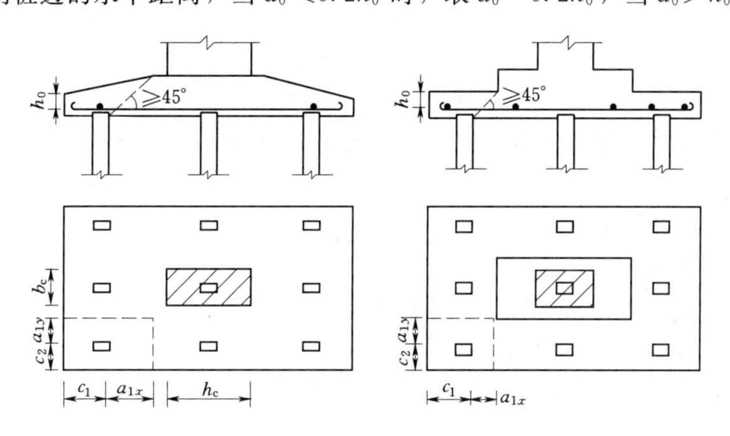

图9-11　矩形承台角桩对承台的冲切破坏

（1）柱对承台的冲切。根据《建筑地基基础设计规范》（GB 50007—2011），柱下桩基础独立承台受冲切承载力可按下列公式计算

$$F_l\leqslant 2[\beta_{0x}(b_c+a_{0y})+\beta_{0y}(h_c+a_{0x})]\beta_{hp}f_t h_0 \tag{9-27}$$

$$F_l=F-\sum N_i \tag{9-28}$$

$$\beta_{0x}=0.84/(\lambda_{0x}+0.2) \tag{9-29}$$

$$\beta_{0y}=0.84/(\lambda_{0y}+0.2) \tag{9-30}$$

式中　F_l——扣除承台及其上填土自重，作用在冲切破坏锥体上相应于荷载效应基本组合时的冲切力设计值，冲切破坏锥体应采用自柱边或承台变阶处至相应桩顶边缘连线构成的锥体，锥体与承台底面的夹角不小于45°；

β_{hp}——受冲切承载力截面高度影响系数，当基础高度 $h \leqslant 800$mm 时，β_{hp} 取 1.0；当 $h \geqslant 2000$mm 时，β_{hp} 取 0.9，其间按线性内插法取值；

β_{0x}、β_{0y}——冲切系数；

f_t——承台混凝土抗拉强度设计值；

λ_{0x}、λ_{0y}——冲跨比，$\lambda_{0x}=a_{0x}/h_0$，$\lambda_{0y}=a_{0y}/h_0$，a_{0x}、a_{0y} 分别为柱边或变阶处至桩边的水平距离；

F——作用于柱根部的轴力设计值；

h_0——承台冲切破坏锥体的有效高度；

$\sum N_i$——冲切破坏锥体范围内各桩的净反力（不计承台和承台上土自重）设计值之和。

对中低压缩性土上的承台，当承台与地基土之间没有脱空现象时，可根据地区经验适当减小柱下桩基础独立承台受冲切计算的承台厚度。

同理，可导出类似公式进行柱对承台变阶处的冲切验算。

（2）角桩对承台的冲切。

1）多桩矩形承台受角桩冲切的承载力应按下式验算

$$N_l \leqslant \left[\beta_{1x}\left(c_2+\frac{a_{1y}}{2}\right)+\beta_{1y}\left(c_1+\frac{a_{1x}}{2}\right)\right]\beta_{hp} f_t h_0 \tag{9-31}$$

$$\beta_{1x}=\left(\frac{0.56}{\lambda_{1x}+0.2}\right) \tag{9-32}$$

$$\beta_{1y}=\left(\frac{0.56}{\lambda_{1y}+0.2}\right) \tag{9-33}$$

式中 N_l——扣除承台和其上填土自重后的角桩桩顶相应于荷载效应基本组合时的竖向力设计值；

β_{1x}、β_{1y}——角桩冲切系数；

λ_{1x}、λ_{1y}——角桩冲跨比，其值满足 0.2～1.0，$\lambda_{1x}=a_{1x}/h_0$，$\lambda_{1y}=a_{1y}/h_0$；

c_1、c_2——从角桩内边缘至承台外边缘的距离；

a_{1x}、a_{1y}——从承台底角桩内边缘引 45°冲切线与承台顶面或承台变阶处相交点至角桩内边缘的水平距离；

h_0——承台外边缘的有效高度。

2）三桩三角形承台受角桩冲切的承载力应按下式验算：

底部角桩 $$N_l \leqslant \beta_{11}(2c_1+a_{11})\tan\frac{\theta_1}{2}\beta_{hp} f_t h_0 \tag{9-34}$$

$$\beta_{11}=\left(\frac{0.56}{\lambda_{11}+0.2}\right) \tag{9-35}$$

顶部角桩 $$N_l \leqslant \beta_{12}(2c_2+a_{12})\tan\frac{\theta_2}{2}\beta_{hp} f_t h_0 \tag{9-36}$$

$$\beta_{12}=\left(\frac{0.56}{\lambda_{12}+0.2}\right) \tag{9-37}$$

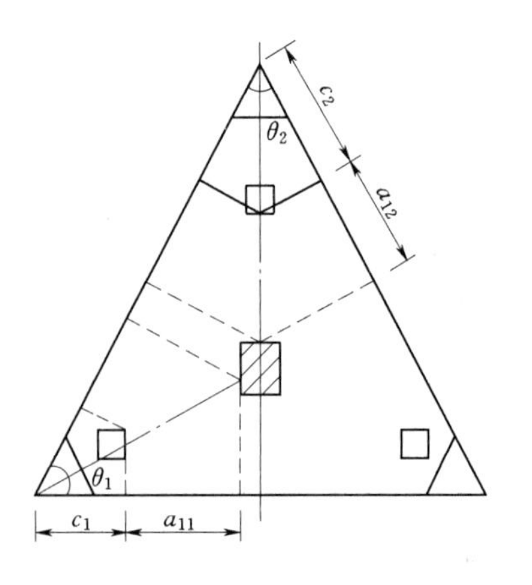

图 9-12 三角形承台角桩对承台的冲切计算示意

式中　λ_{11}、λ_{12}——角桩冲跨比，$\lambda_{11}=a_{11}/h_0$，$\lambda_{12}=a_{12}/h_0$；见图9-12；

a_{11}、a_{12}——从承台底角桩内边缘向相邻承台边引45°冲切线与承台顶面相交点至角桩内边缘的水平距离；当柱位于该45°线以内时则取柱边与桩内边缘连线为冲切锥体的锥线。

对圆柱和圆桩，计算时可将圆形截面换算成正方形截面。

3. 受剪计算

桩基承台斜截面的受剪承载力计算和钢筋混凝土结构中构件斜截面承载力计算方法是一致的，对于柱下桩基独立承台应分别对柱边和桩边、变阶处和桩边联线形成的斜截面进行受剪计算（图9-13）。当柱边外有多排桩形成多个剪切斜截面时，对每一个斜截面都应进行受剪承载力验算。对于柱下矩形独立承台，在验算承台斜截面的抗剪承载力时，应分别对柱的纵、横两个方向进行计算。

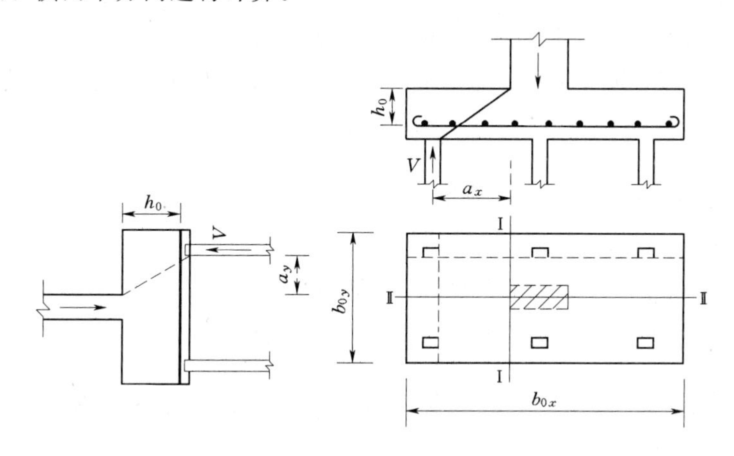

图9-13　承台斜截面受剪计算

斜截面受剪承载力可按下列公式计算

$$V\leqslant\beta_{hs}\beta f_t b_0 h_0 \tag{9-38}$$

$$\beta=\frac{1.75}{\lambda+1.0} \tag{9-39}$$

$$\beta_{hs}=(800/h_0)^{1/4} \tag{9-40}$$

式中　V——扣除承台及其上填土自重后相应于荷载效应基本组合时斜截面的最大剪力设计值；

f_t——混凝土抗拉强度设计值；

b_0——承台计算截面处的计算宽度，阶梯形承台变阶处的计算宽度、锥形承台的计算宽度按《建筑地基基础设计规范》(GB 50007—2011）附录S确定；

h_0——计算宽度处的承台有效高度；

β——剪切系数；

β_{hs}——受剪切承载力截面高度影响系数；

λ——计算截面的剪跨比，x、y方向剪跨比分别为$\lambda_x=\frac{a_x}{h_0}$、$\lambda_y=\frac{a_y}{h_0}$，其中$a_x$、$a_y$

分别为柱（墙）边或承台变阶处至 x、y 方向计算一排桩的桩边的水平距离，当 $\lambda<0.3$ 时，取 $\lambda=0.3$；当 $\lambda>3$ 时，取 $\lambda=3$，$\lambda=0.3\sim3.0$。

4. 局部受压计算

当承台的混凝土强度等级低于柱或桩的混凝土强度等级时，应按现行《混凝土结构设计规范》（GB 50010—2010）的规定验算柱下或桩上承台的局部受压承载力。

【例 9－1】 某柱的矩形截面边长为 $b_c=450$mm，$h_c=600$mm，柱底（标高－0.50m），荷载标准值为竖向力 $F_k=3200$kN，弯矩 $M_k=170$kN·m（作用于长边方向），水平力 $H_k=150$kN，柱底荷载设计值取荷载标准值的 1.35 倍，拟用混凝土预制桩基础，方形桩截面边长为 $b_p=400$mm，桩长 15m，已确定基桩的竖向承载力特征值 $R_a=600$kN，水平承载力特征值 $R_{Ha}=50$kN，承台混凝土强度等级取 C20，配置 HRB335 钢筋，设计该桩基础（不考虑承台效应）。

解：（1）桩的类型、尺寸已选定，桩身结构设计略。

（2）因承台埋深和尺寸未定，先不考虑承台及上覆土重量，初选桩的根数为

$$n\geqslant\frac{F_k}{R_a}=\frac{3200}{600}=5.3$$

考虑到偏心，将其扩大 10％，暂取为 6 根。

（3）初选承台尺寸为：

桩距 $s=3\times b_p=3\times0.4=1.2(\text{m})$

承台长边 $a=2\times(0.4+1.2)=3.2(\text{m})$

承台短边 $b=2\times(0.4+0.6)=2.0(\text{m})$

暂取承台埋深为 1.4m，承台厚为 0.9m，桩顶伸入承台 50mm，钢筋保护层取 40mm，则承台有效高度为

$$h_0=900-50-40=810(\text{mm})$$

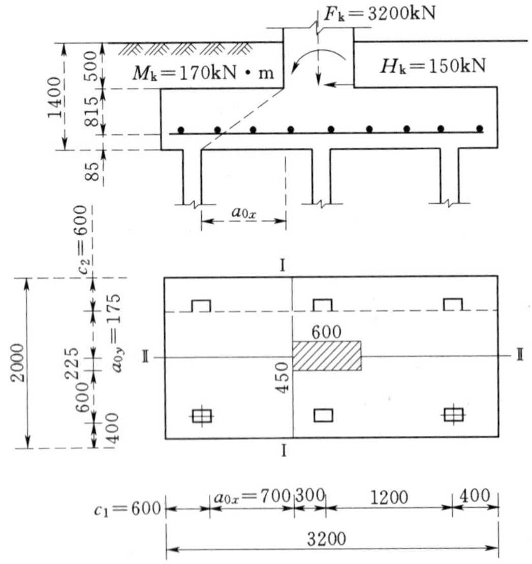

图 9－14 ［例 9－1］桩基础（尺寸单位：mm）

（4）基桩承载力验算。承台自重及承台上土重标准值为

$$G_k=\gamma_G Ad=20\times3.2\times2\times1.4=179.2(\text{kN})$$

桩顶的平均竖向力为

$$Q_k=\frac{F_k+G_k}{n}=\frac{3200+179.2}{6}=563.2(\text{kN})<R_a=600\text{kN}$$

$$Q_{k,\max}=Q_k+\frac{M_{yk}x_i}{\sum x_i^2}=563.2+\frac{(170+150\times0.9)\times1.2}{4\times1.2^2}=563.2+63.54$$

$$=626.74(\text{kN})<1.2R_a=1.2\times600=720(\text{kN})$$

$$Q_{k,\min}=Q_k-\frac{M_{yk}x_i}{\sum x_i^2}=563.2-\frac{(170+150\times0.9)\times1.2}{4\times1.2^2}=563.2-63.54$$

$$=499.66(\text{kN})>0$$

基桩桩顶水平力为

$$H_{ik}=\frac{H_k}{n}=\frac{150}{6}=25(\text{kN})<R_{Ha}=50\text{kN}$$

所以，基桩承载力满足要求。

（5）群桩承载力验算。因为桩数 $n=6<9$，所以可认为群桩承载力等于各单桩承载力之和，故满足要求。

（6）承台受冲切承载力验算。C20 混凝土：$f_t=1100\text{kPa}$，$f_c=9600\text{kPa}$；HRB335 钢筋：$f_y=300\times10^3\text{kPa}$。

柱底荷载设计值（标准值乘以 1.35）为：$F=4320\text{kN}$，$M=229.5\text{kN}\cdot\text{m}$（作用于长边方向），$H_k=202.5\text{kN}$。

柱对承台的冲切，有

$$a_{0x}=1200-200-300=700(\text{mm})$$

$$a_{0y}=600-\frac{450}{2}-200=175(\text{mm})$$

$$\lambda_{0x}=\frac{a_{0x}}{h_0}=\frac{700}{810}=0.864$$

$$\lambda_{0y}=\frac{a_{0y}}{h_0}=\frac{175}{810}=0.216$$

$$\beta_{0x}=\frac{0.84}{\lambda_{0x}+0.2}=\frac{0.84}{0.864+0.2}=0.789$$

$$\beta_{0y}=\frac{0.84}{\lambda_{0y}+0.2}=\frac{0.84}{0.216+0.2}=2.019$$

$$\beta_{hp}=0.99$$

$$F_l=F-\sum N_i=4320-0=4320(\text{kN})$$

将以上数据代入公式：$2[\beta_{0x}(b_c+a_{0y})+\beta_{0y}(h_c+a_{0x})]\beta_{hp}f_th_0$，得

$$2[0.789(0.45+0.175)+2.019(0.6+0.7)]\times0.99\times1100\times0.81$$

$$=5500(\text{kN})>F_l=4320\text{kN}$$

所以，满足要求。

角桩对承台的冲切为

$$N_1=\frac{F}{n}+\frac{M_y x_i}{\sum x_i^2}=\frac{4320}{6}+\frac{(229.5+202.5\times0.9)\times1.2}{4\times1.2^2}$$
$$=805.78(\text{kN})$$
$$a_{1x}=a_{0x}=700\text{mm}$$
$$a_{1y}=a_{0y}=175\text{mm}$$
$$c_1=c_2=600\text{mm}$$
$$\lambda_{1x}=\lambda_{0x}=0.864$$
$$\lambda_{1y}=\lambda_{0y}=0.216$$
$$\beta_{1x}=\frac{0.56}{\lambda_{1x}+0.2}=\frac{0.56}{0.864+0.2}=0.526$$
$$\beta_{1y}=\frac{0.56}{\lambda_{1y}+0.2}=\frac{0.56}{0.216+0.2}=1.346$$

将以上数据代入$\left[\beta_{1x}\left(c_2+\frac{a_{1y}}{2}\right)+\beta_{1y}\left(c_1+\frac{a_{1x}}{2}\right)\beta_{hp}f_t h_0\right]$，得

$$\left[0.526\times\left(0.6+\frac{0.175}{2}\right)+1.346\times\left(0.6+\frac{0.7}{2}\right)\right]\times0.99\times1100\times0.81$$
$$=1446.9(\text{kN})>N_1=805.78\text{kN}$$

所以满足要求。

(7)斜截面抗剪验算。对Ⅰ—Ⅰ斜截面，有

$$V=2\times805.78=1611.56(\text{kN})$$
$$a_x=700\text{mm}$$
$$\lambda_x=\frac{a_x}{h_0}=0.864$$
$$\beta=\frac{1.75}{\lambda_x+1}=\frac{1.75}{0.864+1}=0.94$$
$$\beta_{hs}=\left(\frac{800}{h_0}\right)^{1/4}=0.995$$
$$b_0=b=2.0\text{m}$$

将以上数据代入公式得

$$\beta_{hs}\beta f_t b_0 h_0=0.995\times0.94\times1100\times2\times0.81=1667(\text{kN})>V=1611.56\text{kN}$$

对Ⅱ—Ⅱ斜截面，有

$$a_y=175\text{mm}$$
$$\lambda_y=\frac{a_y}{h_0}=0.216<0.3$$

取
$$\lambda_y=0.3$$
$$\beta=\frac{1.75}{\lambda_y+1}=\frac{1.75}{0.3+1}=1.35$$
$$b_0=a=3.2\text{m}$$
$$V=\frac{4320}{6}\times3=2160\ (\text{kN})$$

将以上数据代入公式得

$$\beta_{hs}\beta f_t b_0 h_0 = 0.995\times1.35\times1100\times3.2\times0.81 = 3830(\text{kN}) > V = 2160\text{kN}$$

所以，斜截面承载力满足要求。

(8) 承台受弯承载力计算。

$$M_x = \frac{4320}{6}\times3\times(0.175+0.2) = 810(\text{kN}\cdot\text{m})$$

$$M_y = 2\times805.78\times(0.7+0.2) = 1450(\text{kN}\cdot\text{m})$$

承台受力钢筋根据 M_x、M_y 按式 (8-34) 确定：

1) 平行 x 轴方向钢筋，$A_{sx} = \frac{M_y}{0.9f_y h_0} = \frac{1450\times10^6}{0.9\times300\times810} = 6630\text{mm}^2$，实配 18 Φ 22，$A_s = 6839\text{mm}^2$。

2) 平行 y 轴方向钢筋，$A_{sy} = \frac{M_x}{0.9f_y h_0} = \frac{810\times10^6}{0.9\times300\times810} = 3704\text{mm}^2$，实配 19 Φ 16，$A_s = 3818\text{mm}^2$。

第六节　其他深基础简介

一、沉井基础

沉井基础是一种竖直的筒形结构，通常用混凝土或钢筋混凝土制成。由井筒、刃脚、内隔墙、封底底板及顶盖等部分组成，多用于工业建筑和地下构筑物。井筒外壁可以是竖直的，也可做成台阶形。井壁的厚度，根据强度要求和沉井自重下沉要求，经计算确定。一般大中型沉井井壁厚度为 0.5～1.0m，一些小型沉井如水泵房等，井壁厚度可用 0.3～0.4m。刃脚位于井壁的最下端，其底面称踏面，作用是在沉井下沉时切土。内隔墙能增加沉井的刚度，控制下沉和纠偏，其底面标高应比刃脚踏面高 0.5m，以利沉井下沉。为保证沉井能顺利下沉，沉井的自重必须大于或等于沉井外侧总摩阻力的 1.15～1.25 倍。沉井还应满足地基承载力的要求，即作用在沉井顶面上的设计荷载与沉井自重之和应不大于沉井外侧总摩阻力与沉井底面地基总承载力。

沉井按其材料分，有砖石、混凝土、钢筋混凝土沉井，其中，钢筋混凝土沉井是最常用的。按沉井截面形状分，有圆形、方形或椭圆形等形状。根据井孔的布置方式又有单孔、双孔及多孔之分。

沉井一般分数节制作（图 9-15）。施工时，按设计位置在地面上先就地浇筑刃脚和一部分筒身，等筒身材料达到设计要求的强度后，将井筒内土挖出，沉井失去支承，在自重作用下克服井壁摩阻力逐渐下沉。当浇好的筒身大部分沉入土中后，逐节接长筒身，再继续挖土下沉，直到井底到达设计标高为止，然后浇筑混凝土封底，再用土、石或混凝土将筒内空间填实。如果需要利用井筒内的空间作为地下结构使用，则只要密封井底，做成空心沉井，顶部浇筑钢筋混凝土顶盖，即可在其上建造上部结构。

沉井基础适用于地基深层土的承载力大，而上部土层比较松软、易于开挖的地层。除

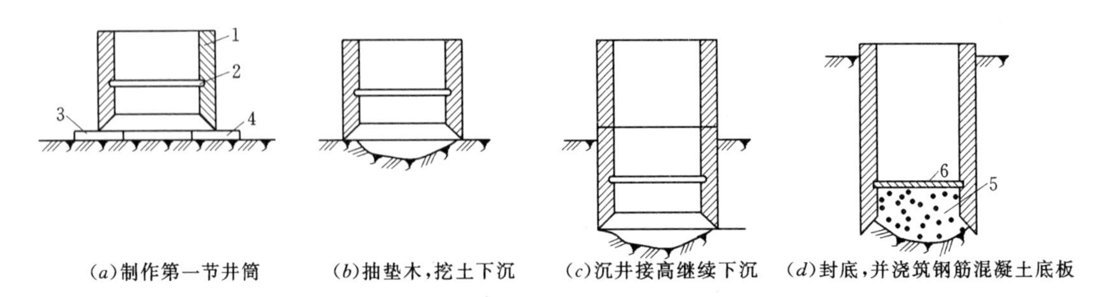

图 9-15 沉井制作示意图

1—井壁；2—凹槽；3—刃脚；4—垫木；5—素混凝土封底；6—钢筋混凝土底板

作为基础外，还可作为地下结构使用，如用于重型设备基础、烟囱、污水泵房、矿山竖井、地下油库等。有时由于施工上的原因，如要在已有的浅基础邻近修建深埋的基础时，为了避免开挖基坑对已有基础的影响，也采用沉井方法施工。近年来，随着施工技术和施工机械的不断革新，沉井在国内外得到了更为迅速的发展。

沉井基础具有埋深大、整体性好、承载力高、占地面积小、挖土量少、施工简便、对邻近建筑物影响小以及沉井内部空间可得到充分利用等特点。沉井本身既是基础的组成部分，又在下沉过程中起着挡土和挡水的临时围护结构作用，无须再另设坑壁支撑或板桩墙等，既节省了材料又简化了施工。我国第一条黄浦江江底隧道两端的长达数百米的引道工程，采用矩形连续沉井施工，每个沉井长 20m 左右，宽约 13m，高约 8m，共由 39 个连续沉井组成。再如我国长江大桥工程曾成功地下沉一个底面尺寸为 20.2m×24.9m 的巨型沉井，穿过的覆盖层厚度达 58.87m。

工程中，遇到下列情况时可考虑采用沉井基础：

(1) 荷载较大，表层地基土的承载力小，在一定深度有较好持力层，与其他深基础相比，经济上较为合理。

(2) 在河流中，虽土质较好，但冲刷大或有较大卵石，不便桩基施工。

(3) 岩层表面较平坦且覆盖层较薄但河水深，采用扩大基础施工围堰有困难。

沉井在下沉过程中，常会发生各种问题：如遇到大块石、残留基础或大树根等障碍物，或因沉井外壁摩擦阻力太大导致沉井不下沉；穿过地下水位以下的细、粉砂层时，大量砂土涌入井内，使沉井倾斜；井筒外壁上的摩擦阻力很小，当刃脚附近的土体被挖除后，沉井失去支承而剧烈下沉等，这些都会给施工造成很大困难。因此，对于准备采用沉井基础的场地，必须预先做好工程勘察工作，并对可能发生的问题加以预防。当问题发生时，要及时采取措施进行处理。如在软土地区设计与制作沉井时，可以加大刃脚踏面的宽度，并使刃脚斜面的水平倾角不大于 60°，必要时采用加设底梁等措施，防止沉井突然大幅度下沉。沉井倾斜应以预防为主，加强测量监控，一旦发现倾斜，及时通报并迅速采取措施，如在下沉较小的一侧加紧挖土，在沉井顶部加荷载，借助卷扬机进行纠偏等。若因沉井外壁摩擦阻力太大导致沉井不下沉，可采用在井筒外挖土、冲水或灌膨润土泥浆等方法，减少井壁摩擦阻力。若沉井刃脚在水下遇到障碍物，则应让潜水员进行水下清理。

二、地下连续墙

地下连续墙就是采用专用的挖槽（孔）机械，顺序沿着深基础或地下结构物的周边，在地面下分段开挖出一个具有一定宽度与深度的槽（孔）来，然后在槽（孔）中安放钢筋笼，浇筑混凝土，形成一个单元槽段，再在下一个单元槽段依次施工，两个槽段之间以各种特定的接头方式相互连接，形成一道地下连续墙（图 9－16）。1950 年意大利首次建成地下连续墙，随后各国引进推广这项新技术，逐渐演变成为一种新的地下墙体和基础类型。由于地下连续墙具有防渗、截水、承重、挡土、抗滑、防爆等多种功能，其使用越来越广泛。目前地下连续墙已广泛应用于水库大坝地基防渗、竖井开挖、工业厂房设备基础、城市地下铁道、高层建筑深基础、船坞、船闸、码头、地下油罐、地下沉渣池等各类永久性工程。

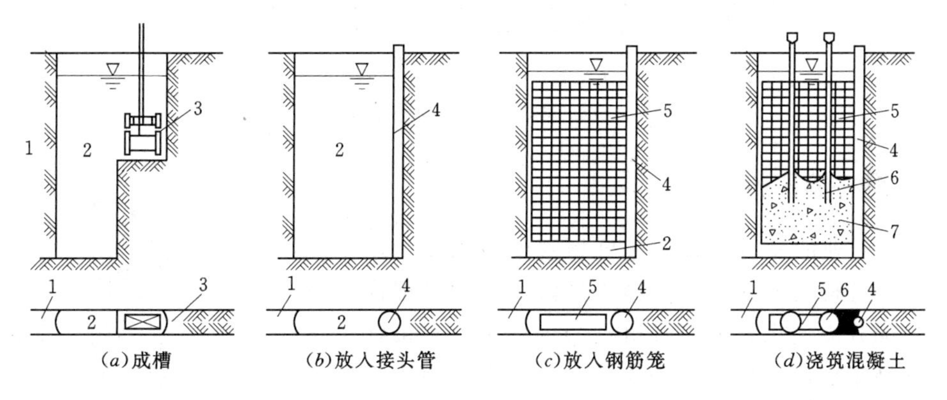

图 9－16　地下连续墙施工程序示意图

1—已完成的墙段；2—护壁泥浆；3—成槽机；4—接头管；5—钢筋笼；6—导管；7—混凝土

地下连续墙可用节头的形式在平面上连接成一个封闭的矩形、八角形、井字形或圆形等不同结构形式，如图 9－17 所示。地下连续墙按槽（孔）形式，可分为壁板式和桩排式二类。地下连续墙按墙体材料分，有钢筋混凝土、素混凝土、塑性混凝土（由黏土、水泥和级配砂石所合成的一种低强度混凝土）、黏土等数种。按施工方法又可分为现浇、预制、现浇与预制组合、后张预应力等。常用的地下连续墙挖槽机械有挖斗式、冲击式和回转式，接头形式有接头管、接头箱等，当墙段间的接缝不设止水带时，应选用锁口圆弧形、槽型或 V 形等可靠的防渗止水接头，接头面应严格清刷，不得存有夹泥或沉渣。

地下连续墙在施工期间无噪声、无振动，不用设置井点降低地下水位，开挖基坑不需挡土护坡，土方量少，浇筑混凝土无需支模和养护，施工可以全盘机械化，工效高，施工速度快。把施工护坡和永久性工程融为一体，缩短工期，降低造价。尤其在城市与密集建筑群修建深基础时，为防止对邻近建筑物安全稳定的影响，地下连续墙更显示出它的优越性。但是，地下连续墙施工工序多，技术要求高，如果施工掌握不当，容易因竖直度达不到要求形成不了封闭的围墙，或槽壁坍塌、墙体厚薄不均等，造成浪费和质量达不到要求。

地下连续墙的强度必须满足施工阶段和使用期间的强度和构造要求。地下连续墙的设计，一般要进行侧向土压力、墙体内力、强度、稳定性和变形等方面的计算。

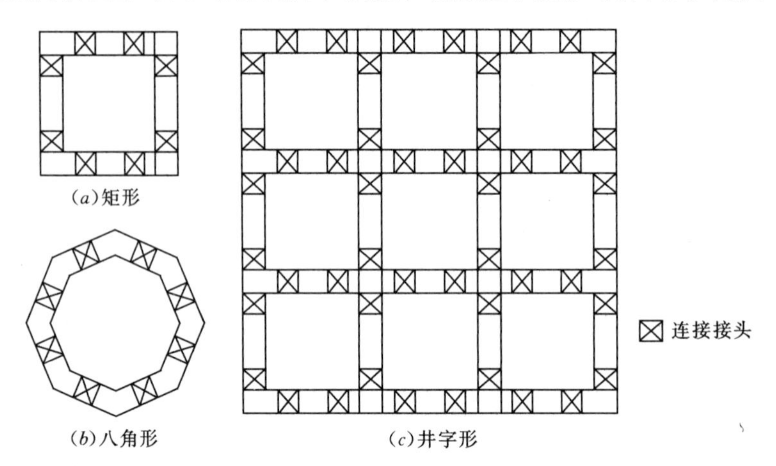

图 9-17 地下连续墙基础平面形式

三、锚杆静压桩

随着建筑业的发展，城市建筑物密度越来越大，在桩基工程中，打桩机械活动范围会受到限制，此时用锚杆静压桩取代部分需使用大型打桩机械的桩型是一种很好的办法。锚杆静压桩还可用于在粉土、黏土、人工填土、淤泥质土等地基土上新建（采用逆作法施工）或已建多层建筑物、中小型构筑物的地基加固、托换、纠偏工程中。

锚杆静压桩法是锚杆技术和静压桩技术的结合。利用基础底板或桩基承台及建筑物自重提供压桩反力，通过预埋的锚杆、反力架、千斤顶等压桩设备，将预制钢筋混凝土桩或钢管桩分段从压桩孔压入地基内，然后将桩与基础底板或桩基承台连接形成整体，如图 9-18 所示，使新桩基与原建筑物基础共同承担荷载，提高加桩区域的承载力，达到阻止或减少沉降的目的。

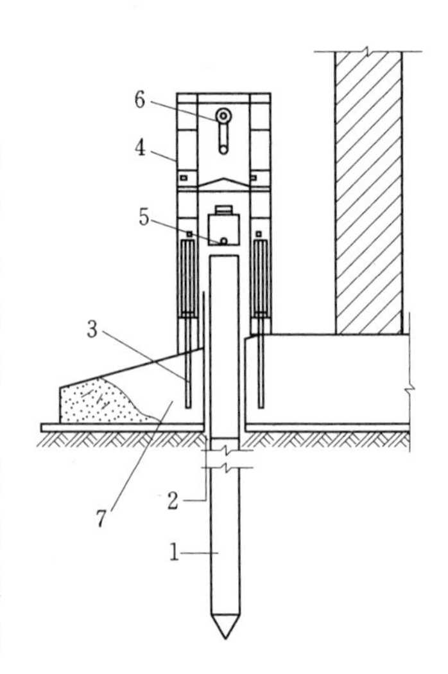

图 9-18 锚杆静压桩装置示意图

1—桩；2—压桩孔；3—锚杆；4—反力架；5—千斤顶；6—电动葫芦；7—基础

锚杆静压桩与其他基础加固或托换技术相比具有施工时无振动、无噪声、设备简单、操作方便、移动灵活、施工所需空间小、施工中不产生泥浆、成本低廉的特点，但锚杆静压桩在施工中必须控制好压桩力，必须有一个合理的反力系统，与另一种桩型共同使用时，还必须处理好两种不同桩型的共同作用。

四、树根桩

树根桩常用作承受垂直荷载支承桩、侧向支护桩、抗渗堵漏墙和托换加固。树根桩直径一般在 100～300mm 范围内，类似于小直径的钻孔灌注桩，桩长不超过 30m。根据受力状况，布置形式有各种排列的直桩和网状结构的斜桩，如图 9－19 所示。

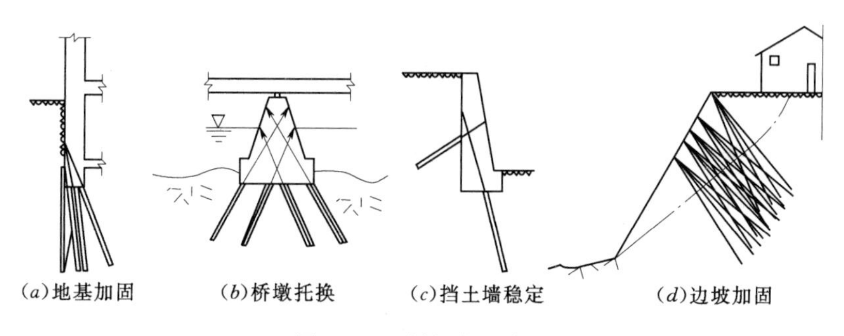

图 9－19　树根桩示意图

树根桩应按定位和校正垂直度、成孔、填灌碎石、注浆、拔注浆管、移位的步骤施工。施工中若出现缩颈和塌孔，应将套管下到产生缩颈或塌孔的土层深度以下。施工时应防止出现穿孔和浆液沿砂层大量流失的现象。树根桩的额定注浆量应不超过按桩身体积计算的 3 倍，当注浆量达到额定注浆量时应停止注浆，可采用跳孔施工、间歇施工和增加速凝剂掺量等措施来防止上述现象。用作防渗堵漏的树根桩，允许在水泥浆液中掺入不大于 3％的磨细粉煤灰。

树根桩施工所需施工场地较小，机具操作振动小，噪声小，桩孔很小，对临近建筑物的基础和地基都不产生任何应力，地表沉降小，桩顶位移小，引起邻近建筑物沉降变形在允许范围内。压力灌浆使树根桩与地基土紧密结合，防止原有建筑物地基土流失，能起到保护临近建筑物的作用。树根桩在水下边坡治理中应用时施工不需围堰，施工设备小，施工速度快，克服了大直径桩塌孔及设备重引发施工期失稳的缺陷。通过网状灌浆固结，能提高原滑坡松散体的整体性。树根桩受力为网状空间受力体系，可承受拉力、压力、剪力，受力状态佳。

五、大直径桩墩基础

随着高层建筑与重型设备的兴建，不仅天然地基浅基础无法承受上部结构的重载，即使采用传统的中小型桩基也无法解决问题。因此，大直径桩墩基础应运而生。通常直径 $d \geqslant 800$mm 的桩称为大直径桩，这类桩的主要特点是其单桩墩的承载力远大于传统的桩。

大直径桩墩设计采用一柱一桩，不需承台。通常使用大直径桩墩设计工程为一级建筑物，单桩承载力应由桩的静荷试验确定。但因大直径单桩墩的单桩承载力极大，难以进行静载荷试验，只能采用经验参数法计算。鉴于大直径桩墩施工精细，通常每根桩成孔后，技术人员都要下至孔底，检查合格后才能浇灌混凝土，桩的质量可以保证。

为节省混凝土方量与造价，将上下一般粗的大直径桩墩，发展为桩身减小、底端增大的扩底桩墩。增加少量的扩底的混凝土量，获得成倍增长的很大的承载力。这种扩底桩，技术已成熟可靠，经济效益显著，是目前高单桩承载中最佳的桩型。

大直径桩墩施工要精心进行，包括准确定桩位，开挖成孔要规整、足尺，桩底虚土要清除干净，验孔，安放钢筋笼，装导管，浇筑混凝土一气呵成。若采用人工挖桩孔应注意安全，预防孔壁坍塌；同时应有通风设备，防止中毒。每一根桩都必须有施工的详细记录，确保质量。

思　考　题

9-1　在哪些情况下可以考虑采用桩基础？

9-2　如何对桩基础进行分类？

9-3　什么是单桩竖向承载力？有哪些确定方法？

9-4　什么是桩的负摩阻力？在哪些情况下要考虑桩的负摩阻力？

9-5　什么是群桩效应？什么是群桩效应系数？

9-6　桩的平面布置有哪些形式？如何布桩？如何确定桩的持力层？

9-7　桩身结构设计的内容有哪些？

9-8　承台有什么作用？承台有哪些形式和构造要求？要进行哪些计算？

9-9　如何确定单桩水平承载力？

9-10　桩基础的设计有哪些步骤？

9-11　桩基受力验算包括哪些内容？

9-12　在哪些情况下要验算群桩基础的地基沉降？

9-13　什么是沉井基础、地下连续墙、锚杆静压桩、树根桩？

9-14　沉井基础、地下连续墙、锚杆静压桩、树根桩有哪些应用？举例说明。

习　　题

9-1　某一嵌岩桩，桩入土28m，桩直径900mm，土层分布情况：黏土层厚12.2m，$q_{sk}=25$kPa；细砂层厚14m，$q_{sk}=52$kPa；往下为中风化岩层。混凝土强度C30，$f_c=15000$kPa，岩石强度$f_{rk}=5000$kPa。按《建筑桩基技术规范》(JGJ 94—2008) 确定该桩的单桩极限承载力。(答案：5783.5kN)

9-2　某混凝土护壁的挖孔桩桩径为1.2m，桩端入土深度20m，桩身配筋率0.6%，桩顶铰接，荷载效应标准组合下桩顶竖向压力$N_k=5000$kN，桩的水平变形系数$\alpha=0.301\text{m}^{-1}$，桩身换算截面积$A_n=1.2\text{m}^2$，换算截面受拉边缘的截面模量$W_0=0.2\text{m}^2$，桩身混凝土抗拉强度设计值$f_t=1.5\text{N/mm}^2$，试按《建筑桩基技术规范》(JGJ 94—2008) 计算单桩水平承载力特征值。(答案：413kN)

9-3　某桩基三角形承台如图9-20所示，承台厚度1.1m，承台底面钢筋的混凝土保护层厚度0.1m，承台混凝土抗拉强度设计值$f_t=1.7\text{N/mm}^2$，试计算承台受底部角桩冲切的承载力。(答案：2429kN)

9-4　某桩基础平面布置如图9-21所示，承台下共有6根基桩，上部结构荷载和承台及上覆土重（已考虑了自重荷载分项系数）8000kN，$M_{xk}=250$kN·m，$M_{yk}=600$kN·m，试计算1号桩和2号桩桩顶所承受的竖向力。(答案：1287kN，1054.6kN)

9-5　图9-22中，柱底荷载轴向力设计值$F=12000$kN，承台混凝土C35，$f_t=$

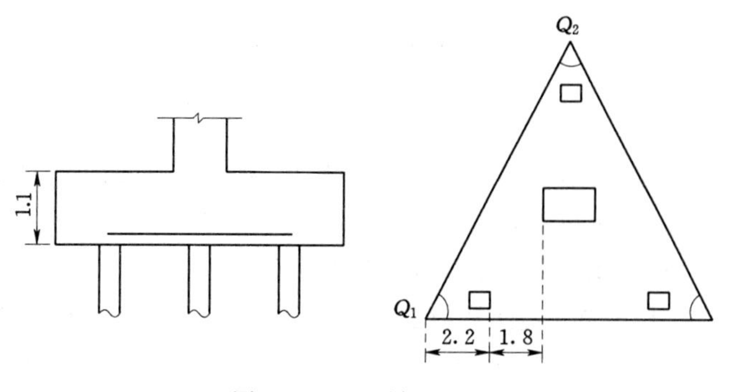

图 9－20　习题 9－3 图

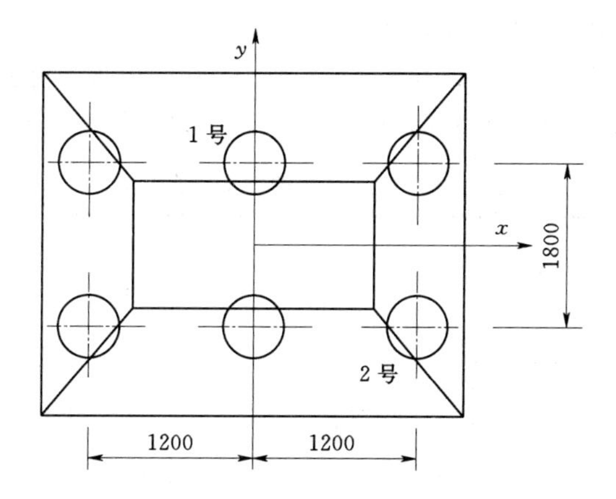

图 9－21　习题 9－4 图（单位：mm）

15700kPa。试验算承台斜截面 $A_1—A_1$ 和 $A_2—A_2$ 的抗剪承载力。（答案：$A_1—A_1$ 截面 $V=4000\text{kN}<72534\text{kN}$，$A_2—A_2$ 截面 $V=4000\text{kN}<76615\text{kN}$）

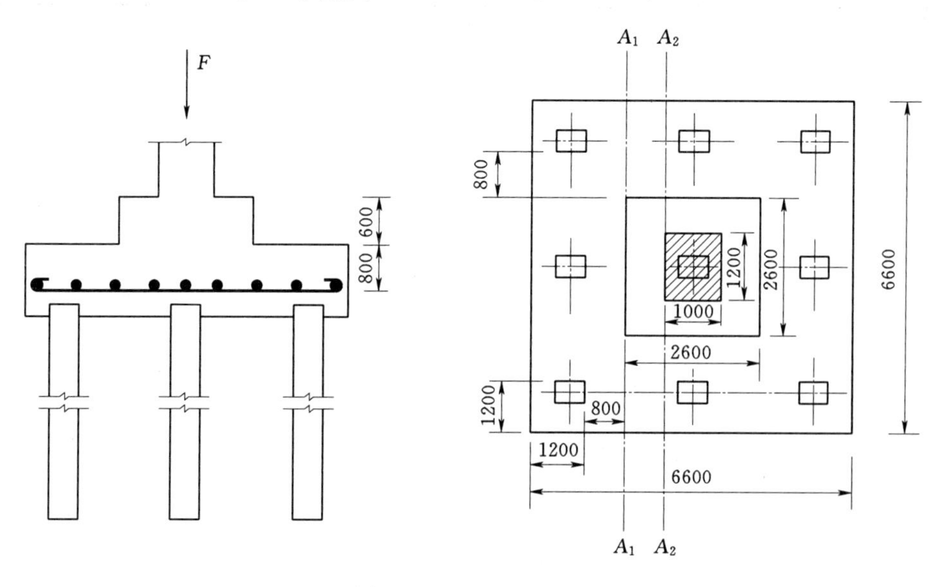

图 9－22　习题 9－5 图

大 型 练 习

9-1 某工程设计框剪结构，独立基础。作用在基础顶面的竖向荷载 $N=2000\text{kN}$，弯矩为 $M_y=300\text{kN}\cdot\text{m}$。地基表层为人工填土，层厚 $h_1=1.5\text{m}$；第②层为软塑黏土，$I_L=1.0$，层厚 $h_2=9.0\text{m}$；第③层为可塑粉质黏土，$I_L=0.50$，层厚 $h_3=7.40\text{m}$。试设计桩基础。（参考答案：采用钢筋混凝土预制桩，截面为 300mm×300mm，桩长 10m，桩端进入第③层 $3d=0.9\text{m}$。用送桩器，将桩送入地面下 1.4m。桩承台尺寸：长度 2.60m，宽度 2.40m，高 1.50m。共需桩 7 根）

9-2 某多层建筑的框架柱截面为 400mm×800mm，承担上部结构传来的荷载设计值为轴力 $F=2800\text{kN}$，弯矩 $M=420\text{kN}\cdot\text{m}$，剪力 $H=50\text{kN}$。地基土层的物理力学性质指标如表 9-8 所示，地下水位在地面以下 1.5m 处，设计该桩基础。

表 9-8 各土层物理力学性质指标

土层名称	土层厚度 /m	含水率 ω /%	重度/ $(\text{kN}\cdot\text{m}^{-3})$	孔隙比 e	塑限 ω_P	液限 ω_L	液性指数 I_L	压缩模量 E_s /kPa	黏聚力 C_{cu} /kPa	内摩擦角 φ_{cu} /(°)	q_{ck} /kPa
人工填土	0.8		18								
黏土	1.5	32	19	0.864	25.3	43.5	0.363	5200	12	13	390
淤泥质黏土	9.0	49	17.5	1.34	24.0	39.5	1.613	2800	16	11	134
粉土	6.0	32.8	18.9	0.80	27.0	38.0	0.527	11070	3	18	325
淤泥质黏土	12.0	43	17.6	1.20	26.0	38.6	1.349	3100	17	12	168
风化砂砾石	5.0										

第十章　软弱地基及其处理

软弱地基一般是指抗剪强度较低、压缩性较高的地基。随着我国国民经济的高速发展，基本建设蓬勃兴起，建设用地日益紧张，许多工程不得不建造在过去被认为不适合建筑的场地上。同时，高层、超高层建筑和大型、重型的构筑物日渐增多，上部结构荷载日益增大，对地基的变形要求更加严格，原来尚属良好的地基，也可能在新的条件下不能满足上部结构的要求。因此，必须对那些土质软弱、不能满足建（构）筑物强度和变形要求的地基采取各种加固、补强等措施，改善地基的工程性状，以满足工程要求。这些措施统称为地基处理。

地基处理的目的在于：① 提高地基的强度，增加其稳定性；② 降低地基的压缩性，减少其变形；③ 减少其渗漏或加强其抵抗渗透变形的能力；④ 改善地基的动力特性，提高其抗震性能。

地基处理的方法很多，本章将按其原理和作用分别介绍机械压实、强夯和强夯置换、换填垫层预压、挤密与振冲以及化学加固等六类处理方法。对于水泥粉煤灰碎石桩、石灰桩和桩锤冲扩桩等其他地基处理方法，限于篇幅不予论述，可参阅《建筑地基处理技术规范》（JGJ 79—2012）和其他专著。

对同一建筑场地，可供选择的地基处理方法往往不止一种，应从整个工程的质量、造价与工期综合考虑选择最优的地基处理方案，以期做到安全适用、质量可靠、技术先进、经济合理。

第一节　软弱土种类和性质

《建筑地基处理技术规范》（JGJ 79—2012）中规定，软弱地基系指主要含淤泥、淤泥质土、杂填土、冲填土或其他高压缩性土层构成的地基。在建筑地基的局部范围内有高压缩性土层时，应按局部软弱土层考虑。

一、淤泥与淤泥质土

淤泥与淤泥质土在工程上统称为软土，是第四纪后期形成的滨海相、泻湖相、三角洲相、溺谷相和湖沼相等黏性土沉积物，广泛分布于上海、天津、宁波、温州、连云港、福州、厦门、广东和海南等沿海地区及昆明、武汉等内陆地区。

软土具有下列特征：①天然含水率高，$\omega>\omega_L$，呈流塑状态；②孔隙比大，$e\geqslant1$（$e\geqslant1.5$ 时称为淤泥，$1.5>e\geqslant1$ 时称为淤泥质土）；③压缩性高，一般 $\alpha_{1-2}=0.7\sim1.5\text{MPa}^{-1}$，属高压缩性土；④抗剪强度低，我国软土的天然不排水抗剪强度一般小于 20kPa；⑤渗透性差，通常渗透系数 $k\leqslant i\times10^{-6}$cm/s，这类建筑地基的沉降往往持续几十年才稳定；⑥具有明显的结构性，施工时受到扰动，则土的强度将显著降低，我国沿海软土的灵敏度一般为 4～10，属于高灵敏度土。

二、杂填土

杂填土是指由人类活动而任意堆填的建筑垃圾、工业废料和生活垃圾。

杂填土的性质具体如下：

（1）成分复杂。若是建筑垃圾堆填，则其中有废土、碎砖瓦和腐木等；若是生活垃圾堆填，则其中有残骨、炉灰和杂物等；若是工业废料堆填，则其中有矿渣、煤渣、金属碎屑等。

（2）无规律性。杂填土分布不均匀，结构松散，土层有厚有薄，性质有软有硬，土的颗粒和孔隙有大有小，强度和压缩性有高有低，一般还具有湿陷性。

（3）性质随堆填龄期而变化。堆填龄期短的杂填土往往在自重的作用下有塌陷的可能，且透水性强。一般认为堆填龄期达 5 年左右的杂填土，性质才逐渐稳定下来。杂填土的承载力随龄期的增大而提高。

（4）含腐殖质和水化物。以生活垃圾为主的杂填土，其中腐殖质的含量较高，随着有机质的分解，地基的沉降将增大。以工业残渣为主的杂填土，其中可能含有水化物，遇水后容易产生膨胀和崩解，使填土强度降低。

三、冲填土

冲填土是水力冲填泥砂形成的。其成分和分布规律与冲填时的泥砂来源及水力条件有密切关系。冲填土的性质具体如下：

（1）不均匀性。由于水力分选作用，在冲填的出口处，沉积的颗粒较粗，顺着出口向四周扩散，颗粒逐渐变细。有时在冲填过程中，由于泥砂的来源有变化，也将造成冲填土在纵横方向的不均匀性。由于颗粒粗细分布不均匀，土的含水率也是不均匀的。如果以黏粒为主，则其中的含水率较高且难以排出，造成初期呈流动状态，其强度要经过一段时间后才能提高。

（2）欠固结性。含砂量较高的冲填土其固结情况和力学性质较好；含黏粒较多的冲填土，则往往属于强度较低和压缩性较高的欠固结土，其强度和压缩性指标都比同类天然沉积土差。

软弱地基土除上述三类外，其他高压缩性土如饱和松散的粉细砂及部分粉土，在机械振动、地震等动力荷载的重复作用下，有可能产生液化或震陷变形；在基坑开挖时，也可能产生流砂或管涌。因此，对于这类土也往往需要进行地基处理。

第二节　机械压实法

机械压实法是采用压实机械对大面积填土或换填垫层进行压实加固的一种方法，适用于碎石土、砂土、低饱和度的黏性土、杂填土等地基土的处理。它是利用压实原理，通过一般的夯击、碾压、表面振动，把表层地基土压实，影响深度有限。

机械压实法包括重锤夯实、机械碾压和振动压实三种方法。本书第一章已经阐述了土的压实原理和特性，这里分别介绍这三种压实方法。

一、重锤夯实法

重锤夯实法是利用起重机械将重锤提到一定高度后，让其自由下落，从而对填土表层产生很大的冲击力，通过重复夯击使地基土得到加固。这种方法适用于处理高出地下水位0.8m以上的非饱和黏性土或杂填土，提高其强度、降低其压缩性和不均匀性；也可用于处理湿陷性黄土，消除其湿陷性。

重锤夯实法的效果与锤重、锤底面积、落距、夯击遍数、夯实土的种类和含水率有关。施工中宜由现场夯击试验决定有关参数。夯锤一般重15～25kN，锤底多呈圆形，直径为0.7～1.5m，夯击的影响深度与锤径大致相同。

本法不适用于处理饱和软土层。

二、机械碾压法

机械碾压法是用压路机、推土机或单角碾等机械，在需压实的场地上，按计划与次序分层铺土，往复碾压、分层压实。这种方法适用于地下水位以上大面积回填土压实，例如修建堤坝、路基，也可用于含水率较低的素填土或杂填土地基处理。

在实际工程中，除了进行室内击实试验外，还应进行现场碾压试验。通过试验，确定在一定压实能条件下土的最优含水率、恰当的分层碾压厚度（一般每层铺土厚度为30cm左右）和遍数，以便确定满足设计要求的工艺参数。

根据一些地区经验，用80～120kN的压路机碾压杂填土，压实深度为30～40cm，压实后的地基承载力可采用80～120kPa。

三、振动压实法

振动压实法是用振动压实机振动浅层松散地基土，使土颗粒受振动至稳固位置，减小土的孔隙而压实。这种方法适用于松散状态的砂土、砂性杂填土、含少量黏性土的建筑垃圾、工业废料和炉渣填土地基。

振动压实的效果主要取决于被压实土的成分和施振的时间。在施工前应先进行现场试验，根据振实的要求确定施振的时间。有效的施振深度为1.2～1.5m，压实后的地基承载力可取100～120kPa。但如地下水位太高，则振实效果不佳。

第三节　强夯法和强夯置换法

一、概述

强夯法是1969年法国Menard技术公司首创的一种地基处理方法。这种方法是反复将重型夯锤（质量一般为100～400kN）提到一定高度使其自由落下（落距一般为10～40m），给地基以巨大冲击力，从而对地基进行强力夯实。与重锤夯实不同，它是通过强大的夯击能在地基中产生动应力与振动波，从地面夯击点发出纵波和横波传到土层深处，使地基浅层和深处产生不同程度的加固。由于强夯法具有加固效果显著、适用土类广、设备简单、施工方便、节省劳力、施工期短、节约材料和施工费用低等优点，我国自 20 世纪 70 年代引进此法后迅速在全国推广应用。大量工程实例证明，强夯法用于处理碎石土、砂土、低饱和度的粉土与黏性土、湿陷性黄土、素填土和杂填土等地基，一般均能取得较好的效果，经强夯后的地基承载力可提高 2～5 倍，压缩性可降低 200%～500%，影响深度达 10m 以上。

对于高饱和度的粉土、流塑～软塑状的黏性土等地基，使用强夯法处理一般来说效果不显著。而使用强夯置换法处理此类地基对变形控制不严的建筑物则可取得显著的加固效果。强夯置换法是采用在夯坑内回填块石、碎石等粗粒材料，用夯锤夯击形成连续的强夯置换墩。强夯置换法是 20 世纪 80 年代后期发展起来的方法，目前已用于堆场、公路、机场、房屋建筑、油罐等工程，一般效果良好。

二、加固机理

强夯法和强夯置换法加固地基的作用机理主要有动力密实、动力固结和动力置换作用。

（一）动力密实

强夯加固多孔隙、粗颗粒、非饱和土是基于动力密实机理，即强大的冲击能强制超压密地基，使土中气相体积大幅度减小，从而提高地基土强度。

（二）动力固结

强夯加固细颗粒饱和土时，则是基于动力固结的理论，即强大的冲击能与冲击波破坏土的结构，使土体局部液化并产生许多裂隙，增加了排水通道，使孔隙水顺利逸出，待超静孔隙水压力消散后土体固结。由于软土的触变性，强度得到提高。

（三）动力置换

强夯置换加固软土地基基于动力置换机理。强夯置换除在土中形成墩体外，当加固土为深厚饱和粉土、粉砂时，还对墩间土和墩下土有挤密作用，此时，可将墩身与墩间土视为复合地基。对淤泥或流塑黏性土中的置换墩则不考虑墩间土的承载力，仅考虑墩的承载力。同时，墩体本身也是一个特大直径排水体，有利于加快土层固结。

三、设计

（一）强夯法

应用强夯法加固软弱地基时，必须根据场地的工程地质条件和工程要求，正确地选用各项技术参数，才能取得理想的效果。这些参数包括有效加固深度、夯点的夯击次数、夯击遍数、夯击点布置、强夯处理范围等。

（1）有效加固深度应根据现场试夯或当地经验确定。在缺少试验资料或经验时，可按表 10-1 预估。

（2）夯点的夯击次数应按现场试夯得到的夯击次数和夯沉量关系曲线确定，并应同时满足下列条件：

1）最后两击的平均夯沉量不宜大于下列数值：当单击夯击能小于4000kN·m时为50mm；当单击夯击能为4000～6000kN·m时为100mm；当单击夯击能大于6000kN·m时为200mm。

2）夯坑周围地面不应发生过大的隆起。

表10-1　强夯法的有效加固深度

单击夯击能/(kN·m)	碎石土、砂土等粗颗粒土/m	粉土、黏性土、湿陷性黄土等细颗粒土/m
1000	5.0～6.0	4.0～5.0
2000	6.0～7.0	5.0～6.0
3000	7.0～8.0	6.0～7.0
4000	8.0～9.0	7.0～8.0
5000	9.0～9.5	8.0～8.5
6000	9.5～10.0	8.5～9.0
8000	10.0～10.5	9.0～9.5

注：1. 强夯法的有效加固深度应从最初起夯面算起。
2. 单击夯击能是指锤重 W 与落距 H 之积，即 WH。

3）不因夯坑过深而发生提锤困难。

（3）夯击遍数应根据地基土的性质确定，可采用点夯2～3遍，对于渗透性较差的细颗粒土，必要时夯击遍数可适当增加。两遍夯击之间应有一定的时间间隔，间隔时间取决于土中超静孔隙水压力的消散时间。当缺少实测资料时，可根据地基土的渗透性确定，对于渗透性较差的黏性土地基，间隔时间不应少于3～4周；对于渗透性好的地基可连续夯击。在夯完规定遍数后，应用低能量满夯2遍，满夯可采用轻锤或低落距锤多次夯击，锤印相接。

（4）夯击点位置可根据基底平面形状，采用等边三角形或正方形布置。第一遍夯击点间距可取夯锤直径的2.5～3.5倍，第二遍夯击点位于第一遍夯击点之间。以后各遍夯击点间距可适当减小。对处理深度较深或单击夯击能较大的工程，第一遍夯击点间距宜适当增大。

（5）强夯处理范围应大于建筑物基础范围，每边超出基础外缘的宽度宜为基底下设计处理深度的1/2～2/3，并不宜小于3m。这一点，原则上也适用于除换填垫层外的其他地基处理方法。

根据初定的强夯参数，提出强夯试验方案，进行现场试夯。应根据不同土质条件待试夯结束后一至数周后，对试夯场地进行检测，并与夯前测试数据进行对比，检验强夯效果，确定工程采用的各项强夯参数。

（二）强夯置换法

（1）强夯置换法的加固深度应由土层条件决定，一般不宜超过7m。对淤泥、泥炭等黏性软弱土层，强夯置换墩应穿透软土层，到达较硬土层上。对深厚饱和粉土、粉砂，因墩下土在墩体施工过程中会得到挤密，强度提高，当沉降等其他条件允许时，墩身可允许不穿透该层。

（2）强夯置换法的单击夯击能应根据现场试验确定。

（3）夯点的夯击次数应通过现场试夯确定，且应同时满足以下条件：

1）墩体穿透软弱土层。

2）累计夯沉量为设计墩长的1.5～2.0倍。

3）最后两击的平均夯沉量与强夯法要求相同。

（4）墩位布置宜采用等边三角形或正方形。对独立基础或条形基础可根据基础形状与宽度相应布置。墩间距应根据荷载大小、加固前土的承载力经过计算确定，当满堂布置时可取夯锤直径的2～3倍，对柱基或条形基础可取夯锤直径的1.5～2.0倍。墩的计算直径可取夯锤直径的1.1～1.2倍。当墩间净距较大时，应适当提高上部结构和基础的刚度。

（5）墩体材料可采用级配良好的块石、碎石、矿渣、建筑垃圾等坚硬粗颗粒材料，粒径大于300mm的颗粒含量不宜超过全重的30%。墩体形成后，在施工基础之前，墩顶应铺设一层厚度不小于500mm的压实垫层，垫层材料可与墩体相同，粒径不宜大于100mm。

四、施工

（一）强夯法

强夯施工前，应查明场地范围内的地下构筑物和地下管线的位置及标高等，并采取必要的措施，以免因强夯施工而造成损坏。当强夯施工所产生的振动对邻近建筑物或设备产生有害的影响时，应采取防振或隔振措施。

当地下水位较高、夯坑底积水影响施工时，宜采用人工降低地下水位或铺填一定厚度的松散性材料。夯坑内或场地积水应及时排除。

强夯施工可按下列步骤进行：

（1）清理并平整场地。

（2）标出第一遍夯点位置，并测量场地标高。

（3）起重机就位，使夯锤对准夯点位置。

（4）测量夯前锤顶高程。

（5）将夯锤吊到预定高度，待夯锤脱钩自由下落后，放下吊钩，测量锤顶高程，若发现因坑底倾斜而造成夯锤歪斜时，应及时将坑底整平。

（6）重复步骤（5），按设计规定的夯击次数及控制标准，完成一个夯点的夯击。

（7）重复步骤（3）～（6），完成第一遍全部夯点的夯击。

（8）用推土机将夯坑填平，并测量场地高程。

（9）在规定的间隔后，按上述步骤逐次完成全部夯击遍数，最后用低能量满夯两遍，将场地表层松土夯实，并测量夯实后场地高程。

施工过程中应对各项参数及施工情况进行详细记录。

（二）强夯置换法

强夯置换法施工可按下列步骤进行：

（1）清理并平整施工场地，当表土松软时可铺设一厚度为1.0～2.0m的砂石施工垫层。

（2）标出夯点位置，并测量场地高程。

（3）起重机就位，夯锤置于夯点位置。

（4）测量夯前锤顶高程。

（5）夯击并逐击记录夯坑深度。当夯坑过深而发生起锤困难时停夯，向坑内填料直至与坑顶平，记录填料数量，如此反复直至满足规定的夯击次数及控制标准完成一个墩体的夯击。当夯点周围软土挤出影响施工时，可随时在夯点周围铺垫碎石，继续施工。

（6）按由内而外、隔行跳打原则完成全部夯点的施工。

（7）推平场地，用低能量满夯，将场地表层松土夯实，并测量夯后场地高程。

（8）铺设垫层，并分层碾压密实。

五、质量检验

检查施工过程中的各项测试数据和施工记录，不符合设计要求时应补夯或采取其他有效措施。

在施工结束后应间隔一定时间方能对地基质量进行检验，对于碎石土和砂土地基，其间隔时间可取1～2周；粉土和黏性土地基可取2～4周。对于强夯置换地基间隔时间可取4周。

强夯处理后的地基竣工验收时，强夯地基承载力特征值应通过现场载荷试验确定，初步设计时也可根据夯后原位测试和室内土工试验确定。强夯置换后的地基竣工验收时，承载力特征值除应采用单墩载荷试验检验外，尚应采用动力触探等有效手段查明置换墩着底情况及承载力与密度随深度的变化，对饱和粉土地基可按复合地基考虑，其承载力可通过现场单墩复合地基载荷试验确定。

质量检验的数量，应根据场地复杂程度和建筑物的重要性确定，对简单场地上的一般建筑物，每个建筑地基的载荷试验点不应少于3点；对于复杂场地或重要建筑地基应增加检验点数。强夯置换地基载荷试验和置换墩着底情况检验数量均不应小于墩点数的1%，且不应少于3点。

第四节　换填垫层法

当建筑物基础下的土层比较软弱、不能满足上部结构荷载对地基的要求时，常采用换填垫层法来处理软弱地基。即将基础下一定范围内的土层挖去，然后回填强度较大的砂石、粉质黏土或灰土等，并分层夯实至设计要求的密实程度，作为地基的持力层。此法适用于浅层软弱地基及不均匀地基的处理。

工程实践表明，在合适的条件下，采取换填垫层法能有效地解决中小型工程的地基处理问题。本法的优点是：可就地取材，施工方便，不需特殊的机械设备，既能缩短工期，又能降低造价。因此，得到较为普遍的应用。

一、加固机理

（1）置换作用。将基础底面下软弱土全部或部分挖除，换填为较密实材料，可提高地基承载力，增强地基稳定性。

（2）应力扩散作用。基底下一定厚度垫层的应力扩散作用，可减小垫层下天然土层所受的压力和附加压力，从而减小基础沉降量，并使下卧层满足承载力的要求。

（3）加速固结作用。用透水性大的材料作垫层时，下卧软弱层中的水分可部分通过它加速消散，从而加速软土的固结，减小建筑物建成后的工后沉降。

（4）防治冻胀。由于垫层材料是不冻胀材料，采用换填垫层对基底以下可冻胀土层全部或部分置换后，可防止土的冻胀作用。

（5）均匀地基反力与沉降作用。对石芽出露的山区地基，将石芽间软弱土层挖出，换填压缩性低的土石料，并在石芽以上也设置垫层；或在建筑物范围内局部存在松软填土、暗沟、暗塘、古井、古墓或拆除旧基础的坑穴，可进行局部换填，保证基础底面范围内土层压缩性和地基反力趋于均匀。

二、设计

换填垫层的设计内容主要是确定垫层材料，垫层的厚度、宽度和承载力，必要时还应进行地基的变形计算。

（一）垫层材料

垫层材料可选砂石、粉质黏土、灰土、粉煤灰、矿渣、其他工业废料以及土工合成材料，垫层材料的要求应符合《建筑地基处理技术规范》（JGJ 79—2012）的有关规定。在性能符合要求的前提下，以就地取材、节约造价为选择原则。

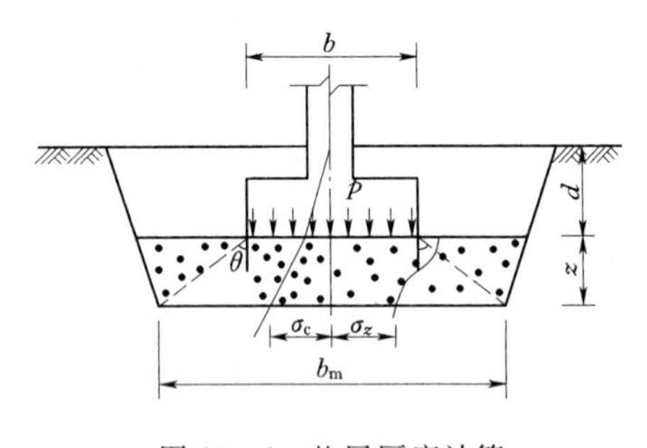

图 10－1　垫层厚度计算

（二）垫层的厚度

如图 10－1 所示，垫层的厚度 z 应根据下卧软弱土层的承载力确定，即作用在垫层底面处的土的自重应力与附加应力之和不应大于软弱下卧层土的承载力特征值，并符合下式要求

$$\sigma_z+\sigma_{cz}\leqslant f_{az} \tag{10-1}$$

式中 σ_z——相应于荷载效应标准组合时，垫层底面处的附加应力值，kPa；

σ_{cz}——垫层底面处土的自重应力，kPa，计算 σ_{cz} 时垫层厚度范围内的土层的重度宜取垫层材料的重度；

f_{az}——垫层底面处经深度修正后的地基承载特征值，kPa。

垫层底面处的附加应力 σ_z 值可分别按式（10－2）和式（10－3）计算：

条形基础
$$\sigma_z=\frac{b(p_k-\sigma_{cd})}{b+2z\tan\theta} \tag{10-2}$$

矩形基础
$$\sigma_z=\frac{bl(p_k-\sigma_{cd})}{(b+2z\tan\theta)(l+2z\tan\theta)} \tag{10-3}$$

式中　b——矩形基础或条形基础的宽度，m；

l——矩形基础底面的长度，m；

p_k——相应于荷载效应标准组合时，基础底面处的平均压力强度值，kPa；

σ_{cd}——基础底面处土的自重应力值，kPa；

z——基础底面下垫层的厚度；

θ——垫层的压力扩散角，(°)，宜通过试验确定，当无试验资料时，可按表10－2采用。

计算时，先假设一个垫层的厚度，然后用式（10－1）验算。如不符合要求，则需加大或减小厚度，重新验算，直至满足为止。一般垫层的厚度不宜小于0.5m，也不宜大于3m，垫层过薄其作用不显著，太厚则施工较困难，经济上不合理。

（三）垫层的宽度

垫层底面的宽度应满足基础底面应力扩散的要求，并且要考虑垫层侧面土的侧向支承力来确定。因为基础荷载在垫层中引起的应力使垫层有侧向挤出的趋势，如果垫层宽度不足，四周土又比较软弱，垫层有可能被压溃而挤入四周软土中去，使基础沉降增大。

表10－2　压力扩散角θ　　单位：(°)

换填材料 / z/b	中砂、粗砂、砾砂、圆砾、角砾、石屑、卵石、碎石、矿渣	粉质黏土、粉煤灰	灰土
0.25	20	6	28
≥0.50	30	23	

注　1. 当$z/b<0.25$时，除灰土仍取$\theta=28°$外，其余材料均取$\theta=0°$，必要时，宜由试验确定。
2. 当$0.25<z/b<0.50$时，θ值可内插求得。

垫层底面宽度可按下式计算

$$b_m\geqslant b+2z\tan\theta \tag{10-4}$$

式中　b_m——垫层底面宽度，m；

θ——垫层的压力扩散角，(°)，可按表10－2采用，当$z/b<0.25$时，仍按表中$z/b=0.25$取值。

垫层顶面宽度可从垫层底面两侧向上，按基坑开挖期间保持边坡稳定的当地经验放坡确定。垫层顶面每边超出基础底边不宜小于300mm。

（四）垫层的承载力

垫层的承载力宜通过现场载荷试验确定，对于一般不太重要的、小型的、轻型的或对沉降要求不高的工程，可按表10－3所列的承载力特征值取用。

表 10-3 各种垫层的承载力

施工方法	换填材料类别	压实系数 λ_c	承载力特征值 f_{ak}/kPa
碾压或振密	碎石、卵石	0.94～0.97	200～300
	砂夹石（其中碎石、卵石占全重的 30%～50%）		200～250
	土夹石（其中碎石、卵石占全重的 30%～50%）		150～200
	中砂、粗砂、砾砂		150～200
	黏性土和粉土（$8<I_P<14$）		130～180
	灰土	0.93～0.95	200～250
重锤夯实	土或灰土	0.93～0.95	150～200

注：1. 对于压实系数小的垫层，承载力特征值取低值，反之取高值。
2. 对于重锤夯实，土的承载力特征值取低值，灰土取高值。
3. 压实系数 λ_c 为土的控制干密度 ρ_d 与最大干密度 ρ_{dmax} 的比值；土的最大干密度宜采用击实试验确定，碎石或卵石的最大干密度可取 2.0～2.2 t/m^3。

（五）地基变形计算

采用换填垫层法对地基进行处理后，建筑物地基往往仍将产生较大的沉降量及差异沉降量，因此对于重要的建筑或垫层下存在软弱下卧层的建筑，还应进行地基变形计算。

换填垫层地基的变形由垫层自身变形和下卧层变形组成。对粗颗粒换填材料，由于在施工期间垫层的自身压缩变形已基本完成，因此，当换填垫层厚度、宽度及压实程度均满足设计及相关规范的要求后，一般可不考虑垫层自身的压缩量而仅计算下卧层的变形。但当建筑物对沉降要求严格，或换填材料为细粒且垫层厚度较大时，尚应计算垫层自身的变形。

垫层下卧层的变形量可按《建筑地基基础设计规范》(GB 50007—2011）的有关规定进行计算。

【例 10-1】 某砌体结构承重住宅，墙下条形基础宽 1.2m，基础承受上部结构传来的荷载效应：$F_k=150kN/m$，基础埋深 1.0m。地基土层：表层为黏性土，厚 1m，重度 17.6kN/m^3；其下为较厚的淤泥质黏土：重度 18.0kN/m^3，地基承载力特征值 65kPa。利用换填砂垫层法处理地基，砂料为粗砂，最大干密度 $\rho=1.60t/m^3$。

解：

(1) 确定砂垫层厚度。可先假设一个垫层厚度，然后再根据下卧层的地基承载力特征值按式 (10-1) 进行验算，若不符合要求，则改变厚度再重新验算，直至满足为止。

先设定砂垫层厚度为 $z=1.5m$。

1) 基底压力强度平均值 p_k 为

$$p_k=\frac{F_k+G_k}{A}=\frac{F_k+\gamma_G bd}{b}=\frac{150}{1.2}+20\times1=145(kPa)$$

2) 基础底面处土的自重应力为

$$\sigma_{cd}=17.6\times1=17.6(kPa)$$

3) 垫层底面处土的附加应力为

$$\sigma_{cz}=17.6\times1+(18.0-10)\times1.5=18.8(\text{kPa})$$

4）计算垫层底面处的附加应力：对于条形基础，垫层底面处的附加应力 σ_z 按式（10－2）计算，其中垫层的压力扩散角 θ 可按表 10－2 采用，由于 $z/b=1.5/1.2=1.25>0.5$，查表可得 $\theta=30°$。则有

$$\sigma_z=\frac{b(p_k-\sigma_{cd})}{b+2z\tan\theta}=\frac{1.2\times(145-17.6)}{1.2+2\times1.5\times\tan30°}=52.1(\text{kPa})$$

5）对下卧层地基承载力特征值进行深度修正：已知下卧淤泥质黏土层的地基承载力特征值 $f_{ak}=65\text{kPa}$，查表 8－5 得深度修正系数 η_d 为 1.0，则

$$f_{az}=f_{ak}+\eta_d\gamma_0(d+z-0.5)$$
$$=65+1.0\times\frac{18.8}{2.5}\times(1.0+1.5-0.5)=80(\text{kPa})$$

6）按式（10－1）对下卧层地基承载力特征值进行验算，则

$$\sigma_z+\sigma_{cz}=52.1+18.8=70.9(\text{kPa})<f_{az}=80\text{kPa}$$

满足设计要求，故砂垫层厚度确定为 1.5m。

（2）确定砂垫层宽度。垫层的宽度按式（10－4）计算，则

$$b_m=b+2z\tan\theta=1.2+2\times1.5\times\tan30°=2.93(\text{m})$$

取垫层宽度为 $b=3.0$m。

（3）沉降计算。换土垫层后的建筑物地基沉降由垫层自身的变形量和下卧层的变形量两部分所构成。本例由于垫层材料为粗砂，施工期间垫层自身的压缩变形已基本完成，因此，可不考虑垫层自身的压缩量而仅计算下卧层的编写。

垫层下卧层的变形量可按第四章介绍的分层总和法计算（略）。

（4）确定施工控制干密度。垫层施工时应分层压实，施工质量标准是控制压实系数，即 $\lambda_c=\rho_d/\rho_{dmax}=0.94\sim0.97$，则施工控制干密度应满足

$$\rho_d=\lambda_c\rho_{dmax}=(0.94\sim0.97)\times1.60=1.50\sim1.55(\text{t/m}^3)$$

三、施工

（一）施工机械和施工方法

垫层施工应根据不同的换填材料选择施工机械和施工方法。粉质黏土、灰土宜采用平碾、振动碾或羊足碾，中小型工程也可采用蛙式夯、柴油夯。砂石等宜用振动碾。粉煤灰宜采用平碾、振动碾、平板振动器、蛙式夯。矿渣宜采用平板振动器或平碾，也可采用振动碾。垫层的捣实方法有平振法、插振法、水撼法、夯实法和碾压法等。

（二）分层铺填厚度和每层压实遍数

垫层的分层铺填厚度、每层压实遍数宜通过试验确定。除接触下卧软土层的垫层底层应根据施工机械设备及下卧层土质条件的要求具有足够的厚度外，一般情况下，垫层的分层铺填厚度可取 200～300mm。为保证分层压实质量，应控制机械碾压速度。

（三）施工含水率控制

粉质黏土和灰土垫层土料的施工含水率宜控制在最优含水率 $\omega_{0p}\pm2\%$ 的范围内，粉

煤灰垫层的最优含水率宜控制在最优含水率 ω_{0p} ±4%的范围内。

（四）施工应注意的其他事项

（1）当垫层底部存在古井、古墓、洞穴、旧基础、暗塘等软硬不均的部位时，应根据建筑对不均匀沉降的要求予以处理，并经检验合格后，方可铺填垫层。

（2）基坑开挖时应避免坑底土层受扰动，尤其对淤泥或淤泥质土层，应防止其被践踏、受冻或受浸泡，开挖时可先保留约 200mm 厚的土层暂不挖去，待垫层施工时再挖除。在碎石或卵石垫层底部宜设置 150～300mm 厚的砂垫层或铺设一层土工织物，以防止淤泥或淤泥质土层表面的局部破坏，同时必须防止基坑边坡坍土混入垫层。

（3）换填垫层施工时应注意基坑排水，除采用水撼法施工砂垫层外，不得在浸水条件下施工，必要时应采用降低地下水位的措施。

（4）垫层底面宜设在同一标高上，如深度不同，基坑底土面应挖成阶梯或斜坡搭接，并按先深后浅的顺序进行垫层施工，搭接处应夯实压密。粉质黏土及灰土垫层分段施工时，不得在柱基、墙角及承重窗间墙下接缝。上下两层的缝距不得小于 500mm。接缝处应夯压密实。

（5）灰土应拌和均匀并应当日铺填夯压，灰土夯压密实后 3d 内不得受水浸泡。粉煤灰垫层铺填后宜当天压实，每层验收后应及时铺填上层或封层，防止干燥后松散起尘污染，同时应禁止车辆碾压通行。垫层竣工验收合格后，应及时进行基础施工与基坑回填。

（6）铺设土工合成材料时，下铺土层顶面应平整，防止土工合成材料被刺穿、顶破。铺设时应把土工合成材料张拉平整、绷紧，严禁有折皱；端头应固定或回折锚固；切忌曝晒或裸露；连接宜用搭接法、缝接法或胶结法，并均应保证主要受力方向的连接强度不低于所采用材料的抗拉强度。

四、质量检验

垫层的施工质量检验必须分层进行，应在每层的压实系数符合设计要求后才能铺填上层土。根据垫层材料的不同，可选用环刀法、贯入仪、静力触探、动力触探或标准贯入试验进行检验。采用环刀法检验垫层的施工质量时，取样点应位于每层厚度的 2/3 深度处。检验点数量，对大基坑每 50～100m^2 不应少于 1 个点；对基槽每 10～20m 不应少于 1 个点；每个独立柱基不应少于 1 个点。采用贯入仪或动力触探检验垫层的施工质量时，每分层检验点的间距应小于 4m。

竣工验收采用载荷试验检验垫层承载力时，每个单体工程不宜少于 3 点；对于大型工程则按单体工程的数量或工程的面积确定检验点数。

第五节 预 压 法

一、概述

预压法包括堆载预压法和真空预压法，适用于处理淤泥、淤泥质土和冲填土等饱和黏性土地基。

堆载预压法是指在建筑物建造前，先在拟建场地上用堆土或其他荷重，一次施加或分级施加与其相当的荷载，对地基土进行预压，使土体中孔隙水排出，孔隙体积变小，地基土压密，以增加土体的抗剪强度，提高地基承载力和稳定性；同时可减小土体的压缩性，以便在建筑物使用期间不致产生过大的沉降和沉降差。堆载预压法处理深度一般达 10m 左右。

由于软土的渗透性很小，土中水排出速率很慢，当软土层厚度超过 4.0m 时，为了加速土的固结，缩短预压时间，常在土中打设砂井或插入塑料排水带，作为土中水从土中排出的通道，使土中水排出的路径大大缩短，然后进行堆载预压，使软土中孔隙水压力得以较快地消散，这种方法称为砂井堆载预压法。

真空预压法是先在需加固的软土地基表面铺设一层透水砂垫层，在砂垫层内埋设渗水管道，再在砂垫层上覆盖一层不透气的塑料薄膜或橡胶布，四周密封与大气隔绝，然后用真空泵连通进行抽气，薄膜内气压逐渐下降，薄膜内外形成一个压力差（称为真空度）。由于土体与砂垫层和塑料排水带间的压差，从而发生渗流，使孔隙水沿砂井或塑料排水带上升而流入砂垫层并排出塑料薄膜外；地下水在上升的同时，形成塑料排水带附近的真空负压，使土中的孔隙水压形成压差，促使土中的孔隙水压力不断下降，地基有效应力不断增加，从而使土体固结。随着抽气时间的增长，压差逐渐变小，最终趋于零，此时渗流停止，土体固结完成。所以真空预压过程，实质为利用大气压差作为预压荷载，使土体逐渐排水固结的过程。对真空预压工程，必须在地基内设置排水竖井。图 10－2 为典型真空预压施工断面图。

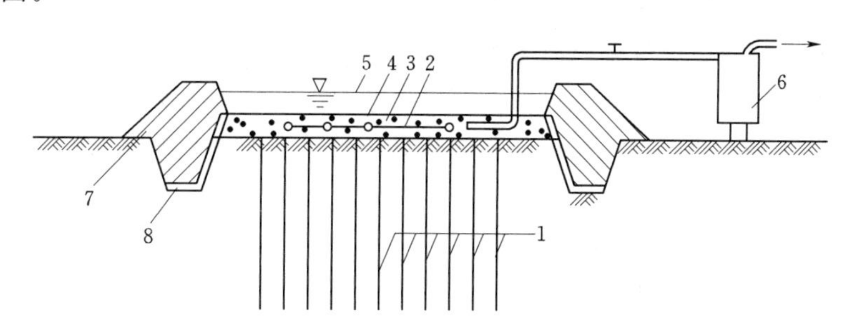

图 10－2　真空预压施工断面图

1—竖向排水通道；2—滤水管；3—砂垫层；4—塑料膜；5—敷水；6—射流泵；7—土堰；8—压膜沟

采用真空预压时，由于在加固区产生负压，因此不存在地基在真空预压荷载下的稳定问题，不必分级施加真空荷载。真空预压法处理深度可达 15m 左右。

二、加固原理

预压法加固地基的原理可用图 10－3 来说明，该图为土试样由室内固结试验得到的固结压力 p 与孔隙比 e 之间的关系曲线即 $p—e$ 曲线。由该曲线可知：当固结压力由 p_0 增至 p_1，相应土的孔隙比由 e_0 减小至 e_1，如图中 ab 曲线所示，此为压缩曲线。接着卸载，压力由 p_1 减小至 p_0，因土体产生残留变形 e_0-e_d，孔隙比由 e_1 仅恢复到 e_d，如 bd 卸载回弹曲线所示。然后再加荷压缩，压力由 p_0 至 p_1，孔隙比由 e_d 至 e_1，如 db 虚线所示，称

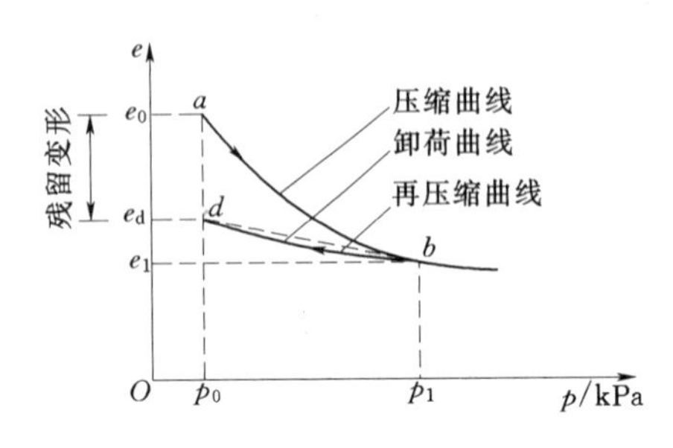

图 10－3　压缩、回弹与再压缩曲线

为再压缩曲线。

上述曲线 ab 相当于预压，曲线 db 相当于正式工程压缩，由图可见，再压缩曲线 db 的斜率（即压缩系数 a），远小于初始压缩曲线 ab 的斜率。此即预压法的加固原理。

三、设计

（一）堆载预压法

堆载预压法处理地基的设计应包括下列内容：确定预压荷载大小、荷载分级、加载速率和预压时间；选择排水竖井并确定其断面尺寸、间距、排列方式和深度；计算地基土的固结度、强度增长、抗滑稳定性和变形。

1．预压荷载的大小及加载速率

预压荷载的大小应根据设计要求确定。对于沉降有严格限制的建筑应采用超载预压法处理，超载量大小应根据预压时间内要求完成的变形量通过计算确定，并宜使预压荷载下受压土层各点的有效竖向应力大于建筑物荷载引起的相应点的附加应力。有些对沉降要求不严的构筑物，可利用其自重使地基固结。对于油罐、水池等，则往往用充水作为预压荷载。预压荷载的范围应等于或大于建筑物外缘所包围的范围。

加载速率应根据地基土的强度确定。当天然地基土的强度满足预压荷载下地基的稳定性要求时，可一次性加载，否则应分级逐渐加载，待前期预压荷载下地基土的强度增加满足下一级荷载下地基的稳定性要求时方可加载。

加载速率可通过理论计算确定，但通常用下列方法通过现场观测来控制：

（1）在排水砂层上埋设地基竖向沉降观测点，对竖井地基要求最大沉降量每天不超过15mm，对天然地基，最大沉降量每天不超过10mm。

（2）在离开预压区边缘约1m处，打一排边桩（桩长1.5～2.0m，打入土中约1m），要求边桩的水平位移量每天不超过5mm。当堆载接近荷载时，边桩位移量将迅速增大。

（3）在地基土不同深度处埋设孔隙水压力计，应控制地基中孔隙水压力不超过预压荷载所产生应力的50%～60%。

当超过上述三项控制值时，地基有可能发生破坏，应立即停止加载。一般情况下，加载在60kPa以前，加载速率不受限制。

2．排水竖井设计

排水竖井分为普通砂井、袋装砂井和塑料排水带。普通砂井的直径可取300～500mm，袋装砂井直径可取70～120mm。塑料排水带的当量换算直径可按下式计算

$$d_p=\frac{2(b+\delta)}{\pi} \tag{10-5}$$

式中　d_p——塑料排水带当量换算直径，mm；

b——塑料排水带宽度，mm；

δ——塑料排水带厚度，mm。

排水竖井的平面布置通常采用等边三角形和正方形排列（图10－4）。当竖井为等边

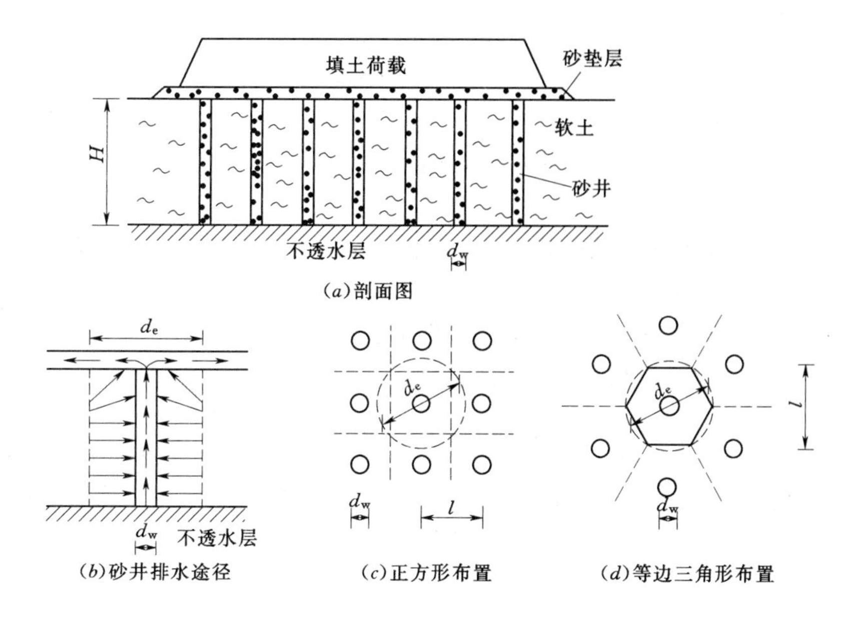

图 10-4　排水竖井堆载预压示意图

d_w—竖井直径

三角形布置时，其有效排水范围为正六边形；而正方形布置时，则有效排水范围为正方形。为简化计算，把竖井有效排水范围的多边形化为等效直径为 d_e 的圆形，d_e 与竖井间距 l 的关系为：

等边三角形布置时　　　　　　　　$d_e=1.05l$

正方形布置时　　　　　　　　　　$d_e=1.13l$

排水竖井的间距可根据地基土的固结特性和预定时间内所要求达到的固结度确定，通常按井径比 n($n=d_e/d_w$，对塑料排水袋可取 $d_w=d_p$) 选用，普通砂井的间距可按 $n=6\sim8$ 选用，袋装砂井和塑料排水带的间距可按 $n=15\sim20$ 选用。

排水竖井的深度一般按下列原则确定：如果软土层较薄，竖井应贯穿该土层；若软土层较厚，则应根据建筑物对地基稳定及沉降的要求决定竖井的深度。从稳定方面考虑，竖井深度至少应超过最危险滑动面 2m。从沉降方面考虑，竖井的深度应穿透压缩层。为保证竖井排水畅通，还应在竖井顶部铺设厚度不少于 500mm 的砂垫层，以便引出从土层排入竖井的渗透水。

3. 排水竖井地基固结度计算

对于只采用堆载预压而不设置排水竖井的情况，地基的固结度可按第四章的渗透固结理论，并结合现场观测结果来确定。

当地基中打有排水竖井时，其地基的固结已非单向固结问题，求解时分为竖向固结与径向固结两种情况，分别确定在指定时间内的固结度，然后加以综合得出地基的平均固结度。以下介绍《建筑地基处理技术规范》(JGJ 79—2010) 推荐的平均固结度计算方法。

在一级或多级等速加载条件下，t 时间对应的总荷载作用下的地基平均固结度可按下式计算

$$\overline{U_t}=\sum_{i=1}^{n}\frac{q_i}{\sum\Delta p}\left[(T_i-T_{i-1})-\frac{\alpha}{\beta}e^{-\beta t}(e^{\beta T_i}-e^{\beta T_{i-1}})\right] \tag{10-6}$$

式中 $\overline{U_t}$——t 时间地基的平均固结度；

q_i——第 i 级荷载的加载速率，kPa/d；

$\sum\Delta p$——各级荷载的累加值，kPa；

T_{i-1}、T_i——第 i 级荷载加载的起始和终止时间（从零点起算），d，当计算第 i 级荷载加载过程中某时间 t 的固结度时，T_i 改为 t；

α、β——参数，根据地基土排水固结条件按表 10-4 采用。对竖井地基，表中所列 β 为不考虑涂抹和井阻影响的参数。

表 10-4 α、 β 值

排水固结条件 \ 参数	竖向排水固结 $\overline{U_z}>30\%$	向内径向排水固结	竖向和向内径向排水固结（竖井穿透受压土层）
α	$\frac{8}{\pi^2}$	1	$\frac{8}{\pi^2}$
β	$\frac{\pi^2 C_v}{4H^2}$	$\frac{8C_h}{F_n d_e^2}$	$\frac{8C_h}{F_n d_e^2}+\frac{\pi^2 C_v}{4H^2}$

注：C_v—土的竖向排水固结系数，cm^2/s。

C_h—土的径向排水固结系数，cm^2/s。

H—土层竖向排水距离，cm，双面排水时，H 为土层厚度的一半，单面排水时，H 为土层厚度。

F_n—$F_n=\frac{n^2}{n^2-1}\ln(n)-\frac{3n^2-1}{4n^2}$，$n$ 为井径比。

$\overline{U_z}$—双面排水土层或固结应力均匀分布的单面排水土层平均固结度。

当竖井采用挤土方式施工时，应考虑涂抹对土体固结的影响。当竖井的纵向通水量 q_w 与天然土层水平向渗透系数 k_h 的比值较小，且竖井较深时，尚应考虑井阻影响。瞬时加载条件下，考虑涂抹和井阻影响时，竖井地基径向排水平均固结度可按下式计算

$$\overline{U_r}=1-e^{-\frac{8C_h}{Fd_e^2}t} \tag{10-7}$$

$$F=F_n+F_s+F_r$$

$$F_n=\ln n-\frac{3}{4}\quad(n\geqslant15)$$

$$F_s=\left(\frac{k_h}{k_s}-1\right)\ln s$$

$$F_r=\frac{\pi^2L^2}{4}\frac{k_h}{q_w}$$

式中 $\overline{U_r}$——固结时间 t 时竖井径向排水平均固结度；

k_h——天然土层水平向渗透系数，cm/s；

k_s——涂抹区土的水平向渗透系数，可取 $k_s=(1/5\sim1/3)\ k_h$，cm/s；

s——涂抹区直径 d_s 与竖井直径 d_w 的比值，可取 $s=2.0\sim3.0$，对中等灵敏黏性土取低值，对高灵敏黏性土取高值；

L——竖井深度，cm；

q_w——竖井纵向排水量，为单位水力梯度下单位时间的排水量，cm^3/s。

在一级或多级等速加荷条件下，考虑涂抹和井阻影响时竖井穿透受压土层地基之平均固结度可按式（10－6）计算，其中

$$\alpha=\frac{8}{\pi^2},\ \beta=\frac{8C_h}{Fd_e^2}+\frac{\pi^2 C_v}{4H^2}$$

对排水竖井未穿透受压土层之地基，应分别计算竖井范围土层的平均固结度和竖井底面以下受压土层的平均固结度，通过预压使该两部分固结度和所完成的变形量满足设计要求。

4. 地基土抗剪强度

预压荷载下，正常固结饱和黏性土地基中某点某一时间的抗剪强度可按下式计算

$$\tau_{ft}=\tau_{f0}+\Delta\sigma_z U_t \tan\varphi_{cu} \tag{10-8}$$

式中　τ_{ft}——t 时刻，该点土的抗剪强度，kPa；

τ_{f0}——地基土的天然抗剪强度，kPa；

$\Delta\sigma_z$——预压荷载引起的该点的附加竖向应力，kPa；

U_t——该点土的固结度；

φ_{cu}——三轴固结不排水压缩试验求得的土的内摩擦角，（°）。

5. 沉降计算

预压荷载下地基的最终竖向变形量可按下式计算

$$s_f=\xi\sum_{i=1}^{n}\frac{e_{0i}-e_{1i}}{1+e_{0i}}h_i \tag{10-9}$$

式中　s_f——最终竖向变形量，m；

e_{0i}——第 i 层中点土自重应力所对应的孔隙比，由室内固结试验 e—p 曲线查得；

e_{1i}——第 i 层中点土自重应力与附加应力之和所对应的孔隙比，由室内固结试验 e—p 曲线查得；

h_i——第 i 层土层厚度，m；

ξ——经验系数，对正常固结饱和黏性土地基可取 $\xi=1.1\sim1.4$。荷载较大、地基土较软弱时取较大值，否则取较小值。

变形计算时，可取附加应力与土自重应力的比值为 0.1 的深度作为受压层的计算深度。

6. 卸荷标准

达到如下条件时即可结束预压，开始卸载：

（1）地面实测沉降量达到预压荷载下计算的地基最终竖向变形量的 80%以上。

（2）理论计算的地基平均固结度达到 80%以上。

（二）真空预压法

真空预压法的设计内容包括：排水竖井的直径、间距、排列方式和深度的选择；预压区面积和分块大小；要求达到的真空度和土层的固结度；真空预压和建筑物荷载下地基的变形计算；真空预压后地基土的强度增长计算等。

排水竖井的直径、间距、排列方式和深度可参照堆载预压法选用。

真空预压区的范围应大于建筑物基础轮廓线，每边增加量不得小于3m。每块预压面积宜尽可能大且呈方形。真空预压的膜下真空度应稳定地保持在650mmHg以上，且应均匀分布，竖井深度范围内土层的平均固结度应大于90%。

对真空预压工程，可一次连续抽真空至最大压力。当建筑物的荷载超过真空预压的压力，且建筑物对地基变形有严格要求时，可采用真空—堆载联合预压法，其总压力宜超过建筑物的荷载。

对于表层存在良好的透气层或在处理范围内有充足水源补给的透水层时，应采取有效措施隔断透气层或透水层。

真空预压地基最终竖向变形可按式（10-9）计算，其中ξ可取0.8～0.9。真空—堆载联合预压法以真空预压为主时，ξ可取0.9。

【例10-2】 地基土为淤泥土层，固结系数$C_v=1.1\times10^{-3}\ cm^2/s$，$C_h=8.5\times10^{-4}\ cm^2/s$，渗透系数$K_v=2.2\times10^{-7}cm/s$，$K_h=1.7\times10^{-7}cm/s$，受压土层厚度28m，采用塑料排水带（宽度$b=100mm$，厚度$\delta=4.5mm$）竖井，排水带为等边三角形布置，间距1.1m，深度$H=28m$，竖井穿过受压土层。采用真空结合堆载预压方案处理。真空预压的荷载相当于80kPa，堆载预压总加载量为129kPa，分两级等速加载。其加载过程为：真空预压加载80kPa，预压时间60天；第一级堆载60kPa，10天内匀速加载，之后预压时间30天；第二级堆载60kPa，10天内匀速加载，之后预压时间60天；全部真空和堆载总加载量为200kPa，总预压固结时间为170天。求受压土层之平均固结度（不考虑排水带的井阻和涂抹影响）。

解： 地基平均固结度按式（10-6）计算，即

$$\overline{U_t}=\sum_{i=1}^{n}\frac{q_i}{\sum\Delta p}\left[(T_i-T_{i-1})-\frac{\alpha}{\beta}e^{-\beta t}(e^{\beta T_i}-e^{-\beta T_{i-1}})\right]$$

式中 q_i——第i级荷载的加载速率，kPa/d，本题中：q_1真空预压加载速率，可一次连续抽真空至最大压力，即$q_1=80kPa/d$；q_2、q_3均为10天内加载60kPa，即$q_2=q_3=6kPa$；

$\sum\Delta p$——各级荷载的累加值200kPa；

T_{i-1}、T_i、t——第i级荷载加载的起始和终止时间及总时间，d，真空预加载：$T_0=0$，$T_1=1$；第一次堆载：$T_3=60$，$T_4=70$；第二次堆载：$T_5=100$，$T_6=110$；总固结时间：$t=170$。

塑料排水带的当量直径为

$$d_p=\frac{2(b+\delta)}{\pi}=\frac{2\times(100+4.5)}{\pi}=66.5(mm)$$

有效排水直径为

$$d_e=1.05\times1100=1155(mm)$$

井径比：$n=d_e/\ d_p=1155/66.5=17.4$，满足规范要求$n=15$～20。

α、β为参数，根据地基土排水固结条件按表10-4采用。本题中：

$$F_n=\frac{n^2}{n^2-1}\ln n-\frac{3n^2-1}{4n^2}=\frac{3n^2-1}{4n^2}=2.117$$

$$\alpha=\frac{8}{\pi^2}=0.811$$

$$\begin{aligned}\beta&=\frac{8C_h}{Fd_e^2}+\frac{\pi^2 C_v}{4H^2}=\frac{8\times8.5\times10^{-4}}{2.117\times115.5^2}+\frac{\pi\times1.1\times10^{-3}}{4\times2800^2}\\&=2.41\times10^{-7}+3.46\times10^{-10}\\&=2.411^{-7}(1/s)=0.0208(1/d)\end{aligned}$$

从β值计算可见，竖向排水对固结度影响很小。

$$\begin{aligned}\overline{U_t}&=\frac{80}{200}\left[(1-0)-\frac{8.11}{0.0208}e^{-0.0208\times170}(e^{0.0208\times1}-e^0)\right]\\&+\frac{6}{200}\left[(70-60)-\frac{8.11}{0.0208}e^{-0.0208\times170}(e^{0.0208\times70}-e^{0.0208\times60})\right]\\&+\frac{6}{200}\left[(110-100)-\frac{0.811}{0.0208}e^{-0.0208\times170}(e^{0.0208\times110}-e^{0.0208\times100})\right]\\&=0.3905+0.2726+0.2369=0.90\end{aligned}$$

四、施工

（一）堆载预压法

砂井的灌砂量，应按井孔的体积和砂在中密状态时的干密度计算，其实际灌砂量不得小于计算值的95%。装入砂袋中的砂宜用干砂，并应灌制密实。

塑料排水带的性能指标必须符合设计要求，施工所用套管应保证插入地基中的带子不扭曲。塑料排水带需接长时，应采用滤膜内芯带平搭接的连接方法，搭接长度宜大于200mm。袋装砂井施工所用套管内径宜略大于砂井直径。

塑料排水带和袋装砂井施工时，平均井距偏差不应大于井径，垂直度偏差不应大于1.5%，深度不得小于设计要求。塑料排水带和袋装砂井砂袋埋入砂垫层中的长度不应小于500mm。

（二）真空预压法

真空预压的抽气设备宜采用射流真空泵，空抽时必须达到95kPa以上的真空吸力。每块预压区至少应设置两台真空泵。

真空管路的连接应严格密封，在真空管路中应设置止回阀和截门。滤水管应设在砂垫层中，其上宜有100～200mm的砂层。

密封膜宜铺设3层。密封膜应采用抗老化性能好、韧性好、抗穿刺能力强的不透气材料。密封膜热合时宜采用双热合缝的平搭接，搭接宽度应大于15mm。

采用真空—堆载联合预压时，先进行抽真空，当真空压力达到设计要求并稳定后，再进行堆载，并继续抽气，堆载时需在膜上铺设土工编织布等保护材料。

五、质量检验

对预压工程，应进行地基竖向变形、侧向位移和孔隙水压力等项目的监测。真空预压工程尚应进行膜下真空度和地下水位的量测。

对于以稳定控制的重要工程，应在预压区内选择代表性地点预留孔位，在加载不同阶段进行原位十字板剪切试验和取土进行室内土工试验。

竣工验收时应对排水竖井处理深度范围内和竖井底面以下受压土层进行检验，其经预压完成的竖向变形和平均固结度应满足设计要求。同时，应对预压的地基土进行原位十字板剪切试验和室内土工试验。必要时，尚应进行现场载荷试验，试验数量应不少于 3 点。

第六节 挤密法和振冲法

挤密法和振冲法是采用一定的机械设备和一定的技术措施，通过挤密或振冲，使土体的孔隙减小，强度提高，必要时在挤密和振冲过程中，回填砂、砾石、灰土、素土等，与地基土组成复合地基，从而提高地基的承载力、减小沉降量的地基处理方法。

一、挤密法

挤密法是以振动或冲击的方法成孔，然后在孔中填入砂、土或其他材料并加以捣实成为桩体。如图 10－5 所示是一台打设砂桩用的设备。施工时，借助于振动器或锤击把套管沉入要加固的土层中直至设计的深度。套管的一端有可以自动打开的活瓣式管嘴。成孔后在管中灌入砂料，同时射水使砂尽可能饱和。当管子装满砂后，一边拔管，一边振动，这时管嘴的活瓣张开，砂灌入孔内。当套管完全拔出后，在土中就形成一根砂桩。

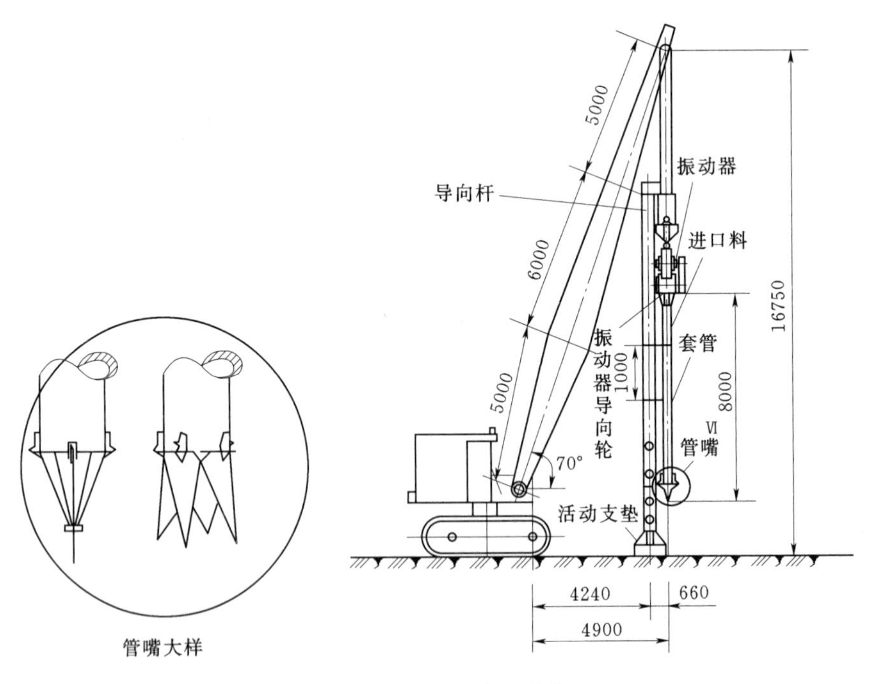

图 10－5 打设砂桩的设备（单位：mm）

用类似的方法成孔，若孔中填以灰土，分层击实，则成灰土桩；填以素土，则为土桩。

挤密法的作用机理是：在桩管打入地基过程中，对土产生横向挤密作用，在一定挤密能量作用下，土粒彼此移动，小颗粒填入大颗粒的空隙，颗粒间彼此靠近，空隙减小，地基土的强度也随之增强。在黏性土中，还由于桩体本身具有较大的强度和变形模量，桩的断面也较大，故桩体与土组成复合地基，共同承担建筑物荷载。

挤密桩主要适用于处理松散砂土、粉土、地下水位以上素填土、杂填土和湿陷性黄土地基。含水率较大，饱和度大于65%的黏性土，不容易在沉管过程中完成固结压密，挤密的效果差，一般不宜采用挤密桩。

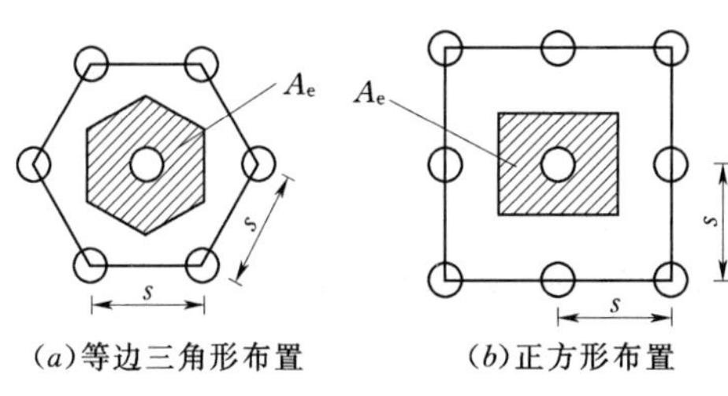

图 10-6　砂石桩承担的处理面积

(一) 砂石桩

1. 平面布置

宜采用等边三角形或正方形布置（图10-6）。

2. 桩径

采用300～800mm，可根据地基土质情况和成桩设备等因素确定。对饱和黏性土地基宜选用较大的桩径。

3. 桩距

应通过现场试验确定。对粉土和砂土地基，不宜大于桩径的4.5倍；对黏性土地基不宜大于桩径的3倍。初步设计时，也可按下列公式估算桩距。

（1）松散砂土、粉土地基。

等边三角形布置

$$s=0.95\xi d\sqrt{\frac{1+e_0}{e_0-e_1}} \tag{10-10}$$

正方形布置

$$s=0.85\xi d\sqrt{\frac{1+e_0}{e_0-e_1}} \tag{10-11}$$

$$e_1=e_{max}-D_{r1}(e_{max}-e_{min}) \tag{10-12}$$

式中　s——砂石桩间距，m；

d——砂石桩直径，m；

ξ——修正系数，当考虑振动下沉密实作用时，可取1.1～1.2；否则可取1.0；

e_0——地基处理前土的孔隙比，可按原状土样试验确定，也可根据动力或静力触探等对比试验确定；

e_1——地基挤密后要求达到的孔隙比；

e_{max}、e_{min}——砂土的最大、最小孔隙比，可按现行国家标准《土工试验方法标准》（GB/T 50123—1999）的有关规定确定；

D_{r1}——地基挤密后要求达到的相对密度，可取0.70～0.85。

（2）黏性土地基。

等边三角形布置

$$s=1.08\sqrt{A_e} \tag{10-13}$$

正方形布置

$$s=\sqrt{A_e} \tag{10-14}$$

$$A_e=\frac{A_p}{m} \tag{10-15}$$

$$m=\frac{d^2}{d_e^2} \tag{10-16}$$

式中 A_e——每根砂石桩承担的处理地基面积，m^2；

A_p——砂石挤密桩的截面积，m^2；

m——桩土面积置换率；

d——桩的直径，m；

d_e——每根砂石桩分担的处理地基面积的等效影响圆的直径，m。

对于等边三角形布置，$d_e=1.05s$；对于正方形布置，$d_e=1.13s$；对于矩形布置，$d_e=1.13\sqrt{s_1 s_2}$，其中 s、s_1、s_2，分别为桩间距、纵向间距和横向间距，m。

4. 桩长

可根据工程要求和工程地质条件通过计算确定。

(1) 当松软土层厚度不大时，砂石桩桩长宜穿过松软土层。

(2) 当松软土层厚度较大时，对按稳定性控制的工程，桩长应不小于最危险滑动面以下 2m 的深度；对按变形控制的工程，桩长应满足处理后地基变形量不超过建筑物的地基变形允许值并满足软弱下卧层承载力的要求。

(3) 对可液化的地基，桩长应按现行国家标准《建筑抗震设计规范》(GB 50011—2010) 的有关规定执行。

(4) 桩长不宜小于 4m。

5. 施工顺序

砂石挤密桩的施工对砂土地基宜从外围或两侧向中间进行，对黏性土地基宜从中间向外围或隔排施工；在既有建（构）筑物邻近施工时，应背离建（构）筑物方向进行。砂石挤密桩施工后，应将基底下的松散层挖除或夯压密实，随后铺设并压实砂垫层（厚度为 300～500mm)。

6. 承载力确定

砂石挤密桩复合地基的承载力特征值，应通过现场复合地基载荷试验确定。初步设计时，也可通过下列方法估算承载力：

(1) 对砂石桩处理的复合地基，可通过单桩和桩间土的载荷试验按式 (10-17) 计算；对于小型建于黏性土上的工程，如无现场载荷试验资料，也可按式 (10-18) 计算。

$$f_{spk}=mf_{pk}+(1-m)f_{sk} \tag{10-17}$$

$$f_{spk}=[1+m(n-1)]f_{sk} \tag{10-18}$$

式中 f_{spk}——复合地基的承载力特征值，kPa；

f_{pk}——桩体单位截面积承载力特征值，kPa，宜通过单桩载荷试验确定；

f_{sk}——处理后桩间土承载力特征值，kPa，宜按当地经验取值，如无经验时，可取天然地基承载力特征值；

m——桩土面积置换率，按式 (10-16) 计算求得；

n——桩土应力比，无实测资料时可取 2～4，原土强度低时取大值，原土强度高时取小值。

(2) 对于砂桩处理的砂土地基，可根据挤密后砂土的密实状态，按《建筑地基基础设计规范》(GB 50007—2010) 的有关规定确定。

【例 10-3】 某场地为细砂地基，$e_0=0.96$，$e_{max}=1.04$，$e_{min}=0.50$，地基承载力特征值为 100kPa。由于不能满足上部结构荷载要求，决定采用砂石桩加密地基，桩长 7.5m，桩体直径 $d=500$mm，承载力特征值 $f_{pk}=450$kPa，等边三角形布置，取桩土应力比 $n=3$，地基挤密后要求砂土的相对密实度达到 0.85。试确定桩的间距和复合地基的承载力。

解：

(1) 求桩的间距。

$$e_1=e_{max}-D_{r1}(e_{max}-e_{min})=1.04-0.85\times(1.04-0.50)=0.581$$

由式 $s=0.95\xi d\sqrt{\dfrac{1+e_0}{e_0-e_1}}$（取修正系数 $\zeta=1.0$）计算桩距，则

$$s=0.95\times1.0\times0.5\times\sqrt{\frac{1+0.96}{0.96-0.581}}=1.08(\text{m})$$

取 $s=1.1$m。

(2) 求复合地基的承载力。

$$d_e=1.05s=1.05\times1.1=1.155$$

$$m=\frac{d^2}{d_e^2}=\frac{0.5^2}{1.155^2}=0.187$$

采用式 (10-17) 计算复合地基承载力，则

$$f_{spk}=mf_{pk}+(1-m)f_{sk}=0.187\times450+(1-0.187)\times100=165.5(\text{kPa})$$

(二) 灰土挤密桩和土挤密桩

灰土挤密桩和土挤密桩法适用于处理地下水位以上的湿陷性黄土、素填土和杂填土等地基，可处理地基的深度为 5～15m。当以提高地基土的承载力或增强其水稳性为主要目的时，宜选用灰土挤密桩法；当以消除地基土的湿陷性为主要目的时，宜选用土挤密桩法。当地基土的含水率大于 24%、饱和度大于 65%时，不宜选用灰土挤密桩法或土挤密桩法。

桩孔直径宜为 300～450mm，并可根据所选用的成孔设备或成孔方法确定。桩孔宜按等边三角形布置，桩孔之间的中心距离，宜为桩径的 2.0～3.5 倍，也可按式 (10-19) 估算，即

$$s=0.95d\sqrt{\frac{\overline{\eta_c}\rho_{dmax}}{\overline{\eta_c}\rho_{dmax}-\overline{\rho_d}}} \tag{10-19}$$

$$\overline{\eta_c}=\frac{\overline{\rho_{d1}}}{\rho_{dmax}} \tag{10-20}$$

式中　s——桩孔之间的中心距离，m；

d——桩孔直径，m；

ρ_{dmax}——桩间土的最大干密度，t/m³；

$\overline{\rho_d}$——地基处理前土的平均干密度，t/m^3；

$\overline{\rho_{d1}}$——在成孔挤密深度内，桩间土的平均干密度，t/m^3；

$\overline{\eta_c}$——桩间土经成孔挤密后的平均挤密系数；对重要工程不宜小于0.93，对一般工程不应小于0.90。

桩孔的数量可按下式估算

$$n=\frac{A}{A_e} \tag{10-21}$$

其中

$$A_e=\pi d_e^2/4$$

式中 n——桩孔的数量；

A——拟处理地基的面积，m^2；

A_e——每根挤密桩所承担的处理地基面积；

d_e——等效影响圆的直径，m，取值同式（10-16）。

各种挤密桩的施工关键在于沉管成孔、填料和夯（振）实。沉管的方法有振动、锤击或冲击等方法。对于黏土和粉土地基，其含水率最好应按接近于最优含水率，太湿太干都不能达到很好的挤密效果。

对于砂石桩、土桩和灰土桩竣工验收时，承载力检验应采用复合地基载荷试验。检验数量不应少于总桩数的0.5%，且每个单体建筑不应少于3点。

二、振冲法

利用振动和水力冲切原理加固地基的方法称为振冲法。这一方法是德国人斯图门（S. Steueman）在1936年提出的。振冲法适用于处理砂土、粉土、粉质黏土、素填土和杂填土等地基。对于处理不排水抗剪强度不小于20kPa的饱和黏性土和黄土地基，应在施工前通过现场试验确定其适用性。不加填料振冲加密适用于处理黏粒含量不大于10%的中砂、粗砂地基。

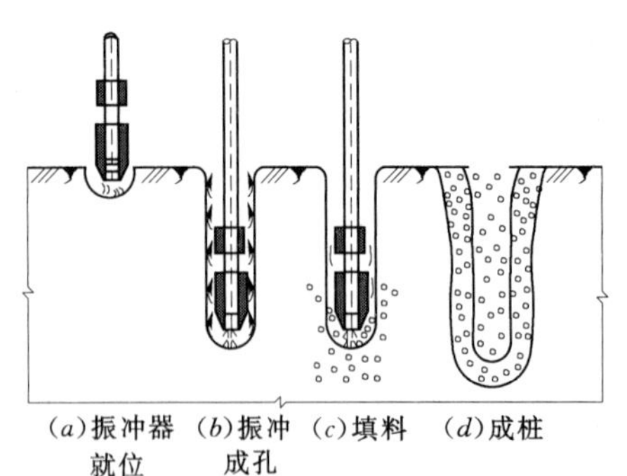

图10-7 振冲法施工程序图

振冲法的施工程序如图10-7所示。振冲器由吊车就位后，先打开下喷水口，启动振冲器，从下喷水口喷水，并在振动力作用下，将振冲器沉至需要加固的深度，然后关闭下喷水口，打开上喷水口，一边向孔中填砂石，一边喷水振动，并上提振冲器，如是操作直至形成振冲桩。孔内的填料愈密实，则振冲时所耗的能量愈大，所以通过观察电流的变化，就可以控制振密的质量。

（一）加固机理

振冲法加固砂土地基的机理是不断射水和振冲，使振动器周围和下面的砂土饱水液化，丧失强度，便于下沉。下沉中悬浮的砂粒和填料被挤入孔壁，与此同时振动作用使加固范围内的砂土振密，并在饱和砂体内产生孔隙水压力，引起渗流固结，使土粒重新排列形成密实的结构。整个加固过程是加固挤密、振动液化和渗流固结三种作用的综合结果。

用于黏性土的振动置换法中，振冲主要起成孔作用，对四周的黏性土没有明显的加固作用。

（二）设计

（1）桩位布置。对大面积满堂处理，桩位布置宜用等边三角形布置；对独立基础或条形基础，宜用正方形、矩形布置。

（2）桩的间距。应根据上部结构荷载大小和场地土层情况，并结合所采用的振动器功率大小综合考虑。30kW 振冲器布桩间距可采用 1.3～2.0m；55kW 振冲器桩距可取 1.4～2.5m；75kW 振冲器桩距可取 1.5～3.0m。荷载大或对黏性土宜采用较小的间距，荷载小或对砂土宜采用较大的间距。不加填料振冲加密孔距可为 2.0～3.0m，宜用等边三角形布孔。

（3）桩长。当相对硬层埋深不大时，应按相对硬层埋深确定；当相对硬层埋深较大时，按建筑物地基变形允许值确定。在可液化地基中，桩长应按要求的抗震处理深度确定。桩长不宜小于 4m。对于不加填料的振冲加密的深度，用 30kW 振冲器振密深度不宜超过 7m，75kW 振冲器不宜超过 15m。

（4）桩体材料。可用含泥量不大于 5%的碎石、卵石、矿渣或其他性能稳定的硬质材料，不宜使用风化易碎的石料。常用的填料粒径为：30kW 振冲器 20～80mm；55kW 振冲器 30～100mm；75kW 振冲器 40～150mm。材料的粒径不宜大于 150mm。在桩顶部应铺设一层 300～500mm 厚的碎石垫层。桩的平均直径可按每根桩的填料量计算。

（5）承载力的确定。振冲桩复合地基承载力特征值应通过现场复合地基载荷试验确定。初步设计时也可用单桩和处理后桩间土承载力特征值按式（10－17）确定。对于小型工程的黏性土地基，如无现场载荷试验资料，初步设计时复合地基承载力特征值也可按式（10－18）估算。不加填料振冲加密地基承载力特征值应通过现场载荷试验确定，初步设计时也可根据加密后原位测试指标按《建筑地基基础设计规范》（GB 50007—2010）的有关规定确定。

（6）变形计算。振冲处理地基的变形计算应符合《建筑地基基础设计规范》（GB 50007—2010）的有关规定。不加填料振冲加密地基在加密深度范围的土层的压缩模量应通过原位测试确定，复合土层的压缩模量可按式（10－22）计算，即

$$E_{sp}=[1+m(n-1)]E_s \tag{10-22}$$

式中　E_{sp}——复合土层压缩模量，MPa；

E_s——桩间土的压缩模量，MPa，宜按当地经验取值，如无经验时，可取天然地基压缩模量；

m——桩土面积置换率，按式（10－16）计算求得；

n——桩土应力比，在无实测资料时，对黏性土可取 2～4，对粉土和砂土可取 1.5～3，原土强度低取大值，原土强度高取小值。

【例 10－4】　某建筑场地地基主要受力层为粉质黏土层，地基承载力特征值为 110kPa，压缩模量 $E_s=5.6$MPa。拟采用加填料的振冲法进行地基处理，振冲桩体平均直径 $d=750$mm，桩间距 1.5m，等边三角形布置，桩土应力 $n=3$。求复合地基的承载力特

征值和压缩模量；如果要求处理后的复合地基承载力特征值 $f_{spk}=180kPa$，则复合地基的桩土面积置换率应是多少？

解：

（1）求复合地基的承载力特征值。因无试验资料，初步设计时可按式（10-18）估算复合地基的承载力特征值 f_{spk}，则

$$d_e=1.05s=1.05\times1.5=1.575(m)$$

$$m=\frac{d^2}{d_e^2}=\frac{0.75^2}{1.575^2}=0.228$$

$$f_{spk}=[1+m(n-1)]f_{sk}=[1+0.228\times(3-1)]\times110=160.2(kPa)$$

（2）求复合地基的压缩模量。按式（10-22）计算，则

$$E_{sp}=[1+m(n-1)]E_s=[1+0.228\times(3-1)]\times5.6=8.2(MPa)$$

（3）求桩土面积置换率。由式 $f_{spk}=[1+m(n-1)]f_{sk}$进行变换得

$$m=\frac{f_{spk}/f_{sk}-1}{n-1}=\frac{180/110-1}{3-1}=0.318$$

（三）施工

振冲施工可根据设计荷载的大小、原土强度的高低、设计桩长等条件选用不同功率的振冲器。施工前应在现场进行试验，以确定水压、振密电流和留振时间等施工参数。

振密孔宜沿直线逐点施工。

桩体施工完毕后应将顶部预留的松散桩体挖除，如无预留应将松散桩头压实，随后铺设并压实垫层。

（四）质量检验

振冲施工结束后，除砂土地基外，应间隔一定时间后方可进行质量检验。对粉质黏土间隔时间可取1～4周，对粉土地基可取2～3周，振冲桩的施工质量检验可采用单桩载荷试验，检验数量为桩数的0.5%，且不少于3根。对碎石桩体检验可用重型动力触探进行随机检验。对桩间土的检验可在处理深度内用标准贯入、静力触探等进行检验。

振冲处理后的地基竣工验收时，承载力检验应采用复合地基载荷试验，检验数量不应少于总桩数的0.5%，且每个单体工程不应少于3点。

对不加填料振冲加密处理的砂土地基，竣工验收承载力检验应采用标准贯入、动力触探、载荷试验或其他合适的试验方法。检验点应选择在有代表性或地基土质较差的地段，并位于振冲点围成的单元形心处及振冲点中心处。检验数量可为振冲点数量的1%，总数应不少于5点。

第七节 化学加固法

化学加固地基的方法很多，包括各种灌浆法和水泥土搅拌法等。

一、灌浆法

灌浆法是利用液压、气压或电化学原理，通过注浆管把化学浆液注入地基的孔隙或裂

缝中，以填充、渗透、劈裂和挤密等方法，替代土颗粒间孔隙或岩石裂隙中的水和气。经一定时间结硬后，浆液将原来松散的土粒或有裂隙的岩石胶结成整体，其强度大、防渗性能高且化学稳定性好。黄土经加固后其湿陷性可完全消除或大大降低，压缩性显著降低，水稳性大大提高。

（一）水泥浆液灌注法

水泥浆液灌注法常用于加固灌浆、防渗帷幕灌浆，填充岩石空隙和洞、井等地质缺陷的灌浆。

水泥浆液一般以普通硅酸盐水泥为主剂，是一种悬浊液，它能固结成强度较大和渗透性较小的结石。

水泥浆的水灰比变化范围为0.6～2.0，常用的水灰比是0.8～1.0。为了调节水泥浆的性能，有时可加入速凝剂、缓凝剂、流动剂、膨胀剂等。常用的速凝剂有硅酸钠（水玻璃）和氯化钙，其用量为水泥质量的1%～2%；缓凝剂有木质磺酸钙和酒石酸，其用量为水泥质量的0.2%～0.5%，木质磺酸钙还有流动剂的作用；膨胀剂常用铝粉，其用量为水泥质量的0.005%～0.02%。水泥浆可采用压力灌注或无压灌注，其中压力灌浆法应用更广。

（二）单液硅化法和碱液法

单液硅化法是硅化加固法的一种，是指通过压力灌浆或溶液自渗的方式将硅酸钠溶液灌入土中，当溶液和含有大量水溶性盐类的土相互作用时，产生硅胶将土颗粒胶结，提高水的稳定性，消除黄土的湿陷性，提高土的强度。

碱液法是把具有一定浓度的碱液加热到90℃以上，通过有孔铁管在其自重作用下灌入土中，利用碱液来加固黏性土，使土颗粒表面相互溶合黏结。当100g干土中可溶性和交换性钙镁离子含量大于10mg·eq时，可采用单液法，即只灌注氢氧化钠一种溶液加固；否则，应采用双液法，即需采用氢氧化钠和氯化钙溶液轮番灌注加固。

单液硅化法和碱液法适用于处理地下水位以上渗透系数为0.10～2.00m/d的湿陷性黄土等地基。在自重湿陷性黄土场地，当采用碱液法时，应通过试验确定其适用性。对拟建的设备基础和构筑物，对沉降不均匀的既有建（构）筑物和设备基础以及对地基受水浸湿引起湿陷、需要立即阻止湿陷继续发展的建（构）筑物或设备基础，宜采用单液硅化法或碱液法进行处理。对于酸性土、已渗入沥青、油脂和石油化合物的地基土不宜采用单液硅化法和碱液法。

1. 单液硅化法设计要点

（1）溶液用量计算。单液硅化法应由浓度为10%～15%的硅酸钠（$Na_2O \cdot nSiO_2$）溶液掺入2.5%氯化钠组成。其相对密度宜为1.13～1.15，并不小于1.10。

加固湿陷性黄土的溶液用量，可按下式计算

$$Q=V\bar{n}d_{N1}\alpha \tag{10-23}$$

式中　Q——硅酸钠溶液的用量，m^3；

V——拟加固湿陷性黄土的体积，m^3；

$\bar{n}$——地基加固前，土的平均孔隙率；

d_{N1}——灌注时，硅酸钠溶液的相对密度；

α——溶液填充孔隙的系数，可取 0.60～0.80。

硅酸钠溶液的模数值宜为 2.5～3.3，其杂质含量不应大于 2%。

（2）灌注孔的布置。

1）灌注孔的间距：压力灌注宜为 0.80～1.20m，溶液自渗宜为 0.40～0.60m。

2）加固拟建的设备基础和建（构）筑物的地基，应在基础底面下按等边三角形满堂布置，超出基础底面外缘的宽度，每边不得小于 1m。

3）加固既有建（构）筑和设备基础的地基，应沿基础侧向布置，每侧不宜少于 2 排。当基础底面宽度大于 3m 时，除应在基础每侧布置 2 排灌注孔外，必要时，可在基础两侧布置斜向基础底面中心以下的灌注孔或在其台阶上布置穿透基础的灌注孔，以加固基础底面下的土层。

2. 碱液法设计要点

（1）加固深度。碱液加固地基的深度应根据场地的湿陷类型、地基湿陷等级和湿陷性黄土层厚度，并结合建筑物类型与湿陷事故的严重程度等因素综合确定。加固深度宜为 2～5m。

对非自重湿陷性黄土地基，加固深度可为基础宽度的 1.5～2.0 倍。对Ⅱ级自重湿陷性黄土地基，加固深度可为基础宽度的 2.0～3.0 倍。

碱液加固土层的厚度 h，可按式（10-24）估算

$$h=L+r \tag{10-24}$$

式中 L——灌注孔长度，从注液管底部到灌注孔底部的距离，m；

r——有效加固半径，m。

碱液加固地基的半径 r 宜通过现场试验确定。在合适的浓度和温度下，可根据有效加固半径与碱液灌注量之间的关系，按式（10-25）估算。当无试验条件或工程量较小时，r 可取 0.4～0.5m。

$$r=0.6\sqrt{\frac{V}{nL\times 10^3}} \tag{10-25}$$

式中 V——每孔碱液灌注量，l，试验前可按加固要求达到的有效半径按式（10-26）进行估算；

n——拟加固土的天然孔隙率。

（2）灌注孔的布置。加固既有建（构）筑物的地基湿陷事故时，可沿条形基础两侧或单独基础周边各布置一排灌注孔。当湿陷较严重时，孔距可取 0.7～0.9m；当湿陷较轻时，孔距可适当加大至 1.2～2.5m。

（3）每孔碱液灌注量。每孔碱液灌注量可按下式估算

$$V=\alpha\beta\pi r^2(L+r)n \tag{10-26}$$

式中 α——碱液充填系数，可取 0.6～0.8；

β——工作条件系数，考虑碱液流失，可取 1.1。

二、高压喷射注浆法

高压喷射注浆法是利用钻机将带有特殊喷嘴的注浆管送至预定深度，然后提升喷嘴并

利用高压（20～40MPa）泥浆泵使浆液以高速喷射冲切土体，射入的浆液和土粒混合，经凝结硬化后形成加固体。加固体的形状与注浆管的提升方式和浆液的喷射方向有关，如喷嘴边提升边旋转（此方式称为旋喷），则形成圆柱状的桩体；如喷嘴只提升不旋转（此方式称为定喷），则形成壁状加固体；如喷嘴在提升时以一定角度往复旋转喷射（此方式称为摆喷），则形成扇状加固体。高压喷射注浆法适用于处理淤泥、淤泥质土，流塑、软塑或可塑黏性土，粉土、砂土、黄土、素填土和碎石土等地基。当土中含有较多的大粒径块石、大量植物根茎或有较高的有机质时，以及地下水流速过大和已涌水的工程，应根据现场试验结果确定其适用性。高压喷射注浆法可用于既有建筑和新建建筑地基加固，深基坑、地铁工程的土层加固或防水。

高压喷射注浆法根据工程需要和机器设备条件可分别采用单管法（喷射高压水泥浆液一种介质）、二重管法（同轴复合喷射高压水泥浆液和压缩空气两种介质）和三重管法（同轴复合喷射高压水流、压缩空气和水泥浆液三种介质）。旋喷成柱的直径大小与土的类别、密实度及旋喷方式有关，单管法所形成的旋喷柱直径一般为0.4～1.0m，三重管法所形成桩体直径为1.0～2.0m，二重管法所形成的桩体直径介于上述两种之间。

竖向承载旋喷桩的平面布置可根据上部结构和基础特点确定。独立基础下的桩数一般不应少于4根。

竖向承载旋喷桩复合地基宜在基础和桩顶之间设置褥垫层。褥垫层有利于发挥桩间土承载力，同时，可降低桩顶应力的集中，此外，还有使桩顶受力趋于均匀，避免由于桩顶剔凿不平、基础与桩顶直接接触时桩体中产生局部过大应力使桩过早破坏的作用。褥垫厚度可取200～300mm，其材料可选中砂、粗砂、级配砂石等，最大粒径不宜大于300mm。

竖向承载旋喷桩复合地基承载力特征值应通过现场复合载荷试验确定。初步设计时也可按下式估算

$$f_{spk}=m\frac{R_a}{A_p}+\beta(1-m)f_{sk} \tag{10-27}$$

式中　f_{spk}——复合地基承载力特征值，kPa；

m——面积置换率；

R_a——单桩竖向承载力特征值，kN；

A_p——桩的截面积，m^2；

β——桩间土承载力折减系数，可根据试验或类似土质条件工程经验确定，当无试验资料和经验时可取0～0.5，承载力较低时取低值；

f_{sk}——处理后桩间土承载力特征值，kPa，宜按当地经验取值，如无经验时，可取天然地基承载力特征值。

单桩竖向承载力特征值可通过现场单桩载荷试验确定。也可按下列两式估算，取其中较小值，即

$$R_a=\eta f_{cu}A_p \tag{10-28}$$

$$R_a=u_p\sum_{i=1}^{n}q_{si}l_i+q_pA_p \tag{10-29}$$

式中　f_{cu}——与旋喷桩桩身水泥土配比相同的室内加固土试块（边长70.7mm的立方体）

在标准养护条件下 28d 龄期的立方体抗压强度平均值，kPa；

η——桩身强度折减系数，可取 0.33；

A_p——桩的截面积，m^2；

u_p——桩的周长，m；

n——桩长范围内所划分的土层数；

l_i——桩周第 i 层土的厚度，m；

q_{si}——桩周第 i 层土的侧阻力特征值，kPa，可按《建筑地基基础设计规范》（GB 50007—2010）有关规定或地区经验确定；

q_p——桩端地基土未经修正的承载力特征值，kPa，可按《建筑地基基础设计规范》（GB 50007—2010）有关规定或地区经验确定。

旋喷桩桩长范围内复合土层以及下卧层地基变形值应按《建筑地基基础设计规范》（GB 50007—2010）有关规定计算。其中，复合土层的压缩模量可根据地区经验确定。

【例 10-5】 某地基表层为厚度较大的淤泥质黏土，其承载力特征值为 100kPa。现用高压喷射注浆法进行处理，要求处理后复合地基承载力特征值达到 230kPa。若旋喷桩直径为 0.8m，单桩承载力特征值为 850kN，按正方形布桩。试求相邻桩的中心距（桩间土承载力折减系数取 $\beta=0.4$）。

解： 由式 $f_{spk}=m\dfrac{R_a}{A_p}+\beta(1-m)f_{sk}$ 进行变换得

$$m=\frac{f_{spk}-\beta f_{sk}}{\dfrac{R_a}{A_p}-\beta f_{sk}}=\frac{230-0.4\times100}{\dfrac{850}{0.4^2\times\pi}-0.4\times100}=0.115$$

又由于 $m=\dfrac{d^2}{d_e^2}=\dfrac{d^2}{(1.13s)^2}$，得 $s=\sqrt{\dfrac{d^2}{1.13^2m}}=\sqrt{\dfrac{0.8^2}{1.13^2\times0.115}}=2.09(\mathrm{m})$

取相邻桩的中心距 $s=2.0$m。

高压喷射注浆法的施工程序，以旋喷桩为例，如图 10-8 所示：① 钻机就位并钻孔至设计深度；② 置入注射管并开始高压喷射；③ 边喷射注浆、边旋转提升；④ 拔出注射管，形成旋喷桩。

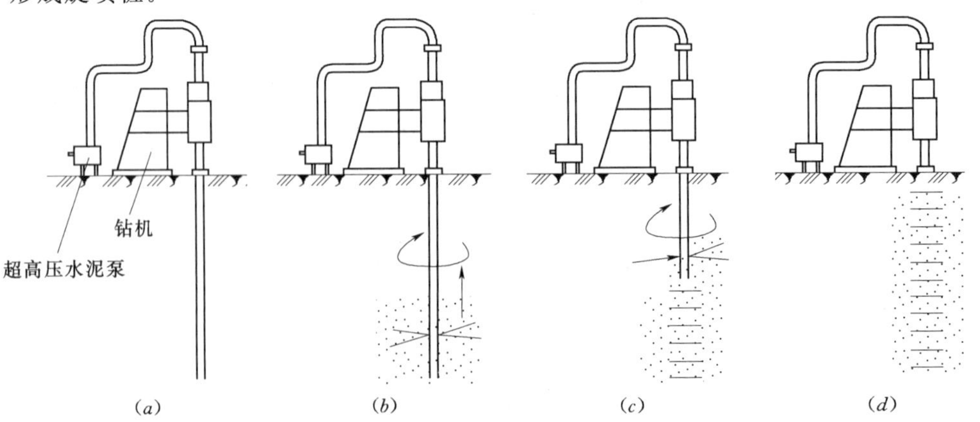

图 10-8 旋喷桩的施工程序图

竖向承载旋喷桩地基竣工验收时，承载力检验应采用复合地基载荷试验和单桩载荷试验。载荷试验必须在桩身强度满足试验条件时，并宜在成桩28d后进行。检验数量为桩总数的0.5%～1%，且每项单体工程不应少于3点。

三、水泥土搅拌法

水泥土搅拌法分为深层搅拌法（简称湿法）和粉体喷搅法（简称干法）。水泥土搅拌法适用于处理正常固结的淤泥与淤泥质土、粉土、饱和黄土、素填土、黏性土以及无流动地下水的饱和松散砂土等地基。当地基土的天然含水率小于30%（黄土含水率小于25%）、大于70%或地下水的pH值小于4时不宜采用干法。冬季施工时，应注意负温对处理效果的影响。水泥土搅拌法用于处理泥炭土、有机质土、塑性指数 I_p 大于25的黏土，地下水具有腐蚀性时以及无工程经验的地区，必须通过现场试验确定其适用性。

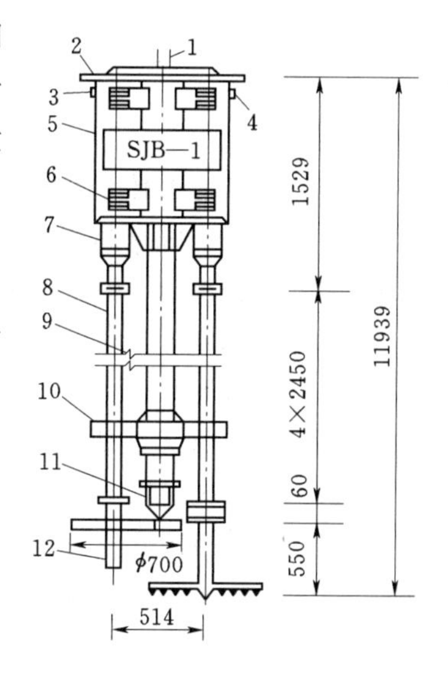

图10－9　SJB－1型深层搅拌机（单位：mm）

1—输浆管；2—外壳；3—出水口；4—进水口；5—电动机；6—导向滑块；7—减速器；8—搅拌器；9—中心管；10—横向系板；11—球形阀；12—搅拌头

水泥土搅拌法加固软土地基是利用水泥作为固化剂，使用深层搅拌机（图10－9）在地基深处将软土和水泥浆（或粉）进行强制搅拌，经拌和后的混合物发生一系列物理化学反应，使软土硬结成具有整体性、水稳定性和一定强度的加固体。加固体可作为竖向承载的复合地基，基坑工程围护挡墙、被动区加固、防渗帷幕，大体积水泥稳定土等。

竖向承载搅拌桩的长度应根据上部结构对承载力和变形的要求确定，并宜穿透软土层到达承载力相对较高的土层。为提高抗滑稳定性而设置的搅拌桩，其桩长应超过危险滑弧以下2m。湿法的加固深度不宜大于20m，干法不宜大于15m。竖向承载搅拌桩的平面布置可根据上部结构特点及对地基承载力和变形的要求，采用柱、壁状、格栅状或块状等加固型式。桩可只在基础平面范围内布置，独立基础下的桩数不宜少于3根。柱状加固可采用正方形、等边三角形等布桩型式。水泥土搅拌桩的桩径不应小于500mm。

竖向承载水泥土搅拌桩复合地基的承载力特征值应通过现场单桩或多桩复合地基载荷试验确定。初步设计时也可按式（10－27）估算，公式中桩间土承载力特征值 f_{sk} 可取天然地基承载力特征值；桩间土承载力折减系数 β，当桩端土未经修正的承载力特征值大于桩周土的承载力特征值的平均值时，可取0.1～0.4，差值大时取低值，当桩端土未经修正的承载力特征值小于或等于桩周土的承载力特征值的平均值时，可取0.5～0.9，差值大时或设褥垫层时均取高值。

单桩竖向承载力特征值应通过现场载荷试验确定。初步设计时也可按下列两式估算，取其中较小值：

$$R_a = \eta f_{cu} A_p \tag{10-30}$$

$$R_a = u_p \sum_{i=1}^{n} q_{si} l_i + \alpha q_p A_p \tag{10-31}$$

式中 f_{cu}——与搅拌桩身水泥土配比相同的室内加固土试块（边长为70.7mm或50mm的立方体）在标准养护条件下90d龄期的立方体抗压强度，kPa；

η——桩身强度折减系数，干法可取0.20～0.30，湿法可取0.25～0.35；

q_{si}——桩周第i层土的侧阻力特征值，对淤泥可取4～7kPa，对淤泥质土可取6～12kPa，对软塑状态的黏性土可取10～15kPa，对可塑状态黏性土可取12～18kPa；

α——桩端天然地基土的承载力折减系数，可取0.4～0.6，承载力高时取低值；

其他符号同式（10－29）说明。

竖向承载搅拌桩复合地基的变形包括搅拌桩复合土层的平均变形s_1与桩下未加固土层的压缩变形s_2。s_1可按下式计算，s_2可按《建筑地基基础设计规范》（GB 50007—2010）的有关规定进行计算。

$$s_1 = \frac{(\sigma_z + \sigma_{z1}) l}{2E_{sp}} \tag{10-32}$$

$$E_{sp} = mE_p + (1-m)E_s \tag{10-33}$$

式中 σ_z——搅拌桩复合土层顶面的附加应力值，kPa；

σ_{z1}——搅拌桩复合土层底面的附加应力值，kPa；

E_{sp}——搅拌桩复合土层的压缩模量，kPa；

E_p——搅拌桩的压缩模量，kPa，可取（100～200）f_{cu}，对桩较短或桩身强度较低者可取低值，反之可取高值；

E_s——桩间土的压缩模量，kPa。

【例10－6】 一幢5层住宅楼拟建场地地基土为软土，天然地基承载力特征值为60kPa，采用水泥土搅拌法进行地基处理，根据地层分布情况，设计桩长10m，桩径0.5m，正方形布桩，桩距1.1m。计算参数：桩周土平均侧阻力特征值q_s＝15kPa，桩端阻力承载力特征值q_p＝60kPa，桩端地基土折减系数α＝0.5，桩间土承载力折减系数β＝0.85，水泥土搅拌桩试块抗压强度标准值的平均值为f_{cu}＝1.2MPa，桩身强度折减系数η＝0.3。试估算复合地基承载力特征值。

解： 由桩周土和桩端土抗力提供的单桩承载力特征值按式（10－31）计算，则

$$\begin{aligned} R_a &= u_p \sum_{i=1}^{n} q_{si} l_i + \alpha q_p A_p \\ &= 0.5\times\pi\times15\times10+0.5\times60\times0.25^2\times\pi \\ &= 241.5(\text{kPa}) \end{aligned}$$

由桩身强度计算的单桩承载力特征值按式（10－30）计算，则

$$R_a = \eta f_{cu} A_p = 0.3\times1200\times0.25^2\times\pi = 70.8(\text{kPa})$$

两者取小值按式（10－27）计算复合地基承载力特征值，则

$$f_{spk} = m\frac{R_a}{A_p} + \beta(1-m) f_{sk}$$

$$=\frac{0.5^2}{(1.13\times1.1)^2}\times\frac{70.8}{0.25^2\times\pi}+0.85\times\left(1-\frac{0.5^2}{(1.13\times1.1)^2}\right)\times60$$

$$=101.3(\text{kPa})$$

水泥土搅拌桩的施工程序如图 10－10 所示：① 搅拌机就位、调平［图 10－10（*a*）］；② 预搅下沉至设计加固深度［图 10－10（*b*）］；③ 边喷浆（粉）、边搅拌提升至预定的停浆（灰）面［图 10－10（*c*）］；④ 重复搅拌下沉至设计加固深度［图 10－10（*d*）］；⑤ 根据设计要求，喷浆（灰）或仅搅拌提升直至预定的停浆（灰）面［图 10－10（*e*）］；⑥ 搅拌桩形成，关闭搅拌机械［图 10－10（*f*）］。

竖向承载水泥土搅拌桩地基竣工验收时，承载力检验应采用复合地基载荷试验和单桩载荷试验。载荷试验的时间和数量要求与高压喷射注浆法相同。

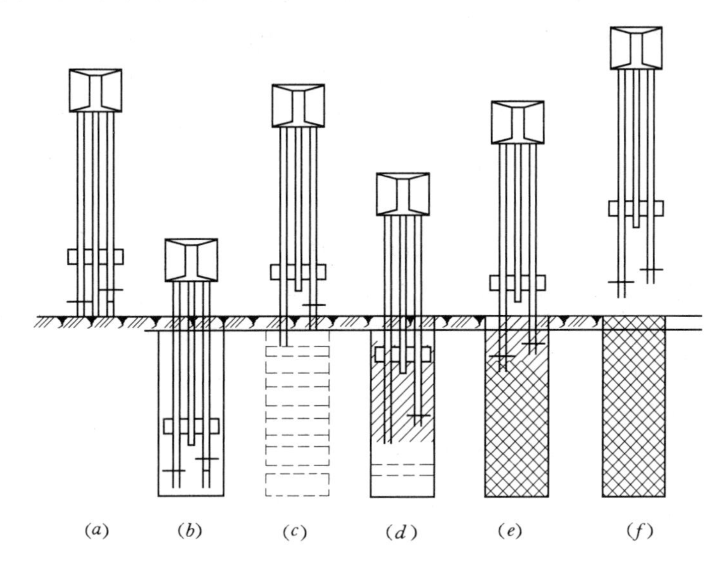

图 10－10　深层搅拌的施工顺序

思　考　题

10－1　地基处理的意义和目的是什么？

10－2　软弱地基土指哪些土？各有什么特性？

10－3　什么叫最优含水率？如何确定？黏性土和砂土分别在何种状态下容易压实？

10－4　强夯法和强夯置换法的加固机理有什么不同？

10－5　换填垫层的作用和适用范围是什么？如何确定垫层的厚度和宽度？

10－6　预压法加固原理是什么？堆载预压法设计包括哪些内容？如何确定排水竖井地基的固结度？

10－7　挤密法与振冲法有哪些异同点？

10－8　单液硅化法和碱液化主要适用于处理什么地基土？

10－9　设置褥垫层的目的是什么？

10-10　高压喷射注浆分哪几类？初步设计时如何估算复合地基承载力特征值？

10-11　水泥土搅拌桩和旋喷桩的施工程序有何异同？

10-12　竖向承载水泥土搅拌桩和旋喷桩复合地基竣工验收时，承载力检验应对什么进行载荷试验？

习　题

10-1　当采用换填法处理地基时，若基底宽度为 12m，在基底下铺厚度为 1.6m 的灰土垫层。为了满足基础底面应力扩散的要求，垫层底面宽度应超出基础底面宽度。求垫层底面的最小宽度。(答案：13.7m)

10-2　某大面积饱和软土层，厚度 $H=10\text{m}$，下卧层为不透水层。现采用堆载预压法进行处理，砂井打到不透水层顶面，砂井的直径为 35cm，砂井的间距为 200cm，以正方形布置。已知土的竖向固结系数 $C_v=1.6\times10^{-3}\text{cm}^2/\text{s}$，水平向固结系数 $C_h=3.0\times10^{-3}\text{cm}^2/\text{s}$。试求在大面积荷载 150kPa 作用下，历时 60 天（其中加荷时间为 5 天）的平均固结度。(答案：0.89)

10-3　砂石桩处理地基，桩径 500mm，桩距 1.5m，采用正方形布置，桩间土为黏土，重度 $\gamma=18\text{kN/m}^3$，静载荷实验确定的天然地基承载力特征值为 80kPa，$c_u=40\text{kPa}$，$\varphi_u=0$，压缩模量 $E_s=4\text{MPa}$，取桩土应力比为 3。试求复合地基承载力特征值和复合土层压缩模量。(答案：94kPa、4.7kPa)

10-4　某场地湿陷性黄土厚度 7～8m、平均干密度 $\rho_d=1.15\text{t/m}^3$。设计要求消除黄土湿陷性，地基经治理后，桩间土最大干密度要求达到 1.60t/m^3。现决定采用挤密土桩处理地基。土桩直径为 0.4m，等边三角形布桩。试确定该场地土桩的桩距（桩间土平均挤密参数 $\overline{\eta_c}$ 取 0.93）。(答案：0.8m)

10-5　设计要求基底下复合地基承载力特征值达到 280kPa，现拟采用桩径为 0.5m 的旋喷桩，桩身试块的立方体抗压强度平均值为 7.0MPa，强度折减系数取 0.33。已知桩间土承载力特征值为 120kPa，承载力折减系数 β 取 0.45。若按等边三角形布桩，试计算旋喷桩的桩距。(答案：1.50m)

附录

土力学实验指导书

1. 土力学实验的目的

土力学试验是在学习了土力学理论的基础上进行的，是配合土力学课程的学习而开设的一门实践性较强的技能训练课。根据教学计划的需要，安排试验内容，以突出实践教学，突出技能训练。

试验课的目的如下：

(1) 加强理论联系实际，巩固和提高所学的土力学的理论知识。

(2) 增强实践操作的技能。

(3) 结合工程实际，让学生掌握土工试验的全过程和运用实验成果于实际工程的能力。

2. 土力学实验的参考规范

土力学实验指导书是依据中华人民共和国水利部发布《土工试验规程》(SL 237—1999) 规范编写的。根据教学大纲要求，安排下列实验项目。

一、颗粒分析试验

(一) 筛析法 (筛分法)

1. 试验目的

测定干土各粒组占该土总质量的百分数，以便了解土粒的组成情况。供砂类土的分类、判断土的工程性质及建材选料之用。

2. 试验原理

土的颗粒组成在一定程度上反映了土的性质，工程上常依据颗粒组成对土进行分类，粗粒土主要是依据颗粒组成进行分类的，细粒土由于矿物成分、颗粒形状及胶体含量等因素，则不能单以颗粒组成进行分类，而要借助于塑性图或塑性指数进行分类。颗粒分析试验可分为筛析法和密度计法，对于粒径大于 0.075mm 的土粒可用筛析法测定，而对于粒径小于 0.075mm 的土粒则用密度计法来测定。筛析法是将土样通过各种不同孔径的筛子，并按筛子孔径的大小将颗粒加以分组，然后再称量并计算出各个粒组占总量的百分数。

3. 仪器设备

(1) 标准筛：孔径 10mm、5mm、2mm、1.0mm、0.5mm、0.25mm、0.075mm。

(2) 天平：称量 1000g，分度值 0.1g。

(3) 台称：称量 5kg，分度值 1g。

(4) 其他：毛刷、木碾等。

4. 操作步骤

(1) 备土：从大于粒径 0.075mm 的风干松散的无黏性土中，用四分对角法取出代表性的试样。

（2）取土：取干砂500g称量准确至0.2g。

（3）摇筛：将称好的试样倒入依次叠好的筛，然后按照顺时针或逆时针进行筛析。振摇时间一般为10～15min。

（4）称量：逐级称取留在各筛上的质量。

5. 试验注意事项

（1）将土样倒入依次叠好的筛子中进行筛析。

（2）筛析法采用振筛机，在筛析过程中应能上下振动，水平转动。

（3）称重后干砂总重精确至±2g。

6. 计算及制图

（1）按下式计算小于某颗粒直径的土质量百分数

$$X=\frac{m_A}{m_B}\times 100\%$$

式中 X——小于某颗粒直径的土质量百分数，%；

m_A——小于某颗粒直径的土质量，g；

m_B——所取试样的总质量（500g）。

（2）用小于某粒径的土质量百分数为纵坐标，颗粒直径（mm）的对数值为横坐标，绘制颗粒大小分配曲线。

7. 试验记录

试验记录见附表1。

附表1 颗粒分析试验记录表（筛析法）

土样编号14-2　　干土质量500g　　试验者______

土样说明粗砂　　试验日期2003年5月20日　　校核者______

孔径/mm	留筛土质量/g	累积留筛土质量/g	小于该孔径的土质量/g	小于该孔径的土质量百分数/%
20	0.0	0.0	500.0	100.0
10	17.0	17.0	483.0	96.6
5	45.0	62.0	438.0	87.6
2	65.5	127.5	372.5	74.5
1	85.0	212.5	287.5	57.5
0.500	100.5	313.0	187.0	37.4
0.250	122.0	435.0	65.0	13.0
0.075	60.0	495.0	5.0	1.0
底盘总计	5.0	500.0		

（二）密度计法

1. 试验目的

测定小于某粒径的颗粒占土总质量的百分数，以便了解土粒的大小分配情况，并作为黏性土分类的依据及土工建筑选材之用。

2. 试验原理

密度计法，是将一定量的土样（粒径小于 0.075mm）放在量筒中，然后加蒸馏水，经过搅拌，使土的大小颗粒在水中均匀分布，当土粒在液体中靠自重下沉时，较大的颗粒下沉较快，而较小的颗粒下沉则较慢。让土粒沉降过程中，用密度计测出在悬液中对应于不同时间的不同悬液密度，根据密度计读数和土粒的下沉时间，就可计算出粒径小于某一粒径 d（mm）的颗粒占土样的百分数。

3. 仪器设备

（1）密度计：目前通常采用的密度计有甲、乙两种，现介绍甲种密度计。甲种密度计刻度自 0～60，最小分度单位为 1.0，如附图 1 所示。

（2）量筒：容积 1000mL。

（3）天平：称量 200g，分度值 0.01g。

（4）搅拌器：轮径 50mm，孔径 3mm。

（5）煮沸设备：电热器、三角烧瓶等。

（6）分散剂：4%六偏磷酸钠或其他分散剂。

（7）其他：温度计、蒸馏水、烧杯、研钵和秒表等。

4. 操作步骤

（1）称取试样：取有代表性的风干或烘干土样 100～200g，放入研钵中，用带橡皮头的研棒研散，将研散后的土过 0.075mm 筛，均匀拌和后称取试样 30g。

（2）浸泡试样：将称好的试样小心倒入烧瓶中，注入 200mL 蒸馏水对试样进行浸泡，浸泡时间不少于 18h。

（3）煮沸分散：将浸泡好后的试样稍加摇荡后，放在电热器上煮沸。煮沸时间从沸腾时开始，黏土约需要 1h，其他土不少于半小时，对教学试验，浸泡试样及煮沸分散均由实验室准备。

（4）制备悬液：土样经煮沸分散冷却后，倒入量筒内。然后加 4%浓度的六偏磷酸钠约 10mL 于溶液中，再注入蒸馏水，使筒内的悬液达到 1000mL。

（5）搅拌悬液：用搅拌器在悬液深度上下搅拌 1min，往复各 30 次，使悬液内土粒均匀分布。

（6）定时测读：取出搅拌器，立即开动秒表，测定经过 1min、5min、30min、120min、1440min 时的密度计数读。每次测读完后，立即将密度计取出，放入盛水量筒中，同时测记悬液温度，准确至 0.5℃。

附图 1　甲种密度计

5. 试验注意事项

（1）5min 时的读数是包括 1min 读数的时间，其余 30min、120min、1440min 的读数时间也是如此累加。

（2）读数后甲种密度计必须立即从量筒里取出，否则会阻碍土粒下沉速度。

6. 计算及制图

(1) 由于刻度、温度与加入分散剂等原因，密度计每一次读数须先经弯液面校正后，由实验室提供的 R—L 关系图，查得土粒有效沉降距离，计算颗粒的直径 d，按简化公式计算，即

$$d=K\sqrt{\frac{L}{t}}$$

式中 d——颗粒直径，mm；

K——粒径计算系数（由实验室提供的资料查得）；

L——某时间 t 内的土粒沉降距离（由实验室提供的资料查得）；

t——沉降时间，s。

(2) 将每一读数经过刻度与弯液面校正、温度校正、土粒比重校正和分散剂校正后，按下式计算小于某粒径的土质量百分数

$$X=\frac{100}{m_s}C_s(R+m_t+n-C_D)$$

式中 X——小于某粒径的土质量百分数，%；

m_s——试样干土质量（30g）；

C_s——土粒比重校正系数，可查甲种密度计的土粒比重校正值表（由实验室提供的资料查得）；

R——甲种密度计读数；

m_t——温度校正值，可查甲种密度计的温度校正值表（由实验室提供的资料查得）；

n——刻度及弯液面校正值（由实验室提供的图表中查得）；

C_D——分散剂校正值（由实验室提供资料）。

(3) 用小于某粒径的土质量百分数 X（%）为纵坐标，粒径 d（mm）的对数为横坐标，绘制颗粒大小级配曲线。

7. 试验记录

试验记录见附表 2。

附表 2 颗粒分析试验记录表（密度计法）

土样编号18　　密度计号甲 2　　试验者______

干土质量$m_s=30$g　　量筒号 3　　校核者______

土粒比重$G_s=2.75$　　比重计校正值$C_s=0.979$　　试验日期2003 年 5 月 8 日

下沉时间 t	悬液温度 T/℃	密度计读数 R	温度校正值 m_t	刻度弯液面校正值 n	分散剂校正值 C_D	$R_m=R+m_t+n-C_D$	$R_H=R_mC_s$	土粒落距 L/cm	粒径 d/mm	小于某孔径的土质量百分数 /%
1	18.0	29.0	−0.5	1.0	1.0	28.5	27.902	13.821	0.0500	93.01
5	18.0	24.5	−0.5	1.0	1.0	24.0	23.496	15.069	0.0240	78.32
30	18.0	19.5	−0.5	1.0	1.0	19.0	18.601	16.455	0.0100	62.01
120	18.5	14.0	−0.4	1.0	1.0	13.6	13.314	17.979	0.0052	44.38
1440	19.0	8.5	−0.3	1.0	1.0	8.2	8.028	19.504	0.0015	26.76

二、密度试验（环刀法）

1. 试验目的

测定土的湿密度，以了解土的疏密和干湿状态，供换算土的其他物理性质指标和工程设计以及控制施工质量之用。

2. 试验原理

土的湿密度 ρ 是指土的单位体积质量，是土的基本物理性质指标之一，其单位为 g/cm^3。环刀法是采用一定体积环刀切取土样并称土质量的方法，环刀内土的质量与体积之比即为土的密度。密度试验方法有环刀法、蜡封法、灌水法和灌砂法等。对于细粒土，宜采用环刀法；对于易碎裂、难以切削的土，可用蜡封法；对于现场粗粒土，可用灌水法或灌砂法。

3. 仪器设备

（1）环刀：内径 6～8cm，高 2～3cm。

（2）天平：称量 500g，分度值 0.01g。

（3）其他：切土刀、钢丝锯、凡士林等。

4. 操作步骤

（1）量测环刀：取出环刀，称出环刀的质量，并涂一薄层凡士林。

（2）切取土样：将环刀的刀口向下放在土样上，然后用切土刀将土样削成略大于环刀直径的土柱，将环刀垂直下压，边压边削使土样上端伸出环刀为止，然后将环刀两端的余土削平。

（3）土样称量：擦净环刀外壁，称出环刀和土的质量。

5. 试验注意事项

（1）称取环刀前，把土样削平并擦净环刀外壁。

（2）如果使用电子天平称重则必须预热，称重时精确至小数点后两位。

6. 计算公式

按下式计算土的湿密度

$$\rho=\frac{m}{V}=\frac{m_1-m_2}{V}$$

式中　ρ——密度，计算至 $0.01g/cm^3$；

m——湿土质量，g；

m_1——环刀加湿土质量，g；

m_2——环刀质量，g；

V——环刀体积，cm^3。

密度试验需进行两次平行测定，其平行差值不得大于 $0.03g/cm^3$，取其算术平均值。

7. 试验记录

试验记录见附表 3。

附表3 密度试验记录表（环刀法）

试验者______ 校核者______ 试验日期2003年3月18日

土样编号	环刀号	环刀加湿土质量 m_1/g	环力质量 m_2/g	湿土质量 m/g	环刀体积 V/cm^3	密度/($g\cdot cm^{-3}$)	
						单值	平均值
11	136.00	142.95	34.65	108.30	64.40	1.68	1.67
	138.00	141.70	34.68	107.02	64.40	1.66	

三、含水率试验（烘干法）

1. 试验目的

测定土的含水率，以了解土的含水情况，是计算土的孔隙比、液性指数、饱和度和其他物理力学性质不可缺少的一个基本指标。

2. 试验原理

含水率反映土的状态，含水率的变化将使土的一系列物理力学性质指标随之而异。这种影响表现在各个方面，如反映在土的稠度方面，使土成为坚硬的、可塑的或流动的；反映在土内水分的饱和程度方面，使土成为稍湿、很湿或饱和的；反映在土的力学性质方面，能使土的结构强度增加或减小，紧密或疏松，构成压缩性及稳定性的变化。测定含水率的方法有烘干法、酒精燃烧法、炒干法、微波法等。

3. 仪器设备

（1）烘箱：采用温度能保持在105～110℃的电热烘箱。

（2）天平：称量500g，分度值0.01g。

（3）其他：干燥器、称量盒等。

4. 操作步骤

（1）湿土称量：选取具有代表性的试样15～20g，放入盒内，立即盖好盒盖，称出盒与湿土的总质量。

（2）烘干冷却：打开盒盖，放入烘箱内，在温度105～110℃下烘干至恒重后，将试样取出，盖好盒盖放入干燥器内冷却，称出盒与干土质量。烘干时间随土质不同而定，对黏质土不少于8h；砂类土不少于6h。

5. 试验注意事项

（1）刚刚烘干的土样要等冷却后才称重。

（2）称重时精确至小数点后两位。

6. 计算公式

按下式计算土的含水率

$$\omega=\frac{m_\omega}{m_s}\times 100\%=\frac{m_1-m_2}{m_2-m_0}\times 100\%$$

式中 ω——含水率，计算至0.1%；

m_0——盒质量，g；

m_1——盒加湿土质量，g；

m_2——盒加干土质量，g；

m_1-m_2——土中水质量，g；

m_1-m_0——干土质量，g。

含水率试验需进行二次平行试验，其平行差值不得大于2%，取其算术平均值。

7. 试验记录

试验记录见附表4。

附表4 含水率试验记录表（烘干法）

试验者________ 校核者________ 试验日期2003年3月20日

土样编号	盒号	盒质量 m_0/g	盒加湿土质量 m_1/g	盒加干土质量 m_2/g	水质量 m_1-m_2/g	干土质量 m_2-m_0/g	含水率/%	
							单值	平均值
12	123	23.58	43.32	38.63	4.69	15.05	31.2	31.3
	124	23.56	43.13	38.45	4.68	14.89	31.4	

四、比重试验（比重瓶法）

1. 试验目的

测定土的比重，为计算土的孔隙比、饱和度以及土的其他物理力学试验（如颗粒分析的密度计法试验、固结试验等）提供必需的数据。

2. 试验原理

根据土粒粒径不同，土的比重试验可分别采用比重瓶法、浮称法或虹吸筒法，对于粒径小于5mm的土，采用比重瓶法进行。比重瓶法就是由称好质量的干土放入盛满水的比重瓶的前后质量差异，来计算土粒的体积，从而进一步计算出土粒比重。

3. 仪器设备

（1）比重瓶：容重100mL或50mL。

（2）天平：称量200g，分度值0.001g。

（3）其他：烘箱、蒸馏水、温度计、筛、漏斗、滴管等。

4. 操作步骤

（1）取样称量：取通过5mm筛的烘干土样约15g（如用50mL的比重瓶，可取干土约12g）用玻璃漏斗装入洗净烘干的比重瓶内，称瓶与土的质量。

（2）煮沸排气：将蒸馏水注入比重瓶内，约至瓶的一半高处，摇动比重瓶，并将比重瓶放在砂浴上煮沸，使土粒分散排气。煮沸时间自悬液沸腾时算起，砂及砂质粉土不少于30min；黏土及粉质黏土应不少于1h。煮沸时不要使土液从瓶内溢出。

（3）注水称量：将蒸馏水注入比重瓶内至近满，待瓶内悬液温度稳定后及瓶内土悬液澄清时，盖紧瓶塞，使多余的水分从瓶塞的毛细管中溢出，擦干瓶外的水分，称出瓶、水、土总质量。称量后立即测定瓶内水的温度。

（4）查取瓶、水质量：根据测得的温度，从已绘制的温度与瓶、水质量关系曲线（由实验室提供）查取瓶、水质量。

5. 试验注意事项

（1）称重前比重瓶的水位要加满至瓶塞的毛细管。

（2）称重时精确至小数点后三位。

6. 计算公式

按下式计算土粒的比重

$$G_s=\frac{m_s}{m_1+m_s-m_2}G_{\omega t}$$

式中 G_s——土粒比重，计算精确至0.001；

m_s——干土质量，g；

m_1——瓶、水质量，可查瓶、水质量关系曲线（由实验室提供）；

m_2——瓶、水、土质量，g；

$G_{\omega t}$——t℃时蒸馏水的比重，准确至0.001，查附表5。

比重试验需进行二次平行测定，其平行差不得大于0.02，取其算术平均值。

附表5 不同温度时水的比重（近似值）

水温/℃	4.0～12.5	12.5～19.0	19.0～23.5	23.5～27.5	27.5～30.5	30.5～33.0
水的比重	1.000	0.999	0.998	0.997	0.996	0.995

7. 试验记录

试验记录见附表6。

附表6 比重试验记录表（比重瓶法）

工程名称________ 试验者________

土样说明 黏土 计算者________

试验日期2003年4月10日 校核者________

土样编号	比重瓶号	温度/℃	液体的比重 $G_{\omega t}$	瓶质量/g	瓶、土质量/g	土质量 m_s/g	瓶、液体质量 m_1/g	瓶、液体、土质量 m_2/g	与干土同体积的液体质量/g	比重 G_s	平均比重
		(1)	(2)	(3)	(4)	(5)	(6)	(7)	(8)	(9)	(10)
			查上表			(4)−(3)			(5)+(6)−(7)	$\frac{(5)}{(8)}\times(2)$	
13	112	26.0	0.997	36.344	51.272	14.928	138.124	147.626	5.426	2.743	2.74
	113	26.0	0.997	34.243	49.169	14.926	134.124	143.622	5.428	2.742	

五、界限含水率试验（液限、塑限联合测定法）

1. 试验目的

测定黏性土的液限 ω_L 和塑限 ω_p，并由此计算塑性指数 I_p、液性指数 I_L，进行黏性土的定名及判别黏性土的软硬程度。

2. 试验原理

液限、塑限联合测定法是根据圆锥仪的圆锥入土深度与其相应的含水率在双对数坐标上具有线性关系的特性来进行的。利用圆锥质量为76g的液塑限联合测定仪测得土在不同含水率时的圆锥入土深度，并绘制其关系直线图，在图上查得圆锥下沉深度为17mm所对应得含水率即为液限，查得圆锥下沉深度为2mm所对应的含水率即为塑限。

3. 试验设备

（1）液塑限联合测定仪如图1-7所示，由电磁吸锥、测读装置、升降支座等组成，圆锥仪质量76g，锥角30°，试样杯等。

（2）天平：称量200g，分度值0.01g。

（3）其他：调土刀、不锈钢杯、凡士林、称量盒、烘箱、干燥器等。

4. 操作步骤

（1）土样制备：当采用风干土样时，取通过0.5mm筛的代表性土样约200g，分成3份，分别放入不锈钢杯中，加入不同数量的水，然后按下沉深度约为4～5mm，9～11mm，15～17mm范围制备不同稠度的试样。

（2）装土入杯：将制备的试样调拌均匀，填入试样杯中，填满后用刮土刀刮平表面，然后将试样杯放在联合测定仪的升降座上。

（3）接通电源：在圆锥仪锥尖上涂抹一薄层凡士林，接通电源，使电磁铁吸住圆锥。

（4）测读深度：调整升降座，使锥尖刚好与试样面接触，切断电源使电磁铁失磁，圆锥仪在自重下沉入试样，经5s后测读圆锥下沉深度。

（5）测含水率：取出试样杯，测定试样的含水率。重复以上步骤，测定另两个试样的圆锥下沉深度和含水率。

5. 试验注意事项

（1）土样分层装杯时，注意土中不能留有空隙。

（2）每种含水率设3个测点，取平均值作为这种含水率所对应土的圆锥入土深度，如3点下沉深度相差太大，则必须重新调试土样。

6. 计算公式

（1）计算各试样的含水率为

$$\omega=\frac{m_{\omega}}{m_{s}}\times100\%=\frac{m_1-m_2}{m_2-m_0}\times100\%$$

式中符号意义与含水率试验相同。

（2）以含水率为横坐标，圆锥下沉深度为纵坐标，在双对数坐标纸上绘制关系曲线，三点连一直线（图1-8中的A线）。当三点不在一直线上，可通过高含水率的一点与另两点连成两条直线，在圆锥下沉深度为2mm处查得相应的含水率。当两个含水率的差值不小于2%时，应重做试验。当两个含水率的差值小于2%时，用这两个含水率的平均值与高含水率的点连成一条直线（图1-8中的B线）。

（3）在圆锥下沉深度与含水率的关系图上，查得下沉深度为17mm所对应的含水率为液限；查得下沉深度为2mm所对应的含水率为塑限。

7. 试验记录

试验记录见附表7。

附表7 液限、塑限联合试验记录表

工程名称______________　　试验者______________

试样编号　16　　计算者______________

试验日期2003年5月22日　　校核者______________

试样编号	圆锥下沉深度/mm	盒号	盒质量 m_0/g	盒加湿土质量 m_1/g	盒加干土质量 m_2/g	水质量 m_ω/g	干土质量 m_s/g	含水率 ω/%	液限 ω_L/%	塑限 ω_p/%
1	4.5	22	23.55	43.17	39.05	4.12	15.50	26.6	41.5	19.5
2	9.8	25	23.57	46.52	40.77	5.75	17.20	33.4		
3	16.5	28	23.59	50.34	42.39	7.95	18.80	42.3		

六、击实试验

1. 试验目的

在击实方法下测定土的最大干密度和最优含水率，是控制路堤、土坝和填土地基等密实度的重要指标。

2. 试验原理

土的压实程度与含水率、压实功能和压实方法有密切的关系。当压实功能和压实方法不变时，土的干密度随含水率增加而增加，当干密度达到某一最大值后，含水率继续增加反而使干密度减小，能使土达到最大密度的含水率，称为最优含水率 ω_{op}，与其相应的干密度称为最大干密度 ρ_{dmax}。

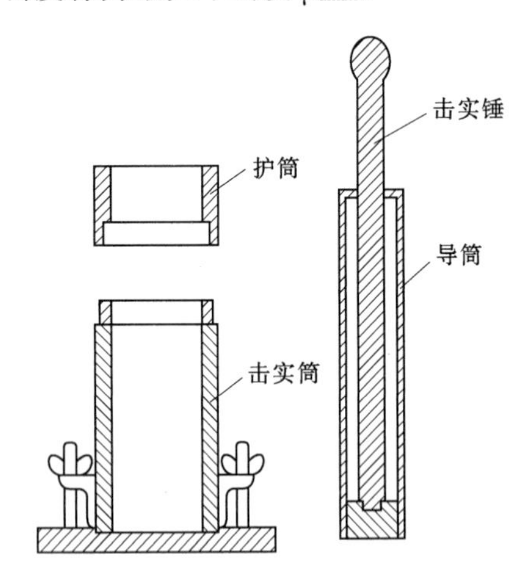

附图2　击实仪示意图

3. 仪器设备

(1) 击实仪：如附图2所示。锤质量2.5kg，筒高116mm，体积947.4cm^3。

(2) 天平：称量200g，分度0.01g。

(3) 台称：称量10kg，分度值5g。

(4) 筛：孔径5mm。

(5) 其他：喷水设备、碾土器、盛土器、推土器、修土刀等。

4. 操作步骤

(1) 制备土样：取代表性风干土样，放在橡皮板上用木碾碾散，过5mm筛，土样量不少于20kg。

(2) 加水拌和：预定5个不同含水率，依次相差2%，其中有两个大于和两个小于最优含水率。

所需加水率按下式计算

$$m_w = \frac{m_{w0}}{1+\omega_0}(\omega - \omega_0)$$

式中　m_w——所需加水质量，g；

m_{w0}——风干含水率时土样的质量，g；

ω_0——土样的风干含水率，%；

ω——预定达到的含水率,%。

按预定含水率制备试样，每个试样取 2.5kg，平铺于不吸水的平板上，用喷水设备向土样均匀喷洒预定的加水量，并均匀拌和。

(3) 分层击实：取制备好的试样 600～800g，倒入筒内，整平表面，击实 25 次，每层击实后土样约为击实筒容积 1/3。击实时，击锤应自由落下，锤迹须均匀分布于土面。重复上述步骤，进行第二、三层的击实。击实后试样略高出击实筒（不得大于 6mm）。

(4) 称土质量：取下套环，齐筒顶细心削平试样，擦净筒外壁，称土质量，准确至 0.1g。

(5) 测含水率：用推土器推出筒内试样，从试样中心处取 2 个各约 15～30g 土测定含水率，平行差值不得超过 1%。按 2～4 步骤进行其他不同含水率试样的击实试验。

5. 试验注意事项

(1) 试验前，击实筒内壁要涂一层凡士林。

(2) 击实一层后，用刮土刀把土样表面刨毛，使层与层之间压密，同理，其他两层也是如此。

(3) 如果使用电动击实仪，则必须注意安全。打开仪器电源后，手不能接触击实锤。

6. 计算及绘图

按下式计算干密度

$$\rho_d=\frac{\rho}{1+\omega}$$

式中　ρ_d——干密度，g/cm³；

ρ——湿密度，g/cm³；

ω——含水率,%。

以干密度 ρ_d 为纵坐标，含水率 ω 为横坐标，绘制干密度与含水率关系曲线（附图 3）。曲线上峰值点所对应的纵横坐标分别为土的最大干密度和最优含水率。如曲线不能绘出准确峰值点，应进行补点。

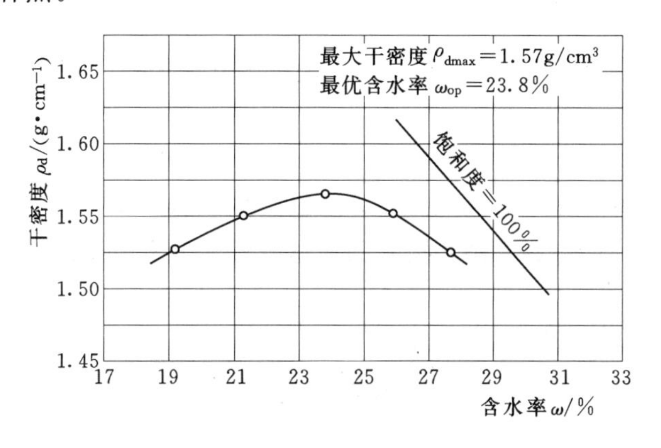

附图 3　ρ_d—ω 关系曲线

7. 试验记录

试验记录见附表8。

附表8 击 实 试 验

土样编号10－2　　土粒比重2.72　　试验者______

土样类别CI　　每层击数25　　校核者______

风干含水率4.0%　　试验仪器轻型击实仪　　试验日期2003年9月10日

试验序号	干密度					含水率							
	筒加土质量/g	筒质量/g	湿土质量/g	密度/(g·cm^{-3})	干密度/(g·cm^{-3})	盒号	盒加湿土质量/g	盒加干土质量/g	盒质量/g	水的质量/g	干土质量/g	含水率/%	平均含水率/%
	(1)	(2)	(3)	(4)	(5)		(6)	(7)	(8)	(9)	(10)	(11)	(12)
			(1)－(2)	$\frac{(3)}{V}$	$\frac{(4)}{1+0.01\omega}$					(6)－(7)	(7)－(8)	$\frac{(9)}{(10)}\times100$	
1	2510	780	1730	1.83	1.53	731 742	31.26 30.72	28.46 28.03	14 14	2.80 2.69	14.46 14.03	19.4 19.2	19.3
2	2570	780	1790	1.89	1.56	734 739	26.59 30.32	24.38 27.46	14 14	2.21 2.86	10.37 13.46	21.3 21.3	21.3
3	2620	780	1840	1.94	1.57	751 788	26.80 28.92	24.32 26.07	14 14	2.48 2.85	10.32 12.07	24.0 23.6	23.8
4	2630	780	1850	1.95	1.55	767 724	28.29 29.65	25.35 26.44	14 14	2.94 3.21	11.35 12.44	25.9 25.8	25.9
5	2610	780	1830	1.93	1.52	812 814	29.33 34.26	26.02 29.88	14 14	3.31 4.38	12.02 15.88	27.5 27.6	27.6

七、渗透试验

（一）常水头试验

1. 试验目的

测定无黏性土的渗透系数k，以便了解土的渗透性能大小，用于土的渗透计算和供建造土坝时选土料之用。

2. 试验原理

渗透是液体在多孔介质中运动的现象，渗透系数是表达这一现象的定量指标。土的渗透性是由于骨架颗粒之间存在孔隙构成水的通道所致。常水头渗透试验适用于粗粒土。

3. 仪器设备

（1）70型渗透仪：如附图4所示。

（2）其他：木击槌、秒表、天平、温度计、量杯等。

4. 操作步骤

（1）调节：将调节管与供水管连通，由仪器底部充水至水位略高于金属孔板，关止水夹。

(2) 取土：取风干试样 3～4kg，称量准确至 1.0g，并测定其风干含水率。

(3) 装土：将试样分层装入仪器，每层厚 2～3cm，用木槌轻轻击实到一定厚度，以控制其孔隙比。

(4) 饱和：每层砂样装好后，连接调节管与供水管，微开止水夹，使砂样从下至上逐渐饱和，待饱和后，关上止水夹。

(5) 进水：提高调节管使其高于溢水孔，然后将调节管与供水管分开，并将供水管置于试样筒内，开止水夹，使水由上部注入筒内。

(6) 降低调节管：降低调节管口使位于试样上部 1/3 处，造成水位差。在渗透过程中，溢水孔始终有余水溢出，以保持常水位。

(7) 测记：开动秒表，用量筒自调节管接取一定时间内的渗透水量，并重复一次。测记进水与出水处的水温，取其平均值。

(8) 重复试验：降低调节管口至试样中部及下部 1/3 处，以改变水力坡降，按以上步骤重复进行测定。

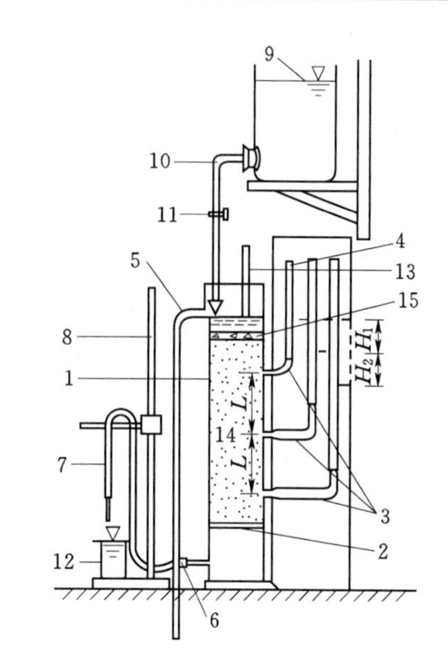

附图 4　70 型渗透仪

1—试样筒；2—金属孔板；3—测压孔；4—玻璃测压管；5—溢水孔；6—渗水孔；7—调节管；8—滑动支架；9—容量为 5000ml 的供水管；10—供水管；11—止水夹；12—容量为 500ml 的量筒；13—温度计；14—试样；15—砾石层

5. 试验注意事项

(1) 装砂前要检查仪器的测压管及调节管是否堵塞。

(2) 干砂饱和时，必须将调节管接通水源让砂饱和。

(3) 试验时水源要直接流到试样筒里，水位与溢水孔齐平。

6. 计算公式

按下式计算渗透系数

$$K_T = \frac{QL}{AHt}$$

$$K_{20} = \frac{\mu_T}{\mu_{20}} K_T$$

式中　Q——时间 t 内的渗出水量，cm;

H——平均水位差 $(H_1 + H_2)/2$，cm；

L——两测压孔中心间的试样高度，cm；

t——时间，s；

K_T——水温为 T（℃）时试样的渗透系数，cm/s；

K_{20}——水温为 20℃时试样的渗透系数，cm/s；

μ_T、μ_{20}——水温分别为 T(℃）与 20℃时水的动力黏滞系数，μ_T/μ_{20}的比值可查附表 9 得出。

附表 9　μ_T/μ_{20} 与温度的关系

温度/℃	5.0	5.5	6.0	6.5	7.0	7.5	8.0	8.5	9.0	9.5	10.0	10.5
μ_T/μ_{20}	1.501	1.478	1.455	1.435	1.414	1.393	1.373	1.353	1.334	1.315	1.297	1.279
温度/℃	11.0	11.5	12.0	12.5	13.0	13.5	14.0	14.5	15.0	15.5	16.0	16.5
μ_T/μ_{20}	1.261	1.243	1.227	1.211	1.194	1.176	1.168	1.148	1.133	1.119	1.104	1.090
温度/℃	17.0	17.5	18.0	18.5	19.0	19.5	20.0	20.5	21.0	21.5	22.0	22.5
μ_T/μ_{20}	1.077	1.066	1.050	1.038	1.025	1.012	1.000	0.988	0.976	0.964	0.958	0.943
温度/℃	23.0	24.0	25.0	26.0	27.0	28.0	29.0	30.0	31.0	32.0	33.0	34.0
μ_T/μ_{20}	0.932	0.910	0.890	0.870	0.850	0.833	0.815	0.798	0.781	0.765	0.750	0.735

7. 试验记录

试验记录见附表 10。

附表 10　常水头渗透试验记录表（70 型渗透仪）

工程名称河口　　试样高度 $h=30$cm　　干土重 $m_s=3260$g　　试验者______

土样编号22　　试样面积 $A=70\text{cm}^2$　　孔隙比 $e=0.713$　　校核者______

土样说明粗砂　　测孔压间距 $L=10$cm　　土粒比重 $G_s=2.66$　　试验日期2003 年 6 月 15 日

试验次数	经过时间/s	测压管水位/cm			水位差/cm			水力坡降	渗透水量/cm^3	渗透系数 k_T/(cm·s^{-1})	平均水温/℃	校正系数	渗透系数 k_{20}/(cm·s^{-1})	平均渗透系数 k_{20}/(cm·s^{-1})
		Ⅰ管	Ⅱ管	Ⅲ管	H_1	H_2	平均 H							
	(1)	(2)	(3)	(4)	(5)	(6)	(7)	(8)	(9)	(10)	(11)	(12)	(13)	(14)
					(2)－(3)	(3)－(4)	$\frac{(5)+(6)}{2}$	$\frac{(7)}{L}$		$\frac{(9)}{A(1)(8)}$		$\frac{\mu_T}{\mu_{20}}$	(10)×(12)	
1	150	24.8	20.8	16.8	4.0	4.0	4.0	0.40	215	0.0512	18.0	1.05	0.0538	5.33×10^{-2}
2	150	24.8	20.8	16.8	4.0	4.0	4.0	0.40	215	0.0512	18.0	1.05	0.0538	
3	120	24.5	21.5	18.5	3.0	3.0	3.0	0.30	128	0.0507	18.0	1.05	0.0533	
4	120	24.5	21.5	18.5	3.0	3.0	3.0	0.30	128	0.0508	18.0	1.05	0.0533	
5	90	24.2	22.2	20.2	2.0	2.0	2.0	0.20	64	0.0508	18.0	1.05	0.0533	
6	90	24.2	22.2	20.2	2.0	2.0	2.0	0.20	64	0.0508	18.0	1.05	0.0533	

（二）变水头渗透试验

1. 试验目的

测定黏性土的渗透系数 k，以了解土层渗透性的强弱，作为选择坝体填土料的依据。

2. 试验原理

细粒土由于孔隙小，且存在黏滞水膜，若渗透压力较小，则不足以克服黏滞水膜的阻滞作用，因而必须达到某一起始比降后，才能产生渗流。变水头渗透试验适用于细粒土。

3. 仪器设备

（1）南55型渗透仪：如附图5所示。

（2）其他：100mL量筒、秒表、温度计、凡士林等。

4. 操作步骤

（1）装土：将装有试样的环刀推入套筒内并压入止水垫圈。装好带有透水石和垫圈的上下盖，并用螺丝拧紧，不得漏气漏水。

（2）供水：把装好试样的容器进水口与供水装置连通，关止水夹，向供水瓶注满水。

（3）排气：把容器侧立，排气管向上，并打开排气管止水夹。然后开进水口夹，排除容器底部的空气，直至水中无气泡溢出为止。关闭排气管止水夹，平放好容器。在不大于200cm水头作用下，静置某一时间，待容器出水口有水溢出后，则认为试样已达饱和。

（4）测记：使变水头管充水至需要高度后，关止水夹，开动秒表，同时测记开始水头 h_1，经过时间 t 后，再测记终了水头 h_2，同时测记试验开始与终了时的水温。如此连续测记2～3次后，再使变水头管水位回升至需要高度，再连续测记数次，前后需6次以上。

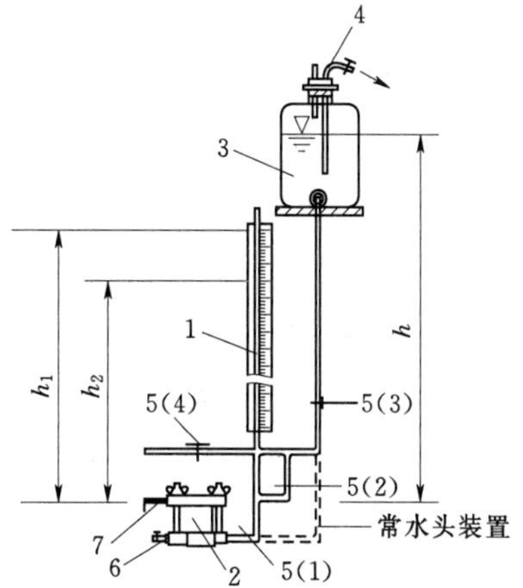

附图5　南55型渗透仪

1—变水头管；2—渗透容器；3—供水瓶；4—接水源管；5—进水管夹；6—排气管；7—出水管

5. 试验注意事项

（1）环刀取试样时，应尽量避免结构扰动，并禁止用削土刀反复涂抹试样表面。

（2）当测定黏性土时，须特别注意不能允许水从环刀与土之间的孔隙中流过，以免产生假象。

（3）环刀边要套橡皮胶圈或涂一层凡士林以防漏水，透水石需要用开水浸泡。

6. 计算公式

按下式计算渗透系数

$$k_T=2.3\frac{aL}{At}\lg\frac{h_1}{h_2}$$

式中　k_T——渗透系数，cm/s；

a——变水头管截面积；

L——试样高度，cm；

h_1——渗径数值等于开始水头，cm；

h_2——终了水头，cm；

2.3——ln和lg的换算系数；

其余符号同前。

7. 试验记录

试验记录见附表11。

附表 11 变水头渗透试验记录表（南 55 型渗透仪）

土样编号6　　　　试样高度$L=4.0$cm　　　　试验者________

仪器编号2　　　　试样面积$A=30.0\text{cm}^2$　　　　校核者________

测压管断面积$a=0.683\text{cm}^2$　　　　孔隙比$e=0.890$　　　　试验日期2003 年 7 月 15 日

开始时间 t_1 /(h：min)	终了时间 t_2 /(h：min)	经过时间 t s	开始水头 h_1 /cm	终了水头 h_2 /cm	$2.3\frac{aL}{At}$ /10^{-4}	$\lg\frac{h_1}{h_2}$ /10^{-2}	水温 T（℃）时的渗透系数 k_T 10^{-6} ($\text{cm}\cdot\text{s}^{-1}$)	水温 /℃	校正系数 μ_T/μ_{20}	渗透系数 k_{20} 10^{-6} ($\text{cm}\cdot\text{s}^{-1}$)	平均渗透系数 k_{20} 10^{-6} ($\text{cm}\cdot\text{s}^{-1}$)
(1)	(2)	(3)	(4)	(5)	(6)	(7)	(8)	(9)	(10)	(11)	(12)
		(2)－(1)				$\lg\frac{(4)}{(5)}$	(6)×(7)			(8)×(10)	
8：30	9：00	1800	231.3	226.0	1.16	1.00	1.160	8.0	1.373	1.59	1.60
9：00	9：30	1800	214.6	209.6	1.16	1.02	1.183	8.0	1.373	1.62	
9：30	10：30	3600	251.4	240.1	0.58	2.00	1.158	8.0	1.373	1.59	
10：30	11：30	3600	217.3	207.4	0.58	2.03	1.175	8.0	1.373	1.61	
11：30	13：00	5400	198.2	185.0	0.39	2.99	1.167	8.0	1.373	1.60	
13：00	14.30	5400	210.3	196.2	0.39	3.01	1.174	8.0	1.373	1.61	

八、固结试验（快速法）

1. 试验目的

测定试样在侧限与轴向排水条件下的压缩变形 Δh 和荷载 p 的关系，以便计算土的单位沉降量 S_1、压缩系数 a_v 和压缩模量 E_s 等。

2. 试验原理

土的压缩性主要是由于孔隙体积减少而引起的。在饱和土中，水具有流动性，在外力作用下沿着土中孔隙排出，从而引起土体积减少而发生压缩，试验时由于金属环刀及刚性护环所限，土样在压力作用下只能在竖向产生压缩，而不可能产生侧向变形，故称为侧限压缩。

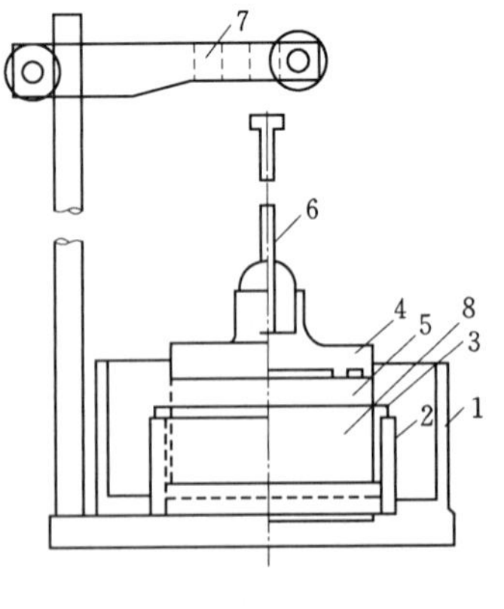

附图 6　固结仪示意图

1—水槽；2—护环；3—环刀；4—加压上盖；5—透水石；6—量表导杆；7—量表架；8—试样

3. 仪器设备

(1) 固结仪：如附图 6 所示，试样面积 30cm^2，高 2cm。

(2) 量表：量程 10mm，最小分度 0.01mm。

(3) 其他：刮土刀、电子天平、秒表。

4. 操作步骤

(1) 切取试样：用环刀切取原状土样或制备所需状态的扰动土样。

(2) 测定试样密度：取削下的余土测定含水率，需要时对试样进行饱和。

(3) 安放试样：将带有环刀的试样安放在压缩容器的

护环内，并在容器内顺次放上底板、湿润的滤纸和透水石各一，然后放入加压导环和传压板。

（4）检查设备：检查加压设备是否灵敏，调整杠杆使之水平。

（5）安装量表：将装好试样的压缩容器放在加压台的正中，将传压钢珠与加压横梁的凹穴相连接。然后装上量表，调节量表杆头使其可伸长的长度不小于 8mm，并检查量表是否灵活和垂直（在教学试验中，学生应先练习量表读数）。

（6）施加预压：为确保压缩仪各部位接触良好，施加 1kPa 的预压荷重，然后调整量表读数至零处。

（7）加压观测：

1）荷重等级一般为 50kPa、100kPa、200kPa、400kPa。

2）如系饱和试样，应在施加第一级荷重后，立即向压缩容器注满水。如系非饱和试样，需用湿棉纱围住加压盖板四周，避免水分蒸发。

3）压缩稳定标准规定为每级荷重下压缩 24h，或量表读数每小时变化不大于 0.005mm 认为稳定（教学试验可另行假定稳定时间）。测记压缩稳定读数后，施加第二级荷重。依次逐级加荷至试验结束。

4）试验结束后迅速拆除仪器各部件，取出试样，必要时测定试验后的含水率。

5. 试验注意事项

（1）首先装好试样，再安装量表。在装量表的过程中，小指针需调至整数位，大指针调至零，量表杆头要有一定的伸缩范围，固定在量表架上。

（2）加荷时，应按顺序加砝码；试验中不要震动实验台，以免指针产生移动。

6. 计算及制图

（1）按下式计算试样的初始孔隙比

$$e_0=\frac{G_s\rho_\omega(1+\omega_0)}{\rho_0}-1$$

（2）下式计算各级荷重下压缩稳定后的孔隙比 e_i

$$e_i=e_0-(1+e_0)\frac{\sum\Delta h_i}{h_0}$$

式中　G_s——土粒比重；

ρ_w——水的密度，g/cm^3；

ω_0——试样起始含水率，%；

ρ_0——试样起始密度，g/cm^3；

$\sum\Delta h_i$——在某一荷重下试样压缩稳定后的总变形量，其值等于该荷重下压缩稳定后的量表读数减去仪器变形量，mm；

h_0——试样起始高度，即环刀高度，mm。

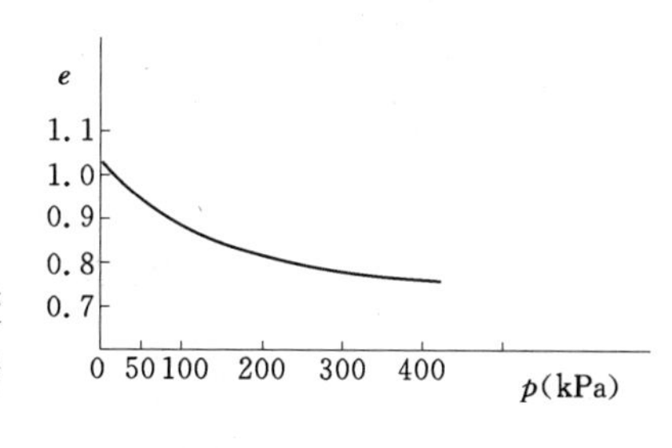

附图 7　e—p 关系曲线

（3）绘制压缩曲线。以孔隙比 e 为纵坐标，压力 p 为横坐标，绘制孔隙比与压力的关系曲线，如附图 7 所示。并求出压缩系数 a_v 与压缩模量 E_s。

7. 试验记录

试验记录见附表 12。

附表 12 固结试验记录表（快速法）

工程名称<u>沙湾</u>	土样面积<u>$30cm^2$</u>	试验者______
土样编号<u>38</u>	起始孔隙比$e_0=1.02$	计算者______
试验日期<u>2003 年 8 月 12 日</u>	起始高度$h_0=20.0mm$	校核者______

加压历时 /h	压力 p /kPa	量表读数 /mm	仪器变形量 λ /mm	试样变形量 $\sum\Delta h_i$ /mm	单位沉降量 S_i $(\sum\Delta h_i/h_0)$	孔隙比 e_i
0	0	0	0	0	0	1.02
1	50	0.966	0.040	0.926	0.0463	0.93
1	100	1.358	0.050	1.308	0.0654	0.89
1	200	1.948	0.062	1.886	0.0943	0.83
1	400	2.640	0.074	2.564	0.1282	0.76

九、直接剪切试验（快剪法）

1. 试验目的

直接剪切试验是测定土的抗剪强度的一种常用方法。通常采用 4 个试样为一组，分别在不同的垂直压力 σ 下，施加水平剪应力进行剪切，求得破坏时的剪应力 τ，然后根据库仑定律确定土的抗剪强度参数内摩擦角 φ 和黏聚力 c。直剪试验分为快剪（Q）、固结快剪（CQ）和慢剪（S）三种试验方法。在教学中可采用快剪法。

2. 试验原理

快剪试验是在试样上施加垂直压力后立即快速施加水平剪切力，以 0.8～1.2mm/min 的速率剪切，一般使试样在 3～5min 内剪破。快剪法适用于测定黏性土天然强度。

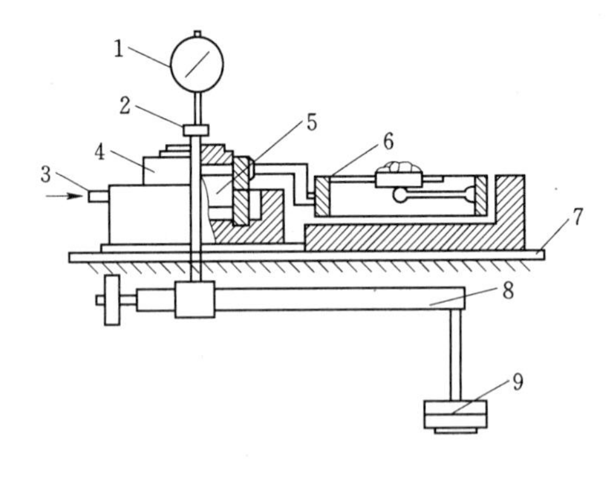

附图 8 应变控制式直剪仪结构示意图

1—垂直变形百分表；2—垂直加压框架；3—推动座；4—剪切盒；5—试样；6—测力计；7—台板；8—杠杆；9—砝码

3. 仪器设备

（1）应变控制式直接剪切仪：如附图 8 所示，由剪力盒、垂直加压框架、测力计及推动机构等组成。

（2）其他：量表、砝码等。

4. 试验步骤

（1）切取试样：按工程需要用环刀切取一组试样，至少 4 个，并测定试样的密度及含水率。如试样需要饱和，可对试样进行抽气饱和。

（2）安装试样：对准上下盒，插入固定销钉。在下盒内放入一透水石，上覆隔水蜡纸一张。将装有试样的环刀平口向下，对准剪切盒，试样上放隔水蜡纸一张，再放上透水石，将试样徐徐推入剪切盒内，移去环刀。

(3) 施加垂直压力：转动手轮，使上盒前端钢珠刚好与测力计接触，调整测力计中的量表读数为零。顺次加上盖板、钢珠压力框架。每组 4 个试样，分别在四种不同的垂直压力下进行剪切。在教学上，可取 4 个垂直压力分别为 100kPa、200kPa、300kPa、400kPa。

(4) 进行剪切：施加垂直压力后，立即拔出固定销钉，开动秒表，以 4～6r/min 的均匀速率旋转手轮（在教学中可采用 6r/min）。使试样在 3～5min 内剪破。如测力计中的量表指针不再前进，或有显著后退，表示试样已经被剪破。但一般宜剪至剪切变形达 4mm。若量表指针再继续增加，则剪切变形应达 6mm 为止。手轮每转一圈，同时测记测力计量表读数，直到试样剪破为止。

(5) 拆卸试样：剪切结束后，吸去剪切盒中的积水，倒转手轮，尽快移去垂直压力、框架、上盖板，取出试样。

5. 试验注意事项

(1) 先安装试样，再装量表。安装试样时要用透水石把土样从环刀推进剪切盒里，试验前量表中的大指针调至零。

(2) 加荷时，不要摇晃砝码；剪切时要拔出销钉。

6. 计算及制图

(1) 按下式计算各级垂直压力下所测的抗剪强度

$$\tau_f = CR$$

式中　τ_f——土的抗剪强度，kPa；

C——测力计率定系数，N/0.01mm；

R——测力计量表读数，0.01mm。

(2) 绘制 τ_f—σ 曲线。以垂直压力 σ 为横坐标，以抗剪强度 τ_f 为纵坐标，纵横坐标必须同一比例，根据图中各点绘制 τ_f—σ 关系曲线，该直线的倾角为土的内摩擦角 φ，该直线在纵轴上的截距为土的黏聚力 c，如附图 9 所示。

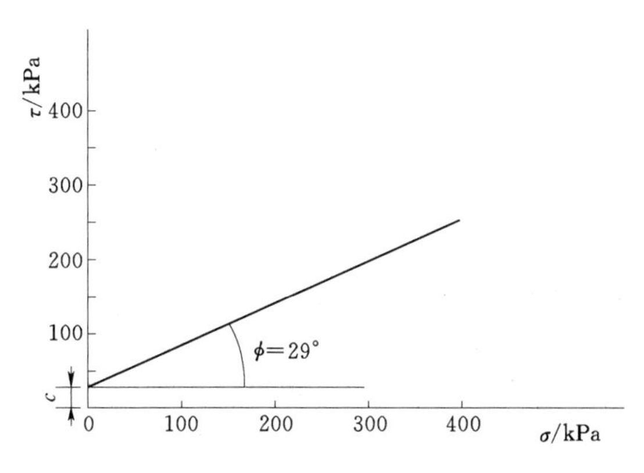

附图 9　τ—σ 关系曲线

7. 试验记录

试验记录见附表 13。

附表 13 直接剪切试验记录表

土样编号35　　仪器编号16号　　试验者＿＿＿＿

土样说明黏土夹砂　　测力计率定系数2.26kPa/0.01mm　　校核者＿＿＿＿

试验方法快剪　　手轮转数6r/min　　试验日期2003年9月12日

仪器编号	垂直压力 σ /kPa	测力计读数 R /0.01mm	抗剪强度 τ_f /kPa
16	100	32.5	73.5
	200	58.2	131.5
	300	80.5	181.9
	400	112.2	253.6

十、相对密度试验

1. 试验目的

相对密度是测定无黏性土的最大和最小孔隙比，用于计算相对密度，判断砂土的密实度。

2. 试验原理

相对密度试验适用于透水性良好的无黏性土，是无黏性土处于最松状态的孔隙比与天然孔隙比之差和最松状态与最紧状态孔隙比之差的比值。最大孔隙比试验宜采用漏斗法和量筒法；最小孔隙比试验采用振动锤击法。

3. 试验设备

(1) 漏斗及拂平器：包括锥形塞、长颈漏斗、砂面拂平器等。

(2) 振动叉和击锤：包括击球、击锤、锤座等。

(3) 其他：量筒、击实筒。

4. 试验步骤

(1) 最大孔隙比（最小干密度）测定。

1) 锥形塞杆自长颈漏斗下口穿入，并向上提起，使锥底堵住漏斗管口，一并放入1000mL的量筒内，使其下端与量筒底接触。

2) 称取烘干的代表性试样700g，均匀缓慢地倒入漏斗中，将漏斗和锥形塞杆同时提高，移动塞杆，使锥体略离开管口，管口应经常保持高出砂面1～2cm，使试样缓慢且均匀分布地落入量筒中。试样全部落入量筒后，取出漏斗和锥形塞，用砂面拂平器将砂面拂平，测试样体积。

3) 用手掌或橡皮板堵住量筒口，将量筒倒转并缓慢地转回到原来位置，重复数次，测记试样在量筒内所占体积的最大值。取上述两种方法测得的较大体积值，计算最小干密度。

(2) 最小孔隙比（最大干密度）测定。

1）取代表性试样 2000g，拌匀后分 3 次倒入金属圆筒进行振击，每层试样为圆筒容积的 1/3，试样倒入圆筒后用振动叉以每分钟往返 150～200 次的速度敲打圆筒两侧，并在同一时间内用击锤锤击试样，30～60 次/min，直至试样体积不变为止。如此重复第二、第三层。

2）取下护筒，刮平试样，称圆筒和试样总质量，算出试样质量，计算最大干密度。

5. 试验注意事项

砂土的最大孔隙比和最小孔隙比必须进行两次平行测定，两次测定的密度差值不得大于 0.3g/cm³，并取两次测值的平均值。

6. 计算和绘图

（1）最小干密度的计算式如下

$$\rho_{dmin}=\frac{m_d}{V_{max}}$$

式中　m_d——试样干质量，g；

V_{max}——试样最大体积，cm³。

（2）最大孔隙比的计算式如下

$$e_{max}=\frac{\rho_w G_s}{\rho_{dmin}}-1$$

式中　ρ_w——水的密度，g/cm³；

G_s——土粒比重。

（3）最大干密度的计算式如下

$$\rho_{dmax}=\frac{m_d}{V_{min}}$$

式中　V_{min}——试样最小体积，cm³。

（4）最小孔隙比的计算式如下

$$e_{min}=\frac{\rho_w G_s}{\rho_{dmax}}-1$$

（5）相对密度的计算式如下

$$D_r=\frac{e_{max}-e_0}{e_{max}-e_{min}} \text{或} D_r=\frac{\rho_{dmax}(\rho_d-\rho_{dmin})}{\rho_d(\rho_{dmax}-\rho_{min})}$$

式中　D_r——相对密度；

e_0——天然孔隙比；

ρ_d——天然干密度（或填土的相应干密度），g/cm³。

7. 试验记录

试验记录见附表 14。

附表 14 相对密度试验记录表

工程名称________ 土样说明砂 试验者________
土样编号20 试验日期2003.6.24 校核者________

试验项目			最大孔隙比		最小孔隙比	
试验方法			漏斗法		振打法	
试样质重/g	(1)		1000	1000	1715	1710
试样体积/cm^3	(2)		700	710	1000	1000
干密度/(g/cm^3)	(3)	(1) ÷ (2)	1.43	1.41	1.72	1.71
平均干密度/(g/cm^3)	(4)		1.42		1.715	
比重 G_s	(5)		2.65		2.65	
孔隙比 e	(6)		0.866		0.545	
天然孔隙比 e_0	(7)		0.689			
相对密度 D_r	(8)		0.551			

十一、无侧限抗压强度试验

1. 试验目的

一般用于测定饱和软黏土的无侧限抗压强度及灵敏度。

2. 试验原理

无侧限抗压试验是三轴压缩试验的一个特例，将试样置于不受侧向限制的条件下进行的强度试验，此时试样小主应力为零，而大主应力的极限值为无侧限抗压强度，即周围压力 $\sigma_3=0$ 的三轴试验。由于试样侧面不受限制，这样求得的抗剪强度值比常规三轴不排水抗剪强度值略小。

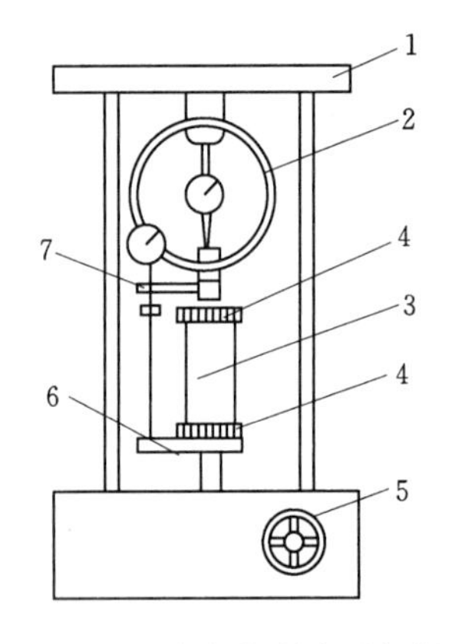

附图 10 应变控制式无侧限压缩仪示意图
1—轴向加压架；2—轴向测力计；3—试样；4—上、下传压板；5—手轮或电动转轮；6—升降板；7—轴向位移计

3. 试验设备

(1) 应变控制式无侧限压缩仪，如附图 10 所示。

(2) 其他：量表、切土盘、重塑筒等。

4. 试验步骤

(1) 试样制备：按三轴试验中原状试样制备进行。试样直径可采用 3.5～4.0cm，试样高度与直径之比按土样的软硬情况采用 2.0～2.5。

(2) 安装试样：将试样两端抹一层凡士林，在气候干燥时，试样周围亦需抹一层薄凡士林，防止水分蒸发。将试样放在底座上，转动手轮，使底座缓慢上升，试样与传压板刚好接触，将测力计调零。

(3) 测记读数：以每分钟轴向应变为 1%～3%的速度转动手轮，使升降设备上升而进行试验。每隔一定应变，测记测力计读数，试验宜在 8～10min 内完成。当测力计读数出现峰值时，停止试验，当读数无峰值时，试验进行到应变达 20%为止。

(4) 重塑试验：当需要测定灵敏度时，应立即将破坏后的试样除去涂有凡士林的表面，加少许余土，包于塑料薄膜内用手搓捏，破坏其结构，放入重塑筒内，用金属垫板，将试样塑成与原状土样相同，然后按上述步骤进行试验。

5. 试验注意事项

（1）测定无侧限抗压强度时，要求在试验过程中含水率保持不变。

（2）在试验中如果不具有峰值及稳定值，选取破坏值时按应变15%所对应的轴向应力为抗压强度。

（3）需要测定灵敏度，重塑试样的试验应立即进行。

6. 计算及制图

（1）按下式计算轴向应变

$$\varepsilon_1=\frac{\Delta h}{h_0}$$

式中　ε_1——轴向应变，%；

h_0——试样起始高度，cm；

Δh——轴向变形，cm。

（2）按下式计算试样平均面积

$$A_a=\frac{A_0}{1-0.01\varepsilon_1}$$

式中　A_a——校正后试样面积，cm^3；

A_0——试样初始面积，cm^3。

（3）按下式计算试样所受的轴向应力

$$\sigma=\frac{CR}{A_a}\times 10$$

式中　σ——轴向应力，kPa；

C——测力计率定系数，N/0.01mm；

R——测力计读数，0.01mm；

10——单位换算系数。

（4）按下式计算灵敏度

$$S_t=\frac{q_u}{q_u'}$$

式中　q_u——原状试样的无侧限抗压强度，kPa；

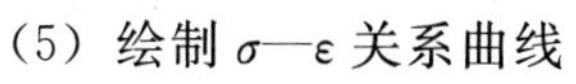

q_u'——重塑试样的无侧限抗压强度，kPa。

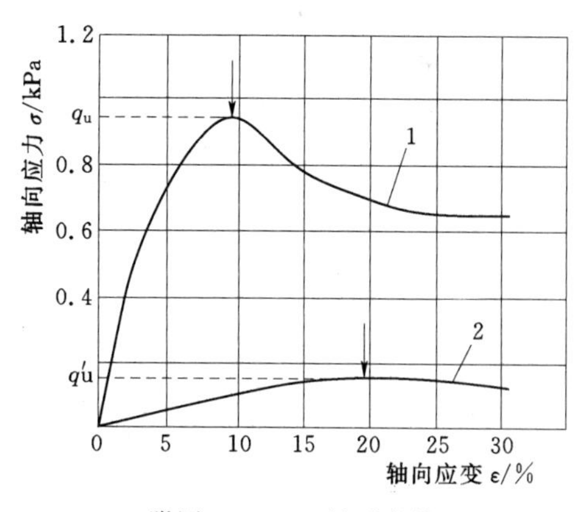

附图11　σ—ε关系曲线

1—原状试样；2—重塑试样

（5）绘制σ—ε关系曲线

以轴向应变τ为横坐标，以轴向应力σ为纵坐标，取曲线上最大轴向应力作为无侧限抗压强度，如附图11所示。

7. 试验记录

试验记录见附表15。

附表15　无侧限抗压强度试验记录表

工程名称________　　土样面积 $A_0=12cm^2$　　试验者________

土样编号________　　土样直径 $D_0=38mm$　　计算者________

起始高度$h_0=80.0mm$　　测力计率定系数$C=2.335N/0.01mm$　　试验日期2003.5.22

土状	竖向量表读数/mm (1)	测力计读数 R/mm (2)	轴向变形 Δh/mm (3)	轴向应变 ε_1/% $\frac{\Delta h}{h_0}$	校正后面积 A_a/cm^2 $\frac{A_0}{1-0.01\varepsilon_1}$	轴向荷重 P/N $C\times$(2)	无侧限抗压强度 σ/kPa $\frac{P}{(A_a)}\times10$	灵敏度
原状土	15	3.6	14.964	18.7	13.95	840.6	602.6	2.79
重塑土	10	1.2	9.988	12.5	12.96	280.2	216.2	

十二、无黏性土休止角试验

1. 试验目的

测定无黏性土在风干状态下和在水下状态的休止角，适用于不含黏粒或粉粒的纯砂土。

2. 试验原理

休止角是无黏性土在松散状态堆积时，其天然坡面和水平面所形成的最大坡角，其数值接近于疏松土样的内摩擦角。

3. 试验设备

（1）休止角测定仪：如附图12所示。

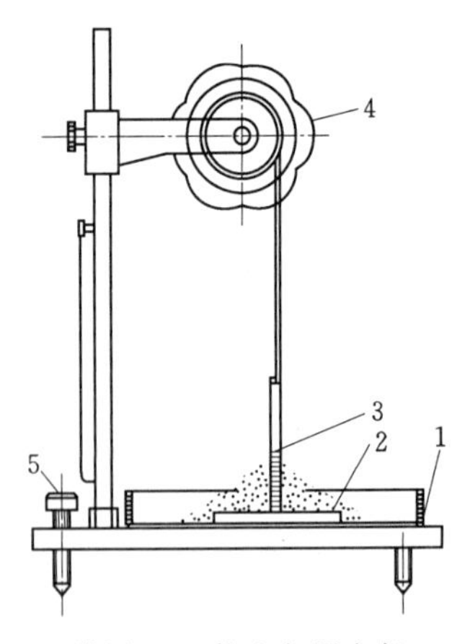

附图12　休止角测定仪

1—底盘；2—圆盘；3—铁杆；4—制动器；5—水平螺丝

（2）其他：勺、水槽等。

4. 试验步骤

（1）制备土样：取代表性的充分风干试样若干千克。并选择相应的圆盘。

（2）开始试验：转动制动盘，使圆盘落在底盘中。用勺小心地沿铁杆四周倾倒试样，勺离试样表面的高度应始终保持在1cm左右，直至圆盘外缘完全盖满为止。

（3）测记读数：慢慢转动制动盘，使圆盘平稳升起，直至离开底盘内的试样为止。读记锥顶与铁杆接触处的刻度（$\tan\alpha_c$）。如果测定水下状态的天然坡角，则将盛满试样的圆盘慢慢地沉入水槽中，当锥体全部淹没水中后，即停止下降，待其充分饱和，直至无气泡上升为止。然后慢慢转动制动器，使圆盘升起，当锥体露出水面时，测记锥顶与铁杆接触处的刻度（$\tan\alpha_m$）。

（4）查表求值：将测得的 $\tan\alpha_c$ 和 $\tan\alpha_m$ 值，在三角函数表中查取休止角。

5. 试验注意事项

（1）必须要取干砂做试验。

（2）需进行两次平行测定，取其算术平均值，以整数（°）表示。

6. 试验记录

试验记录见附表 16。

附表 16　无黏性土休止角试验记录表

工程名称 中山　　　土样说明 风干砂　　　试验者________

土样编号 21～22　　　试验日期 2003 年 6 月 22 日　　　校核者________

土样编号	风干状态休止角			水下状态休止角		
	读数		平均值 /(°)	读数		平均值 /(°)
	$\tan\alpha_c$	(°)		$\tan\alpha_m$	(°)	
21	0.77	37.6	38	0.70	35.0	35
	0.78	38.0		0.69	34.6	
22	0.75	36.9	37	0.66	33.4	33
	0.76	37.3		0.66	33.4	

十三、三轴压缩试验

1. 试验目的

三轴压缩试验是测定土的抗剪强度的一种方法。堤坝填方、路堑、岸坡等是否稳定，挡土墙和建筑物地基是否能承受一定的荷载，都与土的抗剪强度有密切的关系。

2. 试验原理

土的抗剪强度是土体抵抗破坏的极限能力，即土体在各向主应力的作用下，在某一应力面上的剪应力（τ）与法向应力（σ）之比达到某一比值，土体就将沿该面发生剪切破坏。常规的三轴压缩试验是取 4 个圆柱体试样，分别在其四周施加不同的周围压力（即小主应力）σ_3，随后逐渐增加轴向压力（即大主应力）σ_1 直至破坏为止。根据破坏时的大主应力与小主应力分别绘制莫尔圆，莫尔圆的切线就是剪应力与法向应力的关系曲线。三轴压缩试验适用于测定黏性土和砂性土的总抗剪强度参数和有效抗剪强度参数，可分为不固结不排水试验（uu）；固结不排水试验（$\overline{cu}$）和固结排水试验（CD）。

3. 试验设备

（1）三轴仪：包括轴向加压系统、压力室、周围压力系统、孔隙压力测量系统和试样变形量测系统等。

（2）其他：击样器、饱和器、切土盘、分样器、承膜筒等。

4. 试验步骤

（1）切取土样：先用钢丝锯或切土刀切取一稍大于规定尺寸的土柱，放在切土架上，用钢丝锯或切土刀紧靠侧板，由上往下细心切削，边切削边转动圆盘，按规定的高度将两端削平、称量；并取余土测定试样的含水率。

（2）试样饱和：试样有抽气饱和、水头饱和及反压力饱和 3 种方法，最常用的是抽气饱和。即将试样装入饱和器内，放入真空缸内，与抽气机接通，开动抽气机，连续真空抽气 2～4h，然后停止抽气，静止 12h 左右即可。

（3）试样安装：将压力室底座的透水石与管路系统以及孔隙水测定装置充水并放上一

张滤纸，然后再将套上乳胶膜的试样放在压力室的底座上，最后装上压力筒，并拧紧密封螺帽，同时使传压活塞与土样帽接触。

（4）施加周围压力：分别按100kPa、200kPa、300kPa、400kPa施加周围压力。

（5）测孔隙水压力：在不排水条件下测定试样的孔隙水压力。

（6）调整测力计：移动量测轴向变形的位移计和轴向压力测力计的初始“零点”读数。

（7）施加轴向压力：启动电动机，合上离合器，开始剪切。剪切应变速率取每分钟0.5%～1.0%，当试样每产生轴向应变为0.3%～0.4%时，测记一次测力计，孔隙水压力和轴向变形读数，直至轴向应变为20%时为止。

（8）试验结束：停机并卸除周围压力，然后拆除试样，描述试样破坏时形状。

5. 试验注意事项

（1）试验前，透水石要煮过沸腾把气泡排出，橡皮膜要检查是否有漏洞。

（2）试验时，压力室内充满纯水，没有气泡。

6. 计算与绘图

（1）试样面积剪切时校正值为

$$A_a=\frac{A_0}{1-0.01\varepsilon_1}$$

式中 ε_1——轴向应变，%（不固结不排水试验 $\varepsilon_1=\Delta h_i/h_0$；固结不排水和固结排水试验 $\varepsilon_1=\Delta h_i/h_c$）。

（2）固结后实测固结下沉量为

$$h_c=h_0-\Delta h_c$$

（3）主应力差的计算式如下

$$\sigma_1-\sigma_3=\frac{CR}{A_a}\times 10$$

式中 σ_1——大主应力，kPa；

σ_3——小主应力，kPa；

C——测力计率定系数（N/0.01mm或N/mV）；

R——测力计读数（0.01mm或mV）；

A_a——试样剪切时的校正面积，cm^2；

10——单位换算系数。

（4）孔隙水压力系数的计算式如下

$$B=\frac{u_0}{\sigma_3}$$

$$A_f=\frac{u_i}{B(\sigma_1-\sigma_3)}$$

式中 B——初始孔隙水压力系数；

u_0——施加周围压力后产生的孔隙水压力，kPa；

A_f——破坏时的孔隙水压力系数；

u_i——试样破坏时，主应力差产生的孔隙水压力，kPa；

(5) 绘制应力圆及强度包线。对不固结不排水试验及固结不排水试验，以法向应力 σ 为横坐标，剪应力 τ 为纵坐标。在横坐标上以 $(\sigma_{1f}+\sigma_{3f})/2$ 为圆心，$(\sigma_{1f}-\sigma_{3f})/2$ 为半径，绘制破坏总应力圆，该包线的倾角为内摩擦角 ϕ_u 或 ϕ_{cu}，包线上纵轴上的截距为黏聚力 C_u 或 C_{cu}。在横坐标轴上以 $(\sigma'_{1f}+\sigma'_{3f})/2$ 为圆心，以 $(\sigma_{1f}-\sigma_{3f})/2$ 为半径绘制有效破坏应力圆，包线的倾角为有效内摩擦角 ϕ'，包线在纵轴上的截距为有效黏聚力 c'，如附图 13 所示。

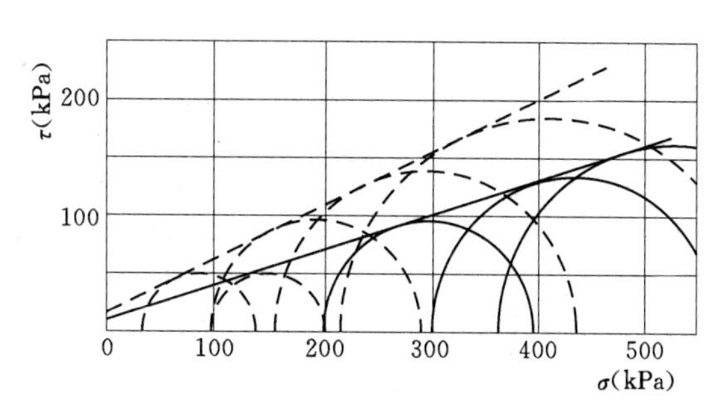

附图 13　固结不排水剪强度包线

7. 试验记录

试验记录见附表 17。

附表 17　三轴压缩试验记录表

工程名称________　　土样高度　8cm　　试验者________

土样编号________　　土样面积　$12cm^2$　　计算者________

土样说明　粉质黏土　　剪切速率 0.368mm/min　　校核着________

试验方法 固结不排水　　测力计率定系数 7.494N/0.01mm　　试验日期________

周围压力 σ/kPa	固结下沉量 Δh_c/cm	固结后面积 A_c/cm^2	固结后试样高度 h_c/cm	轴向变形读数 Δh/cm	轴向应变 ε_1/%	试样校正后面积 A_a/cm^2	测力计量表读数 R/0.01mm	主应力差 $\sigma_1-\sigma_3$/kPa	大主应力 σ_1/kPa	孔隙水压力 u/kPa	有效大主应力 σ'_1/kPa	有效小主应力 σ'_3/kPa	有效主应力比 σ'_1/σ'_3
100	0.10	11.72	7.9	0.3	3.75	12.18	19.8	121.82	221.82	28	193.82	72	2.69
200	0.10	11.56	7.9	0.6	7.59	12.51	33.0	197.68	397.68	90	307.68	110	2.80
300	0.11	11.48	7.89	0.7	8.75	12.58	43.2	257.35	557.35	173	384.35	127	3.03
400	0.12	11.36	7.88	0.8	10.00	12.62	62.4	370.54	770.54	230	540.54	170	3.20

参　考　文　献

［1］　土工试验规程（SL 237—1999）[S]. 北京：中国水利水电出版社，1999.

［2］　土工试验方法标准（GB/T 50123—1999）[S]. 北京：中国计划出版社，1999.

［3］　建筑地基基础设计规范（GB 50007—2011）[S]. 北京：中国建筑工业出版社，2011.

［4］　碾压式土石坝设计规范（SL 274—2001）[S]. 北京：中国水利水电出版社，2002.

［5］　堤防工程设计规范（GB 50286—98）[S]. 北京：中国计划出版社，1998.

［6］　公路软土地基路堤设计与施工技术规范（JTJ 017－96）[S]. 北京：人民交通出版社，1997.

［7］　建筑桩基技术规范（JGJ 94—2008）[S]. 北京：中国建筑工业出版社，2008.

［8］　建筑地基处理技术规范（JGJ 79—2012）[S]. 北京：中国建筑工业出版社，2012.

［9］　华南理工大学，东南大学，浙江大学，等. 地基及基础 [M]. 3 版. 北京：中国建筑工业出版社，1998.

[10]　高大钊，袁聚云. 土质学与土力学 [M]. 3 版. 北京：人民交通出版社，2001.

[11]　王成华. 土力学原理 [M]. 天津：天津大学出版社，2002.

[12]　龚晓南. 高等土力学 [M]. 杭州：浙江大学出版社，1996.

[13]　卢延浩. 土力学 [M]. 南京：河海大学出版社，2002.

[14]　冯国栋. 土力学 [M]. 北京：水利电力出版社，1986.

[15]　钱家欢. 土力学 [M]. 2 版. 南京：河海大学出版社，1995.

[16]　务新超. 土力学 [M]. 郑州：黄河水利出版社，2003.

[17]　殷宗泽. 土力学与地基 [M]. 北京：中国水利水电出版社，1999.

[18]　高大钊. 土力学与基础工程 [M]. 北京：中国建筑工业出版社，1998.

[19]　《岩土工程手册》编委会. 岩土工程手册 [M]. 北京：中国建筑工业出版社，1994.

[20]　陈书申，陈晓平. 土力学与地基基础 [M]. 3 版. 武汉：武汉理工大学出版社，2006.

[21]　张力霆. 土力学与地基基础 [M]. 北京：高等教育出版社，2002.

[22]　杨小平. 土力学 [M]. 广州：华南理工大学出版社，2001.

[23]　陈希哲. 土力学地基基础 [M]. 4 版. 北京：清华大学出版社，2004.

[24]　张克恭，刘松玉. 土力学 [M]. 北京：中国建筑工业出版社，2001.

[25]　张季容，朱向荣. 简明建筑基础计算与设计手册 [M]. 北京：中国建筑工业出版社，1997.

[26]　刘金砺. 桩基础设计与计算 [M]. 北京：中国建筑工业出版社，1990.

[27]　王晓天，姚熊亮. 土力学及基础工程 [M]. 哈尔滨：哈尔滨工程大学出版社，1997.

[28]　雍景荣，朱凡，胡岱文. 土力学与基础工程 [M]. 成都：成都科技大学出版社，1995.

[29]　钱玉林，洪家宝，杨鼎文，等. 土力学与基础工程 [M]. 北京：中国水利水电出版社，2002.

[30]　孔军. 土力学与地基基础 [M]. 北京：中国电力出版社，2005.

[31]　刘晓立. 土力学与地基基础 [M]. 北京：科学出版社，2005.

[32]　中国机械工业教育协会. 土力学及地基基础 [M]. 北京：机械工业出版社，2001.

[33]　王广月，王盛桂，付志前. 地基基础工程 [M]. 北京：中国水利水电出版社，2001.

[34]　任文杰. 土力学及基础工程习题集 [M]. 北京：中国建材工业出版社，2004.

[35]　顾晓鲁，钱鸿缙，刘惠珊，等. 地基与基础 [M]. 3 版. 北京：中国建筑工业出版社，2003.

［36］ 华南理工大学，浙江大学，湖南大学．基础工程［M］．北京：中国建筑工业出版社，2003.
［37］ 北京市注册工程师管理委员会．注册土木工程师（岩土）执业资格考试专业考试复习教程［M］．北京：人民交通出版社，2004.
［38］ 马虹．土力学及地基基础自学考试指导与题解［M］．北京：中国建材工业出版社，2002.
［39］ 中国土木工程学会，注册岩土工程师专业考试复习教程［M］．北京：中国建筑工业出版社，2011.
［40］ 钱德玲，注册岩土工程师专业考试人模拟题集［M］．北京：中国建筑工业出版社，2011.